U0319731

张景中／主编

"十一五"国家重点图书出版规划项目

数学解题策略

（第二版）

朱华伟　钱展望／著

科学出版社
北京

内 容 简 介

本书涵盖了观察、归纳与猜想，数学归纳法，枚举与筛选，整数的表示方法，逻辑类分法，从整体上看问题，化归，退中求进，类比与猜想，反证法，构造法，极端原理，局部调整法，夹逼，数形结合，复数与向量，变量代换法，奇偶分析，算两次，对应与配对，递推方法，抽屉原理，染色和赋值，不变量原理等数学竞赛中的解题策略．本书的特点：每章以经典的例子，或者是以形象的生活事例，或者是以对该策略进行简明的描述方式引入内容，并对这些丰富的例子给出详细的解答和点评．每章后面附有大量的问题．

本书提供了许多新颖有趣的例题和令人耳目一新的巧妙解题方法，能使读者找到灵感．本书可启迪读者的思维，开阔读者的视野，供中学以上文化程度的学生和教师、科技工作者和数学爱好者参考．

图书在版编目(CIP)数据

数学解题策略／朱华伟，钱展望著．—2版．—北京：科学出版社，2015.1
(走进教育数学／张景中主编)

ISBN 978-7-03-044682-4

Ⅰ．数…　Ⅱ．①朱…②钱…　Ⅲ．数学方法-普及读物　Ⅳ．O1-0

中国版本图书馆CIP数据核字（2015）第123116号

丛书策划：李　敏

责任编辑：李　敏／责任校对：李奕萱

责任印制：赵　博／整体设计：黄华斌

科学出版社出版

北京东黄城根北街16号

邮政编码：100717

http://www.sciencep.com

北京中科印刷有限公司印刷

科学出版社发行　各地新华书店经销

*

2009年8月第　一　版　开本：720×1000　1/16

2015年1月第　二　版　印张：23 3/4　插页：2

2024年5月第十二次印刷　字数：500 000

定价：88.00元

（如有印装质量问题，我社负责调换）

总 序

看到本丛书，多数人会问这样的问题：

"什么是教育数学？"

"教育数学和数学教育有何不同？"

简单说，改造数学使之更适宜于教学和学习，是教育数学为自己提出的任务.

把学数学比作吃核桃. 核桃仁美味而富有营养，但要砸开核桃壳才能吃到它. 有些核桃，外壳与核仁紧密相依，成都人形象地叫它们"夹米子核桃"，如若砸不得法，砸开了还很难吃到. 数学教育要研究的，就是如何砸核桃吃核桃. 教育数学呢，则要研究改良核桃的品种，让核桃更美味、更有营养、更容易砸开吃净.

"教育数学"的提法，是笔者1989年在《从数学教育到教育数学》一书中杜撰的. 其实，教育数学的活动早已有之，如欧几里得著《几何原本》、柯西写《分析教程》，都是教育数学的经典之作.

数学教育有很多世界公认的难点，如初等数学里的几何学和三角函数，高等数学里面的微积分，都比较难学. 为了对付这些难点，很多数学老师、数学教育专家前赴后继，做了大量的研究，写了很多的著作，进行了广泛的教学实践．多年实践，几番改革，还是觉得太难，不得不“忍痛割爱”，少学或者不学．教育数学则从另一个角度看问题：这些难点的产生，是不是因为前人留下来的知识组织得不够好，不适于数学的教与学？能不能优化数学，改良数学，让数学知识变得更容易学习呢？

知识的组织方式和学习的难易有密切的联系．英语中 12 个月的名字：January，February，…．背单词要花点工夫吧！如果改良一下：一月就叫 Monthone，二月就叫 Monthtwo，等等，马上就能理解，就能记住，学起来就容易多了．生活的语言如此，科学的语言——数学——何尝不是这样呢？

很多人认为，现在小学、中学到大学里所学的数学，从算术、几何、代数、三角函数到微积分，都是几百年前甚至几千年前创造出来的．这些数学的最基本的部分，普遍认为是经过千锤百炼，相当成熟了．对于这样的数学内容，除了选择取舍，除了教学法的加工之外，还有优化改革的余地吗？

但事情还可以换个角度看．这些进入了课堂的数学，是在不同的年代、不同的地方、由不同的人、为不同的目的而创造出来的，而且其中很多不是为了教学的目的而创造出来的．难道它们会自然而然地配合默契，适宜于教学和学习吗？

看来，这主要不是一个理论问题，而是一个实践问题．

走进教育数学，看看教育数学在做什么，有助于回答这类问题．

随便翻翻这几本书，就能了解教育数学领域里近 20 年来做了哪些工作．从已有的结果看到，教育数学有事可做，而且能做更多的事情．

比如微积分教学的改革，这是在世界范围内被广为关注的事．丛书中有两本专讲微积分，主要还不是讲教学方法，而是讲改革微积分本身．

由牛顿和莱布尼茨创建的微积分，是第一代微积分．这是说不清楚的微积分. 创建者说不清楚, 使用微积分解决问题的数学家也说不清楚. 原理虽然说不清楚, 应用仍然在蓬勃发展. 微积分在说不清楚的情形下发展了 130 多年.

柯西和魏尔斯特拉斯等, 建立了严谨的极限理论, 巩固了微积分的基础, 形成了第二代微积分. 数学家把微积分说清楚了. 但是由于概念和推理烦琐迂回, 对于绝大多数学习高等数学的人来说, 是听不明白的微积分. 微积分在多数学习者听不明白的情形下, 又发展了 170 多年, 直到今天.

第三代微积分, 是正在创建发展的新一代的微积分. 人们希望微积分不但严谨, 而且直观易懂, 简易明快. 让学习者用较少的时间和精力就能够明白其原理, 不但知其然而且知其所以然. 不但数学家说得清楚, 而且非数学专业的多数学子也能听得明白.

第一代微积分和第二代微积分, 在具体计算方法上基本相同; 不同的是对原理的说明, 前者说不清楚, 后者说清楚了.

第三代微积分和前两代微积分, 在具体计算方法上也没有不同; 不同的仍是对原理的说明.

几十年来, 国内外都有人从事第三代微积分的研究以至教学实践. 这方面的努力, 已经有了显著的成效. 在我国, 林群院士近 10 年来在此方向做了大量的工作. 本丛书中的《微积分快餐》, 就是他在此领域的代表作.

古今中外, 通俗地介绍微积分的读物极多, 但能够兼顾严谨与浅显直观的几乎没有.《微积分快餐》做到了. 一张图, 一个不等式, 几行文字, 浓缩了微积分的精华. 作者将微积分讲得轻松活泼、简单明了, 而且严谨、自洽, 让读者在品尝快餐的过程中进入了高等数学的殿堂.

丛书中还有一本《直来直去的微积分》, 是笔者学习微积分的心得. 书中从"瞬时速度有时比平均速度大, 有时比平均速度小"这个平凡的陈述出发, 不用极限概念和实数理论, "微分不微, 积分不积", 直截了当地建立了微积分基础理论. 书中概念与《微积分快餐》中的逻辑等价，呈现形式不尽相同，殊途同归，显示出第三代微积分的丰富多彩.

回顾历史，牛顿和拉格朗日都曾撰写著作，致力于建立不用极限也不用无穷小的微积分，或证明微积分的方法，但没有成功. 我国数学大师华罗庚所撰写的《高等数学引论》中，也曾刻意求新，不用中值定理或实数理论而寻求直接证明“导数正则函数增”这个具有广泛应用的微积分基本命题，可惜也没有达到目的.

前辈泰斗是我们的先驱. 教育数学的进展实现了先驱们简化微积分理论的愿望.

丛书中两本关于微积分的书，都专注于基本思想和基本概念的变革. 基本思想、基本概念，以及在此基础上建立的基本定理和公式，是这门数学的筋骨. 数学不能只有筋骨，还要有血有肉. 中国高等教育学会教育数学专业委员会理事长、全国名师李尚志教授的最新力作《数学的神韵》，是有血有肉、丰满生动的教育数学. 书中的大量精彩实例可能是你我熟悉的老故事，而作者却能推陈出新，用新的视角和方法处理老问题，找出事物之间的联系，发现不同中的相同，揭示隐藏的规律. 幽默的场景，诙谐的语言，使人在轻松阅读中领略神韵，识破玄机. 看看这些标题，“简单见神韵”、“无招胜有招”、“茅台换矿泉”、“凌波微步微积分”，可见作者的功力非同一般！特别值得一提的是，书中对微积分的精辟见解，如用代数观点演绎无穷小等，适用于第一代、第二代和第三代微积分的教学与学习，望读者留意体味.

练武功的上乘境界是“无招胜有招”，但武功仍要从一招一式入门. 解数学题也是如此. 著名数学家和数学教育家项武义先生说，教数学要教给学生“大巧”，要教学生“运用之妙，存乎一心”，以不变应万变，不讲或少讲只能对付一个或几个题目的“小巧”. 我想所谓“无招胜有招”的境界，就是“大巧”吧！但是，小巧固不足取，大巧也确实太难. 对于大多数学子而言，还要重视有章可循的招式，由小到大，以小御大，小题做大，小中见大. 朱华伟教授和钱展望教授的《数学解题策略》，踏踏实实地从一招、一式、一题、一法着手，探秘发微，系统地阐述数学解题法门，是引领读者登堂入室之作. 作者是数学奥林匹克领域的专家. 数学奥林匹克讲究题目出新，不落老套. 我看了这本书里的不少例题，看不出有哪些似曾相识，真不知道他是从哪里搜罗来的！

朱华伟教授还为本丛书写了一本《从数学竞赛到竞赛数学》. 竞赛数学当然就是奥林匹克数学. 华伟教授认为，竞赛数学是教育数学的一部分. 这个看法是言之成理的. 数学要解题，要发现问题、创造方法. 年复一年进行的数学竞赛活动，不断地为数学问题的宝库注入新鲜血液，常常把学术形态的数学成果转化为可能用于教学的形态. 早期的国际数学奥林匹克试题，有不少进入了数学教材，成为例题和习题. 竞赛数学与教育数学的关系，于此可见一斑.

写到这里，忍不住要为数学竞赛说几句话. 有一阵子，媒体上面出现不少讨伐数学竞赛的声音，有的教育专家甚至认为数学竞赛之害甚于黄、赌、毒. 我看了有关报道后第一个想法是，中国现在值得反对的事情不少，论轻重缓急还远远轮不到反对数学竞赛吧. 再仔细读这些反对数学竞赛的意见，可以看出来，他们反对的实际上是某些为牟利而又误人子弟的数学竞赛培训机构. 就数学竞赛本身而言，是面向青少年中很小一部分数学爱好者而组织的活动. 这些热心参与数学竞赛的数学爱好者（还有不少数学爱好者参与其他活动，例如，青少年创新发明活动、数学建模活动、近年来设立的丘成桐中学数学奖），估计不超过两亿中小学生的百分之五. 从一方面讲，数学竞赛培训活动过热产生的消极影响，和升学考试体制以及教育资源分配过分集中等多种因素有关，这笔账不能算在数学竞赛头上；从另一方面看，大学招生和数学竞赛挂钩，也正说明了数学竞赛活动的成功因而得到认可. 对于青少年的课外兴趣活动，积极的对策不应当是限制堵塞，而是开源分流. 发展多种课外活动，让更多的青少年各得其所，把各种活动都办得像数学竞赛这样成功并且被认可，数学竞赛培训活动过热的问题自然就化解或缓解了.

回到前面的话题. 上面说到“大巧”和“小巧”，自然想到还有“中巧”. 大巧法无定法，小巧一题一法. 中巧呢，则希望用一个方法解出一类题目. 也就是说，把数学问题分门别类，一类一类地寻求可以机械执行的方法，即算法. 中国古代的《九章算术》，就贯穿了分类解题寻求算法的思想. 中小学里学习四则算术、代数方程，大学里学习求导数，学的多是机械的算法. 但是，自古以来几何命题的证明却千变万化，法无定法. 为了找寻几何证题的一般规律，从欧几里得、笛卡儿到希尔伯特，前赴后继，孜孜以求. 我国最高科学技术奖获得者、著名数学家吴文俊院士指出，希尔伯特是第一个发现了几何证明机械化算法的人. 在《几何基础》这部名著中，希尔伯特对于只涉及关联性质的这类几何命题，给出了机械化的判定算法. 由于受时代的局限性，希尔伯特这一学术成果并不为太多人所知. 直到 1977 年，吴文俊先生提出了一个新的方法，可以机械地判定初等几何中等式型命题的真假. 这一成果在国际上被称为“吴方法”，它在几何定理机器证明领域中掀起了一个高潮，使这个自动推理中最不成功的部分变成了最成功的部分.

吴方法和后来提出的多种几何定理机器证明的算法，都不能给出人们易于检验和理解的证明，即所谓可读证明. 国内外的专家一度认为，机器证明的本质在于“用量的复杂克服质的困难”，所以不可能机械地产生可读证明.

笔者基于 1974 年在新疆教初中时指导学生解决几何问题的心得，总结出用面积关系解题的规律. 在这些规律的基础上，于 1992 年提出消点算法，和周咸青、高小山两位教授合作，创建了可构造等式型几何定理可读证明自动生成的理论和方法，并在计算机上实现. 最近在网上看到，面积消点法也多次在国外的不同的系统中实现了. 本丛书中的《几何新方法和新体系》，包括了面积消点法的通俗阐述，以及笔者提出的一个有关面积方法的公理系统，由冷拓同志协助笔者整理而成. 教育数学研究的副产品解决了机器证明领域中的难题，对笔者而言实属侥幸.

基于对数学教育的兴趣，笔者从 1974 年以来，在 30 多年间持续地探讨面积解题的规律，想把几何变容易一些. 后来发现，国内外的中学数学教材里，已经把几何证明删得差不多了. 于是"迷途知返"，把三角函数作为研究的重点. 数学教材无论如何改革，三角函数总是删不掉的吧. 本丛书中的《一线串通的初等数学》，讲的是如何在小学数学知识的基础上建立三角函数，从三角函数的发展引出代数工具并探索几何，把三者串在一起的思路.

在《一线串通的初等数学》中没有提到向量. 其实，向量早已下放到中学，与传统的初等数学为伍了. 在上海的数学教材里甚至在初中就开始讲向量. 讲了向量，自然想试试用向量解决几何问题，看看向量解题有没有优越性. 可惜在教材里和刊物上出现的许多向量例题中，方法略嫌烦琐，反而不如传统的几何方法简捷优美. 如何用向量法解几何题？能不能在大量的几何问题的解决过程中体现向量解题的优越性？这自然是教育数学应当关心的一个问题. 为此，本丛书推出一本《绕来绕去的向量法》. 书中用大量实例说明，如果掌握了向量解题的要领，在许多情形下，向量法比纯几何方法或者坐标法干得更漂亮. 这要领，除了向量的基本性质，关键就是"回路法". 绕来绕去，就是回路之意. 回路法是笔者的经验谈，没有考证前人是否已有过，更没有上升为算法. 书稿主要由彭翕成同志执笔，绝大多数例子也是他采集加工的.

谈起中国的数学科普，谈祥柏的名字几乎无人不知. 老先生年近八旬，从事数学科普创作超过半个世纪，出书 50 多种，文章逾千篇. 对于数学的执著和一生的爱，洋溢于他为本丛书所写的《数学不了情》的字里行间. 哪怕仅仅信手翻上几页，哪怕是对数学知之不多的中小学生，也会被一个个精彩算例所显示的数学之美和数学之奇深深吸引. 书中涉及的数学知识似乎不多不深，所蕴含的哲理却足以使读者掩卷遐想. 例如，书中揭示出高等代数的对称、均衡与和谐，展现了古老学科的青春；书中提到海峡两岸的数学爱好者发现了千百年来从无数学者、名人的眼皮底下滑过去的“自然数高次方的不变特性”，这些生动活泼的素材，兼有冰冷的思考与火热的激情，无论读者偏文偏理，均会有所收益．

沈文选教授长期从事中学数学研究、初等数学研究、奥林匹克数学研究和教育数学的研究．他的《走进教育数学》和本丛书同名（丛书的命名源于此），是一本从学术理论角度探索教育数学的著作．在书中他试图诠释“教育数学”的概念，探究“教育数学”的思想源头与内涵；提出“整合创新优化”、“返璞归真优化”等优化数学的方法和手段；并提供了丰富的案例．笔者原来杜撰出“教育数学”的概念，虽然有些实例，但却凌乱无序，不成系统．经过文选教授的旁征博引，诠释论证，居然有了粗具规模的体系框架，有点学科模样了．这确是意外的收获．

本丛书中的《情真意切话数学》，是张奠宙教授和丁传松、柴俊两位先生合作完成的一本别有风味的谈数学与数学教育的力作．作者跳出数学看数学，以全新的视角，阐述中学数学和微积分学中蕴含的人文意境；将中国古诗词等文学艺术和数学思想加以连接，既有数学的科学内涵，又有丰富的人文素养，把数学与文艺沟通，帮助读者更好地理解和亲近数学．在这里，老子道德经中“道生一，一生二，二生三，三生万物”被看成自然数公理的本意；“前不见古人，后不见来者．念天地之悠悠，独怆然而涕下”解读为“四维时空”的遐想；“春色满园关不住，一枝红杏出墙来”用来描述无界数列的本性；而“孤帆远影碧空尽，唯见长江天际流”则成为极限过程的传神写照．书中把数学之美分为美观、美好、美妙和完美 4 个层次，观点新颖精辟，论述丝丝入扣．在课堂上讲数学如能够如此情深意切，何愁学生不爱数学？

浏览着这风格不同并且内容迥异的 11 本书，教育数学领域的现状历历在目．这是一个开放求新的园地，一个蓬勃发展的领域. 在这里耕耘劳作的人们, 想的是教育, 做的是数学, 为教育而研究数学, 通过丰富发展数学而推进教育. 在这里大家都做自己想做的事, 提出新定义新概念, 建立新方法新体系, 发掘新问题新技巧, 寻求新思路新趣味, 凡此种种, 无不是为教育而做数学.

为教育而做数学, 做出了些结果, 出了这套书, 这仅仅是开始. 真正重要的是进入教材, 进入课堂, 产生实效, 让千千万万学子受益, 进而推动社会发展, 造福人类. 这才是作者们和出版者的大期望. 切望海内外同道者和不同道者指正批评, 相与切磋, 共求真知, 为数学教育的进步贡献力量.

张景中

2009 年 7 月

第二版前言

《数学解题策略》第一版发行至今已经5年了，看到有这么多朋友喜欢这本书，心中非常感激.

如果说数学是思维的科学，那么竞赛数学在这一点上显得更加专注. 我们刚开始学习数学的某个分支时，往往要先花比较多的时间学习这个分支里的基本概念和定理. 但是竞赛数学中的概念和定理主要来自于微积分之前的初等数学，所以竞赛数学没有专门去解释概念和定理，而是通过问题阐述方法，利用方法解决问题.

《数学解题策略》之所以能被大家喜欢，大概也正是因为它能够适应竞赛数学的这种特点. 这本书从竞赛数学的角度去审视数学竞赛中的解题策略，梳理前人踩踏出来的蹊径. 如果大家能从前人的经验中受益，对本人来说是无比欣慰的事情.

为了使本书的内容在迅速发展的数学竞赛中不至于落后，本人不断地收集和整理世界各地的数学竞赛试题，如果发现有新颖的题目或方法，就利用再版的机会加上去. 当然，数学问题不像技术领域的问题，许多数学问题从提出的那一刻开始就注定成为经典. 在岁月的长河中，经典是永恒的.

第二版删去了一些问题，补充了近几年出现的新问题，修订了一些论述，增加了 2009 年以来关于数学竞赛的新数据、新观点和新成果，还增加了一节内容 25.4 背景 4——恒等式 $a^3+b^3+c^3-3abc=(a+b+c)(a^2+b^2+c^2-ab-bc-ca)$. 希望本书的修订版能得到大家的鼓励与批评.

朱华伟

2014 年 10 月

第一版前言

本书是笔者多年从事数学奥林匹克活动的成果．我们在研究国内外各项数学竞赛中，特别是培训高中生参加各级数学竞赛包括全国高中数学联赛、中国数学奥林匹克(Chinese Mathematical Olympiad，CMO)、国际数学奥林匹克(International Mathematical Olympiad，IMO)、IMO中国国家队选拔考试以及培训IMO中国国家队的过程中收集了大量的题目，也发现了许多新颖的问题①．由于忙于各项竞赛和为IMO中国队输送、选拔更优秀的人才，所以一直没有时间把这些资料整理出来．如今，我国的数学奥林匹克已经进入了一个相对稳定的阶段，每年派出的中国代表队都会在IMO上获得优异的成绩．现在我们可以有比较多的时间来回顾和总结这些收集到的资料．并且随着数学竞赛的发展，已经形成一个新的数学分支，称为竞赛数学（或奥林匹克数学）．所以

① 编辑注：本书的第二作者钱展望先生共辅导11名选手入选IMO中国国家队，7名选手获金牌，1名选手获银牌，1998年IMO中国国家队6名选手有3名选手是钱展望先生的高徒，这一年中国队因故没有参赛.

我们也有必要为这个新兴的分支整理更多系统的参考书.

这些题目以怎样的形式呈现给读者比较好呢？如果以问题集的形式，把问题按知识内容进行分类，通常分为代数、几何、数论、组合等，我们发现有些问题往往同时涉及几块知识，相互交叉，难以细分. 而我们也发现许多问题，虽然属于不同的知识内容，但它们在方法策略上有相同或类似之处. 再从解题的角度来看，顺利解决一道数学问题除了必须具备扎实的学科知识基础，更重要的是要有灵活的方法策略. 我们在解题的时候常常碰到这样的情况：在自己百思不解的时候，经过解题高手一点拨，我们的思路豁然开朗，闪电一般解决了问题. 这说明我们并不是不熟悉问题涉及的知识内容，而是我们的方法策略不对，跳不出题目(或命题人）设下的圈套. 于是，我们决定从解题策略这个角度对问题进行分类.

全书共25章，每章的内容都是相对独立的，每章讲解一种解题策略，这些策略包括观察、归纳与猜想，数学归纳法，枚举与筛选，整数的表示方法，逻辑类分法，从整体上看问题，化归，退中求进，类比与猜想，反证法，构造法，极端原理，局部调整法，夹逼，数形结合，复数与向量，变量代换法，奇偶分析，算两次，对应与配对，递推方法，抽屉原理，染色和赋值，不变量原理等，几乎涵盖了数学竞赛中所有的解题策略. 每章的标题下面都有一句富有哲理的名人名言，它是该章所讲解的方法策略的精辟概括，当学习完一章的内容时，我们会对那句名言有更深刻的理解和体会. 每章的开头或者是以经典的例子，或者是以形象的生活事例，或者是以对该策略进行简明的描述的方式引入该章的内容，接着是丰富的例子和详细的解答，还有点评. 每章后面都有大量的问题（限于篇幅我们没有给出相应的解答，我们将在适当的时间出版解答). 第25章问题的引入与背景从命题的角度来探讨解题的策略，也就是站在更高的角度来考虑解题的策略. 如果我们能够弄清命题的原则和题目的背景，可以说是知己知彼，百战不殆.

每个学习数学的人都希望自己能敏捷而又巧妙地解决各种数学问题．但事实总是让人感到困扰，因为学会解题必须要经过长期的模仿和练习．正如美国著名数学家 G. 波利亚所言："解题是一种实践性技能，就像游泳、滑雪或弹钢琴一样，只能通过模仿和实践来学到它．本书不能给你一把万能钥匙去打开所有的门，或解决所有的问题，但是它却能提供给你一些值得效仿的范例和许多实践的机会．你想学会游泳，你就必须下水，你想成为解题的能手，你就必须去解题．"所以不要指望这本书能给读者一种万能的解题策略，对所有的题目都可以迎刃而解．这是任何一本关于数学解题的书都不能做到的．我们希望读者通过学习书中介绍的解题策略，可以在解数学习题甚至其他学科的问题时，脑子不会一片空白，束手无策，而是可以尝试多种方法来解决同一问题．

本书可作为高中生参加数学竞赛，中学数学教师作数学竞赛辅导、进修，高等师范院校数学教育专业本科生、研究生开设竞赛数学课程的教材或参考书．数学业余爱好者也可以从这本书中找到许多新颖有趣的问题和令人耳目一新的巧妙解题方法．冥思苦想的命题者也许可以从这本书中找到灵感，提出更多新问题为竞赛数学注入新的血液．总之，这本书的对象应该是广泛的，而不仅仅是局限在参加高层次竞赛的少数学生中．

在本书的写作过程中，我们参阅了众多的文献资料，并得到数学教育界前辈和同仁的支持和帮助，得到科学出版社和广州市教育局的大力扶持．在此一并表示感谢．对于本书存在的问题，热忱希望读者不吝赐教．

2009 年 2 月

目　录

第 1 章
观察、归纳与猜想

先猜，后证——这是大多数的发现之道.

—— G. 波利亚

“猜想”是一种重要的思维方法，对于确定证明方向、发现新定理，都有重大意义. 先来看一看猜想是怎样产生的.

3，5，7，11，13，17，19 都是素数，素数之间有什么关联呢？观察

$$3+2=5,\ 5+2=7,\ 11+2=13,\ 17+2=19,\ \cdots$$

可以归纳出一个特点：3 和 5，5 和 7，11 和 13，17 和 19 是成对的素数，它们的差都是 2，可以说是一对对双胞胎，把它们叫做孪生素数. 所谓孪生素数指的就是这种间隔为 2 的相邻素数，它们之间的距离已经近得不能再近了，就像孪生兄弟一样.

最小的孪生素数是(3，5)，不难验证，100 以内的孪生素数有 8 组，还包括(5，7)，(11，13)，(17，19)，(29，31)，(41，43)，(59，61)和(71，73)，随着数字的增大，孪生素数的分布会变得越来越稀疏，寻找孪生素数也会变得越来越困难. 那么，会不会在超过某个界限之后就再也不存在孪生素数了呢？我们知道，素数本身的分布也是随着数字的增大而越来越稀疏，不过幸运的是，早在古希腊时代，欧几里得(Euclid)就证明了素数有无穷多个. 长期以来，人们猜测孪生素数也有无穷多组，这就是与哥德巴赫(Goldbach)猜想齐名、集令人惊异的简单表述与令人惊异的复杂证明于一身的著名猜想——孪生素数猜想.

孪生素数猜想：存在无穷多个素数 p，使得 $p+2$ 也是素数.

2013 年 5 月，张益唐[①]在孪生素数研究方面所取得的突破性进展，证明

① 张益唐，1978 年考入北京大学数学系，1982 年本科毕业；1982 ~ 1985 年，师从著名数学家、北京大学潘承彪教授攻读硕士学位；1992 年毕业于美国普渡大学，获博士学位；美国加利福尼亚大学圣塔芭芭拉分校教授.

了孪生素数猜想的一个弱化形式．在最新的研究中，张益唐在不依赖未经证明推论的前提下，发现存在无穷多个之差小于7000万的素数对．这一研究随即被认为在孪生素数猜想这一终极数论问题上取得了重大突破，甚至有人认为其对学界的影响将超过陈景润的“1+2”证明．2013年5月13日，张益唐在美国哈佛大学发表主题演讲，介绍了他的这项研究进展。

通过观察若干具体实例，发现存在于它们之中的某种似乎带规律性的东西，我们相信它具有普遍意义，对更多更一般的实例同样适用，从而把它当成一般规律或结论，这种发现规律或结论的方法叫做归纳法．

农谚“瑞雪兆丰年”、“霜下东风一日晴”等，就是农民根据多年的实践经验进行归纳的结果．

归纳常常从观察开始，一个生物学家会观察鸟的生活，一个晶体学家会观察晶体的形状，一个数学家会观察数和形．正如著名数学家G．波利亚所言：“先收集有关的观察材料，考察它们，加以比较，注意到一些规律性，最后把零零碎碎的细节归纳成有明显意义的整体．”波利亚比喻这个过程与考古学家从破石碑上零零散散的文字考证出全部材料，与生物学家从几片烂碎骨头推断出古代动物的整体形态的过程极相类似．

观察：

$$1+8+27+64=100,$$

改变一下形式：

$$1^3+2^3+3^3+4^3=10^2=(1+2+3+4)^2.$$

这个形式很规则，这是偶然的，还是确有这样的规律？不妨再试验一下：

$$1^3+2^3=9=3^2=(1+2)^2,$$

$$1^3+2^3+3^3=36=6^2=(1+2+3)^2.$$

再取多一些数试验一下：

$$1^3+2^3+3^3+4^3+5^3=225=15^2=(1+2+3+4+5)^2.$$

于是猜想：

$$1^3+2^3+\cdots+n^3=(1+2+\cdots+n)^2=\left[\frac{n(n+1)}{2}\right]^2.$$

从这个例子可以看到，观察时不可把眼光停留在某一点上固定不变，而要注意根据问题特点不断调整自己观察的角度，以利于观察出有一定隐蔽性的内在规律．

当然，归纳出来的规律或结论一般来说还只是一种猜想，它是否正确，还有待于进一步证明．

归纳、猜想的思维方法对于猜测问题的结论、发现解决问题的途径具有重要的作用．

1.1　归纳法帮你猜想命题结论

在解题过程中，当一般规律尚未发现之前，先观察几个实例，通过对实例的细心观察和深入分析，找出规律性的东西，建立猜想，最后证明猜想. 这就是运用归纳法的三部曲：观察实例—归纳猜想—证明猜想.

【例 1.1】　费马大定理.

我国早在商周时代(约公元前 1100 年)就已经知道了不定方程 $x^2+y^2=z^2$ 至少有一组正整数解：$x=3$，$y=4$，$z=5$.

法国数学家费马(Fermat，1601 ~ 1665)在阅读古希腊数学家丢番图《算术》一书的第Ⅱ卷第 8 命题“将一个平方数分为两个平方数的和”时，他想到了更一般的问题，费马在页边空白处写下了如下一段话：

“将一个立方数分为两个立方数的和，一个四次方数分为两个四次方数的和，或者一般地将一个 n 次方数分为两个同次方数的和，这是不可能的. 关于此，我确信已找到了一个真正奇妙的证明，可惜这儿的空间太小，写不下.”

这段叙述用现代数学语言来说，就是：

当整数 $n>2$ 时，方程

$$x^n+y^n=z^n$$

没有正整数解.

这就是著名的费马大定理. 这个结论费马认为可以证明，但并没有给出证明过程. 这个困惑了世间智者 358 年的猜想，终于在 1996 年获证.

【例 1.2】　哥德巴赫猜想.

1742 年，德国数学家哥德巴赫在研究整数问题时发现

$$\begin{aligned}
6&=3+3, & 7&=3+2+2,\\
8&=3+5, & 9&=3+3+3,\\
10&=5+5, & 11&=3+3+5,\\
12&=5+7, & 13&=3+5+5,\\
14&=7+7, & 15&=3+5+7,\\
16&=3+13, & 17&=3+7+7,\\
&\vdots & &\vdots\\
100&=47+53, & 101&=3+19+79,\\
102&=43+59, & 103&=3+47+53,\\
&\vdots & &\vdots
\end{aligned}$$

于是他猜想，任何一个大于 5 的整数总可以分解成不超过三个素数的和，

他把这个猜想告诉了当时的大数学家欧拉，欧拉经过研究把它归纳成以下两类：

1）任何大于4的偶数都可以表示为两个奇素数之和；

2）任何大于 7 的奇数都可以表示成三个奇素数之和.

实际上，2）是1）的推论，因任何大于7 的奇数减去奇素数3 就是一个大于4 的偶数.

通常把1）称为哥德巴赫猜想，简记为 1+1，有人验证了这个猜想在 $N\leqslant10^8$ 内都是正确的，但这个猜想至今还没能给以逻辑证明，所以仍是一个猜想. 200 多年以来，她像一颗璀璨夺目的明珠，吸引了无数数学家和数学爱好者为之奋斗.

【例 1.3】 欧拉公式的发现.

探求凸多面体的面数、顶点数、棱数之间的关系.

欧拉曾观察一些特殊的多面体，如立方体、三棱柱、五棱柱、四棱锥、三棱锥、五棱锥、八面体、塔顶体(正方体上放一个四棱锥)、截角立方体等(图 1-1). 我们将每个多面体的面数 F、顶点数 V、棱数 E 列成表 1-1.

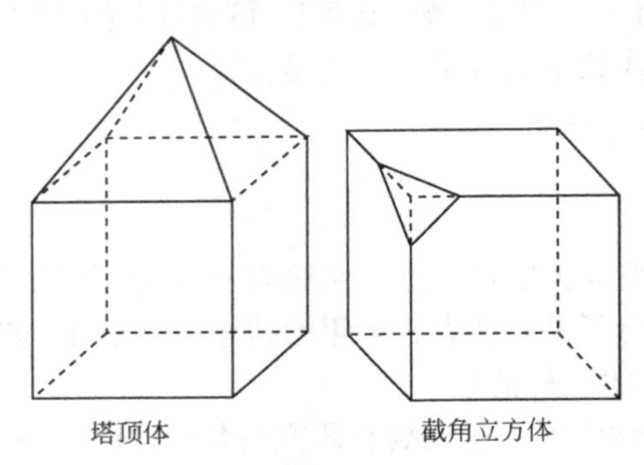

图 1-1

表 1-1

多面体	面数（F）	顶点数（V）	棱数（E）
三棱锥	4	4	6
四棱锥	5	5	8
三棱柱	5	6	9
五棱锥	6	6	10
立方体	6	8	12
八面体	8	6	12
五棱柱	7	10	15
截角立方体	7	10	15

续表

多面体	面数（F）	顶点数（V）	棱数（E）
塔顶体	9	9	16
二十面体	20	12	30
十二面体	12	20	30
n 棱柱	$n+2$	$2n$	$3n$
n 棱锥	$n+1$	$n+1$	$2n$

首先考虑特殊的多面体的面数、顶点数与棱数，并思考如下问题：

1）面数是否随着顶点数目的增大而增大？否(如塔顶体与截角立方体).

2）棱数是否随着面数或顶点数的增大而增大？否(如八面体与五棱柱，塔顶体与截角立方体).

进一步考虑，尽管 F 和 V 均非始终如一地随着 E 的增大而增大，但总趋势似乎是增大的，即 $F+V$ 是在不断增大的. 那么是否有“任何多面体的面数加顶点数与棱有同增趋势”？

由表 1-1 中数据可知 $V+F-E=2$ 均成立

从而，欧拉得出猜想：任意多面体的面数 F、顶点数 V、棱数 E 满足

$$V+F-E=2.$$

后来欧拉证明了这个猜想是正确的，这就是著名的欧拉公式.

运用归纳推理的一般步骤为：首先，通过观察特例发现某些相似性(特例的共性或一般规律)；然后，把这种相似性推广为一个明确表述的一般命题(猜想)；最后，对所得出的一般性命题进行证明.

【例 1.4】　求所有满足下式的正整数 m 和 n：

$$1!+2!+\cdots+m!=n^2.$$

分析　本题的不定方程含有阶乘，规律难以掌握，可先看一些特殊值，看能否从中找出规律.

解　记方程左边为 S_m，列于表 1-2.

表 1-2

m	1	2	3	4	5	6	7
S_m	1	3	9	33	153	873	5913

对 S_m 进行系统观察知，除 $m=1$，3 时，$S_1=1^2$，$S_2=3^2$ 外，其余 S_2，S_4，S_5，S_6，S_7 都不是完全平方数，观察这些数的特点可以发现末位数全为 3，这是因为 $5!$ 的末位数为 0，因此当 $m\geqslant 5$ 时，$m!$ 的末位数必全为 0，而 $1!+2!+3!+4!=33$，所以当 $m\geqslant 4$ 时，S_m 的末位数都是 3，而完全平方数

的末位数只可能为 0，1，4，5，6，9，不可能为 3，故当 $m \geqslant 4$ 时方程无整数解.

总之，本题方程有且仅有两组正整数解

$$m=n=1, \quad m=n=3 .$$

大胆猜想常是发现问题、解决问题的关键环节. 然而猜想并非胡思乱想，对于不少问题，可以通过"退"，适当地举出一些简单情形，再对所呈现的某些共性现象进行归纳，为进一步提出猜想奠定较理想的基础.

【例 1.5】 证明：对每一个不小于 3 的正整数 n，都存在一个正整数 a_n，它可以表示为自己的 n 个互不相同的正约数的和.

证明 从最简单的情形 $n=3$ 看起，易知

$$1+2+3=6, \tag{1-1}$$

并且 1，2，3 恰好是 6 的 3 个互不相同的正约数. 因此可将 a_3 取为 6.

有了 $a_3=6$，再看如何构造 a_4. 我们想在(1-1)式的基础上进一步构造出 a_4. 在(1-1)式两端同时加 6，得

$$1+2+3+6=12, \tag{1-2}$$

而 1，2，3，6 又恰是 12 的 4 个互不相同的正约数. 于是，可将 a_4 取为 12. 不仅如此，这种由 a_3 得 a_4 的方法还蕴涵着一般规律，即如果已找出

$$b_1+b_2+\cdots+b_k=a_k , \tag{1-3}$$

其中 b_1，b_2，…，b_k 是 a_k 的互不相同的正约数，那么就可以将(1-3)式两端同时加上 a_k，得到

$$b_1+b_2+\cdots+b_k+a_k=2a_k .$$

从而只要令 $a_{k+1}=2a_k$，$b_{k+1}=a_k$，便知 a_{k+1} 是自己的 $k+1$ 个互不相同的正约数 b_1，b_2，…，b_k，b_{k+1} 的和了. 这样一来，便证明了所需的结论.

【点评】 由上述证明不难看出，a_n 具有通项公式

$$a_n=3\cdot 2^{n-2}, \quad n\in\mathbf{N}, \ n\geqslant 3 .$$

1.2 归纳法帮你猜想解题思路

【例 1.6】 设 k 是正整数，试求满足不等式

$$|x|+|y|<k \tag{1-4}$$

的整数解 (x, y) 的组数.

分析 字母 k 比较抽象，给解答带来了困难，为了探索解题方法，先考察 k 取特殊值时的情形.

若 $k=1$，则 $|x|+|y|<1$，即 $|x|+|y|\leqslant 0$，此时只有一组解 $(0,0)$.

若 $k=2$，则 $|x|+|y|<2$，即 $|x|+|y|\leqslant 1$，$|x|\leqslant 1$，故 x 可取值 0，1，-1，x 取 0 时，y 可取 0，1，-1，x 取 1 或 -1 时，y 都只取 0，因此，解的总数是 $3+2\times 1=5$，这 5 组解是 $(0,0)$，$(0,\pm 1)$，$(\pm 1,0)$.

若 $k=3$，则 $|x|+|y|<3$，即 $|x|+|y|\leqslant 2$，x 可取 0，± 1，± 2，当 x 取 0 时，y 可取 0，± 1，± 2；x 取 $+1$ 或 -1 时，y 都可取 0，± 1；x 取 $+2$ 或 -2 时，y 都只可取 0，于是解的总数是 $5+2\times 3+2\times 1=13$.

通过考察 $k=1,2,3$ 时的情况，启发我们从找出各组整数解入手，来解答本题，现在就将上面的讨论归纳为一般情况.

解　显然不等式(1-4)等价于不等式

$$|x|+|y|\leqslant k-1. \tag{1-5}$$

由 $|x|\leqslant k-1$ 知，x 可取值 0，± 1，± 2，…，$\pm(k-1)$.

$x=0$ 时，$y=0$，± 1，± 2，…，$\pm(k-1)$ 有 $2k-1$ 组；

$x=\pm 1$ 时，$y=0$，± 1，± 2，…，$\pm(k-2)$ 有 $2(2k-3)$ 组；

$x=\pm 2$ 时，$y=0$，± 1，± 2，…，$\pm(k-3)$ 有 $2(2k-5)$ 组；

$$\vdots$$

$x=\pm(k-2)$ 时，$y=0$，± 1，有 2×3 组；

$x=\pm(k-1)$ 时，$y=0$，有 2×1 组.

因此，不等式 (1-4) 的整数解 (x,y) 的组数有

$$\begin{aligned}&(2k-1)+2(2k-3)+2(2k-5)+\cdots+2\times 3+2\times 1\\&=(2k-1)+2[1+3+\cdots+(2k-5)+(2k-3)]\\&=(2k-1)+2(k-1)^2\\&=2k^2-2k+1.\end{aligned}$$

【例 1.7】　一个七边形棋盘如图 1-2 所示，7 个顶点顺序从 0 到 6 编号，称为 7 个格子. 一枚棋子放在 0 格，现在依逆时针方向移动这枚棋子，且每次依次移动 1，2，…，n 格. 试证明：不论移动多少次，总有三个格子从不停留棋子.

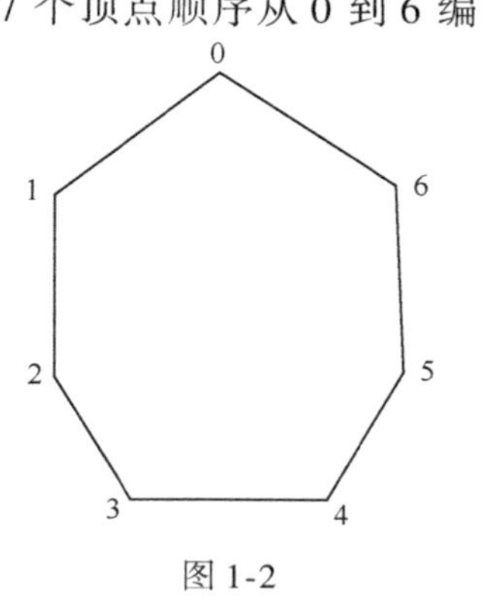

图 1-2

分析　本题是要证明不论移动多少次，总有三个格子从不停留棋子，至于哪三个格子从不停留棋子，题中并未指明. 这就使证明目标比较模糊，增加证明的困难. 为了弄清结论的确切含义，可以根据题意逐一进行试验，发现规律，探明没有停留棋子的格子，使证明方向逐步明朗.

证明 设移动次数为 n，棋子停留的格子号码为 r，先取特殊值试验，见表1-3.

表1-3

n	0	1	2	3	4	5	6	7	8	9	10	11	12	13	…
r	0	1	3	6	3	1	0	0	1	3	6	3	1	0	…

观察上表不难猜出，从不停留棋子的三个格子的号码是2，4，5. 进一步观察，发现 r 的值是按0，1，3，6，3，1，0循环出现的. 根据上面分析启发给出如下证法：

第 k 次移动将棋子移动了 $1+2+\cdots+k=\frac{1}{2}k(k+1)$ 格，第 $k+7$ 次移动将棋子移动了 $1+2+\cdots+(k+7)=\frac{1}{2}(k+7)(k+8)$ 格，但是 $\frac{1}{2}(k+7)\cdot(k+8)-\frac{1}{2}k(k+1)=7k+28$ 是7的倍数，所以 $\frac{1}{2}(k+7)(k+8)$ 与 $\frac{1}{2}k(k+1)$ 除以7后的余数相同，这说明第 $k+7$ 次移动后，棋子停留的格子号码，与第 k 次移动后棋子停留的格子号码是相同的(因为棋盘有7个格子). 而棋子的第1次到第6次移动已经验证，因此得出从不停留棋子的三个格子是2，4，5.

【例1.8】 试证：对任意正整数 n，在 n^2 和 $n^2+n+3\sqrt{n}$ 之间一定能找到3个正整数，使得其中两个的乘积能被第三个整除.

分析与证明 从特殊情形入手，寻求规律.

当 $n=1$ 时，在1与5之间有3个数2，3，4，显然 $2\mid 3\times 4$.

当 $n=2$ 时，在4和 $6+3\sqrt{2}$ 之间有6，8，9（或5，8，10），显然 $6\mid 8\times 9$（或 $5\mid 8\times 10$）.

当 $n=10$ 时，在100与 $110+3\sqrt{10}$ 之间有 $a=104=8\times 13$，$b=108=9\times 12$，$c=117=9\times 13$，显然 $c\mid ab$. 在这种情形下，对 a，b，c 的表示作一点变形，以发现规律

$$a=(10-2)(10+2+1),$$
$$b=(10-2+1)(10+2),$$
$$c=(10-2+1)(10+2+1).$$

由此猜想在 n^2 和 $n^2+n+3\sqrt{n}$ 之间有

$$a=(n-x)(n+x+1)=n^2+n-x^2-x,$$
$$b=(n-x+1)(n+x)=n^2+n-x^2+x,$$
$$c=(n-x+1)(n+x+1)=n^2+2n+1-x^2,$$

其中 $n>2$，且 x 是整数. 显然 $c\mid ab$. 设 x 是满足 $x^2+x<n$ 的最大整数，那么 $0<n^2<a<b<c$，剩下只需证明，$c<n^2+n+3\sqrt{n}$，即

$$n^2+2n+1-x^2<n^2+n+3\sqrt{n},$$

亦即 $x^2>n-3\sqrt{n}+1$.

用反证法. 假设 $x^2\leqslant n-3\sqrt{n}+1$，则 $x<\sqrt{n}-\frac{3}{2}$，$x+1<\sqrt{n}-\frac{1}{2}$. 但是在这种情况下 $(x+1)^2+(x+1)<\left(\sqrt{n}-\frac{1}{2}\right)^2+\left(\sqrt{n}-\frac{1}{2}\right)=\left(n-\sqrt{n}+\frac{1}{4}\right)+\left(\sqrt{n}-\frac{1}{2}\right)<n$，这与 x 的选择矛盾!

【点评】　本题从题面上看比较抽象，通过对几个特例的讨论和分析，发现了问题的规律所在.

【例 1.9】　设 k 是正整数，M_k 是 $2k^2+k$ 与 $2k^2+3k$ 之间(包括这两个数在内)的所有整数组成的集合，试问能否把 M_k 分拆为两个子集 A，B，使得

$$\sum_{x\in A}x^2=\sum_{y\in B}y^2.$$

解　从特殊情形入手考察，以便发现规律.

当 $k=1$ 时，$M_k=\{3,4,5\}$. 由于

$$3^2+4^2=5^2,$$

所以 $A=\{3,4\}$，$B=\{5\}$ 是一个符合要求的分拆.

$k=2$ 时，$M_k=\{10,11,12,13,14\}$. 由于

$$10^2+11^2+12^2=13^2+14^2,$$

所以 $A=\{10,11,12\}$，$B=\{13,14\}$ 是一个符合要求的分拆.

由上述两种特殊情况及 $|M_k|=(2k^2+3k)-(2k^2+k)+1=2k+1$，启发我们猜想，把 M_k 中前 $k+1$ 个数的集合作为 A，$B=M\setminus A$ 可能是一个符合要求的分拆，事实上，不难验证

$$(2k^2+k)^2+(2k^2+k+1)^2+\cdots+(2k^2+2k)^2$$
$$=(2k^2+2k+1)^2+(2k^2+2k+2)^2+\cdots+(2k^2+3k)^2,$$

即

$$\sum_{x\in A}x^2=\sum_{y\in B}y^2,$$

所以 $A=\{i\mid 2k^2+k\leqslant i\leqslant 2k^2+2k,\ i\in\mathbf{N}\}$，$B=M_k\setminus A$ 是一个符合要求的分拆.

【例 1.10】 设 n 为给定的正整数，求最大的正整数 k，使得存在三个由非负整数组成的 k 元集 $A=\{x_1,\ x_2,\ \cdots,\ x_k\}$，$B=\{y_1,\ y_2,\ \cdots,\ y_k\}$ 和 $C=\{z_1,\ z_2,\ \cdots,\ z_k\}$ 满足对任意 $j\in[1,\ k]$，都有 $x_j+y_j+z_j=n$.

分析 对较小的 n 逐一试验，在总结了规律后得出猜测，再去想办法构造就可以了.

解 首先，对于每一组 n 和 k，应该满足 $3\sum\limits_{i=0}^{k-1}i\leqslant kn$，其中不等式左边是三个集合所有元素之和可能取到的最小值. 由上式解得 $3(k-1)\leqslant 2n$，即 $k\leqslant\left[\dfrac{2n}{3}\right]+1$，下面将证明 k 可以取到 $\left[\dfrac{2n}{3}\right]+1$.

当 $n=3m$ 时，令

$A=\{0,\ 1,\ 2,\ \cdots,\ 2m\}$，

$B=\{m,\ m+1,\ m+2,\ \cdots,\ 2m,\ 0,\ 1,\ 2,\ \cdots,\ m-1\}$，

$C=\{2m,\ 2m-2,\ 2m-4,\ \cdots,\ 2,\ 0,\ 2m-1,\ 2m-3,\ \cdots,\ 1\}$，

满足条件.

当 $n=3m+1$ 时，取 $n=3m$ 时的三个集合，再将集合 A 中每个元素都加上 1 即可.

当 $n=3m+2$ 时，取 $n=3(m+1)$ 时的三个集合，将每个集合的第一个元素去掉，再将集合 A 中每个元素都减去 1 即可.

综上所述，最大的 k 即为 $\left[\dfrac{2n}{3}\right]+1$.

【点评】 上限估计那部分比较简单，也比较容易想到. 相比来说，能够用一个简捷的方法给出构造，体现的是学生对数的排列组合的深刻认识.

【例 1.11】 给定一个 2008×2008 的棋盘，棋盘上每个小方格的颜色均不相同. 在棋盘的每一个小方格中填入 C，G，M，O 这 4 个字母中的一个，若棋盘中每一个 2×2 的小棋盘中都有 C，G，M，O 这 4 个字母，则称这个棋盘为“和谐棋盘”. 问有多少种不同的“和谐棋盘”？

分析 首先要分析“和谐棋盘”应当满足什么条件，不妨假设左上角的四个小方格依次放入 C，G，M，O；那么能够考虑的是与这四个小方格相邻的几个小方格应该填什么字母. 经过几次简单的尝试，可以发现，要么每一行有规律，要么每一列有规律. 由此得出了解答的途径.

解 首先证明引理. 如果在“和谐棋盘”中，某一行中出现了至少三种不同的字母，那么每一列都恰出现两种字母.

不妨设某一行出现了 C，G，M；可考虑从左向右看时最后出现的一个字母，不妨设 M 最后出现，那么在 M 往左边数的前两个格子里必然是 C 和 G．不妨设这三个字母的顺序就是 C、G、M．那么在这个 G 的上方(如果有上方)必然是 O，而这个 O 的左边和右边分别是 M 和 C．再向上一行（如果有）的对应三个格子分别是 C、G、M．对下方的格子同理．因此，在第一个 G 所在列仅有 G 和 O 两种字母．而与这一列相邻的两列都只有 C 和 M 这两种字母．这样一列一列地推导过去，可得每一列都恰出现了两种字母．

回到原题，首先计算每一行都恰出现两种不同字母的“和谐棋盘”种数．首先选定两个字母作为第一行出现的字母，共 6 种选法，其次在每一行，都以给定的两种字母交替出现，有两种选法，因此这样的“和谐棋盘”一共有 6×2^{2008} 种．

同理，每一列恰出现两种不同字母的“和谐棋盘”一共也有 6×2^{2008} 种．下面再考虑每一行，每一列均恰出现两种不同字母的“和谐棋盘”种数．这样的“和谐棋盘”由左上角的 2×2 方阵中的字母唯一确定，共 $4!=24$ 种．

因此，“和谐棋盘”的总种数为 $12\times2^{2008}-24$．

【点评】　解答中的引理是解题的关键，更是“和谐棋盘”的本质．本题对组合分析与归纳、猜测能力有一定的要求．

1.3　两个著名的反例

归纳与猜想对数学解题的确是一件锐利的武器，但也是一件危险的武器．所作的猜想仅仅对有限种情况进行了验证，引起我们重视这种危险性的良方妙药便是用具体的例子表明：根据有限种情况作出的猜想未必正确．下面就是两个这样的例子．

【例 1.12】　在圆周上取 n 个点，并用一切可能的线段连接它们．如果其中任何 3 条线段都不相交于同一点，那么它们把圆分成多少个部分？

解　当 $n=1$，2，3，4，5 时，可知相应地分为 1，2，4，8，16 个部分．由此极易导出错误的猜想：当点的个数为 n 时，把圆分为 2^{n-1} 个部分．而事实上，本题的答案却是：

$$\frac{1}{24}n(n-1)(n-2)(n-3)+\frac{1}{2}n(n-1)+1.$$

【例 1.13】　17 世纪费马观察如下的事实：

当 $n=0$ 时，$2^{2^0}+1=3$ 是个素数；

当 $n=1$ 时，$2^{2^1}+1=5$ 是个素数；

当 $n=2$ 时，$2^{2^2}+1=17$ 是个素数；

当 $n=3$ 时，$2^{2^3}+1=257$ 是个素数；

当 $n=4$ 时，$2^{2^4}+1=65537$ 是个素数.

由上述5个事实，费马得出一个猜想：当 n 取非负整数时，$2^{2^n}+1$ 是一个素数，事隔100多年以后，数学家欧拉举出了反例：当 $n=5$ 时，$2^{2^5}+1=4294967297=641\times 6700417$ 不是素数，由此，否定了费马的猜想.

这两个例子说明，由个别事实的数量特征，通过归纳得出对所有对象都成立的一般特征时，使用的是不完全归纳法，所得猜想可能正确，也可能不正确，只是一种合情推理，其结论正确与否，还需要经过理论的证明和实践的检验.

本章所举例题，大都是以它的某些特殊情形为背景，通过抽象、概括得到的. 因此，从具体实例考察，运用归纳的手段，容易发现它们的本来面目.

尽管由归纳推理所得的结论未必是可靠的，还需要进一步检验，但它由特殊到一般，由具体到抽象的认识功能，对于科学的发现却是十分有用的. 观察、实验，对有限的资料作归纳整理，提出猜想，乃是科学研究的最基本的方法之一.

问　题

1.（1）下面的（a），（b），（c），（d）为四个平面图. 数一数，每个平面图各有多少顶点？多少条边？它们分别围成了多少个区域？请将结果填入下表（按填好的样子做）.

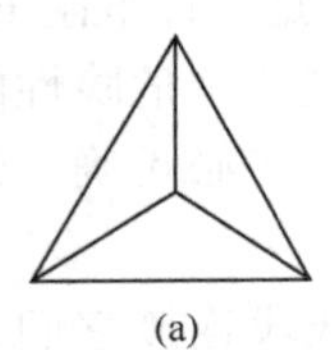
(a)

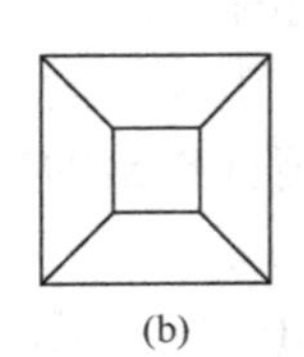
(b)

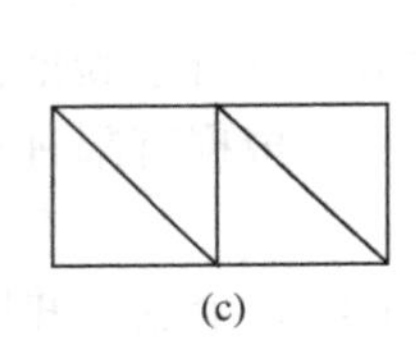
(c)

(d)

第1题图

	顶点数	边数	区域数
(a)	4	6	3
(b)			
(c)			
(d)			

（2）观察上表，推断一个平面图的顶点数、边数、区域数之间的关系.

（3）现已知某个平面图有999个顶点，且围成了999个区域，试根据以上关系确定这个图有多少条边.

2. 角谷猜想.

任取一个大于 2 的自然数，反复进行下述两种运算：

（1）若是奇数，则将该数乘以 3 再加上 1；

（2）若是偶数，则将该数除以 2.

例如，对 3 反复进行这样的运算，有

$$3 \to 10 \to 5 \to 16 \to 8 \to 4 \to 2 \to 1,$$

对 4，5，6 反复进行上述运算，其最终结果也都是 1，再对 7 进行这样的运算，有

$7 \to 22 \to 11 \to 34 \to 17 \to 52 \to 26 \to 13 \to 40 \to 20 \to 10 \to 5 \to 16 \to 8 \to 4 \to 2 \to 1$.

运用归纳推理建立猜想（通常称为“角谷猜想”）：__________.

3. 设 $f(x) = x^2 + x + 11$，取 $x = 1, 2, 3, \cdots, 9$，则

$$f(1) = 13, \quad f(2) = 17, \quad f(3) = 23,$$
$$f(4) = 31, \quad f(5) = 41, \quad f(6) = 53,$$
$$f(7) = 67, \quad f(8) = 83, \quad f(9) = 101.$$

可以看出，这些值都是素数. 从这些特殊情况是否可以归纳出：对一切正整数 x，$f(x) = x^2 + x + 11$ 的值都是素数.

4. 一个直角三角形的三边长都是正整数，这样的直角三角形称为整数勾股形，其三边的值叫做勾股弦三数组，下面给出一些勾股弦三数组（勾，股，弦）：

（3，4，5），（5，12，13），（7，24，25），（8，15，17），
（20，21，29），（360，319，481），（2400，1679，2929），….

观察这些勾股弦三数组，请你归纳一个猜想，并加以证明.

5. 依次取三角形数的末位数字，排列起来可以构造一个无限小数

$$N = 0.1360518\cdots.$$

试证明：N 是有理数.

6. 整数 a，b，c 表示三角形三边的长，其中 $a \leqslant b \leqslant c$，试问：当 $b=n$（n 是 正整数）时，这样的三角形有几个？

7. 在平面上有 n 条直线，任何两条都不平行，并且任何三条都不交于同一点，这些直线能把平面分成几部分？

8. n 个平面，最多把空间分成几个部分？

9. 在平面上画 n 个三角形，问：

（1）最多能将这个平面分成多少块？

（2）最多能有多少个交点（包括这些三角形的顶点在内）？

10. 要用天平称出1克，2克，3克，…，40克这些不同的整数克质量，至少要用多少个砝码？这些砝码的质量分别是多少？

11. 一条直径将圆周分成两个半圆周，在每个分点标上素数 p；第二次将两个半圆周的每一个分成两个相等的 $\frac{1}{4}$ 圆周，在新产生的分点标上相邻两数和的 $\frac{1}{2}$；第三次将四个 $\frac{1}{4}$ 圆周的每一个分成两个相等的 $\frac{1}{8}$ 圆周，在新产生的分点标上其相邻两数和的 $\frac{1}{3}$；第四次将八个 $\frac{1}{8}$ 圆周的每一个分成两个相等的 $\frac{1}{16}$ 圆周，在新产生的分点标上其相邻两数和的 $\frac{1}{4}$，如此进行了 n 次，最后，圆周上的所有数字之和为17170，求 n 和 p 的值各为多少.

12. 计算 $C_n^0 - C_{n-1}^1 + C_{n-2}^2 - C_{n-3}^3 + \cdots + (-1)^k C_{n-k}^k (n \geqslant k)$，其中 $k = \left[\frac{n}{2}\right]$.

13. 正整数数列 $\{a_n\}$ 满足 $a_1 = 1$，$a_{n+1} = \begin{cases} a_n - n, & 若\ a_n > n, \\ a_n + n, & 若\ a_n \leqslant n. \end{cases}$

（1）求 a_{2008}；

（2）求最小的正整数 n，使 $a_n = 2008$.

14. 证明：存在8个连续的正整数，它们中的任何一个都不能表示为

$$|7x^2 + 9xy - 5y^2|$$

的形式，其中 x，$y \in \mathbf{Z}$.

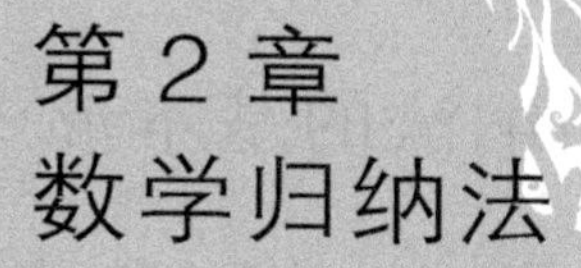

第 2 章 数学归纳法

把数学归纳法学好了，对进一步学好高等数学有帮助，甚至对认识数学的性质，也会有所裨益.

——华罗庚

长长的一列士兵走在路上，将军把一句口令告诉最前面的士兵，这个士兵开始把口令往后传，如果每个士兵听到口令之后都往后传，这口令自然会传遍全军.

类似地，大概每个人都遇到过“多米诺骨牌现象”：推倒头一块“骨牌”，它会带倒第二块，再带倒第三块……直到所有“骨牌”全部倒下. 把骨牌想象为一列无穷多个编了号的命题：$P_1, P_2, P_3, \cdots$. 假定能够证明：

(奠基)最初的一个命题正确；

(过渡)由每一个命题的正确性都可以推出它的下一个命题的正确性，那么我们便证明了这一列命题的正确性. 事实上，我们已会“推倒头一块骨牌”，即证明最初的一个命题成立(所谓“奠基”)，而“过渡”则意味着“每一块骨牌在倒下时都将带倒下一块骨牌”. 这样一来，并不需要特别强调应推倒哪一块骨牌，事实上，只要头一块一旦倒下，那么这一列中的任何一块骨牌都或早或迟必然要倒下.

上述事例启发我们，在证明一个与正整数有关的命题时，可采用下面两个步骤：

(1) 证明 $n = 1$ 时命题成立；

(2) 证明：如果 $n = k$ 时命题成立，那么 $n = k + 1$ 时命题也成立.

由(1)、(2)作依据，根据(1)，知 $n = 1$ 时命题成立，再根据(2)知 $n = 1 + 1 = 2$ 时命题成立，又由 $n = 2$ 时命题成立，依据(2)知 $n = 2 + 1 = 3$ 时命题

成立，这样延续下去，就可以知道对任何正整数 n 命题都成立，这种证明方法叫做数学归纳法.

2.1 数学归纳法的基本形式

1）第一数学归纳法. 设 $P(n)$ 是一个关于正整数 n 的命题，如果

（1）$P(1)$ 成立；

（2）假设 $P(k)$ 成立，则 $P(k+1)$ 也成立，

那么，$P(n)$ 对任意正整数 n 都成立.

2）第二数学归纳法. 设 $P(n)$ 是一个关于正整数 n 的命题，如果

（1）$P(1)$ 成立；

（2）假设 $P(n)$ 对于所有适合 $n<k$ 的正整数 n 成立，则 $P(k)$ 成立，那么，$P(n)$ 对任意正整数 n 都成立.

【例 2.1】 设 n 是正整数，求多项式

$$P_n(x)=1+\frac{x}{1!}+\frac{x(x+1)}{2!}+\cdots+\frac{x(x+1)\cdots(x+n-1)}{n!}$$

的根.

解 当 $n=1$ 时，多项式 $P_1(x)=1+x$ 的根为 -1.

当 $n=2$ 时，$P_2(x)=1+\frac{x}{1!}+\frac{x(x+1)}{2!}=\frac{1}{2}(x+2)(x+1)$ 的根为 -1 和 -2.

自然可以猜想多项式 $P_n(x)$ 的根是 -1，-2，$\cdots$，$-n$.

应用数学归纳法证明：对于任意正整数 n，上面的猜想都成立. 假设猜想对于 n 成立，那么，$P_n(x)$ 可以分解为

$$P_n(x)=c(x+1)(x+2)\cdots(x+n),$$

其中 c 是 x^n 的系数. 重新检查 $P_n(x)$ 的定义，可以看出 $c=\frac{1}{n!}$，所以

$$P_n(x)=\frac{1}{n!}(x+1)(x+2)\cdots(x+n).$$

对于 $n+1$，

$$\begin{aligned}P_{n+1}(x)&=P_n(x)+\frac{x(x+1)\cdots(x+n)}{(n+1)!}\\&=\frac{1}{n!}(x+1)(x+2)\cdots(x+n)+\frac{x(x+1)\cdots(x+n)}{(n+1)!}\end{aligned}$$

$$=\frac{1}{(n+1)!}(x+1)(x+2)\cdots(x+n)(n+1+x).$$

因此 $P_{n+1}(x)$ 的根为 -1，-2，…，$-n$ 和 $-(n+1)$.

【点评】 著名数学家G. 波利亚说："先猜，后证——这是大多数的发现之道."同样，数学解题也需要"大胆猜想".当然，不能瞎猜，要猜之有据，而归纳是形成猜想的有效途径之一.正如G. 波利亚所说："数学归纳法是一种论证方法，通常用来证明数学上的猜想，而这种猜想是我们用某种归纳方法所获得的."

【例2.2】 设 $a_0=a_1=1$，且对所有的 $n\geqslant 1$，$a_{n+1}=7a_n-a_{n-1}-2$，求证：对所有的 $n\in\mathbf{N}^+$，a_n 是完全平方数.

证明 通过计算，发现 $a_2=2^2$，$a_3=5^2$，$a_4=13^2$，…，而1，2，5，13，…是斐波那契数列：1，1，2，3，5，8，13，21，…的奇数项.令 $F_1=F_2=1$，$F_{n+1}=F_n+F_{n-1}$，$n\geqslant 2$，则 $\{F_n\}$ 为斐波那契数列.

猜想 $a_n=F_{2n-1}^2(n\geqslant 1)$，下面用数学归纳法证明.

当 $n=1$，2，3，4时，显然成立.假设对 $k\leqslant n$ 时，$a_k=F_{2k-1}^2$，下面证明 $a_{n+1}=F_{2n+1}^2$.由 $a_{n+1}=7a_n-a_{n-1}-2$ 知，$a_n=7a_{n-1}-a_{n-2}-2$，两式相减得

$$a_{n+1}=8a_n-8a_{n-1}+a_{n-2}=8F_{2n-1}^2-8F_{2n-3}^2+F_{2n-5}^2.$$

而由 $F_{m+2}=F_{m+1}+F_m=2F_m+F_{m-1}=3F_m-F_{m-2}$ 知 $F_{m-2}=3F_m-F_{m+2}$ $(m\geqslant 2)$，以 $3F_{2n-3}-F_{2n-1}$ 代 F_{2n-5} 得

$$a_{n+1}=8F_{2n-1}^2-8F_{2n-3}^2+(3F_{2n-3}-F_{2n-1})^2=(3F_{2n-1}-F_{2n-3})^2=F_{2n+1}^2.$$

证毕.

【例2.3】 数列 $\{V_n\}$ 定义如下：$v_0=2$，$v_1=\frac{5}{2}$，$v_{n+1}=v_n(v_{n-1}^2-2)-v_1(n\geqslant 1)$.证明：对于任意正整数 n，有

$$[v_n]=2^{\frac{1}{3}[2^n-(-1)^n]},$$

其中 $[v_n]$ 表示不超过 V_n 的最大整数.

分析 由 $v_0=2$，$v_1=\frac{5}{2}=2\frac{1}{2}$，可得

$$v_2=v_1(v_0^2-2)-v_1=2\frac{1}{2},$$

$$v_3=v_2(v_1^2-2)-v_1=8\frac{1}{8},$$

$$v_4=v_3(v_2^2-2)-v_1=32\frac{1}{32}.$$

为了便于归纳，下面作一改写：$v_0=2^0+2^{-0}$，$v_1=v_2=2^1+2^{-1}$，$v_3=2^3+2^{-3}$，

$v_4 = 2^5 + 2^{-5}$，….

记 $b_n = \frac{1}{3}[2^n - (-1)^n]$，猜测

$$v_n = 2^{b_n} + 2^{-b_n}, \quad n \in \mathbf{N}. \tag{2-1}$$

下面用数学归纳法证明(2-1)式成立.

当 $n=1$，2 时，(2-1)式显然成立.

设 $n=k-1$，k ($k \in \mathbf{N}^+$) 时，(2-1)式成立，于是

$$\begin{aligned} v_{k+1} &= v_k(v_{k-1}^2 - 2) - v_1 \\ &= (2^{b_k} + 2^{-b_k})(2^{2b_{k-1}} + 2^{-2b_{k-1}}) - \frac{5}{2} \\ &= 2^{b_k+2b_{k-1}} + 2^{2b_{k-1}-b_k} + 2^{b_k-2b_{k-1}} + 2^{-(b_k+2b_{k-1})} - \frac{5}{2}, \end{aligned}$$

但

$$\begin{aligned} b_k + 2b_{k-1} &= \frac{1}{3}[2^k - (-1)^k] + \frac{2}{3}[2^{k-1} - (-1)^{k-1}] \\ &= \frac{1}{3}[2^{k+1} - (-1)^{k+1}] \\ &= b_{k+1}, \\ 2b_{k-1} - b_k &= \frac{2}{3}[2^{k-1} - (-1)^{k-1}] - \frac{1}{3}[2^k - (-1)^k] \\ &= (-1)^k, \end{aligned}$$

所以

$$\begin{aligned} v_{k+1} &= 2^{b_{k+1}} + 2^{-b_{k+1}} + 2^{(-1)^k} + 2^{(-1)^{k+1}} - \frac{5}{2} \\ &= 2^{b_{k+1}} + 2^{-b_{k+1}}, \end{aligned}$$

即当 $n=k+1$ 时，(2-1)式成立.

根据数学归纳法，n 为任意正整数时都有 $v_n = 2^{b_n} + 2^{-b_n}$. 注意到 b_n 恒为正整数，因此 $0 < 2^{-b_n} < 1$，所以 $[v_n] = 2^{b_n} = 2^{\frac{1}{3}[2^n-(-1)^n]}$.

【例 2.4】 将 0 和 1 之间所有分母不超过 n 的分数都写成既约形式，再按递增顺序排成一列，设 $\frac{a}{b}$ 和 $\frac{c}{d}$ 是其中任意两个相邻的既约分数，证明：

$$|bc - ad| = 1. \tag{2-2}$$

分析 题中所述序列称为 n 级法里（Farey）序列，在近代数论研究中法里序列是一个重要工具，它可用来研究用有理数逼近实数的问题. 级为 1，2，3，4，5 的法里序列分别是

$\frac{0}{1}$，$\frac{1}{1}$；

$\frac{0}{1}$，$\frac{1}{2}$，$\frac{1}{1}$；

$\frac{0}{1}$，$\frac{1}{3}$，$\frac{1}{2}$，$\frac{2}{3}$，$\frac{1}{1}$；

$\frac{0}{1}$，$\frac{1}{4}$，$\frac{1}{3}$，$\frac{1}{2}$，$\frac{2}{3}$，$\frac{3}{4}$，$\frac{1}{1}$；

$\frac{0}{1}$，$\frac{1}{5}$，$\frac{1}{4}$，$\frac{1}{3}$，$\frac{2}{5}$，$\frac{1}{2}$，$\frac{3}{5}$，$\frac{2}{3}$，$\frac{3}{4}$，$\frac{4}{5}$，$\frac{1}{1}$，

这个序列中的每一个都是递增序列.

显然，在 n 级法里序列中，任何两个相邻的分数 $\frac{a}{b}$，$\frac{c}{d}$ 总满足下面的关系式：

$$\frac{a}{b}<\frac{c}{d} \text{ 或者 } ad<bc.$$

事实上，法里发现了更精确的关系(2-2). 下面对 n 用归纳法证明这个结论.

证明　当 $n=1$，2，3，4，5 时，通过直接验证即知结论成立.

假设当 $n=k$ 时，对任意两个相邻的既约分数 $\frac{a}{b}<\frac{c}{d}$，都有 $bc-ad=1$. 下面证明，当 $n=k+1$ 时，相应的结论也成立，因为在序列

$$\frac{0}{k},\ \frac{1}{k},\ \frac{2}{k},\ \cdots,\ \frac{k}{k}$$

任意相邻的两个数之间，至多只能有集合

$$\left\{\frac{1}{k+1},\ \frac{2}{k+1},\ \cdots,\ \frac{k}{k+1}\right\}$$

中的一个数，所以如果

$$\frac{a}{b}<\frac{c}{d}$$

在 $n=k$ 时的排列中是两个相邻的数，而它们在 $n=k+1$ 的排列中 $\frac{a}{b}$ 与 $\frac{c}{d}$ 之间最多有一个既约分数 $\frac{q}{k+1}$. 因此只要分下面两种情况讨论：

1) $\frac{a}{b}<\frac{c}{d}$ 在 $n=k+1$ 时相邻，且 $n=k$ 时也相邻，此时由归纳假设，显然有 $bc-ad=1$；

2) $\frac{a}{b}<\frac{q}{p}<\frac{c}{d}$ 在 $n=k+1$ 时相邻，$\frac{q}{p}$ 是既约分数，且 $\frac{a}{b}$ 与 $\frac{c}{d}$ 在 $n=k$ 时也相邻，下面证明 $A=bq-ap=1$ 和 $B=cp-dq=1$. 显然 A，B 都是正整数，假设结论不真，即 $\max\{A, B\}>1$，则有

$$\begin{aligned} b+d<Bb+Ad&=pbc-bdq+bdq-adp \\ &=p(bc-ad)=p\leqslant k+1. \end{aligned}$$

另外，由 $\frac{a}{b}<\frac{c}{d}$ 得

$$\frac{a}{b}<\frac{a+c}{b+d}<\frac{c}{d},$$

这表明 $\frac{a+c}{b+d}$ 已出现在 $n=k$ 时的排列中，从而 $\frac{a}{b}$ 与 $\frac{c}{d}$ 在 $n=k$ 时相邻矛盾. 这就说明 $A=1$ 且 $B=1$.

【例 2.5】 设 $\{a_n\}$ 是斐波那契数列，其定义如下：

$$a_1=a_2=1,\quad a_{n+2}=a_{n+1}+a_n,\quad n\in\mathbf{N}^+.$$

求证：如果 n 次多项式 $P(x)$ 满足，当 $k=n+2, n+3, \cdots, 2n+2$ 时，$P(k)=a_k$，则 $P(2n+3)=a_{2n+3}-1$.

证明 用数学归纳法证明一个加强命题：如果不超过 n 次的多项式 $P(k)$ 满足当 $k=n+2, n+3, \cdots, 2n+2$ 时，$P(k)=a_k$，则 $P(2n+3)=a_{2n+3}-1$. 对正整数 n 施用数学归纳法.

当 $n=1$ 时，$k=3, 4$，有 $P(3)=a_3=a_2+a_1=2$，$P(4)=a_4=a_2+a_3=3$，从而 $P(x)=x-1$，故 $P(5)=4=a_5-1$，即结论成立.

假设结论对 $n-1$ 成立，下面证明它对 n 也成立. 考虑多项式 $Q(x)=P(x+2)-P(x+1)$，它的次数不大于 $n-1$. 因为当 $k=n+1, n+2, \cdots, 2n$ 时，

$$Q(k)=P(k+2)-P(k+1)=a_{k+2}-a_{k+1}=a_k,$$

所以 $Q(x)$ 满足，当 $k=n+1, n+2, \cdots, 2n$ 时，$Q(k)=a_k$.

由归纳假设，有 $Q(2n+1)=a_{2n+1}-1$，但是

$$Q(2n+1)=P(2n+3)-P(2n+2),$$

因此

$$\begin{aligned} P(2n+3)&=P(2n+2)+Q(2n+1) \\ &=a_{2n+2}+a_{2n+1}-1=a_{2n+3}-1. \end{aligned}$$

这说明结论对 n 也成立. 由第一数学归纳法知，结论对任何正整数 n 都成立.

【点评】 在这里，通过构造多项式 $Q(x)=P(x+2)-P(x+1)$ 降低多

项式的次数，为使用归纳假设、完成归纳过渡创造了条件. 但由于 $Q(x)$ 的次数可能低于 $n-1$ 次，所以采用加强命题的方法进行归纳.

【例2.6】 设 a_n 为下述正整数 N 的个数，N 的各位数字之和为 n，且每位数字只能取1，3或4. 求证：a_{2n} 是完全平方数，其中 $n=1, 2, \cdots$.

分析 先看一些特例，见表2-1.

表2-1

n	N	a_n
1	1	1
2	11	1
3	3，111	2
4	13，31，1111，4	4
5	14，113，131，311，11111，41	6
6	114，33，1113，141，1131，1311，3111，111111，411	9

在书写 n 所对应的正整数 N 时，不难发现，在 $n-4$ 所对应的正整数末尾加一个数字4，在 $n-3$ 所对应的正整数末位加一个数字3，在 $n-1$ 所对应的正整数末尾加一个数字1，就得到数字和为 n 的正整数 N. 反过来，在 n 所对应的正整数 N 中，末位为4的数末位都去掉，就得到数字和为 $n-4$ 的正整数；末位为3的末位都去掉，就得到数字和为 $n-3$ 的正整数；末位为1的数末位都去掉，就得到数字和为 $n-1$ 的正整数. 因此

$$a_n=a_{n-1}+a_{n-3}+a_{n-4}, \qquad n>4.$$

由这个关系式，很容易计算出 a_n 的值，见表2-2.

表2-2

n	1	2	3	4	5	6	7	8	9	10	11	12	13	14
a_n	1	1	2	4	6	9	15	25	40	64	104	169	273	441

将其中 n 是偶数的情况抽出来观察，见表2-3.

表2-3

k	1	2	3	4	5	6	7
$n=2k$	2	4	6	8	10	12	14
a_{2k}	1^2	2^2	3^2	5^2	8^2	13^2	21^2

可以发现，a_{2k}与斐波那契数列有关，我们猜想：如果数列$\{f_n\}$满足$f_1=1$，$f_2=2$，$f_n=f_{n-1}+f_{n-2}$（$n>2$），那么

$$a_{2n}=f_n^2. \tag{2-3}$$

用数学归纳法证明这个猜想时，归纳递推步骤遇到式子$a_{2k+2}=a_{2k+1}+a_{2k-1}+a_{2k-2}$，根据归纳假设$a_{2k-2}=f_{k-1}^2$，但对$a_{2k+1}$，$a_{2k-1}$无法处理. 这就迫使我们去考查$a_{2k-1}$之类的项与数列$\{f_k\}$的关系.

把a_n的数值表中n是奇数的情况抽出来观察，见表2-4.

表2-4

k	1	2	3	4	5	6	7
$n=2k-1$	1	3	5	7	9	11	13
a_{2k-1}	$1\cdot 1$	$1\cdot 2$	$2\cdot 3$	$3\cdot 5$	$5\cdot 8$	$8\cdot 13$	$13\cdot 21$

猜想：

$$a_{2n-1}=f_{n-1}f_n,\qquad n\in\mathbf{N},\ f_0=1. \tag{2-4}$$

以下用数学归纳法证明(2-3)式，(2-4)式. $n=1$，2时已知结论成立. 设当$n=k-1$，k时，(2-3)式，(2-4)式成立，即

$$a_{2k-3}=f_{k-2}f_{k-1},$$
$$a_{2k-1}=f_{k-1}f_k,$$
$$a_{2k-2}=f_{k-1}^2,$$
$$a_{2k}=f_k^2.$$

于是，当$n=k+1$时，

$$\begin{aligned}a_{2k+1}&=a_{2k}+a_{2k-2}+a_{2k-3}=f_k^2+f_{k-1}^2+f_{k-2}f_{k-1}\\&=f_k^2+f_{k-1}(f_{k-1}+f_{k-2})=f_k^2+f_{k-1}f_k\\&=f_k(f_k+f_{k-1})=f_kf_{k+1},\end{aligned}$$

$$\begin{aligned}a_{2k+2}&=a_{2k+1}+a_{2k-1}+a_{2k-2}=f_kf_{k+1}+f_{k-1}f_k+f_{k-1}^2\\&=f_kf_{k+1}+f_{k-1}(f_k+f_{k-1})=f_kf_{k+1}+f_{k-1}f_{k+1}\\&=f_{k+1}(f_k+f_{k-1})=f_{k+1}^2.\end{aligned}$$

这就是说，当$n=k+1$时，(2-3)式，(2-4)式也成立，根据数学归纳原理，对于任意自然数n，(2-3)式，(2-4)式都成立，故a_{2n}是完全平方数($n=1$，2，…).

2.2 数学归纳法的应用技巧

数学归纳法风格独特，具有固定的程序，但同时它又有极大的灵活性和

很强的技巧性. 这里介绍它的三种常见技巧.

2.2.1　增多起点，加大跨度

在应用第一数学归纳法，由 $P(k)$ 真 $\Rightarrow P(k+1)$ 真时，每次仅推进一步，这叫做以跨度 1 推进，但对有些传递性呈现较大周期的命题，采用这种“亦步亦趋”的推进方式显得很艰难，这时可用加大跨度，相应增多起点的技巧进行分流处理跳跃前进. 比如，已证得 $P(k)$ 真 $\Rightarrow P(k+2)$ 真，并验证了 $P(1)$ 真，则可得 $P(3)$，$P(5)$，$P(7)$，… 为真，再验证 $P(2)$ 真，则可得 $P(2)$，$P(4)$，$P(6)$，… 为真，从而对一切 $n \in \mathbf{N}$，$P(n)$ 为真.

2.2.2　曲中求伸，强化命题

证明比原命题更强的命题，看起来似乎增强了证题的难度，其实不然. 事实上，命题越强，相应的归纳假设也就越强，因而有时能减少归纳过渡的难度，从而达到化难为易的目的. 俄罗斯数学家辛钦曾说过：“在数学归纳法的证明中，假设当 $n-1$ 时成立，再来证明它当 n 时也成立，因此，命题越强，在 $n-1$ 的情况下，所给的条件也越多，而对数 n，要证明的东西也越多，但是在许多问题中，条件越多显得更为重要.”

2.2.3　欲擒故纵，推广命题

数学归纳法是用来证明关于正整数的命题的，但对有些仅与某些较大的正整数有关而并不涉及一串正整数 n 的命题，我们可以考虑把它推广到任意正整数，再用数学归纳法证明推广后的命题. 这种“欲擒故纵”的战术，往往用来解决数学竞赛中的“年份题”.

【例 2.7】　试证：对任意正整数 n，方程

$$x^2+y^2=1993^n$$

恒有正整数解.

证明　当 $n=1$ 时，$12^2+43^2=1993$，因此只要取 $x=12$，$y=43$ 即可. 因

$$1993^2=(43^2+12^2)^2=(43^2-12^2)^2+(2\times43\times12)^2,$$

所以当 $n=2$ 时，取 $x=43^2-12^2$，$y=2\times43\times12$，即知 $n=2$ 时结论成立.

假设当 $n=k$ 时，存在正整数 x_0，y_0，使得

$$x_0^2+y_0^2=1993^k,$$

那么

$$(1993x_0)^2+(1993y_0)^2=1993^{k+2},$$

这说明只要 $n=k$ 时结论成立，即可推得当 $n=k+2$ 时结论也成立.

由数学归纳法知，对一切正整数 n 命题都成立.

【点评】 这里为了便于归纳，采用了大跨度跳跃的技巧（跨度为 2），验证了两个起点 $n=1$ 和 $n=2$，其中对 $n=2$ 的验证，利用了“勾股数”的性质，即如果 x，y，z 是勾股数，亦即

$$x^2+y^2=z^2, \tag{2-5}$$

且 $(x,\ y)=d$，那么(2-5)式的全部正整数解为(x，y 的顺序不加区别)

$$x=2uvd,\ (u,\ v)=1,\ u,\ v\ 一奇一偶,$$
$$y=(u^2-v^2)d,$$
$$z=(u^2+v^2)d,$$

这组解称为勾股数.

本题还有一个巧妙的证法，即在 $n=k$ 成立的假设下（$1993^k=x_0^2+y_0^2$），设 $x_0\leqslant y_0$，导出

$$1993^{k+1}=1993\times1993^k=(12^2+43^2)\times(x_0^2+y_0^2)$$
$$=(43y_0-12x_0)^2+(43x_0+12y_0)^2.$$

这里的关键是熟知斐波那契恒等式

$$(a^2+b^2)(c^2+d^2)=(ad\pm bc)^2+(ac\mp bd)^2, \tag{2-6}$$

即任两平方和之积仍为平方和，为归纳构造铺路搭桥.

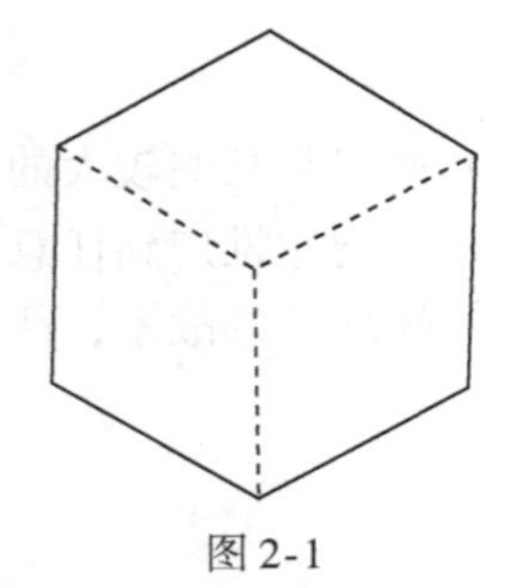

图 2-1

【例 2.8】 求证：任意一个正 $2n$ 边形都可以分解为若干个菱形.

分析 当 $n=2$ 时，正方形当然是菱形. 其实，只要是等边四边形就是菱形，而无须要求必是正方形. 当 $n=3$ 时，只要六边相等且各对边平行即可分解为三个菱形(图 2-1). 由此启发我们证明更强的命题.

命题 2.1 任意一个等边 $2n$ 边形当它的各对边平行时都可以分解为若干个菱形.

证明 当 $n=2$ 时，命题2.1显然成立.

假设命题2.1对某个 $n\geqslant 2$ 成立，并设等边 $2(n+1)$ 边形 $A_1A_2\cdots A_{n+1}B_1B_2\cdots B_{n+1}$ 满足命题2.1的条件. 设点 $C_1=A_{n+1}$，C_2，…，C_n，$C_{n+1}=A_1$ 是点 B_1，B_2，…，B_n，B_{n+1} 沿向量 $\overrightarrow{B_{n+1}A_1}$ 的方向平移而得到的(图2-2)，则

$$\overrightarrow{B_iC_i}=\overrightarrow{B_{n+1}A_1}=\overrightarrow{B_iB_{i+1}},\quad i=1,2,\cdots,n.$$

由于所有 $\overrightarrow{B_iC_i}$ 是平行的，所以每个四边形 $C_iB_iB_{i+1}C_{i+1}$ 都是菱形，并且 $A_nC_1=C_1C_2=\cdots=C_nA_1$，$\overrightarrow{C_iC_{i+1}}\ /\!/\ \overrightarrow{B_iB_{i+1}}\ /\!/\ \overrightarrow{A_iA_{i+1}}$. 因此 $2n$ 边形 $A_1A_2\cdots A_nC_1C_2\cdots C_n$ 满足所说的条件，由归纳假设，它可以分解为菱形，从而 $2(n+1)$ 边形 $A_1A_2\cdots A_{n+1}B_1B_2\cdots B_{n+1}$ 也可以分解为菱形，所以命题2.1成立. 故本例成立.

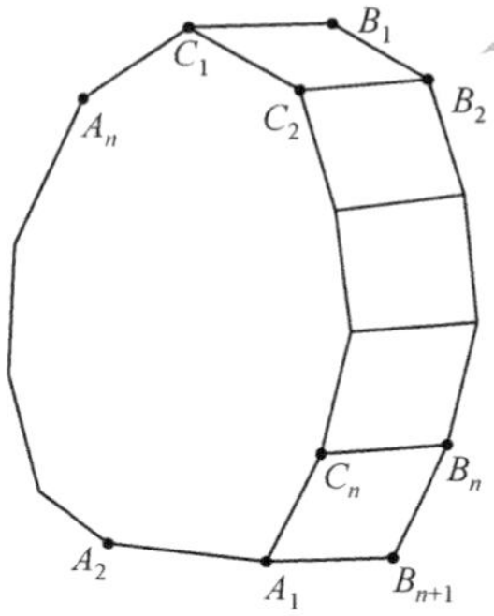

图2-2

【例2.9】 在直角 $\triangle ABC$（$\angle C$ 为直角）中任给 n 个点，证明：必可把这些点适当地编号为 P_1，P_2，…，P_n，使得

$$P_1P_2^2+P_2P_3^2+\cdots+P_{n-1}P_n^2\leqslant AB^2.$$

分析 考虑到将直角三角形内的点与顶点 A，B 联系起来，证明下列更强的命题.

命题2.2 在直角 $\triangle ABC$（$\angle C$ 为直角）中任给 n 个点，必可适当地编号为 P_1，P_2，…，P_n，使得

$$AP_1^2+P_1P_2^2+P_2P_3^2+\cdots+P_{n-1}P_n^2+P_nB^2\leqslant AB^2.$$

在点数多于一个的时候，考虑用斜边上的高线 CD 将 $\triangle ABC$ 划分为 $\triangle ACD$ 和 $\triangle ABD$. 如果每个部分都有点，那么可以引入归纳假设. 但是如果所有的点都在一个部分里呢？那么就需要一点小小的技巧了.

证明 当 $n=1$ 时，由 $\angle AP_1B\geqslant 90°$ 知 $AP_1^2+P_1B^2\leqslant AB^2$，即命题2.2成立.

假设 $n\leqslant k$ 时，命题2.2成立. 当 $n=k+1$ 时，作斜边上的高 CD.

如果所有给定的点都在 CD 的同侧，不妨设都在 $\triangle BCD$ 中，那么令 P_n 为与 CD 距离最近的点(可能是之一)，过 P_n 作 $EF\ /\!/\ CD$ 交 BC 于 E，交 AB 于 F. 在给定的点中去除 P_n，在直角 $\triangle BEF$ 中使用归纳假设，存在其他点的排列 P_1，P_2，…，P_{n-1}，使得 $BP_1{}^2+P_1P_2^2+P_2P_3^2+\cdots+P_{n-2}P_{n-1}^2+P_{n-1}E^2\leqslant BE^2$. 再由 $P_{n-1}P_n{}^2+P_nA^2\leqslant P_{n-1}E^2+EP_n{}^2+P_nA^2\leqslant P_{n-1}E^2+EA^2$ 以及 $BE^2+EA^2\leqslant AB^2$ 即得结论(这里用到了锐角三角形和钝角三角形的性质).

如果在 $\triangle ACD$，$\triangle BCD$ 中都有所给的点，在 $\triangle ACD$ 中有 s 个点，在 $\triangle BCD$ 中有 t 个点，则 $s<k+1$，$t<k+1$，于是在 $\triangle ACD$ 中的 s 个点可编号为 P_1，P_2，…，P_s，使得

$$AP_1^2+P_1P_2^2+\cdots+P_{s-1}P_s^2+P_sC^2\leqslant AC^2.$$

在 $\triangle BCD$ 中的 t 个点可编号为 P_{s+1}，P_{s+2}，…，P_{k+1}，使得

$$CP_{s+1}^2+P_{s+1}P_{s+2}^2+\cdots+P_kP_{k+1}^2+P_{k+1}B^2\leqslant BC^2.$$

由 $\angle P_sCP_{s+1}\leqslant 90^\circ$ 知 $P_sP_{s+1}^2\leqslant P_sC^2+CP_{s+1}^2$，所以

$$\begin{aligned}&AP_1^2+P_1P_2^2+\cdots+P_{s-1}P_s^2+P_sP_{s+1}^2+P_{s+1}P_{s+2}^2+\cdots\\&\quad+P_kP_{k+1}^2+P_{k+1}B^2\\&\leqslant AP_1^2+P_1P_2^2+\cdots+P_{s-1}P_s^2+P_sC^2\\&\quad+CP_{s+1}^2+P_{s+1}P_{s+2}^2+\cdots+P_kP_{k+1}^2+P_{k+1}B^2\\&\leqslant AC^2+BC^2=AB^2,\end{aligned}$$

即当 $n=k+1$ 时，命题2.2成立，故命题2.2成立，从而推知原命题成立.

【例 2.10】 设 $n(\geqslant 2)$ 是整数，求证：

$$\sum_{k=1}^{n-1}\frac{n}{n-k}\cdot\frac{1}{2^{k-1}}<4.$$

证明 下面证明更好的结果：

$$\sum_{k=1}^{n-1}\frac{n}{n-k}\cdot\frac{1}{2^{k-1}}\leqslant\frac{10}{3}.$$

设 $a_n=\sum\limits_{k=1}^{n-1}\frac{n}{n-k}\cdot\frac{1}{2^{k-1}}$，则

$$\begin{aligned}a_{n+1}&=\sum_{k=1}^{n}\frac{n+1}{n+1-k}\cdot\frac{1}{2^{k-1}}\\&=\frac{n+1}{n}+\frac{n+1}{n-1}\cdot\frac{1}{2}+\cdots+\frac{n+1}{2^{n-1}}\\&=\frac{n+1}{n}+\frac{1}{2}\left(\frac{n}{n-1}+\cdots+\frac{n}{2^{n-2}}\right)+\frac{1}{2n}\left(\frac{n}{n-1}+\cdots+\frac{n}{2^{n-2}}\right)\\&=\frac{n+1}{n}+\frac{1}{2}a_n+\frac{1}{2n}a_n.\end{aligned}$$

所以

$$a_{n+1}=\frac{n+1}{2n}a_n+\frac{n+1}{n}.$$

因为 $a_2=2$，所以 $a_3=3$，$a_4=\frac{10}{3}$，$a_5=\frac{10}{3}$. 下证 $n\geqslant 5$ 时，$a_n\leqslant\frac{10}{3}$. 设 $a_k\leqslant\frac{10}{3}(k\geqslant 5)$，则

$$a_{k+1}=\frac{k+1}{2k}a_k+\frac{k+1}{k}\leqslant\frac{k+1}{2k}\times\frac{10}{3}+\frac{k+1}{k}$$
$$=\frac{8}{3}\left(1+\frac{1}{k}\right)\leqslant\frac{8}{3}\left(1+\frac{1}{5}\right)=\frac{48}{15}<\frac{10}{3}.$$

从而由数学归纳法知 $a_n\leqslant\frac{10}{3}$.

【点评】　这里将“和式”看作一个新的数列，建立递推关系，利用归纳法得到一个更好的结果.

【例 2. 11】　设数列 $\{a_n\}$ 满足 $a_1=1$，$a_2=4$，且对于大于 1 的一切整数 n，

$$a_n=\sqrt{a_{n-1}a_{n+1}+1}.$$

1）证明：这个数列的所有项都是正整数；

2）证明：对一切整数 $n\geqslant1$，$2a_na_{n+1}+1$ 是完全平方数.

证明　1）由 $a_n=\sqrt{a_{n-1}a_{n+1}+1}$ 知 $a_{n+1}=\frac{a_n{}^2-1}{a_{n-1}}$.

用数学归纳法证明：若 $a_k\in\mathbf{N}^+$，$\forall k\leqslant n$，则有 $a_{n+1}\in\mathbf{N}^+$. 为此，要有下面更强的命题：$a_k\in\mathbf{N}^+$，$\forall k\leqslant n$，且 $(a_k,a_{k-1})=1$，则 $a_{n+1}\in\mathbf{N}^+$，且 $(a_n,a_{n+1})=1$.

当 $n=2$，3 时，通过计算知结论成立，现假设 $n\geqslant4$.

由 $a_n=\frac{a_{n-1}^2-1}{a_{n-2}}$ 知 $a_{n+1}=\frac{a_{n-1}^4-2a_{n-1}^2+1-a_{n-2}^2}{a_{n-2}^2a_{n-1}}$. 由 $a_{n-1}a_{n-3}+1=a_{n-2}^2$ 可以推得 $a_{n-1}\mid a_{n-2}^2-1$，故 $a_{n-1}\mid a_{n-1}^4-2a_{n-1}^2+1-a_{n-2}^2$.

另外，$a_{n-2}^2\mid a_{n-2}^2a_n^2=(a_{n-1}^2-1)^2=a_{n-1}^4-2a_{n-1}^2+1$，又 $(a_{n-1},a_{n-2})=1$，故 $a_{n+1}\in\mathbf{N}^+$. 由 $a_{n+1}a_{n-1}+1=a_n^2$ 知 $(a_n,a_{n+1})=1$.

2）通过计算发现：

$$2a_1a_2+1=9=(4-1)^2=(a_2-a_1)^2,$$
$$2a_2a_3+1=121=(15-4)^2=(a_3-a_2)^2.$$

于是猜想 $2a_na_{n+1}+1=(a_{n+1}-a_n)^2$.

下面用数学归纳法证明.

当 $n=1$ 时显然成立. 假设对一切的 $n\geqslant2$ 成立，即 $2a_na_{n+1}+1=(a_{n+1}-a_n)^2$，则

$$2a_na_{n+1}=a_{n+1}^2-2a_na_{n+1}+a_n^2-1=a_{n+1}(a_{n+1}-2a_n)+a_{n+1}a_{n-1},$$

两边约去 $a_{n+1}(>0)$ 得

$$4a_n=a_{n+1}+a_{n-1}\Leftrightarrow a_{n+1}=4a_n-a_{n-1}.$$

故只需证明 $a_{n+2}=4a_{n+1}-a_n$ 即可. 但 $a_{n+2}=\dfrac{a_{n+1}^2-1}{a_n}$, 即只要证明

$$a_{n+1}^2-1=4a_{n+1}a_n-a_n^2 \Leftrightarrow 2a_na_{n+1}+1=(a_{n+1}-a_n)^2,$$

而这正是前面的归纳假设. 证毕.

【例 2.12】 正项数列 $\{x_n\}$ 满足 $x_1=a$，且

$$x_{n+1} \geqslant (n+2)x_n-\sum_{k=1}^{n-1}kx_k, \quad n \geqslant 1.$$

证明：存在正整数 n，使得 $x_n>2010!$.

证明 这是一道年份题，可以考虑把 2010 它推广到任意正整数，用归纳法证明：对 $n \geqslant 1$，有

$$x_{n+1}>\sum_{k=1}^{n}kx_k>a \cdot n!.$$

当 $n=1$ 时，$x_2 \geqslant 3x_1>x_1=a$.

假设不等式对不大于 n 的数都成立，则

$$\begin{aligned}x_{n+2} &\geqslant (n+3)x_{n+1}-\sum_{k=1}^{n}kx_k\\ &=(n+1)x_{n+1}+2x_{n+1}-\sum_{k=1}^{n}kx_k\\ &>(n+1)x_{n+1}+2\sum_{k=1}^{n}kx_k-\sum_{k=1}^{n}kx_k=\sum_{k=1}^{n+1}kx_k.\end{aligned}$$

更进一步，$x_1>0$，则 x_2，x_3，…，$x_n>0$，于是

$$x_{n+2}>(n+1)x_{n+1}>(n+1)(a \cdot n!)=a \cdot (n+1)!.$$

因此对足够大的 n，$x_{n+1}>a \cdot n!>2010!$.

问　题

1. 设数列 $\{a_n\}$ 的前 n 项和为 S_n，且方程 $x^2-a_nx-a_n=0$ 有一根为 S_n-1，$n=1, 2, 3, \cdots$.

(1) 求 a_1，a_2；

(2) 求数列 $\{a_n\}$ 的通项公式.

2. 已知数列 $\{a_n\}$ 中 $a_1=2$, $a_{n+1}=(\sqrt{2}-1)(a_n+2)$, $n=1, 2, 3, \cdots$.

(1) 求 $\{a_n\}$ 的通项公式；

(2) 若数列 $\{b_n\}$ 中，

$$b_1=2, \quad b_{n+1}=\frac{3b_n+4}{2b_n+3}, \quad n=1, 2, 3, \cdots.$$

证明：$\sqrt{2}<b_n \leqslant a_{4n-3}$，$n=1, 2, 3, \cdots$.

3. 如果存在数 a 使得 $\cos a+\sin a$ 是有理数，证明：对任意正整数 n，$\cos^n a+\sin^n a$ 也是有理数.

4. 设 k 是一个不小于3 的正整数，θ 是一个实数. 证明：如果 $\cos(k-1)\theta$ 和 $\cos k\theta$ 都是有理数，那么存在正整数 $n>k$，使得 $\cos(n-1)\theta$ 和 $\cos n\theta$ 都是有理数.

5. 一个函数列定义如下：

$$f_0(x)=x,\quad f_{n+1}(x)=\left|f_n(x)-\sqrt{3}\right|,\quad n=0,1,2,\cdots,$$

若称方程 $f_n(x)=0$ 的解的最大者为最大解，试求其最大解.

6. 设递增的正整数数列 $f(n)\ (n\geqslant 1)$ 满足条件

(1) $f(2)=4$；

(2) 对任意的正整数 m，n，有 $f(mn)=f(m)f(n)$.

试证：$f(n)=n^2$.

7. 试证：对任意的 $n\in\mathbf{N}$，$n\geqslant 2$，都存在 n 个互不相等的正整数组成的集合 M，使得对任意的 $a\in M$ 和 $b\in M$，$|a-b|$ 都可以整除 $a+b$.

8. 设 a，b 是不同时为零的整数，

$$x_1=a,\quad x_2=b,\quad x_n=x_{n-1}+x_{n-2},\quad n\geqslant 3.$$

求证：存在唯一的整数 y，使得对一切正整数 n，$x_nx_{n+2}+(-1)^n y$，$x_nx_{n+4}+(-1)^n y$，都是完全平方数.

9. 已知 $a_1=2$，$a_2=7$，对任意 $n>1$，设 a_{n+1}是整数，且由 $-\dfrac{1}{2}<a_{n+1}-\dfrac{a_n^2}{a_{n-1}}\leqslant\dfrac{1}{2}$ 确定. 试证明：对任意正整数 $n>1$，a_n 是奇数.

10. 证明：对任何正整数 n，存在一个各位数码都是奇数且能被 5^n 整除的 n 位数.

11. 圆周上有 2006 个点. 别佳同学先用 17 种颜色给这些点染色，然后，考里亚同学以这 2006 个点中的某些点为端点作弦，使得每条弦的两个端点同色，且任意两条弦不相交(包括端点). 考里亚要尽可能多地作出这样的弦，而别佳则尽力阻碍考里亚多作这样的弦. 问：考里亚至多能作多少条这样的弦？

12. 在桌上放着 365 张卡片，在它们的背面分别写着互不相同的数. 瓦夏每付 1 卢布，可以任选 3 张卡片，要求贝佳将它们自左至右按照背面所写的数的递增顺序排列. 试问：瓦夏能否付出 2000 卢布就一定能够达到如下目的：将所有 365 张卡片全部自左至右按照背面所写的数的递增顺序排列在桌面上？

13. O 是直线 g 上的一点，$\overrightarrow{OP_1}$，$\overrightarrow{OP_2}$，…，$\overrightarrow{OP_n}$ 都是单位长度的向量，其中所有点 P_i 都在通过 g 的同一平面上，且在 g 的同侧．求证：若 n 为奇数，则有

$$|\overrightarrow{OP_1}+\overrightarrow{OP_2}+\cdots+\overrightarrow{OP_n}|\geqslant 1,$$

其中 $|\overrightarrow{OM}|$ 表示向量 $\overrightarrow{OM}$ 的长度．

14. 将 $3k$（k 为正整数）个石子分成五堆．如果通过每次从其中 3 堆中各取走一个石子，而最后取完，则称这样的分法是“和谐的”．试给出和谐分法的充分必要条件，并加以证明．

15. 设 $S=\{1, 2, \cdots, 1000000\}$，$A$ 为 S 的一个恰包含 101 个元素的子集合．证明：在 S 中存在数 t_1，t_2，…，t_{100}，使得集合

$$A_j=\{x+t_j \mid x\in A\},\quad j=1, 2, \cdots, 100$$

中的任意两个都不相交．

16. 某国有若干个城市和 k 个不同的航空公司．任意 2 个城市之间或者有 1 条属于某个航空公司的双向的直飞航线连接，或者没有航线相连．已知任意 2 条同一公司的航线都有公共的端点．证明：可以将所有城市分为 $k+2$ 个组，使得任意 2 个属于同一组的城市之间都没有航线连接．

17. 设 n 为任意给定的正整数，T 为平面上所有满足 $x+y<n$，x、y 为非负整数的点 (x, y) 所组成的集合，T 中每一点 (x, y) 均被染上红色或蓝色，满足：若 (x, y) 是红色，则 T 中所有满足 $x'\leqslant x$、$y'\leqslant y$ 的点 (x', y') 均为红色，如果 n 个蓝点的横坐标各不相同，则称这 n 个蓝点所组成的集合为一个 X 集；如果 n 个蓝点纵坐标各不相同，则称这 n 个蓝点所组成的集合为一个 Y 集．证明：X 集的个数和 Y 集的个数一样多．

18. 设 a_0，a_1，a_2，… 为任意无穷正实数数列，求证：不等式 $1+a_n>a_{n-1}\sqrt[n]{2}$ 对无穷多个正整数 n 成立．

19. 已知整数 a，b，c，d 和 $k=2(b^2+a^2d-abc)$，$y_0=a^2$，$y_1=b^2$．对于任意正整数 n，令 $y_{n+1}=(c^2-2d)y_n-d^2y_{n-1}+kd^n$．求证：上述所有 y_{n+1} 都是完全平方数．

20. 给定正整数 n，及实数 $x_1\leqslant x_2\leqslant\cdots\leqslant x_n$，$y_1\geqslant y_2\geqslant\cdots\geqslant y_n$，满足

$$\sum_{i=1}^{n} ix_i=\sum_{i=1}^{n} iy_i.$$

证明：对任意实数 α，有

$$\sum_{i=1}^{n} x_i[i\alpha]\geqslant\sum_{i=1}^{n} y_i[i\alpha].$$

其中 $[\beta]$ 表示不超过实数 β 的最大整数．

21. 设 a_i，$b_i \in \mathbf{R}^+$，求证：$\sum\limits_{1\leqslant i,\ j\leqslant n} \min\{a_ia_j,\ b_ib_j\} \leqslant \sum\limits_{1\leqslant i,\ j\leqslant n} \min\{a_ib_j,\ a_jb_i\}$.

22. 设 a_1，a_2，…，a_n 是整数，它们的最大公约数等于 1. 设 S 是具有下述性质的一个由整数组成的集合：

(1) $a_i \in S$，$i=1, 2, \cdots, n$；

(2) $a_i - a_j \in S$，$1 \leqslant i, j \leqslant n$ (i，j 可以相同)；

(3) 对任意整数 x，$y \in S$，若 $x+y \in S$，则 $x-y \in S$.

证明：S 等于由所有整数组成的集合.

23. 开始时，甲乙二人各有一条长纸带. 在一条纸带上写有字母 A，在另一条纸带上写有字母 B. 每一分钟，二人之一(不一定按照顺序轮流)把对方纸带上的单词拷贝到自己纸带上的单词的左边或者右边. 证明：经过若干昼夜之后，一定会出现如下情况：可以把甲的纸带上的单词分成两段，将它们各自在原位翻转后仍然得到原来的单词.

24. 考虑 k 个变量的非零多项式 $P(x_1, \cdots, x_k)$. 若所有满足 $x_1, \cdots, x_k \in \{0, 1, \cdots, n\}$ 且 $x_1 + \cdots + x_k > 0$，点 $(x_1, \cdots, x_k)$ 都是 $P(x_1, \cdots, x_k)$ 的零点，且 $P(0, 0, \cdots, 0) \neq 0$，求证：$\deg P \geqslant kn$.

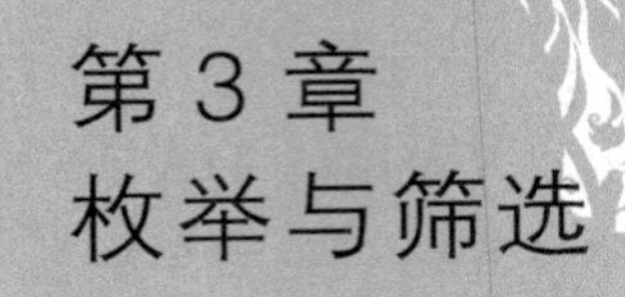

第3章 枚举与筛选

一个解法称为完善的，如果我们从一开头就能预见甚至证明，沿着这个方法做下去，就一定能达到我们的目的.

——莱布尼茨

在解决问题时，把所有可能的情况不重复，又不遗漏地一一列举出来，称为枚举. 在这个过程中重复的和不合要求的要除去，遗漏的要找回来，称为筛选.

早在公元前3世纪古希腊数学家兼哲学家埃拉托色尼(Eratosthenes)为了研究素数在自然数列中的分布而造出的世界上第一张素数表，用的就是先枚举、后筛选的策略.

埃拉托色尼为了求出100以内的素数，他先把100个数全部列出(枚举)，然后再进行考查，他把一大张纸蒙在一个框架上，从1到100按序把100个自然数固定上去，再将合数挖掉，这样就像“筛子”一样把合数筛掉了，结果剩下来的就是素数，见表3-1.

表3-1

	2	3		5		7			
11		13				17		19	
		23						29	
31						37			
41		43				47			
		53						59	
61						67			
71		73						79	
		83						89	
						97			

这种造素数表的方法称为埃拉托色尼的筛选法．枚举与筛选的方法虽然古老简单、朴实无华，但它在近代科学研究中仍然闪烁着耀眼的光芒．

当我们面临的问题存在大量的可能的答案(或中间过程)，而暂时又无法用逻辑方法排除这些可能答案中的大部分时，就不得不采用逐一检验这些答案的策略，也就是利用枚举与筛选的策略来解题．

采用枚举与筛选解题时，重要的是应做到既不重复又不遗漏，这就好比工厂里质量检验员的责任是把不合格产品挑出来，不让它出厂，于是要对所有的产品逐一检验，不能有漏检产品．

【例 3.1】　求这样的三位数，它除以 11 所得的余数等于它的三个数字的平方和．

分析与解　三位数只有 900 个，可用枚举法解决，枚举时可先估计有关量的范围，以缩小讨论范围，减少计算量．

设这个三位数的百位、十位、个位的数字分别为 x，y，z．由于任何数除以 11 所得余数都不大于 10，所以

$$x^2+y^2+z^2\leqslant 10,$$

从而 $1\leqslant x\leqslant 3$，$0\leqslant y\leqslant 3$，$0\leqslant z\leqslant 3$．所求三位数必在以下数中：

100，　101，　102，　103，　110，　111，　112，
120，　121，　122，　130，　200，　201，　202，
211，　212，　220，　221，　300，　301，　310．

不难验证只有 100，101 两个数符合要求．

【例 3.2】　一个小于 400 的三位数，它是平方数，它的前两个数字组成的两位数还是平方数，其个位数也是一个平方数．求这个三位数．

解　这道题共提出三个条件：

1）一个小于 400 的三位数是平方数；

2）这个三位数的前两位数字组成的两位数还是平方数；

3）这个三位数的个位数也是一个平方数．

先找出满足第一个条件的三位数．

100，　121，　144，　169，　196，　225，　256，　289，　324，　361．

再考虑第二个条件，从中选出符合条件者．

169，256，361．最后考虑第三个条件，排除不合格的 256，于是找到答案是 169 和 361．

【点评】　这里采用了枚举与筛选并用的策略，即依据题中限定的条件，面对枚举出的情况逐步排除不符合条件的三位数，确定满足条件的三位数，从而找到问题的答案．

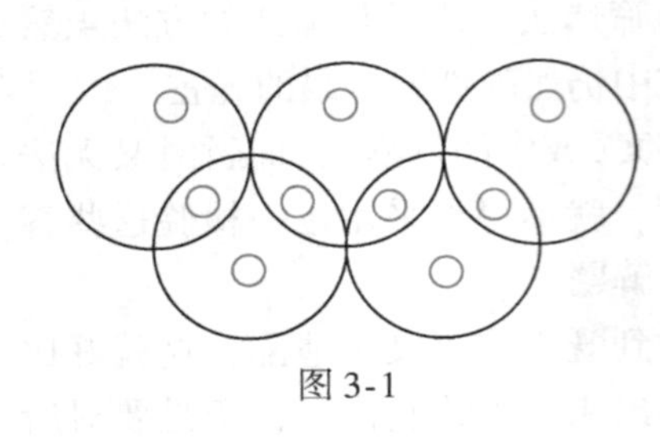
图 3-1

【例 3.3】 图 3-1 是一个奥运五环，圆环内有 9 个小圆．请把 1，2，3，4，5，6，7，8 和 9 分别填入小圆，使得每个圆环内数字和为 14．

解 这 9 个数字之和为 45，5 个圆环中数字之和为 $5\times14=70$，它们的差 $70-45=25$ 是落在圆环公共部分的四个小圆内数字之和．

最边上的两个圆环中的数字只能是一边为 9 和 5，另一边为 6 和 8．

考虑中间一行四个数，分四种情况．

1）如果第二行的剩下两数之和为 $25-5-8=12$，此时无数可填入，如图 3-2(a)所示．

2）如果第二行的剩下两数之和为 $25-9-8=8$，只能是 1 和 7．但不论 7 填在哪个圆中均导致相应圆环中数字和大于 14，矛盾，如图 3-2(b)所示．

3）如果第二行的剩下两数之和为 $25-5-6=14$，此时无数可填入，如图 3-2(c)所示．

4）如果第二行的剩下两数之和为 $25-9-6=10$，只能是 3 和 7．且 7 不能和 9 在同一个圆环．此时其余的数字不难填出，如图 3-2(d)所示．

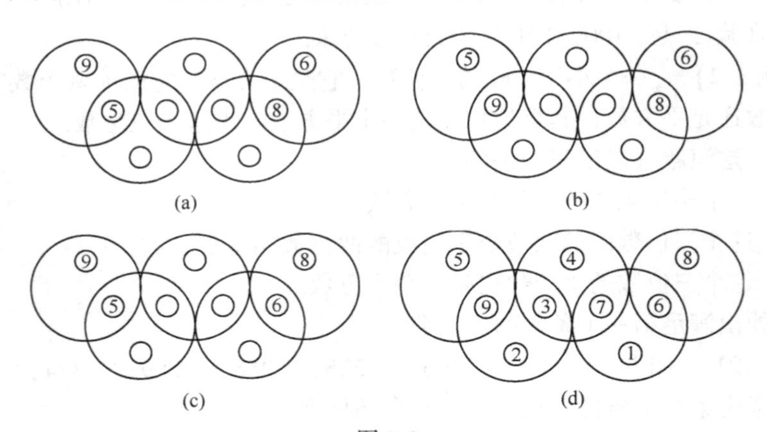

图 3-2

【例 3.4】 写出 12 个都是合数的连续自然数．

分析 1 在寻找素数的过程中，可以看出 100 以内最多可以写出 7 个连续的合数：90，91，92，93，94，95，96．然后把筛选法继续运用下去，把考查的范围扩大一些就行了.

解法 1　用筛选法可以求得在 113 与 127 之间共有 13 个都是合数的连续自然数：

$$114,\quad 115,\quad 116,\quad 117,\quad 118,\quad 119,\quad 120,$$
$$121,\quad 122,\quad 123,\quad 124,\quad 125,\quad 126.$$

分析 2　如果 12 个连续自然数中，第 1 个是 2 的倍数，第 2 个是 3 的倍数，第 3 个是 4 的倍数，…，第 12 个是 13 的倍数，那么这 12 个数就都是合数. 又 $m+2$，$m+3$，…，$m+13$ 是 12 个连续整数，故只要 m 是 2，3，…，13 的公倍数，这 12 个连续整数就一定都是合数.

解法 2　设 m 为 2，3，4，…，13 这 12 个数的最小公倍数. $m+2$，$m+3$，$m+4$，…，$m+13$ 分别是 2 的倍数，3 的倍数，4 的倍数，…，13 的倍数，因此 12 个数都是合数.

【点评】　还可以写出这 12 个连续合数：

$$13!+2,\quad 13!+3,\quad \cdots,\quad 13!+13,$$

其中 $n!=1\times2\times3\times\cdots\times n$. 同样，

$$(m+1)!+2,\quad (m+1)!+3,\quad \cdots,\quad (m+1)!+m+1$$

是 m 个连续的合数.

【例 3.5】　如果存在 1，2，…，n 的一个排列 a_1，a_2，…，a_n，使得 $k+a_k(k=1,2,\cdots,n)$ 都是完全平方数，则称 n 为“好数”. 问在集合 $\{11,13,15,17,19\}$ 中，哪些是“好数”，哪些不是“好数”，说明理由！

分析　由于 $\{11,13,15,17,19\}$ 是有限集，且该集合只含 5 个元素，故可以对这些元素逐一枚举，进行讨论.

解　1）11 不是“好数”，因为 4 只能与 5 相加得 3^2，而 11 也只能与 5 相加得 4^2，从而不存在满足要求的排列.

2）13 是“好数”，因为在如表 3-2 的排列中，$k+a_k$（$k=1,2,\cdots,13$）均为完全平方数.

表 3-2

k	1	2	3	4	5	6	7	8	9	10	11	12	13
a_k	8	2	13	12	11	10	9	1	7	6	5	4	3

3）15 是“好数”，因为在如表 3-3 的排列中，$k+a_k$（$k=1,2,\cdots,15$）均为完全平方数.

表 3-3

k	1	2	3	4	5	6	7	8	9	10	11	12	13	14	15
a_k	15	14	13	12	11	10	9	8	7	6	5	4	3	2	1

4）17 是“好数”，因为在如表 3-4 的排列中，$k+a_k$（$k=1, 2, \cdots, 17$）均为完全平方数.

表 3-4

k	1	2	3	4	5	6	7	8	9	10	11	12	13	14	15	16	17
a_k	3	7	6	5	4	10	2	17	16	15	14	13	12	11	1	9	8

5）19 是“好数”，因为在如表 3-5 的排列中，$k+a_k$（$k=1, 2, \cdots, 19$）均为完全平方数.

表 3-5

k	1	2	3	4	5	6	7	8	9	10	11	12	13	14	15	16	17	18	19
a_k	8	7	6	5	4	3	2	1	16	15	14	13	12	11	10	9	19	18	17

综上知，集合$\{11,13,15,17,19\}$中除 11 外，其他元素均为“好数”.

【点评】 这道试题解答的本质是组合构造，读者可以对正整数集 $\mathbf{Z}^+$ 进行讨论，作为原题的推广，见本章问题第 16 题.

【例 3.6】 有 8 个物品，质量各不相同，都以克为单位，每个物品的质量都为整数且不超过 15 克. 小平想用最少的次数，用天平称出其中质量最大的物品. 他用了如下的测定法：

1）把 8 个物品分成两组，每组 4 个，比较这两组质量的大小；

2）把以上两组中质量较大的 4 个再分成两组，每组两个，再比较它们的大小；

3）把以上两组中较大的两个分成两组，每组各 1 个，取出较大的 1 个.

小平称了 3 次，天平都没有平衡，最后便得到了一个物品.

可是实际上他得到的这个是 8 个当中质量从大到小排在第五的物品.

问：小平找出的这个物品的质量有多少？并求出其中质量为第二小的物品是多少克.

解 设这 8 个物品按质量从大到小依次排列为

$$a_1, \quad a_2, \quad a_3, \quad a_4, \quad a_5, \quad a_6, \quad a_7, \quad a_8.$$

根据题意

$$15 \geqslant a_1 > a_2 > a_3 > a_4 > a_5 > a_6 > a_7 > a_8 \geqslant 1.$$

小平找出的物品按质量应是 a_5，第二小的物品质量应是 a_7.

由于 a_5 加上一个质量比它小的物品不可能大于两个比 a_5 大的物品质量之和，因而第一次必须筛去 3 个质量比 a_5 大的物品.

这样可以得到下面 6 种可能.

第一种，即

$$a_4 + a_5 + a_6 + a_7 > a_1 + a_2 + a_3 + a_8, \tag{3-1}$$

$$a_5 + a_6 > a_4 + a_7, \tag{3-2}$$

$$a_5 > a_6. \tag{3-3}$$

第二种，即

$$a_3 + a_5 + a_6 + a_7 > a_1 + a_2 + a_4 + a_8, \tag{3-4}$$

$$a_5 + a_6 > a_3 + a_7, \tag{3-5}$$

$$a_5 > a_6. \tag{3-6}$$

第三种，即

$$a_2 + a_5 + a_6 + a_7 > a_1 + a_3 + a_4 + a_8, \tag{3-7}$$

$$a_5 + a_6 > a_2 + a_7, \tag{3-8}$$

$$a_5 > a_6. \tag{3-9}$$

第四种，即

$$a_1 + a_5 + a_6 + a_8 > a_2 + a_3 + a_4 + a_7, \tag{3-10}$$

$$a_5 + a_6 > a_1 + a_8, \tag{3-11}$$

$$a_5 > a_6. \tag{3-12}$$

第五种，即

$$a_1 + a_5 + a_7 + a_8 > a_2 + a_3 + a_4 + a_6, \tag{3-13}$$

$$a_5 + a_7 > a_1 + a_8, \tag{3-14}$$

$$a_5 > a_6. \tag{3-15}$$

第六种，即

$$a_1 + a_5 + a_6 + a_7 > a_2 + a_3 + a_4 + a_8, \tag{3-16}$$

$$a_5 + a_6 > a_1 + a_7, \tag{3-17}$$

$$a_5 > a_6. \tag{3-18}$$

先考虑第一种情况. 根据（3-1）式，a_4 比 a_1 至少少 3 克，a_5 比 a_2，a_6 比 a_3 也都至少少 3 克，则 a_7 比 a_8 至少多 10 克. 根据（3-2）式，a_5 比 a_4 至少少 1 克，则 a_6 比 a_7 至少多 2 克. 这样 a_1 至少为 18 克. 与已知相矛盾，第一种情况不可能出现.

按照同样的推理方法，可以说明第二、三、四、五种情况也不可能出现.

最后，考虑第六种情况. a_1 比 a_2 至少多1克，a_5 比 a_3 至少少2克，a_6 比 a_4 至少少2克，则 a_7 比 a_8 至少多4克. 根据（3-17）式，a_5 比 a_1 至少少4克，则 a_6 比 a_7 至少多5克. 这样得到8个物品的质量分别是

$$a_1=15\text{ 克},\quad a_2=14\text{ 克},\quad a_3=13\text{ 克},\quad a_4=12\text{ 克},$$
$$a_5=11\text{ 克},\quad a_6=10\text{ 克},\quad a_7=5\text{ 克},\quad a_8=1\text{ 克}.$$

因此，小平找出的物品的质量为11克，第二小的物品质量为5克.

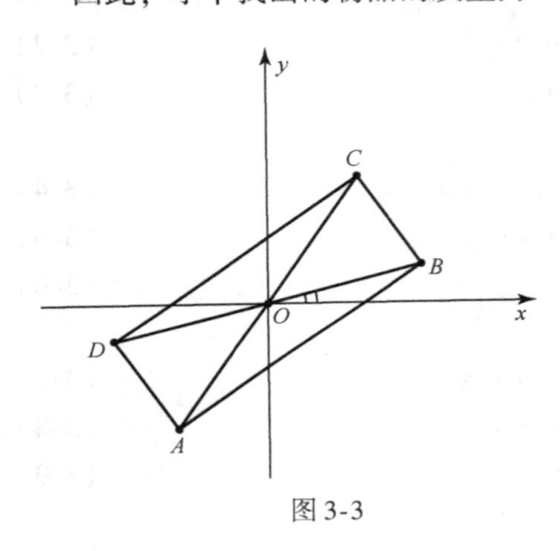

图 3-3

【例 3.7】 给定实数 a，b，$a>b>0$，将长为 a 宽为 b 的矩形放入一个正方形内（包含边界），问：正方形的边至少为多长？

解 设长方形为 $ABCD$，$AB=a$，$BC=b$，中心为 O.

以 O 为原点，建立直角坐标系，x 轴、y 轴分别与正方形的边平行.

情形1 线段 BC 与坐标轴不相交. 不妨设 BC 在第一象限内，$\angle BOx\leqslant\frac{1}{2}(90^\circ-\angle BOC)$（图3-3）.

此时

$$\begin{aligned}\text{正方形的边长}&\geqslant BD\cos\angle BOx\geqslant BD\cos\frac{90^\circ-\angle BOC}{2}\\&=BD\cos45^\circ\cos\frac{1}{2}\angle BOC+BD\sin45^\circ\sin\frac{1}{2}\angle BOC\\&=\frac{\sqrt{2}}{2}(a+b),\end{aligned}$$

所以此时所在正方形边长至少为 $\frac{\sqrt{2}}{2}(a+b)$.

情形2 线段 BC 与坐标轴相交. 不妨设 BC 与 x 轴相交，不妨设 $\angle COx\leqslant\frac{1}{2}\angle COB$（图3-4）.

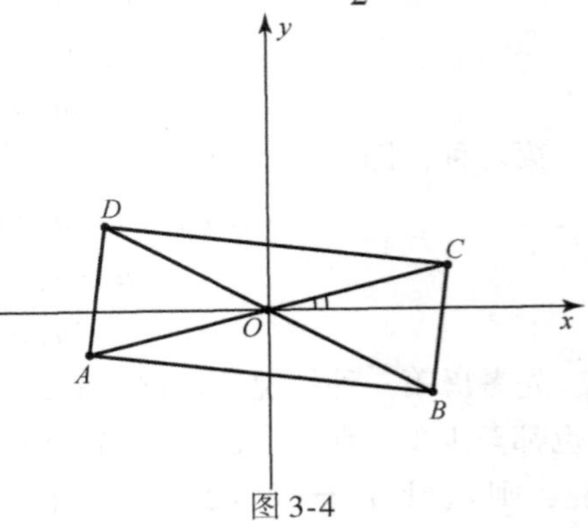

图 3-4

此时

$$\begin{aligned}\text{正方形的边长} &\geqslant AC\cos\angle COx \\ &\geqslant AC\cos\frac{\angle COB}{2} \\ &= a,\end{aligned}$$

所以此时所在正方形边长至少为 a.

比较情形1，2中结论知：

若 $a<(\sqrt{2}+1)b$，则正方形的边长至少为 a.

若 $a\geqslant(\sqrt{2}+1)b$，则正方形的边长至少为 $\frac{\sqrt{2}}{2}(a+b)$.

【例3.8】 设正整数 $n\geqslant3$，如果在平面上有 n 个格点 P_1，P_2，…，P_n 满足：当 $|P_iP_j|$ 为有理数时，存在 P_k，使得 $|P_iP_k|$ 和 $|P_jP_k|$ 均为无理数；当 $|P_iP_j|$ 为无理数时，存在 P_k，使得 $|P_iP_k|$ 和 $|P_jP_k|$ 均为有理数，那么称 n 是“好数”.

1）求最小的好数；

2）问：2005是否为好数？

解 我们断言最小的好数为5，且2005是好数.

在三点组 (P_i, P_j, P_k) 中，若 $|P_iP_j|$ 为有理数（或无理数），$|P_iP_k|$ 和 $|P_jP_k|$ 为无理数（或有理数），称 (P_i, P_j, P_k) 为一个好组.

1）$n=3$ 显然不是好数.

$n=4$ 也不是好数. 若不然，假设 P_1，P_2，P_3，P_4 满足条件，不妨设 $|P_1P_2|$ 为有理数及 (P_1, P_2, P_3) 为一好组，则 (P_2, P_3, P_4) 为一好组. 显然 (P_2, P_4, P_1) 和 (P_2, P_4, P_3) 均不是好组，所以 P_1，P_2，P_3，P_4 不能满足条件（图3-5）. 矛盾！

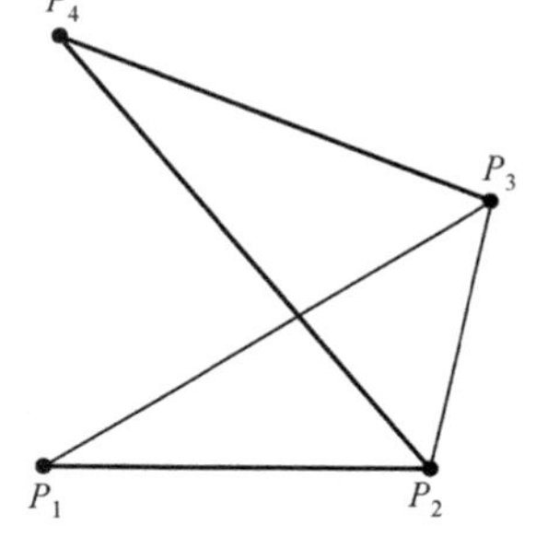

图3-5

$n=5$ 是好数. 以下五个格点满足条件（图3-6）：

$$A_5=\{(0, 0), (1, 0), (5, 3), (8, 7), (0, 7)\}.$$

2）设

$$\begin{aligned}A&=\{(1, 0), (2, 0), \cdots, (669, 0)\}, \\ B&=\{(1, 1), (2, 1), \cdots, (668, 1)\}, \\ C&=\{(1, 2), (2, 2), \cdots, (668, 2)\}, \\ S_{2005}&=A\cup B\cup C.\end{aligned}$$

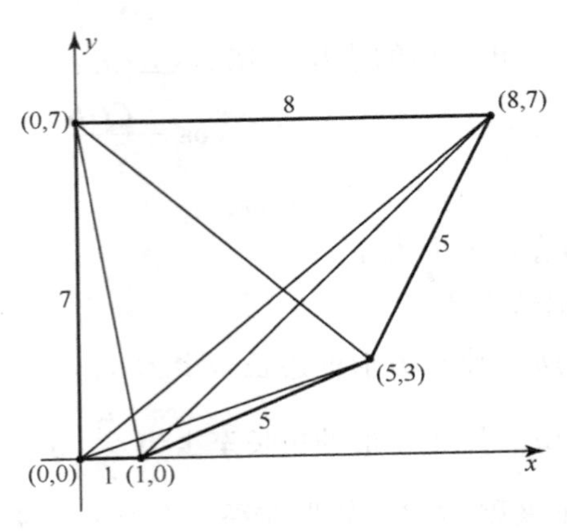

图 3-6

对任意正整数 n，易证 n^2+1 和 n^2+4 不是完全平方数．不难证明，对于集合 S_{2005} 中任两点 P_i，P_j，$|P_iP_j|$ 为有理数当且仅当 P_iP_j 与某一坐标轴平行，所以，2005 是好数．

【点评】 当 $n=6$ 时，$A_6=A_5\cup\{(-24,0)\}$；

当 $n=7$ 时，$A_7=A_6\cup\{(-24,7)\}$．

则可验证 $n=6$ 和 7 均为好数．

当 $n\geqslant 8$ 时，可像 $n=2005$ 那样排成三行，表明 $n\geqslant 8$ 时，所有的 n 都是好数．

【例 3.9】 有一家工厂制造一种产品，此产品卖一个可以得利 1000 元，一共做了 11 个产品．但是其中有一个是次品不能卖出去．现在用一种机器来检验产品的质量．此机器有以下的性能：

1）一次可以检验任何数量的产品；

2）每检验一次，需要花费 1000 元的手续费；

3）如果在检验中没有发现次品的话，每一个产品分别可以得利 1000 元；

4）如果在一次检验中发现次品的话，则此次检验的产品全部报废，一个也不能卖出去．

如用这种机器一次一个地检验产品，可能有下面两种情况出现：

运气最好的情况．

第一次检验产品的时候，就发现是次品．这样剩下的 10 个产品都是正品，可以卖出去．检验一次需要 1000 元手续费，因此可以得到的收益是 $1000\times10-1000=9000$（元）；

运气最坏的情况．

检验前10个产品的时候，都没有发现是次品(共检验10次)．这样，前10个产品可以各卖1000元；但检验费每次是1000元，则等于没有收益.

下面的问题请按运气最坏的情况考虑.

根据每次检验的个数及顺序，可以有几种检验方法．如果在运气最坏的情况下想得到最高的收益，采用什么样的检验方法最好呢？这时的收益是多少？

解　显然，按运气最坏的情况考虑，若这种机器每次只检验一个产品，则等于没有收益．这说明每次只检验一个产品是不可取的.

1）如果把11个产品分成两批检验，那么有9，2；2，9；8，3；3，8；7，4；4，7；6，5；5，6共8种情况.

如果是9，2，第一次就检验出次品，收益是2000 - 1000 = 1000（元）；
如果是2，9，第一次未检验出次品，收益是2000 - 1000 = 1000（元）；
如果是8，3，第一次就检验出次品，收益是3000 - 1000 = 2000（元）；
如果是3，8，第一次未检验出次品，收益是3000 - 1000 = 2000（元）；
如果是7，4，第一次就检验出次品，收益是4000 - 1000 = 3000（元）；
如果是4，7，第一次未检验出次品，收益是4000 - 1000 = 3000（元）；
如果是6，5，第一次就检验出次品，收益是5000 - 1000 = 4000（元）；
如果是5，6，第一次未检验出次品，收益是5000 - 1000 = 4000（元）.

可以猜想到：按运气最坏的情况考虑，收益的多少一般与检验的顺序无关．因此先考虑每批所分到的个数，再考虑检验的顺序.

2）如果把11个产品分成3批检验，可以有7，2，2；6，3，2；5，4，2；5，3，3；4，4，3共5种情况．收益分别为3000元、4000元、5000元、5000元和5000元．以4，4，3这种情况为例做进一步说明．如果第一次就检验出次品，那么收益是6000元；如果第二次检验出次品，那么收益是5000元；如果前两次没有检验出次品，第三次就不用检验了，那么收益是6000元．因此，按运气最坏的情况考虑，这次检验的收益应按5000元计算.

3）如果把11个产品分成4批检验，可以看成5，2，2，2；4，3，2，2；3，3，3，2共3种情况．收益分别为5000元、6000元和5000元.

4）如果把11个产品分成5批检验，可以有3，2，2，2，2一种情况．收益是5000元．当然，这时也可分成4，3，2，1，1，它实际上等效于4，3，2，2的情形.

通过上面的分析，只有4，3，2，2一种收益最高，如果改变顺序行不行呢？比如2，2，3，4，那么此时收益只有4000元了.

因此，按运气最坏的情况考虑，应该把11个产品按照4，3，2，2的顺序分成4批检验最好，此时的收益是6000元.

【例3.10】 设S是所有大于-1的实数集合. 确定所有的函数f: $S\to S$，使得满足下面两个条件：

1）对于S内所有x和y，有

$$f(x+f(y)+xf(y))=y+f(x)+yf(x);$$

2）在$-1<x<0$和$x>0$的每一个区间内，$\frac{f(x)}{x}$是严格递增的.

解 在1）中令$x=y$，得

$$f(x+f(x)+xf(x))=x+f(x)+xf(x), \tag{3-19}$$

即$x+f(x)+xf(x)$是f的一个不动点. 设$A=x+f(x)+xf(x)$，在(3-19)中令$x=A$，得

$$f(A^2+2A)=A^2+2A,$$

于是A^2+2A也是f的一个不动点.

若$A\in(-1, 0)$，则有$A^2+2A=(A+1)^2-1\in(-1,0)$，且$A^2+2A\neq A$，从而$(-1, 0)$中有两个不动点，与$\frac{f(x)}{x}$在$(-1, 0)$内严格递增矛盾.

若$A\in(0, +\infty)$，则$A^2+2A\in(0, +\infty)$，$A^2+2A\neq A$，这也与$\frac{f(x)}{x}$在$(0, +\infty)$上严格递增矛盾.

所以$A=0$，即$x+f(x)+xf(x)=0$，故

$$f(x)=-\frac{x}{1+x}.$$

显见$\frac{f(x)}{x}=-\frac{1}{1+x}$在$S$中严格递增，且不难验证$f(x)=-\frac{x}{1+x}$满足1），故$f(x)=-\frac{x}{1+x}$为所求.

由上述例题可以看出，运用枚举与筛选的策略解题的关键在于下面两点.

1）如何将整体分解成不重也不漏的各个特殊情况；

2）善于对枚举的结果进行综合考查（包括筛选）并导出结论.

问 题

1. 请用数码1，2，3，4，5，6，7，8，9各一次，组成4个平方数，使这4个平方数具有大于1的公约数. 写出你的答案，并简述理由.

2. 译解下列算式，其中不同的字母代表不同的数字：

$$\begin{array}{r} A\ H\ A\ H\ A \\ +\ T\ E\ H\ E \\ \hline T\ E\ H\ A\ W. \end{array}$$

3. 不能写成两个奇合数之和的最大偶数是多少？

4. 能将 1，2，3，4，5，6，7，8，9 填在 3×3 的方格表中，使得横向与竖向任意相邻两数之和都是素数吗？如果能，请给出一种填法；如果不能，请你说明理由.

5. 有 3 张扑克牌，牌面数字都在 10 以内. 把这 3 张牌洗好后，分别发给小明、小亮、小光 3 人. 每个人把自己牌的数字记下后，再重新洗牌、发牌、记数，这样反复几次后，3 人各自记录的数字的和顺次为 13，15，23. 问：这 3 张牌的数字分别是多少？

6. 一个两位数被 7 除余 1，如果交换它的十位数字与个位数字的位置，所得到的两位数被 7 除也余 1，那么这样的两位数有多少个？都是几？

7. 把 1，2，3，4，5，6 分别填入右图所示的表格内，使得每行相邻的两个数左边的小于右边的，每列的两数上面的小于下面的. 问：有几种填法？

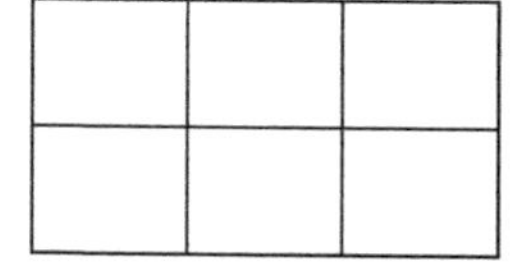

第 7 题图

8. 今有 101 枚硬币，其中有 100 枚同样的真币和 1 枚伪币，伪币与真币的质量不同，现需弄清楚伪币比真币轻，还是比真币重，但只有一架没有砝码的天平. 试问：怎样利用这架天平称两次达到目的？

9. 将自然数 N 接写在任意一个自然数的右面（例如，将 2 接写在 35 的右面得 352），如果得到的新数都能被 N 整除，那么 N 称为魔术数. 问：小于 2000 的自然数中有多少个魔术数？

10. 求所有的正整数 m，n，使得 m^2+1 是一个素数，且

$$10(m^2+1)=n^2+1.$$

11. 试问：$\frac{1}{8}$ 能否表示为 3 个互异的正整数的倒数的和？$\frac{1}{8}$ 能否表示为 3 个互异的完全平方数的倒数的和？如果能，请给出一个例子；如果不能，请说明理由.

12. 某个信封上的两个邮政编码 M 和 N 均由 0，1，2，3，4，5，6 这七个数字中的六个组成. 现有四个编码如下：

A：320651，B：105263，

C：612305，D：316250.

已知编码 A，B，C 各恰有两个数字的位置与 M 和 N 相同，D 恰有三个数字的位置与 M 和 N 相同. 试求 M 和 N.

13. 一个 n 位($n \geqslant 2$)自然数 N 中的相邻的一个，两个，…，$n-1$ 个数码组成的自然数叫做 N 的“片断数”（顺序不变，如 186 的“片断数”有 1，8，6，18，86 五个），分别求出满足下列条件的 n 位自然数.

(1) 它是一个完全平方数，且它的“片断数”都是完全平方数；

(2) 它是一个素数，且它的“片断数”都是素数.

14. 求所有的正整数 x，y，使 $\frac{x^3+y^3-x^2y^2}{(x+y)^2}$ 是一个非负数.

15. 如果存在 1，2，…，n 的一个排列 a_1，a_2，…，a_n，使 $k+a_k$($k=1$，2，…，n)都是完全平方数，则称 n 为“好数”. 问在正整数集合中，哪些是“好数”，哪些不是“好数”，并说明理由.

16. 求所有的整数对(a，b)，其中 $a\geqslant 1$，$b\geqslant 1$，且满足

$$a^{b^2}=b^a.$$

17. 设 a，b，c，d 为整数，$a>b>c>d>0$，且

$$ac+bd=(b+d+a-c)(b+d-a+c).$$

证明：$ab+cd$ 不是素数.

第 4 章 整数的表示方法

莱布尼茨认为他在他的二进制算术中看到了造物主. 他认为 1 可以代表上帝, 而 0 则代表虚无. 造物主可以从虚无中创造出万事万物来, 就像在二进制算术中, 任何数均可由 0 和 1 构造出来一样.

——拉普拉斯

研究整数性质的学问叫数论. 数论是数学的一个重要分支, 它历史悠久, 而且有着强大的生命力. 数论问题叙述简明, 很多数论问题可以从经验中归纳出来, 并且仅用三言两语就能向一个外行人解释清楚, 但要证明它却远非易事. 因而有人说: “用以发现天才, 在初等数学中再也没有比数论更好的课程了. 任何学生, 如能把当今任何一本数论教材中的习题做出, 就应当受到鼓励, 并劝他将来从事数学方面的工作.” 所以在国内外各级各类的数学竞赛中, 数论问题总是占有相当大的比重.

纵观数学竞赛中的数论问题, 表示整数的方法多种多样. 本章就从整数的表示方法入手, 作一些归纳梳理.

4.1 整数的十进制表示

一个正整数 N 能表示成十进制为 $\overline{c_n c_{n-1} \cdots c_1 c_0}$, 其中个位数字为 c_0, 十位数字为 c_1, 百位数字为 c_2 等, 而 c_0, c_1, …, c_n 都是从 0 到 9 的数字, 那么 c_1 表示 $c_1 \times 10$, c_2 表示 $c_2 \times 10^2$, …, c_n 表示 $c_n \times 10^n$, 因此这个数为

$$N=\overline{c_n c_{n-1}\cdots c_1 c_0}$$
$$=c_0+c_1\times 10+c_2\times 10^2+\cdots+c_{n-1}\times 10^{n-1}+c_n\times 10^n,$$

这样的表示法称为整数的十进制表示.

【例 4.1】 一个正整数为其各位数字之和的 17 倍，就称它为“特定数”. 请写出全体特定数来.

解 设 $N=a_k\cdot 10^k+a_{k-1}\cdot 10^{k-1}+\cdots+a_1\cdot 10+a_0$ 是特定数，则有

$$N=a_k\cdot 10^k+a_{k-1}\cdot 10^{k-1}+\cdots+a_1\cdot 10+a_0=17(a_k+a_{k-1}+\cdots+a_1+a_0),$$

所以

$$a_k\cdot(10^k-17)+a_{k-1}\cdot(10^{k-1}-17)+\cdots+a_2\cdot(10^2-17)$$
$$=7a_1+16a_0\leqslant 23\times 9=207,$$

所以 $k\leqslant 2$，即特定数的位数不超过三位.

显然，一位数中无特定数，而 $17a+17b>10a+b$，所以两位数中也无特定数.

设 $N=100a+10b+c=17(a+b+c)$，则 $83a=7b+16c\leqslant 23\times 9=207$，即 $a<3$.

若 $a=2$，$80a-16c=160-16c=7b-3a=7b-6$，所以 $7b-6$ 是 16 的倍数，不可能，所以 $a=1$，此时 $80a-16c=80-16c=7b-3a=7b-3$，所以 $7b-3$ 是 16 的倍数，$b=5$，$c=3$. 故只有一个特定数 153.

【例 4.2】 如果把“数学竞赛”四字当成某个四位数，并且告诉你有

(数学竞赛)^2= 数学 * * * 竞赛.

你能求出“数学竞赛”等于多少吗？当然，不同汉字必须代表不同的数字，但是 * 号并不受此限制，可以是任何数字.

解 这个四位数的平方是七位数，为了避繁就简，不妨把“数学竞赛”当作两个两位数来处理. 设“数学”$=a$，“竞赛”$=b$，于是“数学竞赛”就化为 $100a+b$ 的形式，而且原题也成了

$$(100a+b)^2=100000a+100m+b. \tag{4-1}$$

(4-1)式里的 m 代表某个不超过三位的数，就是原题中的 * * *.

把(4-1)式左面展开就成了 $10000a^2+200ab+b^2=100000a+100m+b$.

进一步分析，可以看出上式中大多数项都含有 100 的因数，所以不难确定 b^2-b 也一定能被 100 整除，这就说明 b^2 与 b 的末两位是相同的数字，所以才能有 b^2-b 以 00 结尾，否则就不可能被 100 整除了. 由于 b 是两位数，在 10 至 99 之间能符合以上条件的 b 并不多. 细心的同学知道：在一位数中，只有 5 与 6 平方的末位依然还是 5 与 6；而在两位数中，只有当 $b=25$ 或 $b=76$ 时才会出现这种情况，因为 $25^2=625$，而 $76^2=5776$，依然保持了末两位

数不变.

这样，b 就已有了初步的着落. 那么 a 呢？(4-1)式是等式，但是不难写出不等式，即 $10000a^2 \leqslant 100000a+100000$，这是因为(4-1)式中的 $100m+b-(200ab+b^2)$ 当然不可能大于 100000 的缘故.

对 $10000a^2 \leqslant 100000(a+1)$ 的两边约去 10000 后就能写成 $a^2-10a-10<0$.

解之得：$a<5+\sqrt{35}<11$.

a 是两位数，它还得小于 11，那就只剩下 $a=10$ 这一种可能性了.

所以只要考查 1025 以及 1076 即可，看谁能满足题目的条件. 算一下即知 $1025^2=1050625$，而 $1076^2=1157776$，我们看到只有 1025 才能与“数学竞赛”相当，而 1076 由于它的平方数并不以 10 开头，所以必须舍去.

【点评】 以上求解过程紧紧抓住了一头一尾这两个环节，可说是首尾兼顾、滴水不漏.

4.2　整数的 m 进制表示

十进制是普遍采用的计数方法，这可能是因为自古以来用十个手指头计数较为方便. 事实上，在古代也曾采用五进制(一只手)，二十进制(手指加脚趾)和六十进制等. 就是今天，各地还保留着非十进制的计数方式，比如时间计算就是 60 秒为 1 分钟，60 分钟为 1 小时.

在电子线路和计算机蓬勃发展的今天，二进制表示法和二进制运算在通信和计算机科学中非常有用. 这是因为一个电子元件通常有两种状态，比如，一个开关有“接通”和“断开”两种状态，一只灯泡有“亮”和“不亮”两种状态，而每个正整数用二进制表示时，也只需要 0 和 1 两个数字，如果 0 和 1 分别表示电子元件的两种状态，就可用二进制数表示电子线路和计算机的工作状态.

现在看如何把一个十进制的正整数写成二进制或者三进制的形式，并且用二进制或者三进制的形式进行四则运算.

把 19 写成三进制形式，由“逢三进一”，用 3 除 19 得 6 余 1，所以$19=3\times6+1$，因此最右边位上为 1 且进位为 6. 由于 $6=2\times3+0$，所以留下数字 0 然后再进位 2，于是 19 用三进制表示为 201. 为了标明这是三进制，把它写成$[201]_3$，即 $19=[201]_3$，这种过程可以写成如下的算式：

$$3\overline{)6}\cdots\cdots\cdots\cdots 0 \quad 19=[201]_3=1+2\cdot 3^2.$$
$$3\overline{)19}\cdots\cdots\cdots\cdots 1$$

一般地，任意正整数 N(十进制)可以写成 m 进制形式(m 是大于1的正整数)，其做法与上面过程相仿：用 m 除 N 得商 N' 和余数 c_0，再用 m 除 N' 得商 N'' 和余数 c_1，如此下去，便可得 N 的 m 进制表示 $c_nc_{n-1}\cdots c_1c_0$，或者更明确地表示为 $[c_nc_{n-1}\cdots c_1c_0]_m$，其中 c_0，c_1，…，c_{n-1}，c_n 是从0到 $m-1$ 之间的整数，c_0 所在的位叫第0位，c_1 所在的位叫第1位，如此下去，c_n 所在的位叫第 n 位. 这种叫法有一个方便之处，即第1位数字 c_1 实际上表示数 $c_1\times m$，第2位数字 c_2 实际上表示数 $c_2\times m^2$，依此类推，第 n 位数字 c_n 实际上表示数 $c_n\times m^n$，因此

$$N=[c_nc_{n-1}\cdots c_1c_0]_m=c_0+c_1m+c_2m^2+\cdots+c_nm^n,$$

这就是整数 N 的 m 进制表示.

特别地，当 $m=2$ 时，$N=[c_nc_{n-1}\cdots c_1c_0]_2=c_0+c_1\cdot 2+c_2\cdot 2^2+\cdots+c_n\cdot 2^n$. 其中 $c_i=0$ 或者 $1(i=0,1,2,\cdots,n)$，这就是 N 的二进制表示.

当 $m=3$ 时，$N=[c_nc_{n-1}\cdots c_1c_0]_3=c_0+c_1\cdot 3+c_2\cdot 3^2+\cdots+c_n\cdot 3^n$，其中 $c_i=0$，1 或者 $2(i=0,1,2,\cdots,n)$，这就是 N 的三进制表示.

m 进制数之间作加法与十进制加法没有本质区别，仍是同位的数字相加，超过 m 便向前进位，减法则可能需要借位：前一位借1作为下一位的 m，乘除法也可类似地进行，让我们举一个例子.

【例4.3】 在算式 $2^{读}+2^{书}+2^{必}+2^{须}+2^{努}+2^{力}=2000$ 中，不同的汉字表示不同的数字，并且依次从大到小地排列，那么，读、书、必、须、努、力应分别是______，______，______，______，______，______.

分析与解 用2除2000，把余数记下来，再用2除所得的商，再把余数记下来，如此继续运算，直到被除数(所得的商)小于除数，商是0为止，如下式：

$2\,\underline{\vert 2000}\cdots 0$	第一余数
$2\,\underline{\vert 1000}\cdots 0$	第二余数
$2\,\underline{\vert 500}\cdots 0$	第三余数
$2\,\underline{\vert 250}\cdots 0$	第四余数
$2\,\underline{\vert 125}\cdots 1$	第五余数
$2\,\underline{\vert 62}\cdots 0$	第六余数
$2\,\underline{\vert 31}\cdots 1$	第七余数

$$
\begin{array}{ll}
2\,\underline{|15}\cdots 1 & \text{第八余数} \\
\quad 2\,\underline{|7}\cdots 1 & \text{第九余数} \\
\quad\quad 2\,\underline{|3}\cdots 1 & \text{第十余数} \\
\quad\quad\quad 2\,\underline{|1}\cdots 1 & \text{第十一余数} \\
\quad\quad\quad\quad 0 &
\end{array}
$$

由此得 $2^{10}+2^9+2^8+2^7+2^6+2^4=2000$.

【点评】 本例可改为如下命题：把十进制 2000 化为二进制数，由上式可得$(2000)_{10}=(11111010000)_2$，这里的记号$(2000)_{10}$是十进制的数，两千；记号$(11111010000)_2$ 是二进制的数，把它化为十进制数就是

$$
\begin{aligned}
&1\times 2^{10}+1\times 2^9+1\times 2^8+1\times 2^7+1\times 2^6+0\times 2^5 \\
&+1\times 2^4+0\times 2^3+0\times 2^2+0\times 2^1+0.
\end{aligned}
$$

【例 4.4】 计算机采用二进制. 键盘共有 102 个键，每个键上两个符号，每个符号用一个二进制数字代表，那么从二进制的 0 开始，要用多少位二进制的数字才能代表所有键盘上的符号？

分析与解 十进制的 2^k，就用 $k+1$ 位二进制的数来表示 $1\underbrace{000\cdots 0}_{k\text{个}0}$，因此，大于 128、小于 256 的数就要用 8 位二进制的数来表示，所以 204 要用 8 位二进制的数来表示.

【例 4.5】 天平的一端放砝码，另一端放要称的重物，今有五个砝码，其中一个是 1 克，两个是 2 克，另外两个是 5 克，用这五个砝码在天平上可以称出 1 ~ 15 克的整数克的重物 . 例如，$6=1+5$，$8=1+2+5$，$9=2+2+5$ 等. 请问：你能制造出四个砝码，用它们也可以称出从 1 克到 15 克的所有整数克的重物吗？

分析与解 容易想到采用二进制，将 1，2，…，15 表示成二进制时均不超过四位，若 $N=[c_3c_2c_1c_0]_2=c_0+2c_1+4c_2+8c_3$，其中 c_3，c_2，c_1，c_0 的取值为 0 或 1，可知只要用质量为 1 克、2 克、4 克、8 克的四个砝码，就可以称出 1 ~ 15 克的所有整数克的重物.

【点评】 更一般地，用质量为 1 克，2 克，2^2 克，…，2^{n-1}克的 n 个砝码可称出 $1\sim 2^n-1$ 克的所有整数克的重物.

【例 4.6】 数列 y_1，y_2，y_3，…定义如下：$y_1=1$，对 $k>0$，

$$
y_{2k}=\begin{cases}2y_k, & \text{若 } k \text{ 为偶数}, \\ 2y_k+1, & \text{若 } k \text{ 为奇数},\end{cases}
$$

$$
y_{2k+1}=\begin{cases}2y_k, & \text{若 } k \text{ 为奇数}, \\ 2y_k+1, & \text{若 } k \text{ 为偶数}.\end{cases}
$$

证明：数列 y_1，y_2，y_3，…能取遍每个正整数并且恰好一次.

证明 全部用二进制表示数，令 $n=(a_m a_{m-1}\cdots a_1 a_0)_2$，下面用数学归纳法证明

$$y_n=(b_m b_{m-1}\cdots b_1 b_0)_2,$$

其中 $b_m=a_m=1$，$b_i\equiv a_i+a_{i+1} \pmod 2$，$i=0,1,\cdots,m-1$.

当 $n=1$ 时，显然成立.

设对小于 n 的正整数命题成立. 对于 $n=(a_m a_{m-1}\cdots a_1 a_0)_2$，记 $n'=(a_m\cdots a_1)_2$，由题设

1）若 $a_1a_0=00$，则 $y_n=2y_{n'}=2\cdot(b_m\cdots b_1)_2=(b_m\cdots b_1 b_0)_2$；

2）若 $a_1a_0=10$，则 $y_n=2y_{n'}+1=(b_m\cdots b_1 1)_2=(b_m\cdots b_1 b_0)_2$；

3）若 $a_1a_0=01$，则 $y_n=2y_{n'}+1=(b_m\cdots b_1 1)_2=(b_m\cdots b_1 b_0)_2$；

4）若 $a_1a_0=11$，则 $y_n=2y_{n'}=(b_m\cdots b_1 0)_2=(b_m\cdots b_1 b_0)_2$.

从而知命题对 n 也成立.

若 $y_n=(b_m\cdots b_1 b_0)_2$，则对任意数 $(b_m b_{m-1}\cdots b_1 b_0)_2$，可以唯一确定 $n=(a_m a_{m-1}\cdots a_1 a_0)_2$ 如下：$a_m=b_m=1$，$a_i\equiv b_i-a_{i+1} \pmod 2$.

所以 $n\to y_n$ 为 $N\to N$ 的一一对应，从而命题得证.

【点评】 本题显示了用二进制代替十进制的优越性. 一般而言，各种进位制都有其所长，也有其所短. 根据具体问题的不同需要，灵活选用不同的进位制，才能达到扬长避短的目的.

【例 4.7】 对于正整数 n，令 $f_n=[2^n\sqrt{2008}]+[2^n\sqrt{2009}]$. 求证：数列 f_1，f_2，…中有无穷多个奇数和无穷多个偶数（$[x]$表示不超过 x 的最大整数）.

分析 对于给定的 n，求 f_n 显然是一件不现实的事情，只能从奇数和偶数这里得到突破. 和为奇数还是偶数，本质当然是两个数是否同奇偶. 而如何找出两个数是否同奇偶呢？结合取整之前乘的 2^n，我们找到了解决问题的方法，那就是化为二进制来考虑.

证法 1 不妨设将 $\sqrt{2008}$ 和 $\sqrt{2009}$ 化为二进制后的无限小数为 a_1 和 a_2.

这两个小数都是不循环的，而 f_n 是奇还是偶，取决于 a_1 和 a_2 小数点后的第 n 位是否相同. 如果数列 f_1，f_2，…中只有有限个奇数，那么在某个 n 以后，所有的 f_k 都是偶数，这说明在小数点后 n 位开始，a_1 和 a_2 的每一位都相同. 这说明 a_2-a_1 在二进制下是有限小数，即是一个有理数，但这显然是不可能的. 如果数列 f_1，f_2，…中只有有限个偶数，那么在某个 n 以后，所有的 f_k 都是奇数，这说明在小数点后 n 位开始，a_1 和 a_2 的每一位都不同. 这说明 a_2+a_1 在二进制下是有限小数，即是一个有理数，这显然也是不可能

的. 至此，就证明了命题.

【点评】 将$\sqrt{2008}$和$\sqrt{2009}$化为二进制小数是解题的关键，因为它揭示了f_n奇偶性的真正含义. 不过题目中的2^n具有较大的提示性，对于有一定数论基础的考生来说，并不算是太棘手.

证法 2 用二进制表示$\sqrt{2008}$和$\sqrt{2009}$：

$$\sqrt{2008}=\overline{101100.\,a_1a_2\cdots}_{(2)}\text{和}\sqrt{2009}=\overline{101100.\,b_1b_2\cdots}_{(2)}.$$

首先，证明数列中有无穷多个偶数. 反证法，假设数列中只有有限个偶数，从而存在一个正整数N，对每个正整数$n>N$，f_n都是奇数. 考虑$n_1=N+1$，$n_2=N+2$，…，注意到，在二进制中，

$$f_{n_i}=\overline{101100b_1b_2\cdots b_{n_i}}_{(2)}+\overline{101100a_1a_2\cdots a_{n_i}}_{(2)},$$

这个数模 2 同余于$b_{n_i}+a_{n_i}$. 因为f_{n_i}是奇数，所以$\{b_{n_i},a_{n_i}\}=\{0,1\}$. 从而

$$\sqrt{2008}+\sqrt{2009}=\overline{1011001.\,c_1c_2\cdots c_{m-1}111\cdots}_{(2)}.$$

由此得到$\sqrt{2008}+\sqrt{2009}$在二进制中是有理数，这是不可能的，因为$\sqrt{2008}+\sqrt{2009}$是无理数. 因此，假设是错误的，所以数列中有无穷多个偶数.

同样可以证明数列中有无穷多个奇数. 令$g_n=[n\sqrt{2009}]-[n\sqrt{2008}]$，显然$g_n$和$f_n$有相同的奇偶性. 这样，对$n>N$，$g_n$都是偶数. 注意到，在二进制中，

$$g_{n_i}=\overline{101100b_1b_2\cdots b_{n_i}}_{(2)}-\overline{101100a_1a_2\cdots a_{n_i}}_{(2)},$$

这个数模 2 同余于$b_{n_i}-a_{n_i}$. 因为g_{n_i}是奇数，所以$b_{n_i}=a_{n_i}$. 从而

$$\sqrt{2009}-\sqrt{2008}=\overline{0.\,d_1d_2\cdots d_{m-1}000\cdots}_{(2)}.$$

由此得到$\sqrt{2009}-\sqrt{2008}$在二进制中是有理数，这是不可能的，因为$\sqrt{2009}-\sqrt{2008}$是无理数. 因此，假设是错误的，所以数列中有无穷多个奇数.

【例 4.8】 给定两个系数为非负整数的多项式$f(x)$和$g(x)$，其中$f(x)$的最大系数为m. 现知对于某两个正整数$a<b$，有$f(a)=g(a)$和$f(b)=g(b)$. 证明：如果$b>m$，则多项式f与g恒等.

证明 假设f不与g恒等，设

$$f(x)=c_nx^n+c_{n-1}x^{n-1}+\cdots+c_1x+c_0,$$
$$g(x)=d_kx^k+d_{k-1}x^{k-1}+\cdots+d_1x+d_0.$$

由于$0\leqslant c_i\leqslant m<b$，故在$b$进制之下，$f(b)$就是$\overline{c_nc_{n-1}\cdots c_1c_0}$. 如果多项式$g$的各项系数也都不超过$b$，那么由$f(b)=g(b)$和$b$进制表达式的唯一性，知多项式$f$与$g$的各项系数相等，从而$f$与$g$恒等. 假设$i$是使得$d_i>b$的最小下角标，则$d_i=bq+r$. 对于多项式$g_1$，它是将多项式$g$中的系数$d_i$

换为 r，d_{i+1} 换为 $d_{i+1}+q$，并保持其余系数不变的多项式. 易知 $g_1(b)=g(b)$. 又

$$d_ia^i+d_{i+1}a^{i+1}=(bq+r)a^i+d_{i+1}a^{i+1}>(aq+r)a^i+d_{i+1}a^{i+1}$$
$$=ra^i+(d_{i+1}+q)a^{i+1},$$

所以 $g_1(a)<g(a)$. 再继续对下一个 i 作同样的讨论，如此一直进行下去. 由于每一次 i 至少增加 1，且永远不会超过 k，所以至多进行 k 次这样的讨论，就可以得到多项式 g_j，它的各项系数都是不超过 b 的非负整数. 由 $g_j(b)=g(b)$ 和 b 进制表达式的唯一性，知多项式 f 与 g_j 恒等. 但这是不可能的，因为 $f(a)=g(a)>g_j(a)$，由此得到矛盾.

给了两个 m 进制数，如何比较它们的大小？十进制情形是小学生都会做的. 设

$$a_na_{n-1}\cdots a_1a_0=a_0+a_1\cdot 10+\cdots+a_{n-1}\cdot 10^{n-1}+a_n\cdot 10^n,$$
$$b_nb_{n-1}\cdots b_1b_0=b_0+b_1\cdot 10+\cdots+b_{n-1}\cdot 10^{n-1}+b_n\cdot 10^n$$

是两个十进制数. 如果所有相同位的数字均相等，即 $a_n=b_n$，$a_{n-1}=b_{n-1}$，$\cdots$，$a_1=b_1$，$a_0=b_0$，则这两个数相等. 否则，从左到右比较相同位数字的大小，设第一个不等的数字为 a_i 和 b_i（即 $a_{i+1}=b_{i+1}$，$a_{i+2}=b_{i+2}$，$\cdots$，$a_n=b_n$），则 $a_i>b_i$ 时，$a_na_{n-1}\cdots a_1a_0>b_nb_{n-1}\cdots b_1b_0$，而当 $a_i<b_i$ 时，$a_na_{n-1}\cdots a_1a_0<b_nb_{n-1}\cdots b_1b_0$.

对于 m 进制的两个数也可用完全同样的方法比较它们的大小. 比如说对于三进制的两个数 $[20111]_3$ 和 $[20021]_3$，从左边起前两位数字相等，但是接下来的第三个数字分别为 1 和 0，于是 $[20111]_3>[20021]_3$. 这是因为 $[20021]_3$ 后边的两位 $[21]_3$ 总是小于 $[100]_3$，因此 $[20111]_3>[20100]_3>[20021]_3$.

4.3 整数的带余除式表示

整数 N，关于另一正整数 b，一定存在唯一的两个整数 q，r 使 $N=bq+r$ $(0\leqslant r<b)$，这就是整数的带余除式表示.

【例 4.9】 从自然数 1，2，3，…，1000 中，最多可取出多少个数使得所取出的数中任意三个数之和能被 18 整除？

解 设 a，b，c，d 是所取出的数中的任意 4 个数，则

$$a+b+c=18m,\quad a+b+d=18n,$$

其中 m，n 是自然数. 于是

$$c-d=18(m-n).$$

上式说明所取出的数中任意两个数之差是 18 的倍数，即所取出的每个数除以 18 所得的余数均相同. 设这个余数为 r，则

$$a=18a_1+r,\quad b=18b_1+r,\quad c=18c_1+r,$$

其中 a_1，b_1，c_1 是整数. 于是

$$a+b+c=18(a_1+b_1+c_1)+3r.$$

因为 $18\mid(a+b+c)$，所以 $18\mid 3r$，即 $6\mid r$，推知 $r=0$，6，12. 因为 $1000=55\times18+10$，所以，从 1，2，…，1000 中可取 6，24，42，…，996 共 56 个数，它们中的任意 3 个数之和能被 18 整除.

【例 4.10】 如图 4-1 所示，请在四面体的四个顶点处填入 4 个不同的正整数 A_1，A_2，A_3，A_4，使得它们的和 $A_1+A_2+A_3+A_4$ 最小，且满足

1）每条棱的中点写下两端点的平均值；

2）每个面的中心写下它三条边中点上三个数的平均值. 这些数都是正整数，并且是四个连续的奇数.

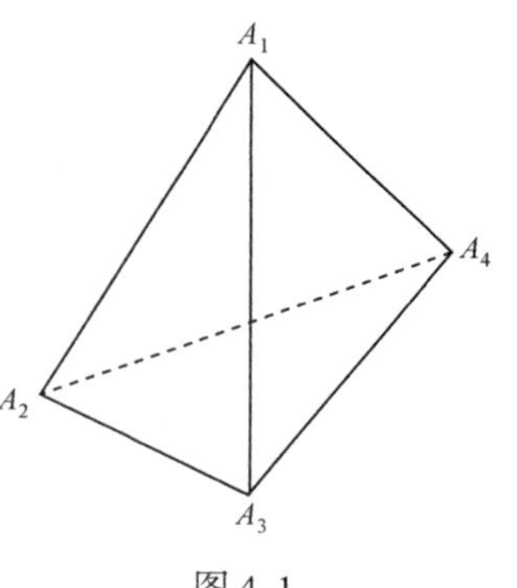

图 4-1

分析与解　实际上，面中心的数是三个顶点上的数的平均值，因此，四个数中的任意三个数除以 3 都有相同的余数，所以，四个数 A_1，A_2，A_3，A_4 除以 3 有相同的余数. 令 $A_1=3a_1+r$，$A_2=3a_2+r$，$A_3=3a_3+r$，$A_4=3a_4+r$，则有

$$\begin{cases}a_1+a_2+a_3+r=x,\\ a_2+a_3+a_4+r=x+2,\\ a_3+a_4+a_1+r=x+4,\\ a_4+a_1+a_2+r=x+6,\end{cases}$$

其中，x 为奇数，则

$$\begin{cases}a_4-a_1=2,\\ a_1-a_2=2,\\ a_2-a_3=2\end{cases}\Rightarrow\begin{cases}a_4=a_3+6,\\ a_1=a_3+4,\\ a_2=a_3+2,\end{cases}$$

故

$$\begin{cases}A_4=A_3+18,\\ A_1=A_3+12,\\ A_2=A_3+6,\end{cases}$$

所以 $A_1+A_2+A_3+A_4=4A_3+36$，要使得这个和最小，只需取 $A_3=1$.

答 $A_1=7$，$A_2=13$，$A_3=1$，$A_4=19$.

【点评】 在计算 $A_1+A_2+A_3+A_4$ 时，只选取了关系式中的三个就可推导出结论. 同理，用其他的关系式推导也能得出结论，读者可以自己试试看.

4.4 整数的唯一分解表示

每一个大于 1 的自然数 N 都可唯一地分解为素数的乘积，即

$$N=p_1^{\alpha_1}p_2^{\alpha_2}\cdots p_k^{\alpha_k},$$

其中 $p_1<p_2<\cdots<p_k$ 为素数，α_1，α_2，…，α_k 为自然数，并且这种分解是唯一的，该式称为 N 的质因数分解或标准分解.

【例 4.11】 设 m 为正整数，如果存在某个正整数 n，使得 m 可以表示为 n 和 n 的正约数个数(包括 1 和自身)的商，则称 m 为好数. 求证：

1）1，2，…，17 是好数.

2）18 不是好数.

分析 对于每个 n，不难看出 n 和 n 的正约数个数都与 n 的质因数分解表示有关. 如果假设 $f(n)$ 为 n 和 n 的正约数个数的商，那么 $f(n)$ 有一些性质，从而可以试图证明 1）和 2）.

证明 对于给定的 n，假设 $n=\prod\limits_{1\leqslant i\leqslant k}p_i^{\alpha_i}$，那么 n 的正约数的个数应当为 $\prod\limits_{1\leqslant i\leqslant k}(\alpha_i+1)$. 不妨设 $f(n)$ 是它们的商，那么 $f(n)$ 有以下两条性质：

（1）$f(n)$ 若是整数，应当是 n 的一个约数.

（2）对于互素的 m 和 n，有 $f(mn)=f(m)f(n)$.

由此两条，我们不难得出 1 至 17 的表达式.

$f(1)=1$，$f(8)=2$，又由于 $f(p)=\dfrac{p}{2}$，所以 $f(8p)=p$（p 是任意奇素数）；

$f(4)=\dfrac{4}{3}$，又因为 $f(9)=3$，故 $f(36)=4$；

$f(8)=2$，又 $f(9)=3$，故 $f(72)=6$；

$f(16)=\dfrac{16}{5}$，又 $f(5)=\dfrac{5}{2}$，故 $f(80)=8$；

$f(4)=\dfrac{4}{3}$，又 $f(27)=\dfrac{27}{4}$，故 $f(108)=9$；

$f(36)=4$，又 $f(5)=\dfrac{5}{2}$，故 $f(180)=10$；

$f(80)=8$, 又 $f(3)=\dfrac{3}{2}$, 故 $f(240)=12$;

$f(36)=4$, 又 $f(7)=\dfrac{7}{2}$, 故 $f(252)=14$;

$f(72)=6$, 又 $f(5)=\dfrac{5}{2}$, 故 $f(360)=15$;

$f(32)=\dfrac{16}{3}$, 又 $f(9)=3$, 故 $f(288)=16$.

综上证明了(1)，下面来看(2).

若存在一个 n 使得 $f(n)=18$，不妨设 $n=3^k b$，其中 b 不能被 3 整除，那么 $18=f(n)=\dfrac{3^k}{k+1}f(b)$.

若 $k>4$，则 $f(b)<1$ 矛盾；

若 $k=4$，则 $f(b)=\dfrac{10}{9}$，显然找不到这样的 b；

若 $k\leqslant 2$，则 $f(b)$ 化为最简分数后，分子依然是3 的倍数，这与 b 不能被 3 整除矛盾!

因此 $k=3$，$f(b)=\dfrac{8}{3}$，再设 $b=2^l c$，其中 c 是奇数.

显然 $l\geqslant 3$，但是当 $l=3$ 时，$f(c)$ 的分子依然是偶数，矛盾.

若 $l\geqslant 4$，那么 $\dfrac{2^l}{l+1}\geqslant\dfrac{16}{5}>\dfrac{8}{3}$，这导致 $f(c)<1$，矛盾.

综上，18 不是好数.

【点评】 这是一道考基本功的数论题，对学生的构造和估算能力有一定的要求.

【例 4. 12】 对任何的正整数 n，令 $d(n)$ 表示 n 的正因数(包含1 及 n 本身)的个数. 试确定所有的正整数 k，使得存在正整数 n 满足

$$\frac{d(n^2)}{d(n)}=k.$$

解 显然，$n=1$ 时，$\dfrac{d(n^2)}{d(n)}=1$，故 k 可以取 1.

若 $n>1$，设 n 的素因数分解标准式为 $n=p_1^{\alpha_1}p_2^{\alpha_2}\cdots p_s^{\alpha_s}$，则

$$\begin{aligned}\frac{d(n^2)}{d(n)}&=\frac{(2\alpha_1+1)(2\alpha_2+1)\cdots(2\alpha_s+1)}{(\alpha_1+1)(\alpha_2+1)\cdots(\alpha_s+1)}\\&=\frac{(2\beta_1-1)(2\beta_2-1)\cdots(2\beta_s-1)}{\beta_1\beta_2\cdots\beta_s},\end{aligned}$$

其中 $\beta_i=\alpha_i+1$， $1\leqslant i\leqslant s$.

命题转化为求所有可以表示为如下形式的正整数：

$$k=\frac{(2\beta_1-1)(2\beta_2-1)\cdots(2\beta_s-1)}{\beta_1\beta_2\cdots\beta_s},\tag{4-2}$$

其中 s 为正整数，β_i 为大于 1 的正整数，为方便起见，称具有形式(4-2)的正整数 k 为“可表示的”. 显然，如果 k_1 和 k_2 都是可表示的，则 $k_1\cdot k_2$ 也是可表示的. 并且，基于(4-2)的分子均为奇数，所以，β_i 均为大于 1 的奇数，且 k 必须为奇数.

下面用数学归纳法证明，所有的正奇数均是可表示的.

注意到 $3=\frac{9}{5}\times\frac{5}{3}$，所以 3 是可表示的.

由于每个正奇数均可唯一地表示为 $2^{n+1}\cdot m+2^n-1$ 的形式，其中 n 为正整数，$m\geqslant 0$ 为整数(这一点只需将奇数表示为二进制，再将从右至左连续出现的所有的 1 合为 2^n-1 即可). 假设所有小于 $2^{n+1}\cdot m+2^n-1$ 的奇数均为可表示的，下证 $2^{n+1}\cdot m+2^n-1$ 也是可表示的.

事实上，如果令 $\beta_1=(2^n-1)(2m+1)$，$\beta_{i+1}=2\beta_i-1(1\leqslant i\leqslant n-1)$，则

$$\beta_n-1=2^{n-1}(\beta_1-1),2\beta_n-1=(2^n-1)(2^{n+1}m+2^n-1).$$

于是，有

$$A=\frac{2\beta_1-1}{\beta_1}\cdot\frac{2\beta_2-1}{\beta_2}\cdot\cdots\cdot\frac{2\beta_n-1}{\beta_n}=\frac{2\beta_n-1}{\beta_1}=\frac{2^{n+1}m+2^n-1}{2m+1}.$$

上式中，若 $m=0$，则表明 $2^{n+1}m+2^n-1$ 是可表示的，否则，由归纳假设，$2m+1$ 是可表示的，设 $2m+1$ 具有表示 B，则 AB 即为 $2^{n+1}m+2^n-1$ 的表示.

综上所述，满足条件的 k 为一切正奇数.

4.5 整数的 2^mq 型的表示

对于一些整数，有时可以把它们统一地表示成 2 的乘幂与奇数之积式：$N=2^mq$，其中 q 为奇数.

【例 4.13】 1）如果 N 是 1，2，3，…，1998，1999，2000 的最小公倍数，那么 N 等于多少个 2 与 1 个奇数的积？

2）n 是正整数，$N=[n+1, n+2, \cdots, 3n]$ 是 $n+1$，$n+2$，…，$3n$ 的最小公倍数，如果 N 可以表示成 $N=2^{10}\times$奇数，请回答 n 的可能值是多少.

解 1）因为 $2^{10}=1024$，$2^{11}=2048>2000$，每一个不大于 2000 的正整数表示为质因数相乘，其中 2 的个数不多于 10 个，而 $1024=2^{10}$，所以，N 等

于10个2与某个奇数的积.

2）显然在n和$3n$之间至少有一个2的方幂. 由1)可知$1024=2^{10}\leqslant 3n<2^{11}=2048$，于是$341.3<n<682.7$，而$n$是整数，故$342\leqslant n\leqslant 682$，可见$n$可以取342，343，…，682共341个数.

【例4.14】 试证：不是2的乘幂的正整数n可以表示成两个或两个以上连续正整数的和.

证明 证明的最好方法是构造一个恒等式，把表示式写出来. 依题意设$n=2^r(2t+1)$，$r\geqslant 0$，$t\geqslant 1$，则由等差数列的求和公式知，

当$t<2^r$时，

$$n=(2^r-t)+(2^r-t+1)+\cdots+(2^r-1)+2^r+(2^r+1)+\cdots+(2^r+t);$$

当$t\geqslant 2^r$时，

$$n=(t-2^r+1)+(t-2^r+2)+\cdots+(t+2^r).$$

这样n就表示成连续正整数的和.

【点评】 上述例子都是根据题目的自身特点，从选择恰当的整数表示形式入手，使问题迎刃而解.

问　题

1. 玛丽发现将某个三位数自乘后，所得乘积的末三位数与原三位数相同. 请问：满足上述性质的所有不同的三位数的和是多少？

2. 给定一个整数n，设d是n的各位数之和，若$\frac{n}{d}$是一个整数，则称n是“好的”，且$\frac{n}{d}$是n的因数. 例如，若$n=12$，则$d=3$，$\frac{n}{d}=4$，因而12是好的，且有因数4，求具有因数13的所有好的数.

3. 求证：存在无限多个正整数n，使得$(n+1)^2$的(十进制表示的)数字和比n^2的数字和大1.

4. 对于正整数a，用s_a表示其数字之和，请找出满足下列条件的最小的正整数：s_a与s_{a+1}都是10的倍数.

5. 设α_1，α_2，…，α_{2008}为2008个整数，且$1\leqslant\alpha_i\leqslant 9(i=1,2,\cdots,2008)$. 如果存在某个$k\in\{1,2,\cdots,2008\}$，使得2008位数$\overline{\alpha_k\alpha_{k+1}\cdots\alpha_{2008}\alpha_1\cdots\alpha_{k-1}}$被101整除，试证明：对一切$i\in\{1,2,\cdots,2008\}$，2008位数$\overline{\alpha_i\alpha_{i+1}\cdots\alpha_{2008}\alpha_1\cdots\alpha_{i-1}}$均能被101整除.

6. 魔术师和他的助手表演下面的节目. 首先，助手要求观众在黑板上一个接一个地将N个数字写成一行，然后，助手把某两个相邻的数字盖住. 此

后，魔术师登场，猜出被盖住的两个相邻的数字(包括顺序). 为了确保魔术师按照与助手的事先约定猜出结果，求 N 的最小值.

7. 求正整数 N，使得它能被 5 和 49 整除，并且包括 1 和 N 在内，它共有 10 个约数.

8. 求所有的正整数 n ，使得 n 为合数，并且可以将 n 的所有大于 1 的正约数排成一圈，其中任意两个相邻的数不互质.

9. 一只棋子“兵”在数轴上跳动，初始位置在 1，依下述规则进行每一次跳动：如果兵在位置 n 上，那么它可以跳到位置 $n+1$ 或 $n+2^{m_n+1}$，这里 m_n 是 n 的质因数分解式中 2 的幂次. 证明：如果 k 是不小于 2 的正整数，i 是非负整数，那么兵跳到位置 $2^i\cdot k$ 的最小次数大于兵跳到位置 2^i的最少次数.

10. 47 个整数分别除以 3，余数都是 1，分别除以 47，所得的余数都不相同，这 47 个整数的和的绝对值最小为(　　). (要求余数是小于 47 的非负整数，如−30 除以 47，余数为 17；−1 除以 47，余数为 46.)

11. 1999 人坐成一个圆圈，他们 1 至 11 循环报数，直到每人报 2 次时停止. 问：两次报数之和为 11 的有多少人？他们第一次报的数是多少？

12. 设 p 为大于 3 的素数，求证：存在若干个整数 a_1，a_2，…，a_t 满足条件

$$-\frac{p}{2}<a_1<a_2<\cdots<a_t<\frac{p}{2},$$

使得乘积

$$\frac{p-a_1}{|a_1|}\cdot\frac{p-a_2}{|a_2|}\cdot\cdots\cdot\frac{p-a_t}{|a_t|}$$

是 3 的某个正整数次幂.

13. 将 14 和 8 用三进制表示，并计算其和与积.

14. 递增数列 1，3，4，9，10，12，13，…是由一些正整数组成，它们或是 3 的幂，或是若干个不同的 3 的幂之和，求该数列的第 100 项.

15. 有一批规格相同的圆棒，每根划分为长度相同的五节，每节用红、黄、蓝三种颜色来涂. 问：可以得到多少种颜色不同的圆棒？

16. 试问：可有多少种方式将数集

$$\{2^0,\ 2^1,\ 2^2,\ \cdots,\ 2^{2005}\}$$

分为两个不交的非空子集 A，B，使得方程 $x^2-S(A)x+S(B)=0$ 有整数根，其中 $S(M)$ 表示数集 M 中所有元素的和.

17. 一堆球，如果是偶数个，就取走一半，如果是奇数个，则添加一个球，然后取走一半，这个过程称为一次“均分”. 若仅余一个球，则终止

“均分”. 当最初一堆球，约 700 多个，是奇数个，经 10 次“均分”和共添加了 8 个球后，仅余下一个球，请计算一下这堆球有多少个？

18. 考虑二进制的字 $W=a_1a_2\cdots a_n$（即每个 a_i 是 0 或 1）. 可以在其中插进 XXX、去掉 XXX 或在尾部加上 XXX（其中 X 是任何二进制的字）. 我们的目标是经过一连串这样的变换，把 01 变成 10. 这是否可以做到？

19. 如果一个正整数 n 在三进制下表示的各数字之和可以被 3 整除，那么我们称 n 为“好的”，则前 2005 个“好的”正整数之和是多少？

20. 对于任何正整数 k，$f(k)$ 表示集合 $\{k+1, k+2, \cdots, 2k\}$ 中所有在二进制表示中恰有 3 个 1 的元素的个数.

（1）求证：对每个正整数 m，至少存在一个正整数 k，使得 $f(k)=m$；

（2）确定所有正整数 m，对每个 m，恰有一个正整数 k，使得 $f(k)=m$.

21. 数列 $\{a_n\}$ 按如下方式构成：$a_1=p$，其中 p 是素数，且 p 恰有 300 位数字非 0. 而 a_{n+1} 是 $\frac{1}{a_n}$ 的十进制小数表达式中的一个循环节的 2 倍. 试求 a_{2003}.

第5章 逻辑类分法

把你所考虑的每一个问题，按照可能和需要，分成若干部分，使它们更易于求解.

——笛卡儿

在遇到复杂问题难以统一处理时，可以把问题划分成有限多个子问题，然后再有针对性地逐一加以解决，最后把各个子问题的结论归纳起来而得到整个问题的结论，这种分类论证的方法叫逻辑类分法.

施行逻辑类分法的好处是就每一个子问题而言，原来问题中的某些不确定的因素变成了确定的因素，使问题的解决有了新的重要前提条件.

施行逻辑类分法的关键在于正确选择分类标准，对于同一问题的研究对象，可以有不同的分类标准：可以按问题的解(结论不同)或题设条件不同而分类；可以按解法的特征来分类；可以按有关概念的特征(本身是分类定义的)分类；可以按图形的相对位置分类；可以按有关参数所满足的条件分类；可以按一些公式、法则、定理应用的范围分类……总之，要具体情况具体分析.

确定了分类标准进行分类时还要遵循一定的规则：

1）分类是相称的. 子问题不重复，不遗漏.

2）标准是确定的. 每一次分类要用同一个确定的标准，分类标准在没有贯彻到底之前，不允许改变分类标准，连续分类严格按层次逐级进行，不能越级.

二分法是分类中常用的一种方法，它是把被分类的对象或涉及的范围，按具有或不具有某个属性，分为互相矛盾的两类.

【例 5.1】 在一直线上给定 50 条线段，求证下列结论至少有一个成立：

1）存在 8 条线段有公共点；

2）存在 8 条线段，其中的任意两条无公共点.

证明 不妨设所给直线为数轴，$[a_1, b_1]$是所有线段中右端点最小的一条线段. 若含有 b_1 的线段多于 7 条，则结论 1)成立. 否则，至少有 43 条线段整个落在线段$[a_1, b_1]$右方. 在这些线段中，设$[a_2, b_2]$是右端点最小的一条线段，则$[a_2, b_2]$与$[a_1, b_1]$无公共点，且或者有 8 条线段包含 b_2，因而 1)成立；或者有 36 条线段整个落在线段$[a_2, b_2]$的右方. 继续这一推理，则或者已有结论 1)成立，或者得到 7 个两两无公共点的线段$[a_1, b_1]$，$[a_2, b_2]$，…，$[a_7, b_7]$，对每个 $k(1\leqslant k\leqslant 7)$，至少有 $50-7k$ 条线段整个落在$[a_k, b_k]$的右方. 故在$[a_7, b_7]$的右方至少有 $50-7\times 7=1$ 条线段$[a_8, b_8]$，于是结论 2)成立.

【例 5.2】 四边形 $ABCD$ 为平行四边形，E 在线段 BC 内部. 如果$\triangle DEC$、$\triangle BED$ 及$\triangle BAD$ 都是等腰三角形，那么$\angle DAB$ 可能取哪些值？

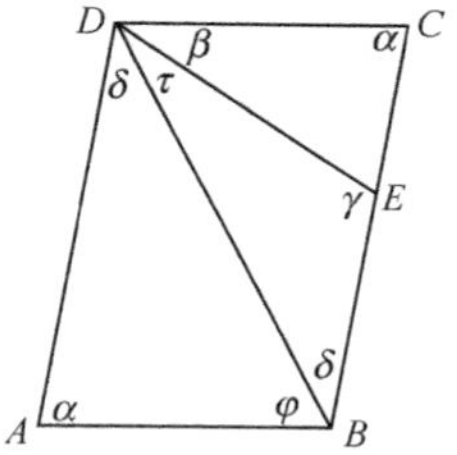

图 5-1

分析 如图 5-1 所示，分别用 α，β，γ，δ，φ，τ 代表图中诸角，α 必须为锐角，否则只有 $AB=AD$，$CD=CE$，与 E 在 BC 内部矛盾.

由于题设条件并未指明等腰$\triangle CDE$ 中是哪两边相等，需分类讨论.

1）若 $DC=CE$，则 $\beta=\dfrac{\pi-\alpha}{2}$，$\gamma=\dfrac{\pi+\alpha}{2}>\dfrac{\pi}{2}$，从而 $DE=BE$，$\tau=\delta=\dfrac{\pi-\gamma}{2}=\dfrac{\pi-\alpha}{4}$，又 $\varphi=\beta+\tau=\beta+\delta=\dfrac{3(\pi-\alpha)}{4}$，于是当 $\alpha=\delta$ 时，$\alpha=\dfrac{\pi}{5}$；当$\alpha=\varphi$ 时，$\alpha=\dfrac{3\pi}{7}$.

2）若 $DC=DE$，则 $\gamma=\pi-\alpha>\dfrac{\pi}{2}$，从而 $BE=DE$，$\tau=\delta=\dfrac{\pi-\gamma}{2}=\dfrac{\alpha}{2}$，$\gamma=\beta+\tau=\beta+\delta>\delta$. 再由$\triangle ADB$ 是等腰三角形且 $\alpha\neq\delta$ 知 $\alpha=\varphi$，于是，$\pi=\delta+\varphi+\alpha=\dfrac{5}{2}\alpha$，$\alpha=\dfrac{2}{5}\pi$.

3）若 $CE=DE$，则 $\beta=\alpha$，$\gamma=2\alpha$. 当 $\delta=\gamma=2\alpha$ 时，$\alpha=\dfrac{\pi}{5}$；当 $\tau=\delta$ 时，$\alpha=\dfrac{\pi}{4}$；当 $\tau=\gamma=2\alpha$ 时，$\alpha=\delta$ 或 $\delta=\varphi$，相应地，$\alpha=\dfrac{\pi}{5}$或 $\alpha=\dfrac{\pi}{7}$.

综上所述，α 可取$\left\{\frac{\pi}{7}, \frac{\pi}{5}, \frac{\pi}{4}, \frac{2\pi}{5}, \frac{3\pi}{7}\right\}$中每一个值，不难检验，对5种情况都可以作出相应的平行四边形.

【例 5.3】 设圆周上有 $n(n\geqslant 6)$ 个点，其中每两点间连一条弦且任何三条弦在圆内都没有公共点. 问：这些弦彼此相交共能构成多少个不同的三角形？

解 1）先考查三个顶点都在圆上的三角形集合 S_1. 设 T_1 是圆上 n 个已知点的所有三元子集的集合，则 $|T_1|=C_n^3$. 显然，由三角形到它三个顶点的对应是 S_1 到 T_1 的一个双射，故知 $|S_1|=C_n^3$.

2）其次考查两个顶点在圆上，一个顶点在圆内的三角形的集合 S_2. 设 T_2 是 n 个已知点的所有 4 元子集的集合，则 $|T_2|=C_n^4$.

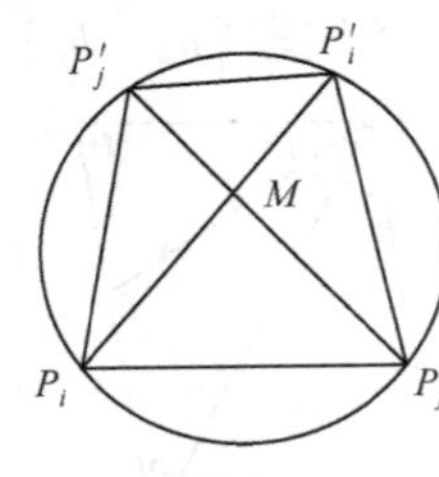

图 5-2

设$\triangle MP_iP_j$ 是任一这样的三角形，顶点 M 是弦 P_iP_i'和 $P_jP'_i$ 在圆内的交点(图 5-2). 令$\triangle MP_iP_j$ 对应于四点组$\{p_i, p_i', p_j, p_j'\}$，则$\triangle MP_jP_i'$，$\triangle MP_i'P_j'$，$\triangle MP_j'P_i$也对应这同一个四点组，易见，这个映射是由 S_2 到 T_2 的倍数映射且倍数为4，从而有 $|S_2|=4C_n^4$.

3）再考虑一个顶点在圆上，两个顶点在圆内的所有三角形的集合 S_3，设 T_3 是 n 个已知点的所有5元子集的集合，则 $|T_3|=C_n^5$.

设$\triangle P_1Q_1Q_5$ 是一个这样的三角形，其顶点 P_1 在圆上，顶点 Q_1 和 Q_5 在圆内(图 5-3). 现令$\triangle P_1Q_1Q_5$ 对应于五点组$\{P_1, P_2, P_3, P_4, P_5\}\in T_3$，易见，这是由 S_3 到 T_3 的一个倍数为5的倍数映射. 故 $|S_3|=5|T_3|=5C_n^5$.

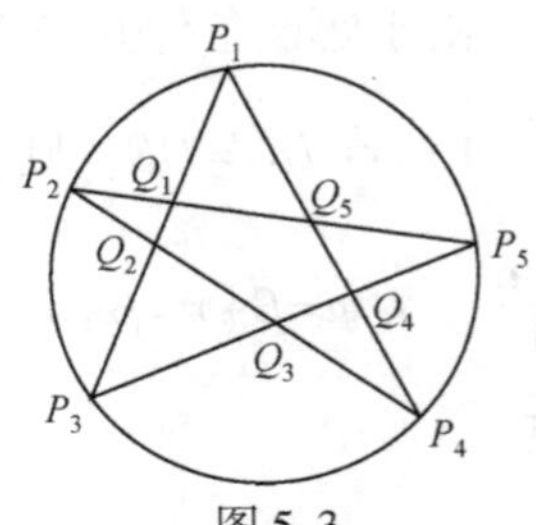

图 5-3

4）最后考查三个顶点都在圆内的所有三角形的集合 S_4. 设 T_4 是 n 个已知点的所有6元子集的集合，则 $|T_4|=C_n^6$.

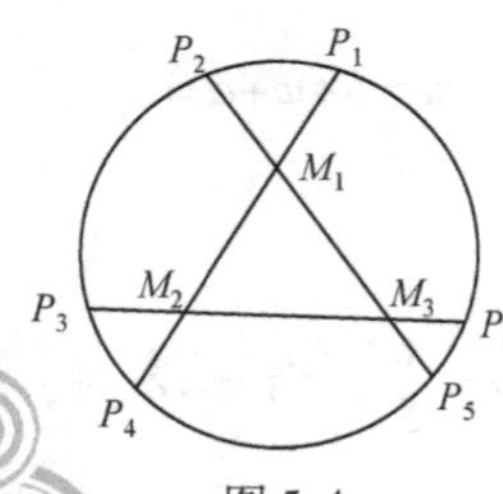

图 5-4

设$\triangle M_1M_2M_3$ 是一个这样的三角形(图 5-4)，并令$\triangle M_1M_2M_3$ 对应于六点组$\{P_1, P_2, P_3, P_4, P_5, P_6\}\in T_4$，易见，这是一个由 S_4 到 T_4 的双射. 从而有 $|S_4|=C_n^6$.

由加法原理知，所求的三角形的总数为 $C_n^3+4C_n^4+5C_n^5+C_n^6$.

【例 5.4】 设 P 是一个三位素数，百位数字为 a，十位数字为 b，个位数字为 c. 求证：关于 x 的二次方程

$ax^2+bx+c=0$ 无整数解.

证明 设方程 $ax^2+bx+c=0$ 有整数解.

因为 $a>0$，$b\geqslant 0$，$c>0$，所以 $x<0$，且 $a|x|^2+c=b|x|$.

若 $|x|\geqslant 9$ 时，则

$$a|x|^2+c \geqslant 9a|x|+c\geqslant b|x|+c>b|x|,$$

矛盾，故 $-8\leqslant x<0$.

注意到 $p=\overline{abc}$ 为素数，可知 c 为奇数，从而知 $|x|$ 必须为奇数.

于是 $x=-1$，或 -3，或 -5，或 -7.

当 $x=-1$ 时，$a+c=b$，所以 $p=\overline{abc}$ 是 11 的倍数，与 p 为素数矛盾.

当 $x=-3$ 时，$9a+c=3b$，所以，$3\mid c$，$c=3$ 或 9. 若 $c=3$ 则 $3a+1=b$，$p=143$，或 $p=273$. 但 $11\mid 143$，$3\mid 273$，即 143 与 273 都不是素数，矛盾；若 $c=9$，则 $3a+3=b$，$p=169$ 或 299，但 $13\mid 169$，$13\mid 299$，与 p 是素数矛盾.

当 $x=-5$ 时，$25a+c=5b$，于是 $5\mid c$，从而 $5\mid p$，这与 p 为素数矛盾.

当 $x=-7$ 时，$49a+c=7b$，$7\mid c$. 于是 $c=7$，$7a+1=b$，$p=187$，$11\mid 187$，与 p 是素数矛盾.

综上所述，$ax^2+bx+c=0$ 无整数解.

【点评】 另解：$x=-1$，-3，-5 或 -7，

$$\begin{aligned}\overline{abc}&=100a+10b+c\\&=(10+x)((10-x)a+b)+(ax^2+bx+c)\\&=(10+x)((10-x)a+b),\end{aligned}$$

其中 $1<10+x<\overline{abc}$，即 $\overline{abc}$ 不是素数，矛盾.

【例 5.5】 是否存在整数 k，使映射 $(x, y)\to x^2+kxy+y^2$（x，y 为整数）的像集包含：

1）所有的整数；

2）所有的正整数？

如果存在，请找出一个来；如果不存在，请给出证明.

解 问题 1）和 2）的答案都是否定的. 只要证明 2）就足够了. 证明部分地依赖于这样的事实：完全平方数被 4 除的余数为 0 或 1. 据此，讨论模 4 的各种可能. 这样做的好处是仅有 3 种情形需要考虑：

（a）$k\equiv 0 \pmod 4$；

（b）$k\equiv 2 \pmod 4$；

（c）k 是奇数.

由情形(a)，对任意的整数 x 和 y，

$$x^2+kxy+y^2 \equiv x^2+y^2 \pmod 4.$$

这意味着 $x^2+kxy+y^2$ 与两个整数的平方和相差一个 4 的倍数. 但是两个整数的平方和被 4 除的余数不可能是 3. 因此，$x^2+kxy+y^2$ 不可能取$\{3, 7, 11, \cdots\}$中的任何值.

由情形(b)，对任意的整数 x 和 y，

$$x^2+kxy+y^2 \equiv x^2+2xy+y^2=(x+y)^2 \pmod 4.$$

因此 $x^2+kxy+y^2$ 被 4 除的余数一定是 0 或 1，所以不可能取$\{2, 3, 6, 7, 10, 11, \cdots\}$中的任何值.

现假设情形(c)成立，且 k 是奇数，则 $k\equiv \pm 1 \pmod 4$，从而对任意的整数 x 和 y，

$$x^2+kxy+y^2 \equiv x^2 \pm xy+y^2 \equiv x(x\pm y)+y^2 \pmod 4.$$

当 y 是奇数时，y^2 是奇数，且 $x(x\pm y)$ 是偶数，所以 $x^2+kxy+y^2$ 是奇数. 另外，当 y 是偶数时，$x(x\pm y)$ 要么是奇数要么能被 4 整除，而 y^2 也能被 4 整除，所以 $x^2+kxy+y^2$ 是奇数或能被 4 整除.

这样，无论 y 是奇数还是偶数，$x^2+kxy+y^2$ 被 4 除不可能有余数 2，因此也就不可能是$\{2, 6, 10, 14, \cdots\}$中的一个值.

因此，无论 k 取何值，总存在某个正整数 n，使 $x^2+kxy+y^2\neq n$.

【例 5.6】 试确定使 ab^2+b+7 整除 a^2b+a+b 的全部正整数对(a, b).

解 由条件，显然 $ab^2+b+7 \mid a^2b^2+ab+b^2$，而 $a^2b^2+ab+b^2=a(ab^2+b+7)+b^2-7a$，故 $ab^2+b+7 \mid b^2-7a$. 下面分三种情况：

1）$b^2-7a>0$. 这时 $b^2-7a<b^2<ab^2+b+7$，矛盾.

2）$b^2=7a$. 此时 a，b 应具有 $a=7k^2$，$b=7k$，$k\in \mathbf{N}^+$ 的形式. 显然$(a, b)=(7k^2, 7k)$满足题设要求.

3）$b^2-7a<0$. 这时由 $7a-b^2\geqslant ab^2+b+7$，可知 $b^2<7$，进而 $b=1$ 或 2，当 $b=1$ 时，由题设，

$$\frac{a^2+a+1}{a+8}=a-7+\frac{57}{a+8}$$

为自然数，可知 $a=11$ 或 $a=49$，有$(a, b)=(11, 1)$或$(49, 1)$；当 $b=2$ 时，由$\frac{7a-4}{4a+9}\in \mathbf{N}$，且注意到 $\frac{7a-4}{4a+9}<2$，可知 $\frac{7a-4}{4a+9}=1$，解得 $a=\frac{13}{3}$，矛盾. 综上，所有的正整数对(a, b)为$(11, 1)$，$(49, 1)$或$(7k^2, 7k)(k\in \mathbf{N}^+)$.

【例 5.7】 求出所有的有序正整数对(m, n)，使得$\frac{n^3+1}{mn-1}$是一个整数.

解 由$(mn-1)\mid(n^3+1)$及$(mn-1)\mid(m^3n^3-1)$得

$$(mn-1)\mid[m^3(n^3+1)-(m^3n^3-1),$$

即$(mn-1)\mid(m^3+1)$. 从而知m，n的地位是对称的. 不妨设$m\geqslant n$.

若$m=n$，则$\frac{n^3+1}{n^2-1}=n+\frac{1}{n-1}$是整数，从而$n=2$. 所以，$m=n=2$是这种情形下的唯一解.

若$m>n$，当$n=1$时，$\frac{2}{m-1}$是整数，故$m=2$或3. 当$n\geqslant 2$，则由$n^3+1\equiv 1$ $(\bmod n)$ 及$mn-1\equiv -1(\bmod n)$ 知，必定存在正整数k，使$kn-1=\frac{n^3+1}{mn-1}$. 由于$m>n$，故

$$kn-1<\frac{n^3+1}{n^2-1}=n+\frac{1}{n-1},$$

即

$$(k-1)n<1+\frac{1}{n-1},$$

从而有$k=1$，且

$$n^3+1=(mn-1)(n-1),$$

于是

$$m=\frac{n^2+1}{n-1}=n+1+\frac{2}{n-1},$$

可得$n=2$或3，进而有$m=5$.

综上所述，满足题设要求的正整数对有9对：(2，2)，(2，1)，(3，1)，(5，2)，(5，3)，(3，5)，(2，5)，(1，3)，(2，1).

对于复杂的题目，有时一次分类不够，还要进行第二次分类. 两次分类可以相互独立，也可能第二次是将第一次的一个子类再分类. 总之，只要题目需要，就可以多层次进行分类.

【例5.8】 设凸四边形$ABCD$的面积为1，求证：在它的边上(包括顶点)或内部可以找出四个点，使得以其中任意三个点为顶点所构成的四个三角形的面积均大于$\frac{1}{4}$.

分析1　考虑四个三角形的面积$S_{\triangle ABC}$，$S_{\triangle BCD}$，$S_{\triangle CDA}$，$S_{\triangle DAB}$，不妨设$S_{\triangle DAB}$最小.

1）$S_{\triangle DAB}>\frac{1}{4}$，这时$A$，$B$，$C$，$D$即为所求.

2）$S_{\triangle DAB}<\frac{1}{4}$，于是$S_{\triangle BCD}>\frac{3}{4}$. 设$G$为$\triangle BCD$的重心，则$B$，$C$，$D$，$G$四

点即为所求.

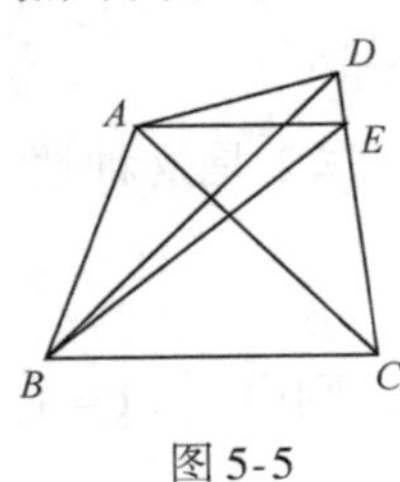

图 5-5

3）$S_{\triangle DAB}=\frac{1}{4}$，而其他三个三角形的面积均大于$\frac{1}{4}$. 由于$S_{\triangle ABC}=1-S_{\triangle CDA}<\frac{3}{4}=S_{\triangle BCD}$，故过$A$作$BC$的平行线必与线段$CD$交于$CD$内部一点$E$. 由于$S_{\triangle ABC}>\frac{1}{4}=S_{\triangle DAB}$，故$S_{\triangle EAB}>S_{\triangle DAB}=\frac{1}{4}$. 又因$S_{\triangle EAC}=S_{\triangle EAB}$，$S_{\triangle EBC}=S_{\triangle ABC}>\frac{1}{4}$，可见$E$，$A$，$B$，$C$四点满足要求，如图 5-5 所示.

4）$S_{\triangle DAB}=\frac{1}{4}$且其他三个三角形中还有一个的面积为$\frac{1}{4}$，不妨设$S_{\triangle CDA}=\frac{1}{4}$（图 5-6），这时，因$S_{\triangle DAB}=S_{\triangle CDA}$，所以$AD /\!/ BC$，又因$S_{\triangle ABC}=S_{\triangle BCD}=\frac{3}{4}$，故知$BC=3AD$.

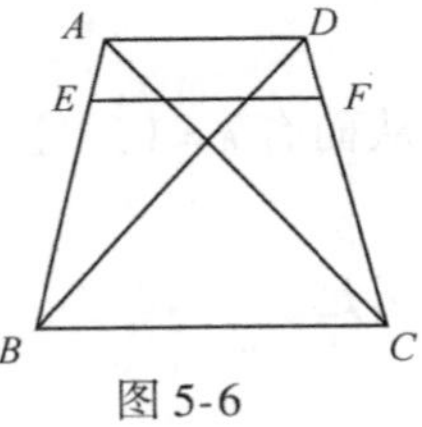

图 5-6

在边AB上取点E，在边DC上取点F，使$AE=\frac{1}{4}AB$，$DF=\frac{1}{4}DC$，于是$EF=\frac{1}{4}(3AD+BC)=\frac{3}{2}AD$，因而

$$S_{\triangle EBF}=S_{\triangle ECF}=\frac{3}{4}\cdot\frac{3}{2}\cdot S_{\triangle DAB}>\frac{1}{4},\quad S_{\triangle EBC}=S_{\triangle FBC}>\frac{1}{4}.$$

可见E，B，C，F四点满足要求.

综上所述，在凸四边形$ABCD$的边上或内部总存在四点满足条件.

分析 2　1）如果四边形$ABCD$为平行四边形，则A，B，C，D四点即为所求.

2）设四边形$ABCD$不是平行四边形. 显然，这时只要能在四边形$ABCD$中作出一个平行四边形，其面积大于$\frac{1}{2}$就行了. 不妨设DA与BC不平行且$\angle DAB+\angle ABC<\pi$，又设$D$到$AB$的距离不超过$C$到$AB$的距离. 过边$AB$的中点$M$作$BC$的平行线$l$，分两种情况讨论.

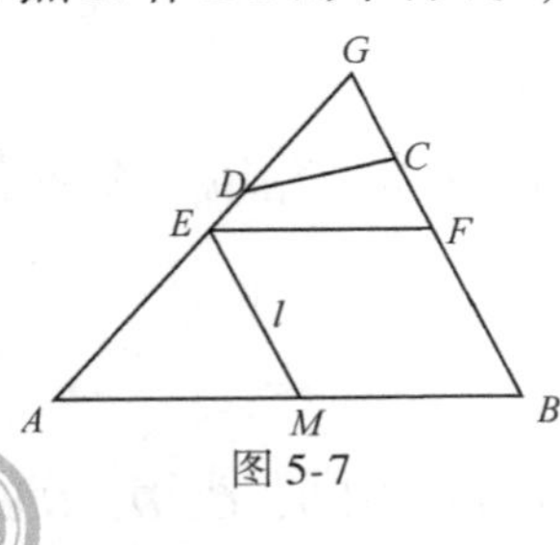

图 5-7

（i）l与AD交于点E(可能重合于D). 过E作$EF /\!/ AB$交BC于F，延长AD，BC交于G，如图 5-7 所示，显然$S_{\triangle ABG}>S_{ABCD}=1$，所以$S_{EMBF}=\frac{1}{2}S_{\triangle ABC}>\frac{1}{2}$，因四边形$EMBF$为平行四边形，故它的任何三个顶点所构成的三角形面积都大于$\frac{1}{4}$.

（ii）l 与 CD 交于 E，如图5-8所示．易见 $S_{GABF}>S_{ABCD}=1$，故 $S_{EMBF}=\frac{1}{2}S_{GABF}>\frac{1}{2}$，可见 E，M，B，F 满足条件.

【例5.9】 空间中给定 $2n$ 个点，其中任何四点不共面，它们之间连有 n^2+1 条线段，求证这些线段至少构成 n 个三角形.

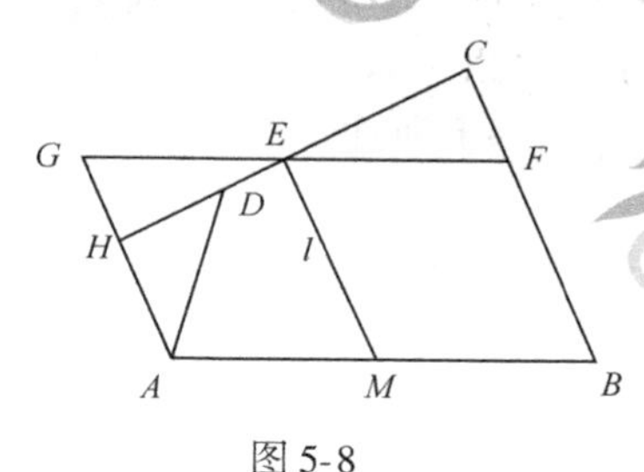

图5-8

证明 当 $n=2$ 时，四点间连有五条线段，恰构成两个三角形，即命题成立.

设 $n=k$ 时命题成立．当 $n=k+1$ 时，先来证明此时至少存在一个三角形.

设 AB 是一条已知线段，并记由 A，B 向其余 $2k$ 个点所引的线段条数分别为 a，b.

1）若 $a+b\geqslant 2k+1$，则存在 C 异于 A 和 B，使得 AC，BC 都存在，即存在一个三角形.

2）若 $a+b\leqslant 2k$，则当把 A，B 两点除去后，余下的 $2k$ 个点之间至少连有 k^2+1 条线段，从而由归纳假设知存在 k 个三角形.

设 $\triangle ABC$ 是这些线段所构成的三角形之一，由 A，B，C 三点向其余 $2k-1$ 点引出的线段条数分别为 g，s，t.

3）若 $g+s+t\geqslant 3k-1$，则恰以 AB，BC，CA 三者之一为边的三角形至少有 k 个，再加上 $\triangle ABC$ 即至少有 $k+1$ 个三角形.

4）若 $g+s+t\leqslant 3k-2$，则 $g+s$，$s+t$，$t+g$ 三数中至少有两个之和不大于 $2k-2$，不妨设 $g+s\leqslant 2k-2$，于是当把 A，B 两点除去后，余下的 $2k$ 点间至少还连有 k^2+1 条线段．于是由数学归纳法假设知它们至少构成 k 个三角形，再加上 $\triangle ABC$ 即至少有 $k+1$ 个三角形，即 $n=k+1$ 时命题成立，这就完成了归纳证明.

【例5.10】 n 是不小于3的自然数，以 $f(n)$ 表示不是 n 的因数的最小自然数（如 $f(12)=5$）．如果 $f(n)\geqslant 3$，又可作 $f(f(n))$．类似地，如果 $f(f(n))\geqslant 3$，又可作 $f(f(f(n)))$ 等．如果

$$f(f(\cdots f(n)\cdots))=2,\quad k\text{个}f,$$

就把 k 叫做 f 的长度，并记为 l_n．试对任意的自然数 $n(\geqslant 3)$，求 l_n，并证明你的结论.

分析 l_n 显然与 n 的因数有关，而且当 n 没有因数2时，就有 $f(n)=2$．这启发我们从 n 因数中利用2的幂来分类讨论.

令 $n=2^m t$，m 为非负整数，t 为奇数.

1）当 $m=0$ 时，则 $f(n)=f(t)=2$，$l_n=1$；

2）当 $m\neq 0$ 时，设 u 是不能整除奇数 t 的最小奇数. 又作分类：

（i）若 $u<2^{m+1}$，则 $f(n)=u$，$f(f(n))=2$，$l_n=2$；

（ii）若 $u>2^{m+1}$，则 $f(n)=2^{m+1}$，$f(f(n))=f(2^{m+1})=3$，$f(f(f(n)))=f(3)=2$，所以 $l_n=3$.

综上所述，有

$$l_n=\begin{cases}1，当 n 为奇数时，\\ 3，当 n=2^m t，不能整除 t 的最小奇数 u>2^{m+1} 时，\\ 2，其他情况.\end{cases}$$

【例 5.11】 设 $x, y, z, u\in \mathbf{Z}$，$1\leqslant x, y, z, u\leqslant 10$，求使下面不等式成立的四元有序数组 (x, y, z, u) 的个数：

$$\frac{x-y}{x+y}+\frac{y-z}{y+z}+\frac{z-u}{z+u}+\frac{u-x}{u+x}>0.$$

分析 原不等式可化为 $(xz-yu)(z-x)(u-y)>0$，此时很容易陷入对 x，y，z，u 的讨论与漫无目的计算当中. 而利用集合的思想方法处理这个问题，则能合理分类、有序讨论，使得毫无头绪的分类与运算变得简单明了.

解 设 $f(a, b, c, d)=\frac{a-b}{a+b}+\frac{b-c}{b+c}+\frac{c-d}{c+d}+\frac{d-a}{d+a}$. 记

A：$\{(x, y, z, u) \mid 1\leqslant x, y, z, u\leqslant 10, f(x, y, z, u)>0\}$，

B：$\{(x, y, z, u) \mid 1\leqslant x, y, z, u\leqslant 10, f(x, y, z, u)<0\}$，

C：$\{(x, y, z, u) \mid 1\leqslant x, y, z, u\leqslant 10, f(x, y, z, u)=0\}$.

显然 $|A|+|B|+|C|=10^4$.

下面先证明 $|A|=|B|$.

对每一个 $(x, y, z, u)\in A$，考虑 (x, u, z, y).

$$\begin{aligned}(x, y, z, u)\in A &\Leftrightarrow f(x, y, z, u)>0\\ &\Leftrightarrow \frac{x-y}{x+y}+\frac{y-z}{y+z}+\frac{z-u}{z+u}+\frac{u-x}{u+x}>0\\ &\Leftrightarrow \frac{x-u}{x+u}+\frac{u-z}{u+z}+\frac{z-y}{z+y}+\frac{y-x}{y+x}<0\\ &\Leftrightarrow f(x, u, z, y)<0\\ &\Leftrightarrow (x, u, z, y)\in B.\end{aligned}$$

这说明存在一个从集合 A 到集合 B 的一一映射，所以

$$|A|=|B|.$$

下面再计算 $|C|$.

$$(x, y, z, u)\in C\Leftrightarrow \frac{xz-yu}{(x+y)(z+u)}=\frac{xz-yu}{(y+z)(u+x)}$$

$$\Leftrightarrow (z-x)(u-y)(xz-yu)=0.$$

设

$$C_1=\{(x, y, z, u)\mid x=z, 1\leqslant x, y, z, u\leqslant 10\},$$
$$C_2=\{(x, y, z, u)\mid x\neq z, y=u, 1\leqslant x, y, z, u\leqslant 10\},$$
$$C_3=\{(x, y, z, u)\mid x\neq z, y\neq u, xz=yu, 1\leqslant x, y, z, u\leqslant 10\}.$$

由分步计数原理知，$|C_1|=1000$，$|C_2|=900$.

设 $x, y, z, u\in\{1, 2, 3, \cdots, 10\}$，

由分步计数原理知，满足 $x=y$，$z=u$，$x\neq z$ 的四元有序数组 (x, y, z, u) 有 90 个；满足 $x=u$，$z=y$，$x\neq z$ 的四元有序数组共 90 个.

验证知，满足 $xz=yu$，x，y，z，u 两两不同的四元无序数组 (x, y, z, u) 有以下 9 组：

$1\times6=2\times3$，　$1\times8=2\times4$，　$1\times10=2\times5$，　$2\times6=3\times4$，　$2\times9=3\times6$，
$2\times10=4\times5$，　$3\times8=4\times6$，　$3\times10=5\times6$，　$4\times10=5\times8$.

从而

$$|C_3|=4\times2\times9+90+90=252,$$

所以

$$|C|=2152,$$

所以

$$|A|=\frac{1}{2}(10000-2152)=3924.$$

故使题设不等式成立的四元有序数组 (x, y, z, u) 的个数为 3924 个.

【点评】 这是 2004 年首届中国东南地区数学奥林匹克试题，本题用到了映射、集合的划分、分步计数原理等，关键是处理好局部与整体的关系，利用简单而深刻的思想来解决问题.

问　题

1. (1) 是否存在整数 a，b，c 满足方程

$$a^2+b^2-8c=9?$$

(2) 求证：不存在整数 a，b，c 满足方程

$$a^2+b^2-8c=6.$$

2. 求证：对每个正整数 n，5 个数 17^{n+i}，$i=0, 1, 2, 3, 4$ 中至少有一个在十进制中首位数字是 1.

3. 设 n 为正整数，如果存在一个完全平方数，使得在十进制表示下此完全平方数的各数码之和为 n，那么称 n 为好数(例如，13 是一个好数，因为 $7^2=49$ 的数码和等于 13). 问：在 1，2，…，2007 中有多少个好数?

4. 求所有的正整数 n，使得存在非零整数 x_1，x_2，…，x_n，y，满足

$$\begin{cases} x_1+\cdots+x_n=0, \\ x_1^2+\cdots+x_n^2=ny^2. \end{cases}$$

5. 若一个素数的各位数码经任意排列后仍然是素数，则称它是一个“绝对素数”．例如，2，3，5，7，11，13(31)，17(71)，37(73)，79(97)，113(131，311)，199(919，991)，337(373，733)，…都是绝对素数．求证：绝对素数的各位数码不能同时出现数码1，3，7与9.

6. 求出所有的奇数 n，使 $(n-1)!$ 不被 n^2 整除.

7. 任何凸多边形 $A_1A_2\cdots A_n$，求证：必存在一个通过某相邻三顶点 A_i，A_{i+1}，A_{i+2} 的圆包含整个多边形 $A_1A_2\cdots A_n$.

8. 在不超过2000的正整数中，任意选取601个数．求证：这601个数中一定存在两个数，其差为3或4或7.

9. 给定实数 a_1，a_2，b_1，b_2 及正数 p_1，p_2，q_1，q_2．求证：在 2×2 的数表

$$\begin{bmatrix} \dfrac{a_1+b_1}{p_1+q_1} & \dfrac{a_1+b_2}{p_1+q_2} \\ \dfrac{a_2+b_1}{p_2+q_1} & \dfrac{a_2+b_2}{p_2+q_2} \end{bmatrix}$$

中存在一个数，它不小于与其同行的数，又不大于与其同列的数.

10. 平面上已给7个点，用一些线段连接它们，使得

(1) 每三点中至少有两点相连；

(2) 线段条数最少.

问：有多少条线段？并给出一个这样的图形.

11. 若对所有整数 x，ax^2+bx+c 都是完全四次方数，求证 $a=b=0$.

12. 设 a，b，c 是正实数，且满足 $abc=1$．证明：

$$\left(a-1+\frac{1}{b}\right)\left(b-1+\frac{1}{c}\right)\left(c-1+\frac{1}{a}\right)\leqslant1.$$

13. 求证：对 $i=1$，2，3，均有无穷多个正整数 n，使得 n，$n+2$，$n+28$ 中恰有 i 个可表示为三个正整数的立方和.

14. 对于任意正整数 n，记 n 的所有正约数组成的集合为 S_n．证明：S_n 中至多有一半元素的个位数为3.

15. 一位魔术师有一百张卡片，分别写有数字1到100．他把这一百张卡片放入三个盒子里，一个盒子是红色的，一个是白色的，一个是蓝色的．每个盒子里至少都放入了一张卡片.

一位观众从三个盒子中挑出两个，再从这两个盒子里各选取一张卡片，然后宣布这两张卡片上的数字之和，知道这个和之后，魔术师便能够指出哪一个是没有从中选取卡片的盒子.

问：共有多少种放卡片的方法，使得这个魔术总能够成功？（两种方法被认为是不同的，如果至少有一张卡片被放入不同颜色的盒子.）

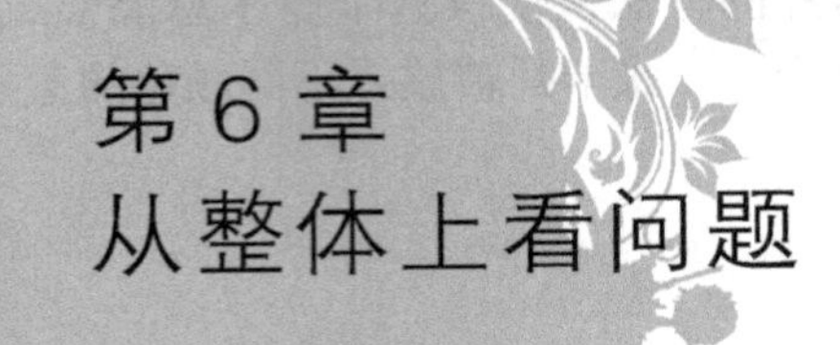

第6章 从整体上看问题

黎曼几何把几何局部化，但我们不能永远只在一个小区域里面，所以局部化之后又要整体化.

——陈省身

解数学题，常常化“整”为“零”，使问题变得简单，以利于问题的解决. 不过，有时则反其道而行之，需要由“局部”到“整体”，站在整体的立场上，从问题的整体考虑，综观全局研究问题，通过研究整体结构、整体形式来把握问题的本质，从中找到解决问题的途径.

成语“一叶障目”和“只见树木，不见森林”的意思就是如果过分注意细节，而忽视全局，就不会真正地理解一个东西. 解数学题也是这样，有时候不能过分拘泥于细节，要适时调整视角，注意从整体上看问题，即着眼于问题的全过程，抓住其整体的特点，往往能达到化繁为简、变难为易的目的，促使问题的解决.

我国著名数学家苏步青教授，有一次到德国去，遇到一位有名的数学家，他在电车上出了一道题目让苏教授做. 这道题目如下.

【例 6.1】 甲、乙两人同时从两地出发，相向而行，距离是 50 千米. 甲每小时走 3 千米，乙每小时走 2 千米，甲带着一只狗，狗每小时跑 5 千米. 这只狗同甲一起出发，碰到乙的时候它就掉头往甲这边跑，碰到甲时又往乙这边跑，碰到乙时再往甲这边跑……直到甲、乙两人相遇为止. 问：这只狗一共跑了多少千米？

分析 设狗从甲出发第一次碰到乙时所用时间为 t_1，所走路程为 S_1；再往回跑遇见甲所花时间为 t_2，所走路程为 S_2；这样依次有 t_3，S_3，t_4，S_4，…,直到甲、乙两人相遇为止．显然狗所花时间为 $t_1+t_2+t_3+\cdots$，所走路程为 $S_1+S_2+S_3+\cdots$. 利用等比数列求和可算出最终结果. 这是通常的算法，然而绝非好方法.

苏步青教授略加思索，就把答案告诉了这位高斯故乡的同行. 这位数学家满意地笑了. 苏步青教授是这样思考的：狗不断的跑，从出发到甲、乙相遇为止，这样狗就以每小时5千米的速度整整跑了 $50\div(3+2)=10$ 小时，答案是 $5\times10=50$ 千米.

【点评】 苏步青教授的高明之处就在于着眼于“狗不断地跑”这个全过程，抓住“直到甲、乙相遇为止”这个整体去分析，这就把局部看来(如狗来回每次与甲、乙相遇)十分烦琐的问题变得十分简便了.

有时候，当我们从局部入手难以处理问题时，可以试着从整体上去考虑问题. 站得高，看得远，有利于把握问题的本质，找到内在规律，从而使问题得到解决.

【例6.2】 有甲、乙、丙三种货物，若购甲3件，购乙7件，购丙1件，共需要315元. 若购甲4件，购乙10件，购丙1件，共需420元. 问购甲、乙、丙各一件共需多少元?

分析 通常的想法是先求出甲、乙、丙三种货物的单价是多少. 但是由于题目所给的已知条件少于未知数的个数，要求单价势必就得解不定方程，能否不求单价，而直接求甲、乙、丙各一件的价格当成一个整体来求呢? 这就要求从整体上把握条件与结论之间的联系.

解 设甲、乙、丙的单价分别为 x，y，z 元，则由题意得

$$\begin{cases}3x+7y+z=315,\\4x+10y+z=420.\end{cases}$$

题目实际上只要求 $x+y+z$ 的值，而不必一一求出 x，y，z 的值，因此将 $x+y+z$ 看作一个整体，从方程组中分离出 $x+y+z$，得到

$$\begin{cases}2(x+3y)+(x+y+z)=315,\\3(x+3y)+(x+y+z)=420,\end{cases}$$

从而，$x+y+z=105$，即购得甲、乙、丙各一件共要105元.

【例6.3】 求 $M=(x+1)(x+2)(x+3)\cdots(x+n)$ 的展开式中 x^{n-2} 的系数.

分析与解 M 中 x^{n-2} 的系数为1，2，3，…，n 中取出2个作积的总和，即 $A=1\cdot2+1\cdot3+\cdots+1\cdot n+2\cdot3+2\cdot4+\cdots+2\cdot n+\cdots+(n-1)\cdot n$.

上式看上去较复杂，但若把这些和视为整体，观察其各局部的特征，联

想到$(a_1+a_2+\cdots+a_n)^2$的展开式，不难发现下面的解法.

由$(1+2+3+\cdots+n)^2=1^2+2^2+3^2+\cdots+n^2+2A$得

$$A=\frac{1}{2}[(1+2+3+\cdots+n)^2-(1^2+2^2+3^2+\cdots+n^2)]$$

$$=\frac{1}{24}(n-1)n(n+1)(3n+2).$$

【点评】 例6.3中要求的是一个整体量. 由于无法(实际上也没必要)将其中每个局部量先求出再求整体量，但考虑这些局部量有着整体上的联系，所以直接从整体出发去分析解决问题.

在数学变形中，有时将某一个解析式看作一个整体，并用一个字母来替换，使得计算化繁为简，这种方法通常称为整体代换.

【例6.4】 求$\sin10°\sin30°\sin50°\sin70°$的值.

解 由$\sin10°\sin30°\sin50°\sin70°=\frac{1}{2}\sin10°\sin50°\sin70°$，考虑配对$\cos10°\cdot\cos50°\cos70°$. 设$x=\sin10°\sin50°\sin70°$，$y=\cos10°\cos50°\cos70°$，则

$$xy=\sin10°\cos10°\sin50°\cos50°\sin70°\cos70°$$

$$=\frac{1}{8}\sin20°\sin100°\sin140°$$

$$=\frac{1}{8}\cos70°\cos10°\cos50°=\frac{1}{8}y.$$

因为$y\neq0$，所以$x=\frac{1}{8}$.

从而$\sin10°\sin30°\sin50°\sin70°=\frac{1}{2}x=\frac{1}{16}$.

【例6.5】 设n为一个正整数，求实数a_0和$a_{kl}(k, l=1, 2, \cdots, n, k>l)$，使得

$$\frac{\sin^2 nx}{\sin^2 x}=a_0+\sum_{1\leqslant l<k\leqslant n}a_{kl}\cos2(k-l)x$$

对所有的实数$x\neq m\pi$，$m\in\mathbf{Z}$成立.

解 利用恒等式

$$S_1=\sum_{j=1}^{n}\cos2jx=\frac{\sin nx\cos(n+1)x}{\sin x}$$

和

$$S_2=\sum_{j=1}^{n}\sin2jx=\frac{\sin nx\sin(n+1)x}{\sin x},$$

得到

$$S_1^2+S_2^2=\left(\frac{\sin nx}{\sin x}\right)^2.$$

另外，

$$\begin{aligned}S_1^2+S_2^2&=(\cos2x+\cos4x+\cdots+\cos2nx)^2\\&\quad+(\sin2x+\sin4x+\cdots+\sin2nx)^2\\&=n+2\sum_{1\leqslant l<k\leqslant n}(\cos2kx\cos2lx+\sin2kx\sin2lx)\\&=n+2\sum_{1\leqslant l<k\leqslant n}\cos2(k-l)x,\end{aligned}$$

从而

$$\left(\frac{\sin nx}{\sin x}\right)^2=n+2\sum_{1\leqslant l<k\leqslant n}\cos2(k-l)x.$$

令 $a_0=n$ 和 $a_{kl}=2$，$1\leqslant l<k\leqslant n$，问题得到解决.

【例 6.6】 已给数表

$$\begin{bmatrix}-1 & 2 & -3 & 4\\ -1.2 & 0.5 & -3.9 & 9\\ \pi & -12 & 4 & -2.5\\ 63 & 1.4 & 7 & -9\end{bmatrix}.$$

将它的任一行或任一列中的所有数同时变号，称为一次“变换”. 问：能否经过若干次变换，使表中的数全变为正数.

解 因为每次变换改变表中4个数的符号，但是$(-1)^4=1$，因此变换不会改变所变动的那行(或列)中4个数乘积的符号.

开始时，数表中16个数的乘积是负数(整体)，于是无论作多少次变换，表中的16个数的乘积总是负的. 因而，要使表中的数全变为正数，这是办不到的.

【点评】 在本题的分析中，我们把局部的变化(某一行或列的所有数同时变号)对整体(数表中所有乘积的符号)的影响联系起来考虑，从而使问题迎刃而解.

【例 6.7】 1）问能否将集合$\{1,2,\cdots,96\}$表示为它的32个三元子集的并集，且每个三元子集的元素之和都相等；

2）问能否将集合$\{1,2,\cdots,99\}$表示为它的33个三元子集的并集，且每个三元子集的元素之和都相等.

分析 题目首先考查的是对问题整体的判断，可以先从每个集合元素和这个点去考虑是否能如题所述地去分解. 在一番简单的计算后，肯定了1)是不能做到的，而2)是有可能做到的. 为了进一步考虑2)的正确性，考虑应当如何分组才能使得每个三元子集的元素和都相等.

不难算得每个三元子集的元素和应当是150，即三数平均值为50. 可以将这三数设为$50+a$，$50+b$与$50+c$，那么a、b、c中有两个符号相同，另一个与它们不同，而符号不同的那个的绝对值恰好等于另两个的绝对值之和. 因此可以想到，如果将每两个和为100的数叫做一对数的话，那么三对数$50\pm a$，$50\pm b$，$50\pm(a+b)$恰好能组成两个满足题目要求的三元集合. 那么剩下的工作就是如何将从1到49的自然数配成尽量多的加法算式.

解 1）不能. 假设可以，则每个三元子集的三个元素和应当为$(1+2+\cdots+96)\div 32=145.5$，这与所有元素均为整数矛盾！

2）可以，将所有数如下分组，则每组三个数之和均为150：

$(50+42,\ 50-41,\ 50-1)$，$(50+43,\ 50-40,\ 50-3)$，…，

$(50+49,\ 50-34,\ 50-15)$，$(50-42,\ 50+41,\ 50+1)$，

$(50-43,\ 50+40,\ 50+3)$，…，$(50-49,\ 50+34,\ 50+15)$，

$(50+26,\ 50-24,\ 50-2)$，$(50+27,\ 50-23,\ 50-4)$，…，

$(50+33,\ 50-17,\ 50-16)$，$(50-26,\ 50+24,\ 50+2)$，

$(50-27,\ 50+23,\ 50+4)$，…，$(50-33,\ 50+17,\ 50+16)$，

$(50+25,\ 50-25,\ 50)$.

【点评】 此题是2008年女子数学奥林匹克试题，第一问的否定结论比较容易得到，相比来说，第二问更加具有难度，它考查了参赛学生对于数字组合和重排的基本功，是一道看起来很麻烦，实际却有深意的题目. 此题的一般情况如下所述.

求所有整数n，使得存在集合$M=\{1,\ 2,\ 3,\ \cdots,\ 3n\}$的三元子集族$A_i=\{x_i,\ y_i,\ z_i\}$ $(i=1,\ 2,\ \cdots,\ n)$，满足$A_1\cup A_2\cup\cdots\cup A_n=M$，且对任意$i$，$j(1\leqslant i\neq j\leqslant n)$，有$s_i=s_j(s_i=x_i+y_i+z_i)$.

解法如下：

首先，$n\mid 1+2+3+\cdots+3n$，即

$$n\left|\frac{3n(3n+1)}{2}\right.\Rightarrow 2\mid 3n+1,$$

所以n为奇数.

又当n为奇数时，可将1，2，3，…，$2n$每两个一组，分成n个组，每组两数之和可以排成一个公差为1的等差数列.

$$1+\left(n+\frac{n+1}{2}\right),\quad 3+\left(n+\frac{n-1}{2}\right),\quad \cdots,\quad n+(n+1);$$

$$2+2n,\quad 4+(2n-1),\quad \cdots,\quad (n-1)+\left(n+\frac{n+3}{2}\right).$$

其通项公式为

$$a_k=\begin{cases}2k-1+\left(n+\dfrac{n+1}{2}+1-k\right), & 1\leqslant k\leqslant\dfrac{n+1}{2},\\ [1-n+2(k-1)]+\left[2n+\dfrac{n+1}{2}-(k-1)\right], & \dfrac{n+3}{2}\leqslant k\leqslant n.\end{cases}$$

易知 $a_k+3n+1-k=\dfrac{9n+3}{2}$ 为一常数，故如下 n 组数每组三个数之和均相等：

$$\left\{1,\ n+\frac{n+1}{2},\ 3n\right\},\quad \left\{3,\ n+\frac{n-1}{2},\ 3n-1\right\},\quad \cdots,$$

$$\left\{n,\ n+1,\ 3n+1-\frac{n+1}{2}\right\},\quad \left\{2,\ 2n,\ 3n+1-\frac{n+3}{2}\right\},\quad \cdots,$$

$$\left\{n-1,\ n+\frac{n+3}{2},\ 2n+1\right\}.$$

当 n 为奇数时，依次取上述数组为 A_1，A_2，…，A_n，则其为满足题设的三元子集族．故 n 为所有的奇数．

【例 6.8】 给定 1978 个集合，每个集合都含有 40 个元素，已知其中任两个集合都恰有一个公共元素．证明：存在一个元素，它同属于这 1978 个集合．

证明 设 1978 个集合分别为 A_0，A_1，A_2，…，A_{1977}，任取其中一个不妨设为 A_0，由于 A_0 与其余 1977 个集合的任何一个都恰有一个公共元素，且 $|A_0|=40$，由抽屉原理知，存在一个元素 $a\in A_0$，a 至少属于 $\left[\dfrac{1977}{40}\right]+1=50$ 个其余的集合．设 $a\in A_0$，且 $a\in A_i(i=1,2,\cdots,50)$，下面证明 a 属于其他的任意一个集合．

用反证法，假设存在 $k\in\{51,52,\cdots,1977\}$，使 $a\notin A_k$．由于 A_0，A_1，A_2，…，A_{50} 中任两个集合除 a 外没有其他公共元素，则对于任意 i，$j\in\{0,1,2,\cdots,50\}$，$i\neq j$，均有 $A_k\cap A_i\neq A_k\cap A_j$（否则 $|A_i\cap A_j|=2$，与题设矛盾），又 $A_k\cap A_i\neq\varnothing$，故 $|A_k|\geqslant 51$，与 $|A_k|=40$ 矛盾．

从而存在一个元素 a，它同属于 1978 个集合．

【点评】 本题从元素与集合之间的关系出发进行讨论，蕴涵了从局部到整体的数学思想．本问题可推广如下：

给定 n 个集合，每个集合都含有 m 个元素，其中 m，n 是正整数，$m>1$，$n>m^2$．已知其中任两个集合都恰有一个公共元素．证明：存在一个元素，它同属于这 n 个集合．

【例 6.9】 正五边形的每个顶点对应一个整数，使得这五个整数的和为正．若其中三个相邻顶点对应的整数依次为 x，y，z，而中间的 $y<0$，则可以

进行如下的变换：整数 x，y，z 分别换为 $x+y$，$-y$，$z+y$. 要是所得的五个整数中至少还有一个为负时，这种变换就继续进行. 问：这样的变换进行有限次是否必定终止？

解 问题的答案是肯定的.

为了方便起见，把五个数的环列写成横列 v，w，x，y，z（这里 z 和 v 是相邻的）. 不妨设 $y<0$，经变换后得 v，w，$x+y$，$-y$，$z+y$. 这是一个局部的变化，考虑五个数的平方和再加上每相邻两数和的平方这一整体，那么变换前后的差是

$$\begin{aligned}&\{v^2+w^2+(x+y)^2+(-y)^2+(z+y)^2+(v+w)^2+(w+x+y)^2\\&+x^2+z^2+(z+y+v)^2\}-\{v^2+w^2+x^2+y^2+z^2+(v+w)^2\\&+(w+x)^2+(x+y)^2+(y+z)^2+(z+v)^2\}\\=&2y(v+w+x+y+z)<0.\end{aligned}$$

由此可得，这一整体每经过一次变换都要严格减小，但最初这一整体是正整数，经变换后还是正整数，而正整数是不能无限减小的，所以变换必定有终止的时候.

【例 6.10】 设四个整数 a，b，c，d 不全都相等. 从(a, b, c, d)出发并反复地把(a, b, c, d)变成$(a-b, b-c, c-d, d-a)$，求证：四数组中至少有一个数最终会变得任意的大.

解 设 $P=(a_n, b_n, c_n, d_n)$是 n 次迭代后的四数组. 从整体上考虑有不变量 $a_n+b_n+c_n+d_n=0$（对任何 $n\geqslant1$）. 尚未看到怎样利用这个不变量. 但几何解释通常是有用的. 对四维空间中的点 P_n 来说，一个十分重要的函数是它到原点$(0, 0, 0, 0)$的距离的平方，它就是 $a_n^2+b_n^2+c_n^2+d_n^2$. 如果能证明它没有上界，就完成了证明.

试图找出 P_{n+1} 和 P_n 之间的关系.

$$\begin{aligned}&a_{n+1}^2+b_{n+1}^2+c_{n+1}^2+d_{n+1}^2\\=&(a_n-b_n)^2+(b_n-c_n)^2+(c_n-d_n)^2+(d_n-a_n)^2\\=&2(a_n^2+b_n^2+c_n^2+d_n^2)-2a_nb_n-2b_nc_n-2c_nd_n-2d_na_n.\end{aligned}$$

由 $a_n+b_n+c_n+d_n=0$ 得

$$\begin{aligned}0=&(a_n+b_n+c_n+d_n)^2\\=&(a_n+c_n)^2+(b_n+d_n)^2+2a_nb_n+2a_nd_n+2b_nc_n+2c_nd_n.\end{aligned}\tag{6-1}$$

把(6-1)式和前面式子相加，对于 $a_{n+1}^2+b_{n+1}^2+c_{n+1}^2+d_{n+1}^2$，得到它等于

$$2(a_n^2+b_n^2+c_n^2+d_n^2)+(a_n+c_n)^2+(b_n+d_n)^2\geqslant2(a_n^2+b_n^2+c_n^2+d_n^2).$$

从这个不变的不等式关系就得出，当 $n\geqslant2$ 时有

$$a_n^2+b_n^2+c_n^2+d_n^2\geqslant2^{n-1}(a_1^2+b_1^2+c_1^2+d_1^2).\tag{6-2}$$

P_n 到原点的距离无界的上升，且四个分量之和为 0. 这就意味着至少有一个分量必定变得任意的大.

【点评】 这里，我们知道到原点的距离是很重要的函数. 每当有一列点时，应该考虑此函数.

【例 6.11】 在半径为 1 的圆周上，任意给定两个点集 A 和 B，它们都由有限多条互不相交的弧组成，B 中每段弧的长度都等于$\frac{\pi}{m}(m\in\mathbf{N}^*)$. 用 A^j 表示将集合 A 按逆时针方向在圆周上转动$\frac{j\pi}{m}(j=1, 2, \cdots)$弧度而得到的集合，证明：存在正整数 k，使得

$$l(A^k\cap B)\geqslant\frac{1}{2\pi}l(A)l(B),$$

这里 $l(M)$ 表示组成点集 M 的互不相交的弧段的长度之和.

证明 设集合 B 由 t 段弧 $B_1, B_2, \cdots, B_t$ 组成，每段弧长均为 $l(B_i)=\frac{\pi}{m}$ $(i=1, 2, \cdots, t)$.

用 M^{-j} 表示将圆周上的点集 M 绕圆心按顺时针方向转动$\frac{j\pi}{m}(j=1, 2, \cdots)$而得到的点集.

于是

$$\begin{aligned}\sum_{k=1}^{2m}l(A^k\cap B)&=\sum_{k=1}^{2m}l(A\cap B^{-k})=\sum_{k=1}^{2m}l\left[A\cap\left(\bigcup_{i=1}^{t}B_i\right)^{-k}\right]\\&=\sum_{k=1}^{2m}l\left[A\cap\left(\bigcup_{i=1}^{t}B_i^{-k}\right)\right]=\sum_{k=1}^{2m}l\left[\bigcup_{i=1}^{t}\left(A\cap B_i^{-k}\right)\right]\\&=\sum_{k=1}^{2m}\sum_{i=1}^{t}l(A\cap B_i^{-k})\\&\quad(\text{因为 }A\cap B_i^{-k}(i=1, 2, \cdots, t)\text{ 互不相交})\\&=\sum_{i=1}^{t}\sum_{k=1}^{2m}l(A\cap B_i^{-k})=\sum_{i=1}^{t}l\left(\bigcup_{k=1}^{2m}(A\cap B_i^{-k})\right)\\&=\sum_{i=1}^{t}l\left(A\cap\left(\bigcup_{k=1}^{2m}B_i^{-k}\right)\right).\end{aligned}$$

由于$\bigcup_{k=1}^{2m}B_i^{-k}$为整个单位圆周，故 $A\cap\left(\bigcup_{k=1}^{2m}B_i^{-k}\right)=A$，从而

$$\sum_{k=1}^{2m}l(A^k\cap B)=\sum_{i=1}^{t}l(A)=tl(A)=\frac{m}{\pi}\cdot l(A)\cdot l(B).$$

由平均值原理知，存在正整数 $k(1\leqslant k\leqslant 2m)$，使得

$$l(A^k \cap B) \geqslant \frac{1}{2m}\sum_{k=1}^{2m} l(A^k \cap B)=\frac{1}{2\pi}l(A)\cdot l(B),$$

即原命题成立.

【点评】 存在性问题中，先计算整体，再利用平均值原理说明某个局部的存在性，是一种重要的方法.

问　题

1. 从下面每组数中各取一个数，将它们相乘，那么所有这样的乘积的总和是(　　).

第一组：-5，$3\frac{1}{3}$，4.25，5.75；

第二组：$-2\frac{1}{3}$，$\frac{1}{15}$；

第三组：2.25，$\frac{5}{12}$，-4.

2. 有两只桶和一只空杯子. 甲桶装的是牛奶，乙桶装的是酒精(未满). 现在从甲桶取一满杯牛奶倒入乙桶，然后从乙桶取一满杯混合液倒入甲桶，这时，是甲桶中的酒精多，还是乙桶中的牛奶多？为什么？

3. 有依次排列的3个数：3，9，8. 对任相邻的两个数，都用右边的数减去左边的数，所得之差写在这两个数之间，可产生一个新数串：3，6，9，-1，8，这称为第一次操作；做第二次同样的操作后可产生一个新数串：3，3，6，3，9，-10，-1，9，8. 继续依次操作下去，问：从数串3，9，8开始操作第一百次以后所产生的那个新数串的所有数之和是多少？

4. 已知a，b，c和d是实数，求证：$a-b^2$，$b-c^2$，$c-d^2$和$d-a^2$不能都大于$\frac{1}{4}$.

5. 已知$x+y=\sqrt{4z-1}$，$y+z=\sqrt{4x-1}$，$z+x=\sqrt{4y-1}$，求x，y，z.

6. 已知

$$a_1+2a_3\geqslant 3a_2,\quad a_2+2a_4\geqslant 3a_3,\quad a_3+2a_5\geqslant 3a_4,\quad \cdots,$$
$$a_8+2a_{10}\geqslant 3a_9,\quad a_9+2a_1\geqslant 3a_{10},\quad a_{10}+2a_2\geqslant 3a_1$$

和$a_1+a_2+a_3+a_4+a_5+a_6+a_7+a_8+a_9+a_{10}=100$.

求a_1，a_2，a_3，a_4，a_5，a_6，a_7，a_8，a_9，a_{10}的值.

7. 在黑板上写上1，2，3，…，1998. 按下列规定进行“操作”：每次擦去其中的任意两个数a和b，然后写上它们的差$a-b$（其中$a\geqslant b$），直到黑板上剩下一个数为止. 问：黑板上剩下的数是奇数还是偶数？为什么？

8. 在6张纸片的正面分别写上整数1，2，3，4，5，6，打乱次序后，将纸片翻过来，在它们的反面也随意分别写上1～6这6个整数，然后计算每张纸片正面与反面所写数字之差的绝对值，得到6个数，请你证明：所得的6个数中至少有两个是相同的.

9. 给定$n(n>2)$个向量. 若其中一个向量的长度不小于其余向量的和的长度，则称该向量是“长的”. 如果这n个向量都是长的，求证：它们的和等于零.

10. 已知正四面体的棱长是$\sqrt{2}$，四个顶点在同一球面上，求此球的表面积.

11. 设$A+B+C=\pi$，试证：

（1）$\sin^2 B+\sin^2 C-2\sin B\sin C\cos A=\sin^2 A$；

（2）$\cos^2 B+\cos^2 C+2\cos B\cos C\cos A=\sin^2 A$.

12. 对于一切大于1的自然数n，证明：

$$\left(1+\frac{1}{3}\right)\left(1+\frac{1}{5}\right)\cdots\left(1+\frac{1}{2n-1}\right)>\frac{\sqrt{2n-1}}{2}.$$

13. 在10×10的方格表中写着自然数1～100：第1行从左到右依次写着1～10；第2行从左到右依次写着11～20；如此下去. 安德烈试图把方格表全部分割成1×2的矩形，并计算每个矩形中两个数的乘积，再把所得的乘积相加. 他应当怎样分割，才能使所得和数尽可能的小？

14. 边长为10米的正六边形的每个顶点上各长着一棵树. 在这6棵树上各有1只黄雀. 如果某只黄雀从一棵树上飞到另一棵之上，那么必有另一只黄雀朝相反的方向飞到同样距离之外的树上. 试问：这些黄雀能否飞到同一棵树上？

15. 棋子在正方形的方格纸上移动，每一步它可向上移入邻格，或向右移入邻格，或向左下方移入对顶的方格，见下图. 试问：它能否到遍每个方格刚好一次，并终止于出发处的右邻方格？

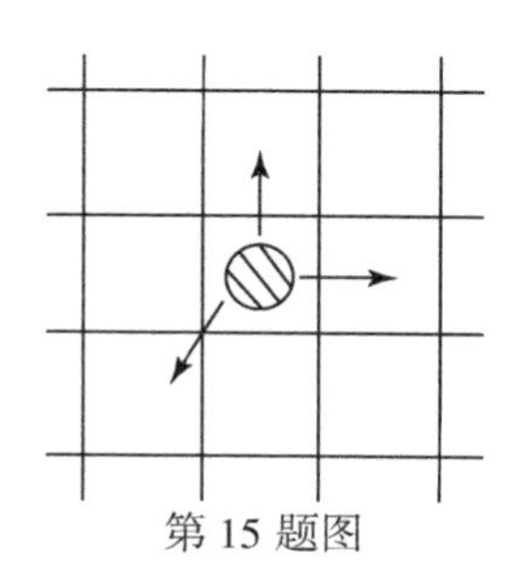

第15题图

16. 在黑板上写有若干个+或−. 可以擦去两个符号，并根据擦去的两个符号相同或不同而加上一个+号或−号. 求证：黑板上最后留下的一个符号与擦写的过程无关.

17. 把整数1，2，…，$2n$ 按任何次序放在标号为1，2，…，$2n$ 的 $2n$ 个位置上，又在每个数上加上它所在位置的标号. 证明：总有两个数（mod$2n$）是同余的.

18. 在一个正五边形和一个正六边形中画出所有对角线. 开始时在每个顶点及每个对角线的交点处标上一个数1. 每一步可以把一条边或对角线上的所有数改变符号，通过若干步后是否可以把所有标记的数都变成−1？

19. 将若干个非负数 x，y，z，… 的最大值与最小值分别记为 $\max\{x, y, z, \cdots\}$ 和 $\min\{x, y, z, \cdots\}$. $a+b+c+d+e+f+g=0$.

求 $\min\{\max\{a+b+c, b+c+d, c+d+e, d+e+f, e+f+g\}\}$.

20. 设 $1\leqslant r\leqslant n$ 是正整数，x_{r+1}，x_{r+2}，…，x_n 是给定的正整数，试确定

x_1，x_2，…，x_r 使得 $S=\sum\limits_{i\neq j}\dfrac{x_i}{x_j}$ 最小.

21. 若干个球被分为 n 堆，现将它们重新组合为 $n+k$ 堆，n，k 为给定的正整数，并且每堆球的个数至少为1. 证明：存在 $k+1$ 个球，它们原来所在的堆中的球数大于现在所在的堆中的球数.

第7章 化　归

解题——就意味着把所要解决的问题转化为已经解过的问题.

——雅诺夫斯卡亚

匈牙利著名数学家路莎·彼得在她的名著《无穷的玩艺——数学的探索和旅行》一书中曾对“化归”作过生动而风趣的描述. 她写道：

“假设在你面前有煤气灶、水龙头、水壶和火柴，现在的任务是要烧水，你应当怎样去做?”. 正确的回答是：“在水壶中放上水，点燃煤气，再把水壶放到煤气灶上.”接着路莎又提出第二个问题：“假设所有的条件都不变，只是水壶中已有了足够的水，这时你应该怎样去做?”对此，人们往往回答说：“点燃煤气，再把壶放到煤气灶上.”但路莎认为这并不是最好的回答，因为“只有物理学家才这样做，而数学家则会倒去壶中的水，并且声称我已经把后一问题化归成先前的问题了.”

路莎·彼得的描述固然有点夸张，但却道出了化归的实质——把所需要解决的问题转化为已经解决的问题，或容易解决的问题. 同原问题相比，化归后的新问题必须是已经解决或较为熟悉、简单的问题. 它是数学最重要、最基本的思想之一.

利用化归解决问题的过程可以简单地用图7-1表示.

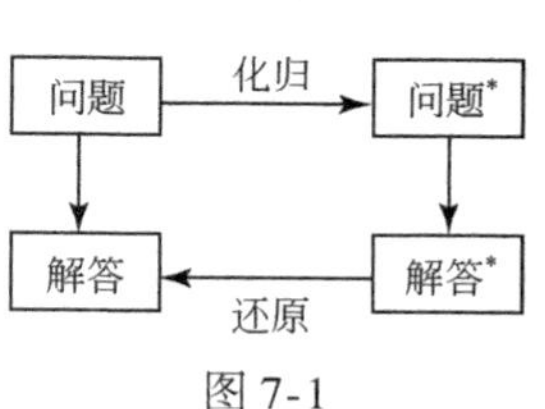

图7-1

即把所要解决的问题，经过某种变化，使之归结为另一个问题*，再通过问题*的求解，把解得结果作用于原有问题，从而使原有问题得解.

将一个非基本的问题通过分解、变形、代换……或平移、旋转、伸缩……多种方式，将它化归为一个熟悉的基本的问题，从而求出解答. 如解一元二次方程我们就是通过因式分解等方法，将它化归为一元一次方程来解. 而解特殊的一元高次方程时，又是化归为一元一次和一元二次方程来解的. 又如，对 n 边形的内角和、面积的计算，是通过分解、拼合为若干个三角形来加以解决的. 再如，对一般圆锥曲线的研究，是通过坐标轴平移或旋转，化归为基本的圆锥曲线(在新坐标系中)来实现的. 总之，化归的原则是以已知的、简单的、具体的、特殊的、基本的知识为基础，将未知的化为已知的，复杂的化为简单的，抽象的化为具体的，一般的化为特殊的，非基本的化为基本的，从而得出正确的解答.

7.1 直接化归

【例 7.1】 1）若 $0<x_i<1$，$i=1, 2, \cdots, n(n\geqslant 2)$，证明：

$$(1-x_1)(1-x_2)\cdots(1-x_n)>1-(x_1+x_2+\cdots+x_n).$$

2）设 $a_i=1-\left(\frac{2}{5}\right)^{i+1}$，求证：$a_1a_2\cdots a_n>\frac{11}{15}$.

证明 1）$n=2$ 时，不等式

$$(1-x_1)(1-x_2)=1-(x_1+x_2)+x_1x_2>1-(x_1+x_2)$$

成立.

假设 $n=k$ 时不等式成立，即

$$(1-x_1)(1-x_2)\cdots(1-x_k)>1-(x_1+x_2+\cdots+x_k).$$

当 $n=k+1$ 时，$0<x_i<1(i=1, 2, \cdots, k+1)$，有

$$\begin{aligned}&(1-x_1)(1-x_2)\cdots(1-x_k)(1-x_{k+1})\\>&[1-(x_1+x_2+\cdots+x_k)](1-x_{k+1})\\=&[1-(x_1+x_2+\cdots+x_{k+1})]+x_{k+1}(x_1+x_2+\cdots+x_k)\\>&1-(x_1+x_2+\cdots+x_{k+1}),\end{aligned}$$

故 $n=k+1$ 时不等式成立.

综上所述，不等式对一切不小于 2 的正整数 n 成立.

2）由 1）知

$$a_1a_2\cdots a_n=\left[1-\left(\frac{2}{5}\right)^2\right]\left[1-\left(\frac{2}{5}\right)^3\right]\cdots\left[1-\left(\frac{2}{5}\right)^{n+1}\right]$$

$$>1-\left[\left(\frac{2}{5}\right)^2+\left(\frac{3}{5}\right)^3+\cdots+\left(\frac{2}{5}\right)^{n+1}\right]$$

$$=1-\frac{4}{15}\left[1-\left(\frac{2}{5}\right)^n\right]>\frac{11}{15}.$$

【例 7.2】 设 m，n 为正整数，$f(n)=1+\frac{1}{2}+\cdots+\frac{1}{n}$. 求证：

1）当 $n>m$ 时，$f(n)-f(m)\geqslant\frac{n-m}{n}$;

2）当 $n>1$ 时，$f(2^n)>\frac{n+2}{2}$.

证明 1）当 $n>m$ 时，

$$f(n)-f(m)=\left(1+\frac{1}{2}+\cdots+\frac{1}{m}+\frac{1}{m+1}+\cdots+\frac{1}{n}\right)-\left(1+\frac{1}{2}+\cdots+\frac{1}{m}\right)$$

$$=\frac{1}{m+1}+\frac{1}{m+2}+\cdots+\frac{1}{n}\quad（共\ n-m\ 个加项）$$

$$\geqslant\frac{n-m}{n}.$$

2）$n=2$ 时，有

$$f(2^n)=f(4)=1+\frac{1}{2}+\frac{1}{3}+\frac{1}{4}=\frac{25}{12}>2=\frac{2+2}{2},$$

不等式成立.

假设 $n=k$ 时不等式成立，即

$$f(2^k)>\frac{k+2}{2}.$$

由前面的结论知

$$f(2^{k+1})-f(2^k)\geqslant\frac{2^{k+1}-2^k}{2^{k+1}}=\frac{1}{2},$$

所以

$$f(2^{k+1})\geqslant f(2^k)+\frac{1}{2}>\frac{k+2}{2}+\frac{1}{2}=\frac{(k+1)+2}{2},$$

故 $n=k+1$ 时不等式成立.

综上所述，不等式对一切大于 1 的正整数成立.

上述两例都设有两问，如果设想每题仅有第二问，相比之下那么现在这样一种具有两问的形式使第二问的解决难度就小多了. 这是因为第一问的解决并不十分困难，而直接利用第一问的结论又可较轻松地解决第二问. 实际上，这是命题者的“善良”，有意设置了第一问，为第二问的解决铺设了台阶.

7.2 化 归

“犹抱琵琶半遮面”．不少竞赛题尽管命题人有意设置了化归推理程序，但构思精心巧妙，跨度较大，相当隐蔽，难以发现，这就需要我们下功夫将后面的第二问的情形化为已经解决的前面简单情形.

【例 7.3】 设在桌面上有一个丝线做成的线圈，它的周长是 $2l$，用纸剪成一个直径是 l 的圆纸片，证明：

1）当线圈作成一个平行四边形时，可以用所作的圆纸片完全盖住它；

2）不管线圈作成什么形状的曲线，都可以用此圆形纸片完全盖住它.

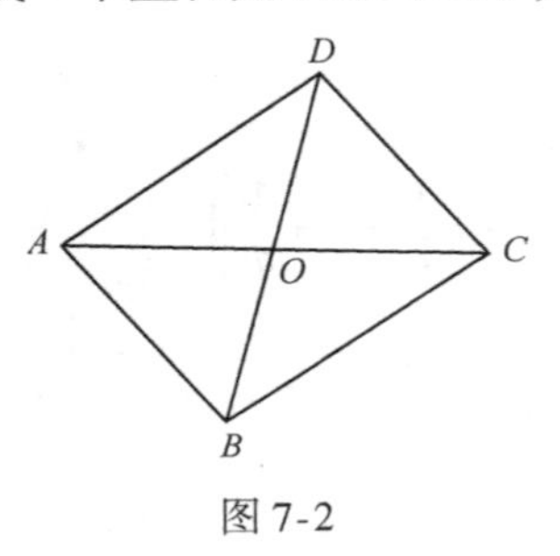

图 7-2

证明 1）如图 7-2 所示，设线圈作成的平行四边形为 $ABCD$，对角线 AC，BD 交于 O，则

$$OD=\frac{1}{2}BD\leqslant\frac{1}{2}(BC+CD)=\frac{l}{2}.$$

同理，

$$OC\leqslant\frac{l}{2}.$$

故以 O 为中心，l 为直径的圆能完全盖住这平行四边形.

2）如图 7-3 所示，设线圈作成一任意形状的曲线 c，根据对称性在 c 上分别取两点 P，Q，使 P 和 Q 将曲线 c 分成等长的两段，各长 l. 设 O 是连接 P 和 Q 的线段的中点，在 c 上任取一点 M，连接 MO，MP，MQ，则

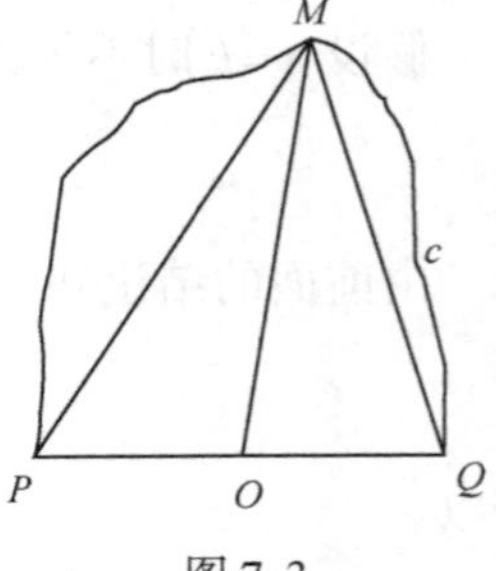

图 7-3

$$OM\leqslant\frac{1}{2}(MP+MQ)\leqslant\frac{1}{2}(\widehat{MQ}+\widehat{MP})=\frac{l}{2}.$$

因此，以 O 为中心、以 l 为半径的圆完全可以盖住整条曲线.

【例 7.4】 设 x，y，z 都是实数，满足 $x+y+z=a$，$x^2+y^2+z^2=\frac{a^2}{2}$（$a>0$）.

试证：x，y，z 都不能是负数，也都不能大于 $\frac{2}{3}a$.

证明 因 $x^2+y^2+z^2=\frac{a^2}{2}=\frac{1}{2}(x+y+z)^2$，故

$$x^2+y^2+z^2=2(xy+yz+zx),$$

有

$$(x-y)^2+z^2=2z(x+y).$$

若 $z<0$，则 $x+y\leqslant 0$，从而 $x+y+z=a<0$，与题设矛盾，故 $z\geqslant 0$.

同理，x，y 都是非负数.

再进一步，令 $X=\frac{2}{3}a-x$，$Y=\frac{2}{3}a-y$，$Z=\frac{2}{3}a-z$，则有

$$X+Y+Z=\left(\frac{2}{3}a-x\right)+\left(\frac{2}{3}a-y\right)+\left(\frac{2}{3}a-z\right)=a,$$

且

$$\begin{aligned}X^2+Y^2+Z^2&=\left(\frac{2}{3}a-x\right)^2+\left(\frac{2}{3}a-y\right)^2+\left(\frac{2}{3}a-z\right)^2\\&=\frac{12}{9}a^2-\frac{4}{3}a(x+y+z)+x^2+y^2+z^2\\&=\frac{a^2}{2}.\end{aligned}$$

根据前面已有的结果，知道 x，y，z 都是非负数，即 x，y，z 都不能大于 $\frac{2}{3}a$.

【例 7.5】 某卡车只能带 L 升汽油，用这些油可以行驶 a 千米. 现在要行驶 $d=\frac{4}{3}a$ 千米到某地，途中没有加油的地方，但可以先运汽油到路旁任何地方存储起来，准备后来之用. 假定只有这一辆卡车，问应如何行驶，方能到达目的地，并且最省汽油？如果到达目的地的距离是 $d=\frac{23}{15}a$ 千米，又应如何？

分析与解 显然存在以下基本事实：若 P 是途中任何一点，那么，汽车一次或多次运送过 P 点的汽油总量决不能少于 P 点以后汽车行驶的总耗油量.

如图 7-4，设 O 为出发点，X 为目的地，OX 长 $\frac{4}{3}a$ 千米. 考虑途中距 X 为 a 千米的点 M，汽车在 MX 之间至少行驶一次，因此，至少耗油 L 升，也就要求至少要运送 L 升的汽油到达 M 点.

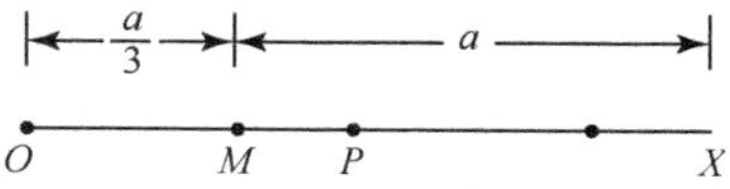

$\frac{a}{3}$　　a

O　M　P　X

图 7-4

要运送 L 升的汽油到达 M，只从 O 取一次是不够的(因路上要消耗一部分)，至少要取油两次，即汽车在 OM 之间来往三次，耗油 L 升，连同在 MX 之间的所耗油，共需 $2L$ 升，这显然是最少的耗油量.

现在再解决第 2 个问题.

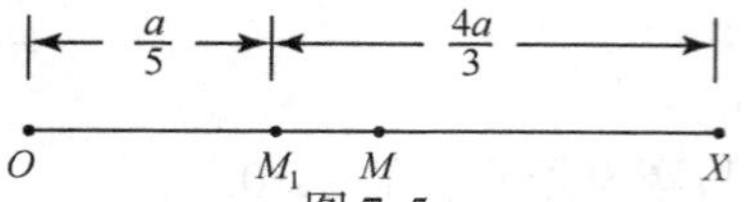

图 7-5

如图 7-5 所示，若 OX 长$\frac{23}{15}a$ 千米，则因$\frac{23}{15}a=\frac{4}{3}a+\frac{1}{5}a$，可在 XO 上取点 M_1，使 XM_1 长$\frac{4}{3}a$ 千米. 根据已有结论，从 M_1 到 X 至少要耗油 $2L$ 升，因此，至少要运送 $2L$ 升汽油到 M_1，显然，从 O 取油两次是不够的，故卡车至少在 OM_1 之间共返五次. 因 OM_1 长$\frac{a}{5}$千米，往返五次至少耗油 L 升，因此，从 O 到 X 至少耗油 $3L$ 升.

仿前，可在 M_1 设立第一加油站，又在距离 X 为 a 千米的 M 点设立第二加油站. 三次从 O 点出发，共取油 $3L$ 升，在 OM_1 之间共往返五次耗油 L 升，最后到 M_1 时共剩油 $2L$ 升，恰够到 X 之用.

一般地，假若 OX 的距离是 $d_n=\left(a+\frac{a}{3}+\cdots+\frac{a}{2n+1}\right)$千米，式中 $n\geqslant 0$，$n\in\mathbf{Z}$，则可顺次在 XO 上取 M_0，M_1，…，M_{n-1} 诸点，使 XM_k 长 d_k 千米($k=0$，1，…，$n-1$).

如图 7-6 所示，行驶 d_n 千米最少需$(n+1)L$ 升汽油(可用数学归纳法证明，从略).

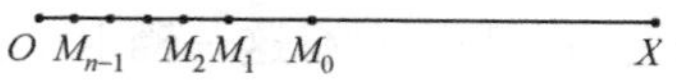

图 7-6

7.3　合理规划　拾级而上

从简单情形出发，进一步扩大探索范围，揭示问题的普遍规律是化归的一大功能，例 7.5 就是一个典型例子. 由易到难，前后环环相扣，一步步登上新的更高的台阶式推理. 它有两个显著的特点：①以简单情形为起点；②不同层次问题前后密切相关.

当遇到一些复杂困难问题时，可以审时度势，合理规划，选择某种简单情形作起点，依次化归，拾级而上，较顺利地最终解决问题.

【例 7.6】 若正方形周界上任意两点 M，N 间连一曲线 L，它把正方形分成等面积的两部分，那么 L 的长度不小于正方形的边长.

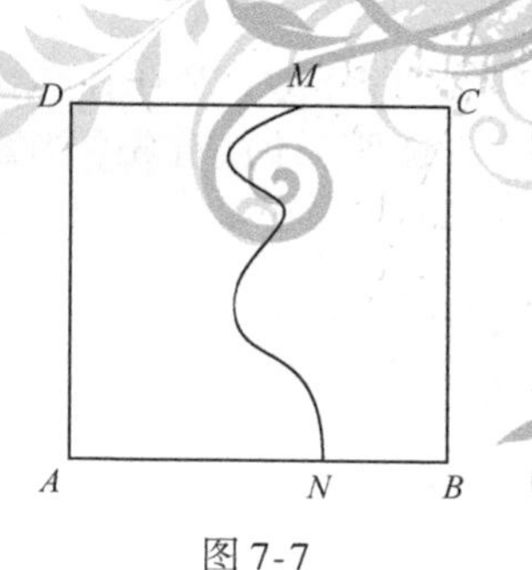

图 7-7

证明 首先当曲线 L 的两点位于正方形的对边时，如图 7-7 所示，显然曲线 L 的长度不小于正方形的边长.

除上述情形外，曲线 L 两端点的分布还有两种不同情形：

1）两端点位于正方形的邻边，如图 7-8 所示. 连对角线 BD，BD 是正方形的对称轴，因曲线 L 把正方形分成等面积两部分，故必与 L 相交，设其中一交点为 P，将曲线 MP 作关于 BD 的对称变换得曲线 $M'P$，问题化归为前面情形，故命题得证.

2）两端点位于正方形的同一边上，如图 7-9 所示. 边 AD，BC 中点 E，F 连线为正方形对称轴，曲线 L 与 EF 的其中一个交点设为 Q，将曲线 MQ 作关于 EF 的对称变换得曲线 QM'. 同样将问题化归为前面情形，命题得证.

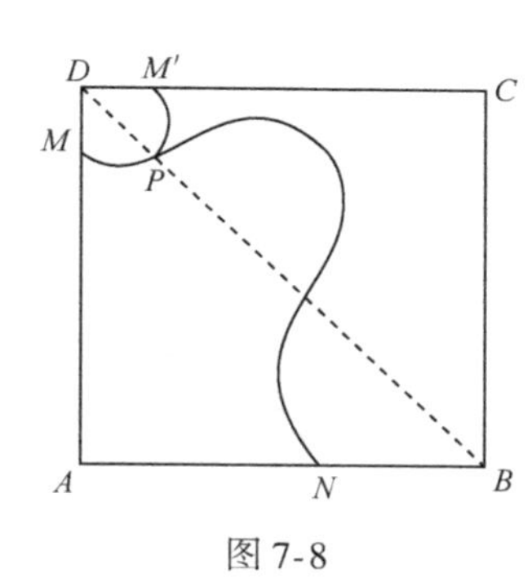

图 7-8

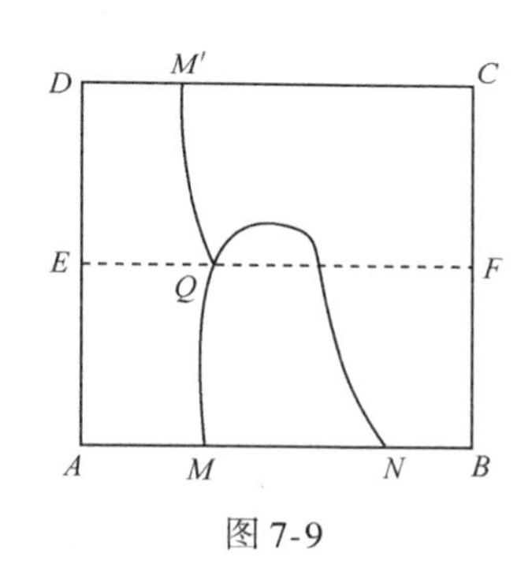

图 7-9

【例 7.7】 有两个矩形纸片 $ABCD$ 和 $AB'C'D'$ 固定叠合，见图 7-10，其中 $AB=a$，$AD=b$，$AB'=\lambda a$，$AD'=\mu b$，设 P，Q 是小矩形纸片上任意两点，R 是大矩形纸片上的任意一点. 证明：

$$S_{\triangle PQR}\leqslant\frac{1}{2}ab(\lambda+\mu-\lambda\mu).$$

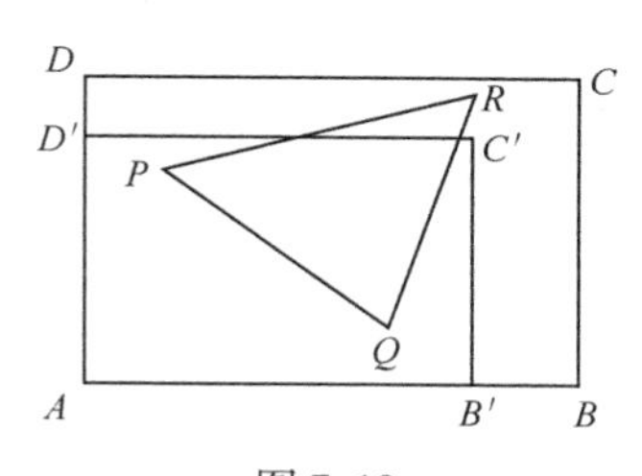

图 7-10

并说明 P，Q，R 在什么位置时等式成立.

证明 1）首先，当$\triangle PQR$即为$\triangle B'D'C$时，如图 7-11 所示，

$$\begin{aligned}S_{\triangle PQR}&=S_{\triangle AB'C}+S_{\triangle AD'C}-S_{\triangle AB'D'}\\&=\frac{b}{2}\cdot\lambda a+\frac{1}{2}a\mu b-\frac{1}{2}\lambda a\cdot\mu b\\&=\frac{1}{2}ab(\lambda+\mu-\lambda\mu).\end{aligned}$$

2）如图 7-12 所示，以 PQ 为斜边，在$\triangle PQR$的外侧构造 $\mathrm{Rt}\triangle PQT$，使两直角边分别平行于矩形 $ABCD$ 的两邻边.

（i）若 PQ 与 RT 相交，如图 7-12 所示．设 $PT=e\leqslant\mu b$，$QT=f\leqslant\lambda a$，

$$\begin{aligned}S_{\triangle PQR}&\leqslant\frac{1}{2}(ea+bf-ef)\\&=\frac{1}{2}[ab-(a-f)(b-e)]\\&\leqslant\frac{1}{2}[ab-(a-\lambda a)(b-\mu b)]\\&=\frac{1}{2}ab(\lambda+\mu-\lambda\mu).\end{aligned}$$

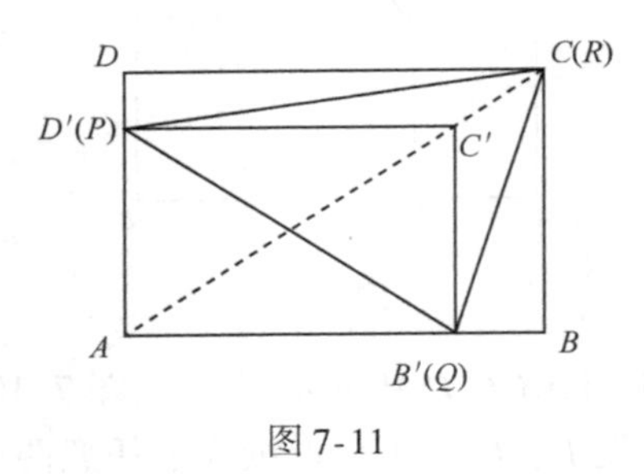

图 7-11

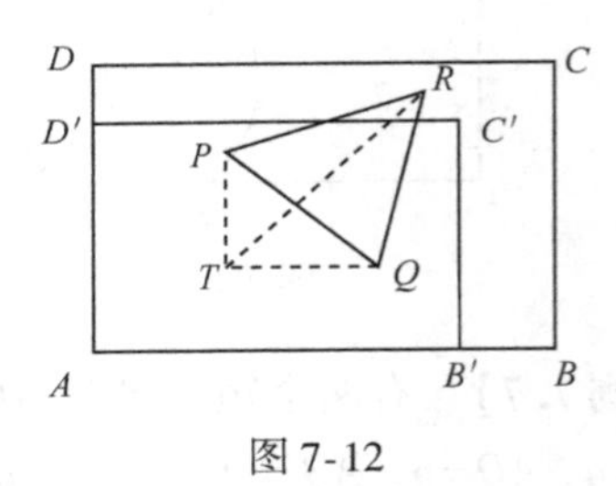

图 7-12

（ii）若 PQ 与 RT 不相交，如图 7-13 所示．过 R 作 $RR'/\!/PQ$ 交于 AB 于 R'，此时 $S_{\triangle PQR}=S_{\triangle PQR'}$则由(i)知结论成立.

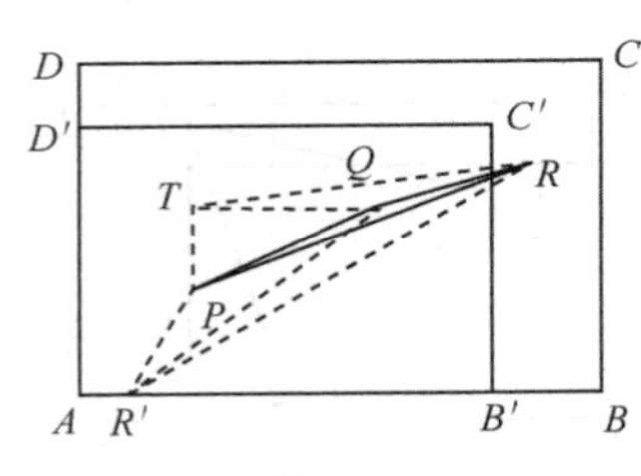

图 7-13

【例 7.8】　一个定义在有理数集上的实值函数 f，对一切有理数 x，y，都有 $f(x+y)=f(x)+f(y)$，求证：存在实数 k，使得 $f(x)=kx$.

证明　令 $k=f(1)$.

1）当 $x=n\in\mathbf{N}^+$ 时，首先 $f(1)=f(1)\cdot 1=k\cdot 1$，$n=1$ 时命题成立. 假设 $f(n)=k\cdot n$，那么

$$f(n+1)=f(n)+f(1)=k\cdot n+f(1)=k(n+1).$$

故对一切自然数 n，有 $f(n)=kn$.

2）取 $x=y=0$，有

$$f(0)=f(0)+f(0)\Rightarrow f(0)=0.$$

又 $f(n)+f(-n)=f(0)$，故 $f(n)=-f(-n)$.

对一切负整数 n，$-n\in\mathbf{N}^+$，从而

$$f(n)=-k(-n)=kn,$$

这说明，对一切负整数命题成立.

3）设 $n\in\mathbf{N}^+$，有

$$\begin{aligned}k&=f(1)=f\left(\frac{n}{n}\right)=f\left(\frac{1}{n}\right)+f\left(\frac{n-1}{n}\right)=\cdots\\&=\underbrace{f\left(\frac{1}{n}\right)+f\left(\frac{1}{n}\right)+\cdots+f\left(\frac{1}{n}\right)}_{n\text{个加项}}=nf\left(\frac{1}{n}\right).\end{aligned}$$

所以 $f\left(\frac{1}{n}\right)=k\cdot\frac{1}{n}$. 又

$$f\left(\frac{1}{n}\right)+f\left(-\frac{1}{n}\right)=f\left(\frac{1}{n}-\frac{1}{n}\right)=0,$$

可得

$$f\left(-\frac{1}{n}\right)=-f\left(\frac{1}{n}\right)=-\frac{k}{n}.$$

对于任意有理数 $x=\frac{m}{n}$（m，n 互素），不妨设 $m>0$，则有

$$f\left(\frac{m}{n}\right)=mf\left(\frac{1}{n}\right)=m\cdot\frac{k}{n}=k\cdot\frac{m}{n}.$$

命题得证.

【例 7.9】　已知四边形 $P_1P_2P_3P_4$ 的四个顶点位于 $\triangle ABC$ 的边上，证明：四个三角形 $\triangle P_1P_2P_3$，$\triangle P_1P_2P_4$，$\triangle P_1P_3P_4$，$\triangle P_2P_3P_4$ 中，至少有一个面积不大于 $\triangle ABC$ 的 $\frac{1}{4}$.

证明　P_1，P_2，P_3，P_4 四点中必有两点位于 $\triangle ABC$ 的同边上，不妨设

P_1，P_2 位于 AB 上.

1）如图7-14所示，P_3，P_4 位于其余两边上且 $P_3P_4 /\!/ P_1P_2$，设 $BP_3:BC=AP_4:AC=\lambda$，$0<\lambda<1$，从而有

$$S_{\triangle P_1P_3P_4}=S_{\triangle AP_3P_4},$$

$$S_{\triangle P_1P_3P_4}=\lambda S_{\triangle AP_3C}=\lambda(1-\lambda)S_{\triangle ABC}\leqslant\frac{1}{4}S_{\triangle ABC},$$

所以 $S_{\triangle P_1P_3P_4}\leqslant\frac{1}{4}S_{\triangle ABC}$. 也有 $S_{\triangle P_2P_3P_4}\leqslant\frac{1}{4}S_{\triangle ABC}$.

2）如图7-15所示，P_3，P_4 分别位于其余两边上，且 $P_3P_4 \not\parallel P_1P_2$，不妨设 P_3 到 P_1P_2 的距离小于 P_4 到 P_1P_2 的距离，作 $P_3E /\!/ AB$ 交 P_1P_4 于 D，交 AC 于 E. 由于$\triangle P_1P_2P_3$，$\triangle DP_2P_3$，$\triangle P_4P_2P_3$ 都以 P_2P_3 为底，而顶点 P_1，D 及 P_4 共线，且 D 位于 P_1，P_4 之间，故知 $S_{\triangle DP_2P_3}$ 介于 $S_{\triangle P_4P_2P_3}$ 与 $S_{\triangle P_1P_2P_3}$之间，也就是

$$\min\{S_{\triangle P_1P_2P_3},\ S_{\triangle P_4P_2P_3}\}\leqslant S_{\triangle DP_2P_3}.$$

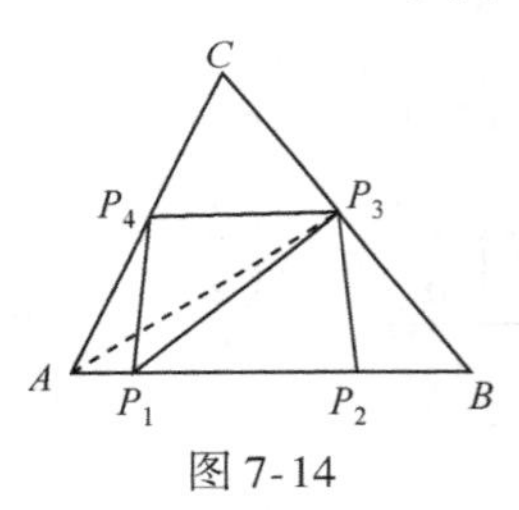

图7-14

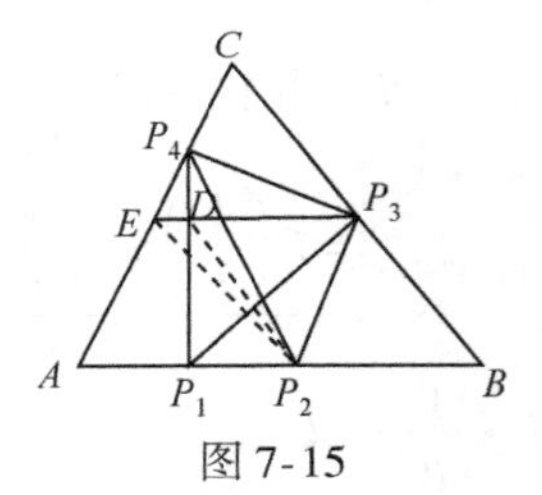

图7-15

由1）知 $S_{\triangle EP_2P_3}\leqslant\frac{1}{4}S_{\triangle ABC}$，而 $S_{\triangle DP_2P_3}\leqslant S_{\triangle EP_2P_3}$，所以有

$$\min\{S_{\triangle P_1P_2P_3},\ S_{\triangle P_4P_2P_3}\}\leqslant\frac{1}{4}S_{\triangle EP_2P_3}\leqslant S_{\triangle ABC}.$$

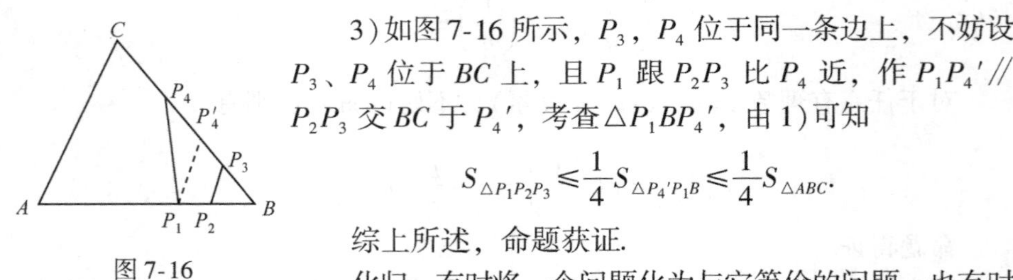

图7-16

3）如图7-16所示，P_3，P_4 位于同一条边上，不妨设 P_3、P_4 位于 BC 上，且 P_1 跟 P_2P_3 比 P_4 近，作 $P_1P_4' /\!/ P_2P_3$ 交 BC 于 P_4'，考查$\triangle P_1BP_4'$，由1）可知

$$S_{\triangle P_1P_2P_3}\leqslant\frac{1}{4}S_{\triangle P_4'P_1B}\leqslant\frac{1}{4}S_{\triangle ABC}.$$

综上所述，命题获证.

化归，有时将一个问题化为与它等价的问题，也有时新的问题与原来的并不等价. 但是，由新的问题可以很容易得到原问题的解.

【例7.10】 已知 a，b，$c\in\mathbf{R}^+$，求证：

$$\frac{a}{\sqrt{a^2+8bc}}+\frac{b}{\sqrt{b^2+8ca}}+\frac{c}{\sqrt{c^2+8ab}}\geqslant 1.$$

证明 首先证明

$$\frac{a}{\sqrt{a^2+8bc}} \geqslant \frac{a^{\frac{4}{3}}}{a^{\frac{4}{3}}+b^{\frac{4}{3}}+c^{\frac{4}{3}}},$$

即

$$\left(a^{\frac{4}{3}}+b^{\frac{4}{3}}+c^{\frac{4}{3}}\right)^2 \geqslant a^{\frac{2}{3}}(a^2+8bc),$$

由平均不等式有

$$\begin{aligned}\left(a^{\frac{4}{3}}+b^{\frac{4}{3}}+c^{\frac{4}{3}}\right)^2-\left(a^{\frac{4}{3}}\right)^2 &= \left(b^{\frac{4}{3}}+c^{\frac{4}{3}}\right)\left(a^{\frac{4}{3}}+a^{\frac{4}{3}}+b^{\frac{4}{3}}+c^{\frac{4}{3}}\right)\\ &\geqslant 2b^{\frac{2}{3}}c^{\frac{2}{3}}\cdot 4a^{\frac{2}{3}}b^{\frac{1}{3}}c^{\frac{1}{3}}\\ &=8a^{\frac{2}{3}}bc.\end{aligned}$$

这样

$$\left(a^{\frac{4}{3}}+b^{\frac{4}{3}}+c^{\frac{4}{3}}\right)^2 \geqslant \left(a^{\frac{4}{3}}\right)^2+8a^{\frac{2}{3}}bc,$$

所以

$$\frac{a}{\sqrt{a^2+8bc}} \geqslant \frac{a^{\frac{4}{3}}}{a^{\frac{4}{3}}+b^{\frac{4}{3}}+c^{\frac{4}{3}}}.$$

同理，有

$$\frac{b}{\sqrt{b^2+8ca}} \geqslant \frac{b^{\frac{4}{3}}}{a^{\frac{4}{3}}+b^{\frac{4}{3}}+c^{\frac{4}{3}}}$$

及

$$\frac{c}{\sqrt{c^2+8ab}} \geqslant \frac{c^{\frac{4}{3}}}{a^{\frac{4}{3}}+b^{\frac{4}{3}}+c^{\frac{4}{3}}}.$$

将以上三式相加即得

$$\frac{a}{\sqrt{a^2+8bc}}+\frac{b}{\sqrt{b^2+8ca}}+\frac{c}{\sqrt{c^2+8ab}} \geqslant 1.$$

7.4 立体问题化归为平面问题

把立体问题化归为平面问题是解决立体几何问题的基本策略. 例如，球的体积公式的推导，就是从球的截面图入手，利用祖暅原理推出 $V=\frac{4}{3}\pi R^3$.

【例 7.11】 空间有 4 个球，它们的半径分别为 2、2、3、3，每个球都与其他3个球外切，另外有1个小球与这4个球外切. 求小球的半径.

分析与解 这是立体问题，可把它化归为平面问题，把问题转换成下列利于问题解决的图形.

如图7-17所示，O_1 和 O_2 是半径为2的两个小球的球心，O_3 和 O_4 是半径为3的两个小球的球心，O 是未知半径小球的球心，E 和 F 分别是两个半径为2的小球的切点和两个半径为3的小球的切点. 根据对称性，可以断定 O 在 EF 上，$EF=EO+OF$.

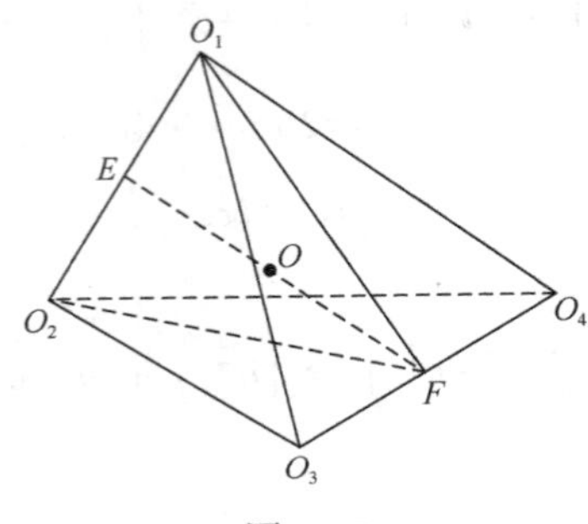

图7-17

在图7-17中，$O_1O_2=4$，$O_3O_4=6$，其余的有两个圆心构成的线段长度都为5，很容易通过计算求得 $EF=2\sqrt{3}$. 在图7-18中，设圆 O 的半径为 R，那么

$$EO=\sqrt{O_2O^2-O_2E^2}=\sqrt{(2+R)^2-2^2},$$

同理

$$OF=\sqrt{(3+R)^2-3^2},$$

所以

$$\sqrt{(3+R)^2-3^2}+\sqrt{(2+R)^2-2^2}=2\sqrt{3},$$

解方程得 $R=\frac{6}{11}$ 或 -6，因为球的半径不可是负值，所以小球的半径只能是 $\frac{6}{11}$.

美籍匈牙利著名数学家波利亚说：“不断地变换你的问题.” 他认为，解题过程主要是问题的变换过程，“我们必须一再地变换她，重新叙述她，变换她，直到最后成功地找到某些有用的东西为止”.

问　题

1. 数列 $\{a_n\}$ 是单调递增数列，且 $a_n=2^{n-1}-3a_{n-1}(n\geqslant 1)$，求通项 a_n.

2. 证明：

（1）多项式 $f(x)$ 为偶函数的充分必要条件是 $f(x)$ 中不含 x 的奇次项.

（2）$g(x)=\left(1-x+x^2-x^3+\cdots-x^{99}+x^{100}\right)\left(1+x+\cdots+x^{99}+x^{100}\right)$ 去括号，合并同类项后，无 x 的奇次项.

3. 设 $P(y)=Ay^2+By+C$ 是 y 的二次三顶式，a，b 是多项式 $P(y)-y$ 的根. 求证：a，b 也是四次多项式 $P(P(y))-y$ 的根，并解方程

$$(y^2-3y+2)^2-3\ (y^2-3y+2)+2-y=0.$$

4. 设 a，b，$c\in\mathbf{R}^+$，求证：

$$\frac{ab}{a+b+2c}+\frac{bc}{b+c+2a}+\frac{ca}{c+a+2b}\leqslant\frac{1}{4}(a+b+c).$$

5. 设 $0<\alpha$，β，$\gamma<\frac{\pi}{2}$，且 $\sin^3\alpha+\sin^3\beta+\sin^3\gamma=1$，求证：$\tan^2\alpha+\tan^2\beta+\tan^2\gamma\geqslant\frac{3\sqrt{3}}{2}$.

6. 设实数 a，b，c 满足 $a+b+c=3$. 求证：

$$\frac{1}{5a^2-4a+11}+\frac{1}{5b^2-4b+11}+\frac{1}{5c^2-4c+11}\leqslant\frac{1}{4}.$$

7. 已知定义在实数集 $\mathbf{R}$ 上的单调函数 $f(x)$ 满足：对任意 x，$y\in\mathbf{R}$，有

$$f(x+y)=f(x)+f(y),$$

且 $f(3)>0$.

（1）求证：$f(x)$ 为奇函数；

（2）若对任意实数 x，有

$$f(k\cdot 3^x)+f(3^x-9^x-2)<0$$

恒成立，求实数 k 的取值范围.

8. 设函数 $f(x)$ 定义在 $\mathbf{R}$ 上，当 $x>0$ 时，$f(x)>1$，且对任意 m，$n\in\mathbf{R}$，有

$$f(m+n)=f(m)\cdot f(n),$$

当 $m\neq n$ 时，$f(m)\neq f(n)$.

（1）证明：$f(0)=1$；

（2）证明：$f(x)$ 为 $\mathbf{R}$ 上的增函数；

（3）设 $A=\{(x,y)\mid f(x^2)f(y^2)<f(1)\}$，

$$B=\{(x,y)\,|\,f(ax+by+c)=1,\ a,\ b,\ c\in\mathbf{R},\ a\neq 0\}.$$

若 $A\cap B=\varnothing$，求 a，b，c 满足的条件.

9.（1）若 k 阶常系数线性递归数列 $\{a_n\}$ 有 k 个互不相同的特征根 x_1，x_2，…，x_k，且存在 $T_j\in\mathbf{N}(j=1,\ 2,\ \cdots,\ k)$，使 $x_j^{T_j}=1$. 证明：$\{a_n\}$ 是纯周期数列.

（2）设 m 是给定的自然数，数列 $\{y_n\}$ 满足

$$y_n+y_{n+2m}=2y_{n+m}\cos\frac{2\pi}{7},\qquad n\in\mathbf{N}.$$

求证：$7m$ 是数列 $\{y_n\}$ 的周期.

10.（1）证明：如果整数 d 不是整系数多项式 $f(x)$ 的常数项的一个约数，则 d 不是多项式 $f(x)$ 的根.

（2）试求多项式 $f(x)=x^3+20x^2+164x+400$ 的有理根；

11. s 是 $\{1,\ 2,\ \cdots,\ 1989\}$ 的一个子集，而且 s 中任意两个数之差不能是 4 或 7，那么 s 中最多可以有多少个元素？

12.（1）证明：对任一正整数 a，a^{4n+k} 与 a^k 的个位数相同（n，$k\in\mathbf{N}$）；

（2）求 $2^{1997}+3^{1997}+7^{1997}+9^{1997}$ 的个位数字.

13. 在 1，2，3，…，1995 这 1995 个数中找出所有满足下面条件的数 a：$1995+a$ 能整除 $1995\times a$.

14.（1）求所有满足 $P(x^2)=P^2(x)$ 的多项式；

（2）求所有满足

$$P(x^2-2x)=[P(x-2)]^2,$$

且 $\deg P(x)\geqslant 1$ 的多项式 $P(x)$.

15. 设 n 为正整数，实数 x_1，x_2，…，x_n 满足 $x_1\leqslant x_2\leqslant\cdots\leqslant x_n$.

（1）证明：

$$\left(\sum_{i=1}^{n}\sum_{j=1}^{n}|x_i-x_j|\right)^2\leqslant\frac{2(n^2-1)}{3}\sum_{i=1}^{n}\sum_{j=1}^{n}(x_i-x_j)^2.$$

（2）证明：上式等号成立的充分必要条件是 x_1，x_2，…，x_n 为等差数列.

16. 设 $n\in\mathbf{N}$，

$$f_n(x)=\frac{x^{n+1}-x^{-n-1}}{x-x^{-1}},\quad x\neq 0,\pm 1,$$

令 $y=x+\dfrac{1}{x}$. 求证：

（1）$f_{n+1}(x)=yf_n(x)-f_{n-1}(x)\ (n>1)$.

$$(2)\ f_n(x)=\begin{cases} y^n-C_{n-1}^1y^{n-2}+\cdots+(-1)^iC_{n-i}^iy^{n-2i}+\cdots+(-1)^{\frac{n}{2}} \\ (i=1,2,\cdots,\frac{n}{2},n\text{ 为偶数}), \\ y^n-C_{n-1}^1y^{n-2}+\cdots+(-1)^iC_{n-i}^iy^{n-2i}+\cdots+(-1)^{\frac{n-1}{2}}C_{\frac{n+1}{2}}^{\frac{n-1}{2}}\cdot y \\ (i=1,2,\cdots,\frac{n-1}{2},n\text{ 为奇数}). \end{cases}$$

17. 设对所有 $i=1, 2, \cdots, r$，$P_i(x)$是非零多项式，$\deg P_i(x)=n_i$，

$$n_1+n_2+\cdots+n_r<\frac{1}{2}r(r-1).$$

求证：存在不全为零的数 a_1，a_2，$\cdots$，a_r，使

$$a_1P_1(x)+a_2P_2(x)+\cdots+a_rP_r(x)=0.$$

18. 定义在自然数集 $\mathbf{N}$ 上的函数 f 满足

(1) $f(0)=1$；

(2) 对每一个 $n\in\mathbf{N}$，$f(2n)=2f(n)-1$，$f(2n+1)=2f(n)+1$.

求：(1) $f(1)$，$f(2)$，$f(3)$，$f(4)$，$f(5)$，$f(6)$，$f(7)$，$f(8)$；(2) $f(n)$ 的表达式.

19. 设函数 $f(x)$ 对 $(0, 1)$ 中任意有理数 p，q 有

$$f\left(\frac{p+q}{2}\right)\leqslant\frac{1}{2}f(p)+\frac{1}{2}f(q).$$

求证：对所有有理数 λ，x_1，$x_2\in(0, 1)$，有

$$f(\lambda x_1+(1-\lambda)x_2)\leqslant\lambda f(x_1)+(1-\lambda)f(x_2).$$

20. 四面体 $SABC$ 的面 ABC 的内切圆 I 分别切棱 AB，BC，CA 于点 D，E，F. 在棱 SA，SB，SC 上分别取点 A'，B'，C'，使得 $AA'=AD$，$BB'=BE$，$CC'=CF$. 令 S' 表示四面体的外接球面上点 S 的对径点. 已知 SI 是四面体的高. 证明：点 S' 到点 A'，B'，C' 的距离都相等.

21. 在一个光滑的桌面上，放有半径分别为 1，2，4 的三个木球，每个木球均与桌面相切，并且与其余两个木球外切，另外在桌面上还有一个半径小于 1 的小木球，并且与三个木球都相切. 求这个小木球的半径.

第8章 退中求进

善于“退”，足够地“退”，退到最原始而不失去重要性的地方，是学好数学的一个诀窍.

——华罗庚

华罗庚先生曾经指出：善于“退”，足够地“退”，退到最原始而不失去重要性的地方，是学好数学的一个诀窍. 这里他所说的就是一种重要的思想方法——以退为进. 实际上，在第7章中的问题均蕴含着这种思想方法的运用. 基于这种方法的重要性和运用的广泛性，我们在这里将作进一步的探讨.

8.1 投石问路

退到简单情形，把简单情形作为考查的起点，在解决简单情形下的问题的过程中常可觅得解决一般情形的途径.

【例8.1】 求证：存在正整数 N，使得

$$1+\frac{1}{2}+\frac{1}{3}+\cdots+\frac{1}{N}>100. \tag{8-1}$$

证明 从简单情形入手.

$$\frac{1}{3}+\frac{1}{4}>\frac{1}{4}+\frac{1}{4}=\frac{1}{2},$$

$$\frac{1}{5}+\frac{1}{6}+\frac{1}{7}+\frac{1}{8}>4\times\frac{1}{8}=\frac{1}{2},$$

$$\frac{1}{9}+\frac{1}{10}+\cdots+\frac{1}{16}>8\times\frac{1}{16}=\frac{1}{2},$$

$$\vdots$$

因此

$$1+\frac{1}{2}+\frac{1}{3}+\frac{1}{4}>1+2\times\frac{1}{2},$$

$$1+\frac{1}{2}+\frac{1}{3}+\cdots+\frac{1}{8}>1+3\times\frac{1}{2},$$

$$1+\frac{1}{2}+\frac{1}{3}+\cdots+\frac{1}{16}>1+4\times\frac{1}{2},$$

$$\vdots$$

$$1+\frac{1}{2}+\frac{1}{3}+\cdots+\frac{1}{2^{198}}>1+198\times\frac{1}{2}=100.$$

所以存在 $N=2^{198}$ 使不等式(8-1)成立.

【点评】 一般地，可以证明，已知 a，d 是正整数，那么存在正整数 N 使得

$$\frac{1}{a}+\frac{1}{a+d}+\cdots+\frac{1}{a+(N-1)d}>100.$$

【例 8.2】 70 个数排成一行，除了两头的两个数以外，每个数的三倍都恰好等于它的两边两个数之和，这一行的最左边几个数是这样的：0，1，3，8，21，…. 问最右边一个数被 6 除余几？

分析 显然不至于要求把 70 个数除以 6 的余数都算出来，但一时又难以观察出结论，不妨先从简单情形考查起. 从左至右，这一行的前几个数依次是 0，1，3，8，21，55，144，377，987，2584，6765，17711，46368，121393，…. 关键在于它们被 6 除的余数. 这些余数依次是 0，1，3，2，3，1，0，5，3，4，5，0，1，可以发现第十三、十四个余数与第一、二两余数分别相同，即重复出现. 根据题设条件这一列数中后一个数是前一个数 3 倍与前第二个数的差，即 $a_n=3a_{n-1}-a_{n-2}(n\geqslant3)$. 因此当前两个数 a_{n-2}，a_{n-1} 被 6 除的余数重复出现时，后续一个数 a_n 被 6 除的余数也必然重复出现. 由此可见，每隔十二个数它们的余数循环出现，因 70 被 12 除余数为 10，所以最右边一个数被 6 除余 4.

【例 8.3】 某足球邀请赛有 16 个城市参加，每市派出甲、乙两队. 根据比赛规则，每两队之间至多赛一场，并且同城市的两个队之间不进行比赛. 比赛若干场以后统计发现除 A 市甲队外，其他各队已比赛过的场数各不相同，问：A 市乙队赛过多少场？

分析 一时难以下手，在不改变实质的情况下先退到最简单情形进行考

察. 假设仅有 A，B 两城市四队参加比赛，分别记作 A_1，A_2，B_1，B_2，其中标号为 1 的表示甲队，标号为 2 的表示乙队，又设赛过 k 场的队为 $T(k)$（$k=0$，1，2），那么 $T(2)$ 只能为 B_1 或 B_2，要不 A_2 赛过 2 场，必与 B_1，B_2 都赛过，于是不存在 $T(0)$. 不妨设 B_1 为 $T(2)$，于是应有下面的对应关系.

$$\begin{array}{ccc} T(2) & T(1) & T(0) \\ \updownarrow & \updownarrow & \updownarrow \\ B_1 & A_2 & B_2 \end{array}$$

这是因为 B_1 与 A_1，A_2都赛过，唯一没有参赛的队只能是 B_2，可以看到 $T(2)$与 $T(0)$恰好是同一城市的两队.

再看三个城市六个队参加比赛，分别记作 A_i，B_i，C_i（$i=1$，2），赛过 k 场的队为 $T(k)$（$k=0$，1，2，3，4），那么 $T(4)$只能发生在 B_i、C_i 中，不妨设为 B_1，同样 A_i，C_i都与 B_1比赛过，只能是 B_2没有参加比赛，即为 $T(0)$，剩下的 A_i，C_i四个队都至少赛过一场，将它们与 B_1比赛的那场都减去，问题也就归结到前面所述的情形，不妨设 C_1 即 $T(3)$，那么有以下对应关系.

$$\begin{array}{ccccc} T(4) & T(3) & T(2) & T(1) & T(0) \\ \updownarrow & \updownarrow & \updownarrow & \updownarrow & \updownarrow \\ B_1 & C_1 & A_2 & C_2 & B_2 \end{array}$$

这里 $T(4)$和 $T(0)$，$T(3)$与 $T(1)$分别为同一城市两队.

再回到原来的问题上来，解答也就不难完成了. 由于共有 32 个队，根据比赛规则，除 A 市甲队外的 31 个队比赛过的场数各不相同，同一城市两队之间不比赛，因此这些队比赛场数分别为 0，1，2，…，30 场，设比赛过 k 场($k=0$，1，…，30)的队为 $T(k)$. 首先考查 $T(30)$ 队，由于它已赛过 30 场，因此其他各城市的所有队都与其比赛过，唯有 $T(0)$队未和它进行比赛，故 $T(30)$与 $T(0)$应为同一城市两队，其次考查 $T(29)$队，除了同一城市的另一队 $T(1)$外，$T(29)$与其他各队均比赛过. 而 $T(1)$仅能与 $T(30)$比赛一场，不可能与 $T(29)$比赛，两队必为同一城市两队，同理可推得 $T(28)$与 $T(2)$，$T(27)$与 $T(3)$，…，$T(16)$与 $T(14)$均分别为同一城市的两队，它们都不可能是 A 市乙队，于是 A 市乙队非 $T(15)$莫属，即 A 市乙队赛过 15 场.

【例 8.4】 在平面上给定一直线，半径为 n 厘米(n 是整数)的圆以及圆内 $4n$ 条长为 1 厘米的线段. 试证：在给定的圆内可以作一条和给定直线平行或垂直的弦，它至少与两条给定的线段相交.

分析 令 $n=1$，作一个半径为 1 厘米的圆，在圆内作四条 1 厘米长的线段，再作一条与已知直线 l 垂直的直线 l'，如图 8-1 所示.

假若 $AB /\!/ l$ 且与两条线段相交，则交点在 l'上的投影重合；反之，如果

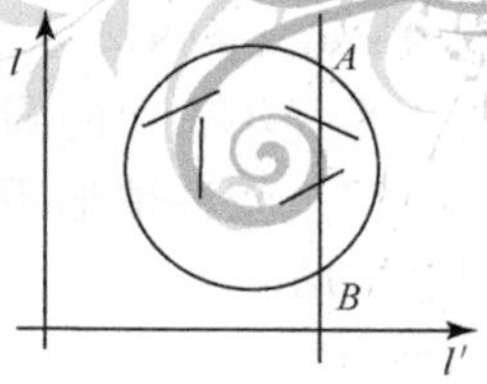

四条线段在 l 或 l' 的投影有重合点，则从重合点出发作垂线即可.

由此可见，只需证明，将给定的线段向已知直线 l 与 l' 作投影时，至少有两个投影点重合.

这可以通过计算来证实.

图 8-1

设已知直线为 l，作 $l' \perp l$. 又设 $4n$ 条线段为 d_1，d_2，…，d_{4n}，每一条 d_j 在 l，l' 上的投影长为 a_i，$b_i(1 \leqslant i \leqslant 4n)$，有 $a_i \geqslant 0$，$b_i \geqslant 0$，$\sqrt{a_i^2+b_i^2}=1$ 由

$$a_i+b_i=\sqrt{(a_i+b_i)^2} \geqslant \sqrt{a_i^2+b_i^2}=1,$$

得

$$\sum_{i=1}^{4n} a_i+\sum_{i=1}^{4n} b_i=\sum_{i=1}^{4n}(a_i+b_i) \geqslant 4n.$$

从而，两个加项 $\sum\limits_{i=1}^{4n} a_i$，$\sum\limits_{i=1}^{4n} b_i$ 中必有一个不小于 $2n$ 厘米，但圆的直径为 $2n$ 厘米，故 d_1，d_2，…，d_{4n} 在 l 或 l' 的投影中，至少有两条线段的投影相交，过重合点作 l 或 l' 的垂线即为所求.

【例 8.5】 在平面上有六个圆，每个圆的圆心都在其余各圆外部，证明：平面上任一点都不会同时在这六个圆的内部.

分析与证明 先看四个圆的情况，如图 8-2 所示，以边长为 2 的正方形的四个顶点为圆心，半径为 1.5 的四个圆，每一圆的圆心都在另一圆的外部，但 O 点同时在四个圆内部.

再看五个圆的情况. 如图 8-3 所示. 设正五边形的边长为 2，易算出 $r=OA=\dfrac{2\sin 54^\circ}{\sin 72^\circ}<1.8$，分别以五个顶点 A，B，C，D，E 为圆心，以 1.9 为半径作圆，则任意一圆的圆心都不在另一圆的内部，但每个圆都包含 O 点.

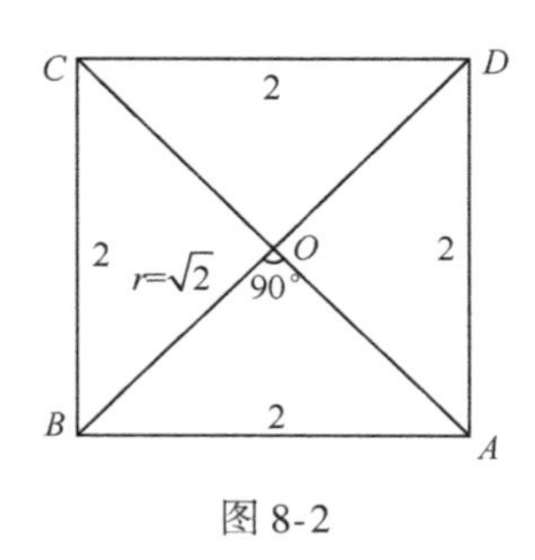

图 8-2

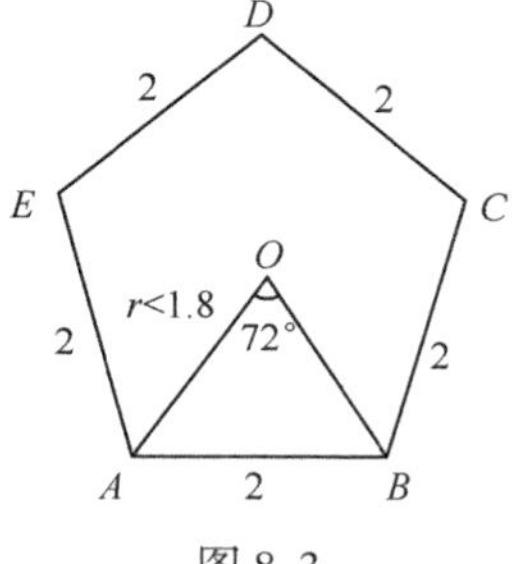

图 8-3

现在来看六个圆的情形，作边长为 2 的正六边形 $ABCDEF$，这时

$\angle AOB=60°$（图 8-4）．按照前面同样的办法，分别以 A，B，C，D，E，F 为圆心，半径小于 2 的圆已经不可能同时包含 O 点在它们的内部了．

从以上三种情形看，问题关键在 $\angle AOB$ 的大小，当 $\angle AOB\leqslant 60°$ 时，AB 不是 $\triangle AOB$ 的最大边．以 A 为圆心的圆，如不包含 B 在它的内部，就有可能不包含 O．

如图 8-5 所示，设 A，B，C，D，E，F 为已知的六个圆的圆心，O 为平面上任一点，则 OA，OB，OC，OD，OE，OF 六条线段把一个周角分成六部分，其中至少有一个不大于 $60°$，不妨设 $\angle AOB\leqslant 60°$．在 $\triangle AOB$ 中，至少有 $OA\geqslant AB$ 或 $OB\geqslant AB$，设 $OA\geqslant AB$，则以 A 为圆心且不包含 B 在内的圆必不包含 O 点．

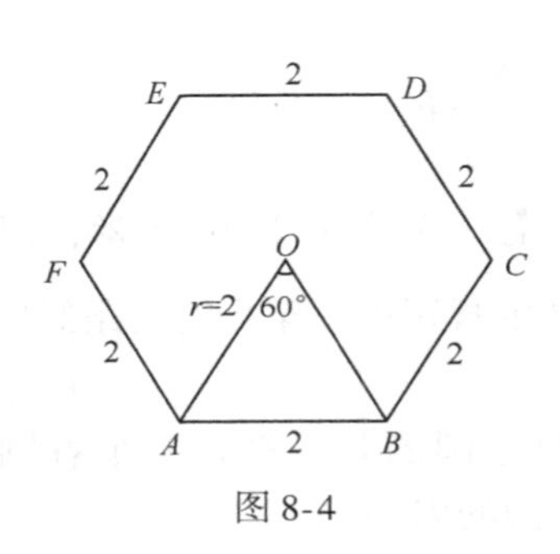

图 8-4

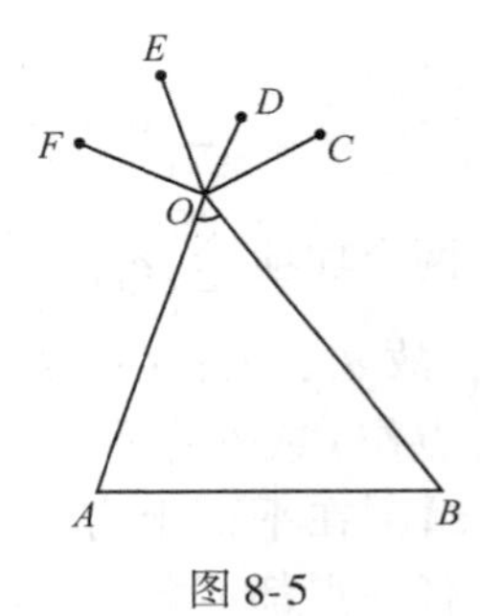

图 8-5

【例 8.6】 证明：对任何面积等于 1 的凸四边形，其周长及两条对角线的长度之和不小于 $4+2\sqrt{2}$．

分析与证明 四边形的周长与对角线的长度和混在一起令人感到棘手．先考虑面积为 1 的正方形，其周长恰为 4，对角线之和为 $2\sqrt{2}$．其次考虑面积为 1 的菱形，如果两对角线长记作 l_1，l_2，那么菱形面积

$$S=\frac{1}{2}l_1\cdot l_2=1,$$

可知

$$l_1+l_2\geqslant 2\sqrt{l_1l_2}=2\sqrt{2}.$$

菱形周长为

$$l=4\sqrt{\left(\frac{l_1}{2}\right)^2+\left(\frac{l_2}{2}\right)^2}=2\sqrt{l_1^2+l_2^2}\geqslant 2\sqrt{2l_1l_2}=4.$$

是否一般的凸四边形也可以将其周长和对角线长度和分开考虑呢？不妨试一试．

设 $ABCD$ 是任意一个面积是 1 的凸四边形，如图 8-6 所示，

$$S_{\text{四边形}ABCD}=\frac{1}{2}(eg+gf+fh+he)\sin\alpha$$
$$\leqslant\frac{1}{2}(e+f)(g+h)\leqslant\frac{1}{2}\left(\frac{e+f+g+h}{2}\right)^2,$$

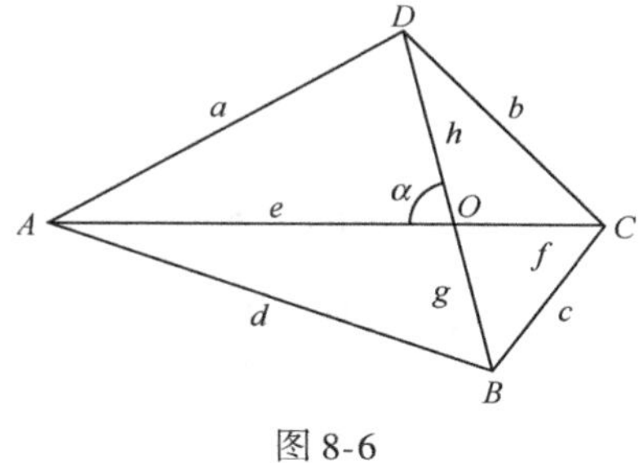

图 8-6

所以 $e+f+g+k\geqslant 2\sqrt{2}$，即对角线长度之和不小于 $2\sqrt{2}$.

如图 8-6 所示，设 a，b，c，d 为四边形 $ABCD$ 的边，则

$$S_{\text{四边形}ABCD}=\frac{1}{2}(S_{\triangle ABD}+S_{\triangle BCD}+S_{\triangle ABC}+S_{\triangle CDA})$$
$$=\frac{1}{4}(ad\sin\angle A+bc\sin\angle C+cd\sin\angle B+ab\sin\angle D)$$
$$\leqslant\frac{1}{4}(ad+bc+cd+ab)$$
$$=\frac{1}{4}(a+c)(b+d)$$
$$\leqslant\frac{1}{4}\left(\frac{a+b+c+d}{2}\right)^2,$$

所以 $a+b+c+d\geqslant 4$，即周长不小于 4.

综上所述，命题得证.

猜想并非总能成功，在遇到困难时要注意变换考虑角度.

从上述数例看到，“退”的根本目的在于“进”，“退”到不能失去重要性的地方，不改变问题的实质.“退”也并非千篇一律，仍然需要选择合适的突破口，使自己能直接面对揭示问题本质的事实，处于便于观察进而打开解决问题大门的有利地位.

8.2　退—变—进

退的过程中将问题由陌生、繁复转化为熟悉、简单，再进而达到问题的

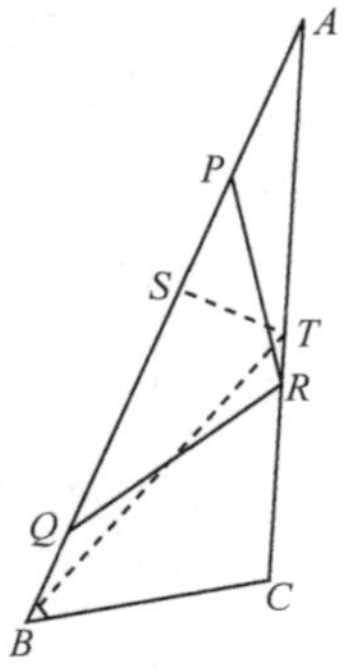

解决.

【例 8.7】 如图 8-7 所示，在$\triangle ABC$中，P，Q，R将其周长三等分，且P，Q在AB边上. 求证：$\frac{S_{\triangle PQR}}{S_{\triangle ABC}}>\frac{2}{9}$.

图 8-7

分析与证明 在题设条件下，当Q点往B点方向移动时，R往A点方向移动，$\triangle PQR$的面积减小(移动时底边没变，高变小). 当Q点移动到与B点重合的位置时，$\triangle PQR$变成$\triangle BST$，这时它的面积最小，用静止的$\triangle BST$代替动$\triangle PQR$，于是只需证明$\frac{S_{\triangle BST}}{S_{\triangle ABC}}>\frac{2}{9}$. 记$BC=a$，$CA=b$，$AB=c$，依题得$BS=\frac{a+b+c}{3}$，$AT=\frac{2\ (a+b+c)}{3}-c=\frac{2a+2b-c}{3}$，所以

$$\frac{S_{\triangle BST}}{S_{\triangle ABC}}=\frac{a+b+c}{3c}\cdot\frac{2a+2b-c}{3b}.$$

由于$a+b>c$，$a>0$考虑上式右边的式子，得

$$(a+b+c)(2a+2b-c)>(c+c)(a+b)>2bc,$$

即得所需证的不等式.

【例 8.8】 求证：集合$\{1,2,\cdots,1989\}$可分为 117 个互不相交的子集$A_j(j=1,2,\cdots,117)$，使得

1）每个A_i含有 17 个元素；

2）每个A_i中各元素之和相同.

分析与解 问题的意图是明显的，按要求设计一种方案.

数字大了不好办，先就简单情形作些探索. 能否将集合$\{1,2,\cdots,10\}$分为 5 个具有类似题设所述性质的子集呢？略作尝试即得

1， 2， 3， 4， 5，
10， 9， 8， 7， 6，

每一列的元素构成一个集合，则各个集合无公共元素且元素和相同. 向前推进一步，将$\{1,2,\cdots,20\}$分为 5 个具有类似题设所述性质的子集也不难办到，如下表：

1， 2， 3， 4， 5，
10， 9， 8， 7， 6，
11， 12， 13， 14， 15，
20， 19， 18， 17， 16，

为了使其本质显露的更清楚，不妨将表改成如下形式：

$$\begin{array}{ccccc} 1, & 2, & 3, & 4, & 5, \\ 5, & 4, & 3, & 2, & 1, \\ 1, & 2, & 3, & 4, & 5, \\ 5, & 4, & 3, & 2, & 1, \end{array}$$

两个表间的对应关系是新表中第 j 行各数加上 $(j-1)\cdot 5$ 即得原表中第 j 行各数. 现在的做法并不影响各列元素的和是否相同. 可以看出，每个子集的元素的个数 n 是偶数时，上面的方法足以解决问题，再看 n 是奇数的情形. 将 $\{1, 2, \cdots, 15\}$ 分为 5 个子集，每个子集的元素数相等且其和也相等，如何划分？在原有基础上作适当调整，得

$$\begin{array}{ccccc} 1, & 2, & 3, & 4, & 5, \\ 3, & 5, & 2, & 4, & 1, \\ 5, & 2, & 4, & 1, & 3, \end{array}$$

这里书写第二行是关键：1 仍旧写在最右面，2 则与 1 隔一格，3 再与 2 隔一格，4 又与 3 隔一格（即转回到第 4 列），5 与 4 隔一格；第三行即第二行左移一格，再将 3 移至最右一列. 这样一来，每相邻两列有一数相等，另两数和相同，进而各列的和均相等. 至此，原来的问题也就不难解决了，列表如下：

$$\begin{array}{ccccccccc} 1, & 2, & 3, & 4, & \cdots, & 114, & 115, & 116, & 117, \\ 59, & 117, & 58, & 116, & \cdots, & 61, & 2, & 60, & 1, \\ 117, & 58, & 116, & 57, & \cdots, & 2, & 60, & 1, & 59, \\ 1, & 2, & 3, & 4, & \cdots, & 114, & 115, & 116, & 117, \\ 117, & 116, & 115, & 114, & \cdots, & 4, & 3, & 2, & 1, \\ \vdots & \vdots & \vdots & \vdots & & \vdots & \vdots & \vdots & \vdots \\ 1, & 2, & 3, & 4, & \cdots, & 114, & 115, & 116, & 117, \\ 117, & 116, & 115, & 114, & \cdots, & 4, & 3, & 2, & 1. \end{array}$$

表中自第四行起，前面两行与后面两行相同，第 j 行各数实际代表该数加上 $(j-1)\cdot 117(j=1, 2, \cdots, 17)$. 表中每一列是一个子集，显然这些子集满足要求.

【例 8.9】 如果 $a_1, a_2, \cdots, a_n$ 是任何实的或复的量，它们满足方程

$$x^n-na_1x^{n-1}+C_n^2a_2^2x^{n-2}+\cdots+(-1)^iC_n^ia_i^ix^{n-i}+\cdots+(-1)^na_n^n=0.$$

试证：$a_1=a_2=\cdots=a_n$.

证明 设 $|a_i|=\rho_i$ $(i=1, 2, \cdots, n)$. 首先证明所有的 ρ_i 有相同的值. 若 $\rho_1, \rho_2, \cdots, \rho_n$ 不全相等，则必有 $\rho_k=\max\{\rho_1, \rho_2, \cdots, \rho_n\}$（$k$ 为某个自然数）. 由根与系数的关系得

$$a_k^k=\frac{\sum\limits_{1\leqslant i_1<i_2<\cdots<i_k\leqslant n}a_{i_1}a_{i_2}\cdots a_{i_k}}{\mathrm{C}_n^k},$$

所以

$$|a_k^k|=\rho_k^k\leqslant\frac{\sum\limits_{1\leqslant i_1<i_2<\cdots<i_k\leqslant n}|a_{i_1}a_{i_2}\cdots a_{i_k}|}{\mathrm{C}_n^k}=\frac{\sum\limits_{1\leqslant i_1<i_2<\cdots<i_k\leqslant n}\rho_{i_1}\rho_{i_2}\cdots\rho_{i_k}}{\mathrm{C}_n^k}<\rho_k^k.$$

矛盾．令 $\rho_1=\rho_2=\cdots=\rho_n=\rho$，若 $\rho=0$，则结论显然成立．设 $\rho\neq0$，下面证明所有的 a_i 有相同的值．

由于 $na_1=\sum\limits_{i=1}^n a_i$，则 $|na_1|=n\rho=\left|\sum\limits_{i=1}^n a_i\right|=\sum\limits_{i=1}^n|a_i|$，由不等式 $\left|\sum\limits_{i=1}^n a_i\right|\leqslant\sum\limits_{i=1}^n|a_i|$ 中等号成立的条件推出 $a_1=a_2=\cdots=a_n$.

【点评】 本题中为证明 $a_1=a_2=\cdots=a_n$，采用了先退一步的策略，先证明较弱的结论 $|a_1|=|a_2|=\cdots=|a_n|$，然后再利用这个结论及不等式中等号成立的条件推出 $a_1=a_2=\cdots=a_n$.

【例 8.10】 设 $\alpha_1,\alpha_2,\cdots,\alpha_n$ 是复数，且

$$f(z)=\prod_{i=1}^n(z-\alpha_i).$$

求证：存在复数 z_0 满足 $|z_0|=1$，使得

$$|f(z_0)|\geqslant\frac{\prod\limits_{j=1}^n(1+|\alpha_j|)}{2^{n-1}}.\tag{8-2}$$

分析与证明 先退一步，考虑特殊情形．设 α_j 在单位圆上，希望证明下述引理．

引理 8.1 假设 $|\alpha_j|=1$，则存在复数 z_0 满足 $|z_0|=1$，使得 $|f(z_0)|\geqslant2$.

设 $f(z)=z^n+c_{n-1}z^{n-1}+\cdots+c_1z+c_0$，则

$$c_0=\alpha_1\alpha_2\cdots\alpha_n,\qquad |c_0|=1.$$

设 $\omega\in\mathbf{C}$，使 $\omega^n=c_0$，$\omega_j=\mathrm{e}^{\frac{2j\pi}{n}}$，即 ω_j 是第 j 个 n 次单位根($j=0,1,2,\cdots,n-1$)．设 $x_j=\omega\omega_j$，则 $|x_j|=|\omega\omega_j|=1$，且

$$\begin{aligned}&|f(x_0)|+|f(x_1)|+\cdots+|f(x_{n-1})|\\\geqslant&|f(x_0)+f(x_1)+\cdots+f(x_{n-1})|\\=&\left|\sum_{j=0}^{n-1}f(x_j)\right|\\=&\left|\sum_{j=0}^{n-1}(x_j^n+c_{n-1}x_j^{n-1}+\cdots+c_1x_j+c_0)\right|\end{aligned}$$

$$= \left| \omega^n \sum_{j=0}^{n-1} \omega_j^n + c_{n-1}\omega^{n-1} \sum_{j=0}^{n-1} \omega_j^{n-1} + \cdots + c_1 \omega \sum_{j=0}^{n-1} \omega_j + nc_0 \right|$$

（应用 n 次单位根的性质）

$$= |n\,\omega^n + 0 + \cdots + 0 + nc_0| = |2nc_0| = 2n,$$

所以 $|f(x_j)|(j=0, 1, 2, \cdots, n-1)$ 中一定存在一个 $|f(x_j)| \geqslant 2$.

现在假设不是所有的 α_j 都在单位圆上，令 $\beta_j = \dfrac{\alpha_j}{|\alpha_j|}$，则 $|\beta_j| = 1$.

欲证命题成立，只需证，存在复数 z_0 满足 $|z_0| = 1$，使得

$$\frac{\prod_{j=1}^{n} |z_0 - \alpha_j|}{\prod_{j=1}^{n} (1 + |\alpha_j|)} \geqslant \frac{1}{2^{n-1}}. \tag{8-3}$$

由引理 8.1 知，存在复数 z_0 满足 $|z_0| = 1$，使得

$$\prod_{j=1}^{n} |z_0 - \beta_j| \geqslant 2.$$

又 $\prod_{j=1}^{n} (1 + |\beta_j|) = 2^n$，所以 $\dfrac{\prod_{j=1}^{n} |z_0 - \beta_j|}{\prod_{j=1}^{n} (1 + |\beta_j|)} \geqslant \dfrac{2}{2^n} = \dfrac{1}{2^{n-1}}$.

欲证(8-3)，只需证下述引理.

引理 8.2　对任意的 j 和单位圆上的复数 z_0，有

$$\frac{|z_0 - \alpha_j|}{1 + |\alpha_j|} \geqslant \frac{|z_0 - \beta_j|}{1 + |\beta_j|}. \tag{8-4}$$

设复数 z_0，α_j，β_j，$-\beta_j$ 在复平面上对应的点依次为 Z，A，B，B'. 若 Z 在 AB 上，则 $Z = B$ 或 B'，(8-4)显然成立. 否则，Z，A，B' 构成 $\triangle ZAB'$，如图 8-8 所示.

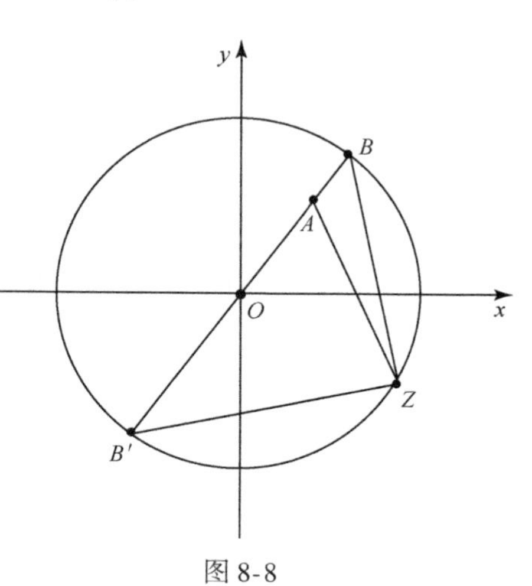

图 8-8

在 $\triangle ZAB'$ 和 $\mathrm{Rt}\triangle ZBB'$ 中，

$$\frac{|z_0 - \alpha_j|}{1 + |\alpha_j|} = \frac{ZA}{AB'} = \frac{\sin\angle ZB'A}{\sin\angle B'ZA} \geqslant \sin\angle ZB'B = \frac{ZB}{BB'} = \frac{|z_0 - \beta_j|}{1 + |\beta_j|}.$$

综上所述，引理 8.2 成立.

故原命题成立.

问　题

1. 观察下列无穷数列：12+34，56+78，910+1112，1314+1516，1718+1920，…. 问：在这个数列中有多少项能被4整除？

2. 把1到$n(n>1)$这n个正整数排成一行，使得任何相邻两数之和为完全平方数. 问：n的最小值是多少？

3. 证明：具有形式

$$N=\underbrace{11\cdots1}_{n-1\text{个}}\underbrace{22\cdots2}_{n\text{个}}5$$

的数是完全平方数.

4. 将1分、2分、5分和1角的硬币投入19个盒子中，使每个盒子里都有硬币，且任何两个盒子里的硬币的钱数都不相同，问：至少需要投入多少枚硬币？这时，所有的盒子里的硬币的总钱数至少是多少？

5. 把平行四边形内部一点与四个顶点连起来就得到四个三角形，求出所有这样的点，它使所决定的四个三角形的面积可以排成等比数列.

6. 平面上，正三角形ABC与正三角形PQR的面积都为1. 三角形PQR的中心M在三角形ABC的边界上，如果这两个三角形重叠部分的面积为S，求S的最小值.

7. 在四边形$ABCD$中，从定点A和C作对角线BD的垂线，从顶点B和D做对角线AC的垂线，M，N，P，Q分别为垂足. 求证：四边形$ABCD$和四边形$MNPQ$相似.

8. 试求n个互不相同的自然数，使它们的倒数和为$\frac{1}{n!}$.

9. 如图，设AO为$\triangle AB_iC_i$的角平分线，且点B_i，C_i共线（$i=1, 2, \cdots, n$），则

$$\frac{OB_1\cdot B_1B_2\cdot B_2B_3\cdot\cdots\cdot B_{n-1}B_n\cdot B_nO}{OC_1\cdot C_1C_2\cdot C_2C_3\cdot\cdots\cdot C_{n-1}C_n\cdot C_nO}=\left(\frac{AB_1\cdot AB_2\cdot\cdots\cdot AB_n}{AC_1\cdot AC_2\cdot\cdots\cdot AC_n}\right)^2.$$

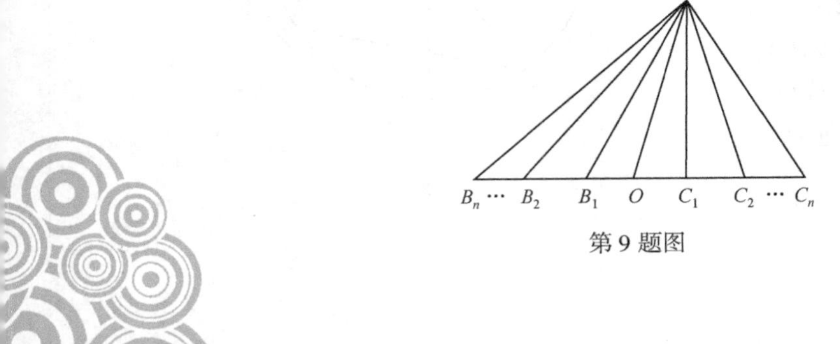

第9题图

10. 已知半径为1的球体两个边界点可以用长度小于2的一条位于球体内部的曲线连接. 证明：这条曲线一定位于所给的球的某个半球之内.

11. 证明：对于任何自然数 n 和 k，数 $2n^{3k}+4n^{k}+10$ 都不能表示成若干个连续自然数之积.

12. 在一次象棋比赛中有 n 名选手参加，每个人要与其他所有参加者比赛一局，每人每天最多比赛一局. 问进行完全部比赛最少要用多少天?

13. 在一个球面内有一定点 P，球面上有 A，B，C 三动点，$\angle BPA=\angle CPA=\angle CPB=90°$. 以 PA，PB，PC 为棱，构成平行六面体，Q 是六面体上与 P 斜对的一个顶点. 当 A，B，C 在球面上移动时，求 Q 点的轨迹.

14. 试证：任何真分数 $\frac{m}{n}$（m，n 为互质的正整数，$n>m$）总可以表示成互不相同的正整数的倒数之和.

15. 如图，设 $\triangle PQR$ 与 $\triangle P'Q'R'$ 是两个全等的正三角形. 六边形 $ABCDEF$ 的边长分别记为 $AB=a_1$，$BC=b_1$，$CD=a_2$，$DE=b_2$，$EF=a_3$，$FA=b_3$. 求证：

$$a_1^2+a_2^2+a_3^2=b_1^2+b_2^2+b_3^2.$$

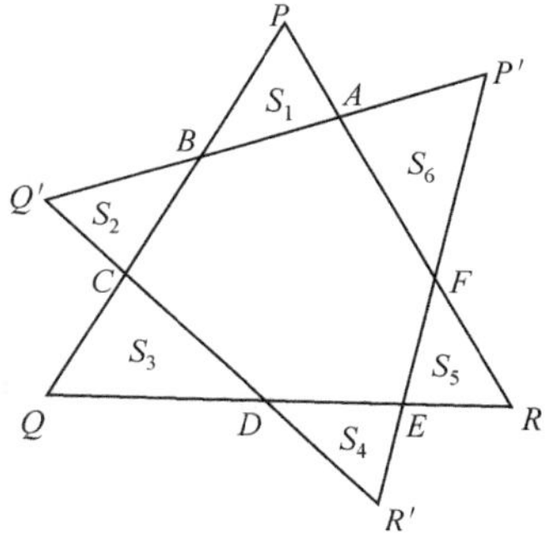

第15题图

16. 试求具有下述性质的最小自然数 n，使得将集合 $\{1, 2, \cdots, n\}$ 任意分两个不相交子集时，必可从其中之一选出三个数，其中两数之积等于第三数.

第9章 类比与猜想

每当理智缺乏可靠的论证思路时，类比这个方法往往指引我们前进.

——康德

传说木工用的锯子是鲁班发明的，有一天他到山上去，手指突然被一根丝毛草划了一下，划破了一道口子. 他想一根小草怎么会这样厉害呢？鲁班仔细一看，发现草叶子的边缘生着许多锋利小齿. 鲁班立即想到，如果照着丝毛草叶子的模样，用铁片打制一把带利齿的工具，用它在树上来回拉，不就可以很快地将树割断吗？回去后他马上打了一把这样的工具，这就是锯子.

聪明的鲁班在这里所使用的推理方法称为类比(analogy). 类比是根据两个不同的对象在某方面的相似之处，推测出这两个对象在其他方面也可能有相似之处，如根据带齿的草叶与带齿的铁片结构相似，由前者能划破手指，推出后者能割断树木. 这种仿照生物机制的类比，到了近代，便发展成了一门新兴的学科，即所谓近代仿生学. 例如，潜水艇的设计思想来自鱼类在水中浮沉之生物机制的类比.

类比是一种相似，即类比的对象在某些部分或关系上的相似. 在文学艺术与科学研究中都充满了类比. 类比用得好，在文学作品中可使文章大为生色，在科学研究中可引出新的发现.

“问君能有几多愁，恰似一江春水向东流”（李煜)用的就是类比.

医药试验不宜直接在人体上进行. 老鼠、猴子与人在身体结构上具有类似之处，于是，有理由相信，在这些动物身上的试验结果类似于在人体上试验的结果.

代数中根据分式与分数都具有分子、分母这个相同的形式，从而推出分式具有分数相似的性质，分式可以如分数一样进行化简和运算，这就是类比.

学习立体几何时常常可以类比平面几何，将在平面几何中成立的结论进行推广，得到许多类似的结论．例如，长方形和长方体的类比，如图9-1所示.

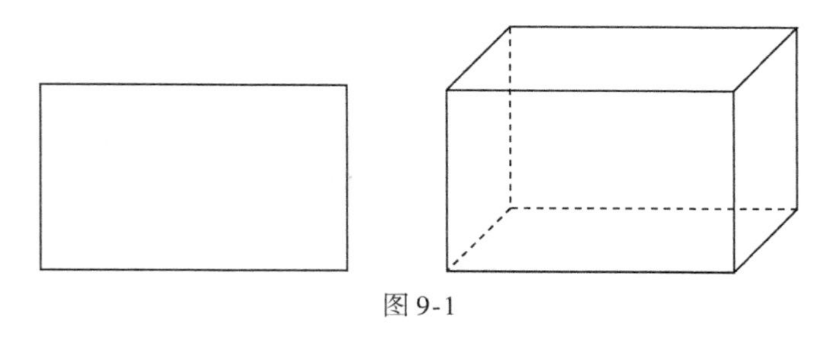

图9-1

长方形的每一边恰与对边平行，而与相邻的边垂直.

长方体的每一面恰与对面平行，而与相邻的面垂直.

这两种几何图形间可以建立类比关系，见表9-1.

表9-1

长方形	长方体
每相邻两边互相垂直	每相邻两棱互相垂直，每相邻两面互相垂直
对边互相平行	对棱互相平行
对边长度相等	对棱互相相等
对角线相等	对角线相等
对角线互相平分	对角线互相平分
对角线的平方等于长和宽的平方和	对角线的平方等于长、宽、高的平方和
面积等于两邻边的乘积 $S=ab$	体积等于长、宽、高的乘积 $V=abc$

平面上的圆与空间中的球的类比见表9-2、表9-3.

表 9-2

平面几何中的概念	立体几何中的类似概念
圆	球
圆的切线	球的切面
圆的弦	球的截面圆
圆周长	球的表面积
圆面积	球的体积

表 9-3

圆的性质	球的性质
圆心与弦（非直径）中点的连线垂直于弦	球心与截面圆（不经过球心的小截面圆）圆心的连线垂直于截面圆
与圆心距离相等的两弦相等；与圆心距离不等的两弦不等，距圆心较近的弦较长	与球心距离相等的两个截面圆相等；与球心距离不等的两个截面圆不等，距球心较近的截面圆较大
……	……

类比是从人们已经掌握的事物的属性，推测正在研究中的事物的属性，它以旧有认识为基础，类比出新的结果．运用类比推理的一般步骤如下：首先，找出两类对象之间可以确切表述的相似性；然后，用一类对象的性质去推测另一类对象的性质，从而得出猜想；最后，检验猜想．

类比是数学发现与数学解题的重要手段之一，著名哲学家康德曾指出："每当理智缺乏可靠的论证思路时，类比这个方法往往指引我们前进．"在数学中，常可以由命题的条件相似，去猜想结论的相似；由命题的形式相似，去猜想论证推理方法的相似．

运用类比方法求解数学问题的关键是善于引入"辅助问题"，通过与"辅助问题"的类比，形成猜想，发现解题思路，预见可能答案，从而解决面临的问题．

9.1 高维与低维的类比

通常把直线叫做一维空间，平面叫做二维空间，立体几何中所说的"空间"叫做三维空间，除此之外，"维数"还泛指未知数的个数、变量的个数、方程或不等式的次数等. 当研究一个维数较高的问题时，先考查并解决一个与它类似而维数较低的问题，然后将解决后者时所用的方法或所得的结果试用于解决原来的维数较高的问题，这就是高维与低维类比的手法. 这种手法通常称为降维.

【例 9.1】 试推导一元 n 次方程根与系数的关系.

分析 首先利用待定系数法推导一元二次方程根与系数的关系. 设 $ax^2+bx+c=0$ 的两个根是 x_1，x_2，则有

$$ax^2+bx+c=a(x-x_1)(x-x_2).$$

将右端展开，比较同次项系数得 $x_1+x_2=-\frac{b}{a}$，$x_1\cdot x_2=\frac{c}{a}$.

这启发我们用类似的方法推导一元 n 次方程根与系数的关系.

解 设 n 次多项式

$$f(x)=a_nx^n+a_{n-1}x^{n-1}+\cdots+a_1x+a_0 \tag{9-1}$$

的 n 个根为 x_1，x_2，…，x_n，则有

$$a_nx^n+a_{n-1}x^{n-1}+\cdots+a_1x+a_0=a_n(x-x_1)(x-x_2)\cdots(x-x_n).$$

将上式右端展开、整理，并比较等式两边同次项次数得

$$\begin{cases} x_1+x_2+\cdots+x_n=-\dfrac{a_{n-1}}{a_n}, \\ x_1x_2+x_1x_3+\cdots+x_1x_n+\cdots+x_{n-1}x_n=\dfrac{a_{n-2}}{a_n}, \\ x_1x_2x_3+x_1x_2x_4+\cdots+x_{n-2}x_{n-1}x_n=-\dfrac{a_{n-3}}{a_n}, \\ \qquad\vdots \\ x_1x_2\cdots x_n=(-1)^n\dfrac{a_0}{a_n}. \end{cases}$$

这就是 n 次多项式的根与系数的关系定理(韦达定理).

【点评】 通过一元 n 次方程与一元二次方程的类比，导出一元 n 次方程根与系数的关系. 这是高次与低次类比解决问题的范例.

韦达定理在多项式理论中有广泛的应用，且常常应用于相应的 n 次方程的根与系数的讨论. 注意，韦达定理的逆定理也是成立的，即若数 x_1，$x_2\cdots$，$x_n\in\mathbf{C}$ 满足上述方程组，则它们是多项式(9-1)的根.

【例 9.2】 设 x，y，z 为三个互不相等的实数，且

$$x+\frac{1}{y}=y+\frac{1}{z}=z+\frac{1}{x}. \tag{9-2}$$

求证：$x^2y^2z^2=1$.

分析 直接解方程组(9-2)，三个未知数两个方程，要求出 x，y，z 的值走不通. 注意到题中 x，y，z 有轮换的特点，暂时简化命题减少一元，把原命题变为

设 x，y 为互不相等的实数，且 $x+\frac{1}{y}=y+\frac{1}{x}$，求证：$x^2y^2=1$.

简化后的命题比原命题简单得多. 为了找出 x，y 之间的关系，由 $x+\frac{1}{y}=y+\frac{1}{x}$ 移项得 $x-y=\frac{1}{x}-\frac{1}{y}$，即 $xy(x-y)=y-x\ (x\neq y)\Rightarrow xy=-1\Rightarrow x^2y^2=1$.

减元后的二元问题与原来的三元问题的结构类似，因此可用上述思考方式，指导原题的证明.

证明 由 $x+\frac{1}{y}=y+\frac{1}{z}$ 得 $zy(x-y)=y-z$. 同理，$xz(y-z)=z-x$，$xy(z-x)=x-y$.

三式相乘，由 x，y，z 互不相等，约去因子 $(x-y)(y-z)(z-x)$ 即可得证.

【例 9.3】 设 a，b，c，d 均为不等于 1 的正数，u，v，x，y 均为非零数，如果 $a^u=b^v=c^x=d^y$，且 $uvx+uvy+uxy+vxy=0$，求 $abcd$ 的值.

分析 由于题中字母个数较多，难于立即找到求解思路. 因此，先考虑与本题相类似的简化题：

设 a，b 均为不等于 1 的正数，u，v 均为非零数，如果 $a^u=b^v$，且 $u+v=0$，求 ab 的值.

这个问题极易解答. 事实上，因为 $a^u=b^v$，$u+v=0$，所以

$$(ab)^u=a^u\cdot b^u=b^v\cdot b^u=b^{u+v}=b^0=1.$$

但 $u\neq0$，故 $ab=1$.

受此解法的启发，回到原题上，便得原题的解.

解 因为 $a^u=b^v=c^x=d^y$，$uvx+uvy+uxy+vxy=0$，所以

$$\begin{aligned}(abcd)^{uvx}&=(a^u)^{vx}\cdot(b^v)^{ux}\cdot(c^x)^{uv}\cdot d^{uvx}\\&=(d^y)^{vx}\cdot(d^y)^{ux}\cdot(d^y)^{uv}\cdot d^{uvx}\\&=d^{xyv+xyu+uvy+uvx}=d^0=1.\end{aligned}$$

又 $uvx\neq0$，故 $abcd=1$.

【点评】 此题可进一步推广为

设 a_1，a_2，…，a_n 为不等于 1 的正数，x_1，x_2，…，x_n 均为非零实数，如果 $a_1^{x_1}=a_2^{x_2}=\cdots=a_n^{x_n}$，且 $x_1x_2\cdots x_{n-1}+x_1x_3\cdots x_n+\cdots+x_2x_3\cdots x_n=0$，求 $a_1a_2\cdots a_n$ 的值.

【例 9.4】　把一个西瓜沿纵、横、竖三个两两互相垂直的方向分别切 m，n，l 刀，不同方向的刀彼此相交，问切得的西瓜共多少块？其中无皮西瓜共有多少块？

分析与解　先考虑平面的情形：

将一个圆沿纵、横两个方向分别切 m 刀与 n 刀，求出切得的块数以及不含瓜皮的块数分别为 $(m+1)(n+1)$ 和 $(m-1)(n-1)$．由类比得空间情形的结果：

总块数为 $(m+1)(n+1)(l+1)$．

无皮的块数为 $(m-1)(n-1)(l-1)$．

【例 9.5】　正三棱锥的底面边长为 1，高为 2，在这个棱锥的内切球上面堆一个与它外切，并且与棱锥各侧面都相切的球，按照这种方法继续把球堆上去．求这些球的体积之和．

分析与解　解决此题的关键是类比如图 9-2 这个截面，它是以三棱锥的一条斜高 AC 和所有球的球心所构成的截面图．其中 $AD=2$，$CD=\frac{1}{3}\times\frac{\sqrt{3}}{2}=\frac{\sqrt{3}}{6}$，$AC=\sqrt{2^2+\left(\frac{\sqrt{3}}{6}\right)^2}=\frac{7}{6}\sqrt{3}$，并设第一个球半径为 r_1，第二个为 r_2，依此类推，根据相似三角形性质知道

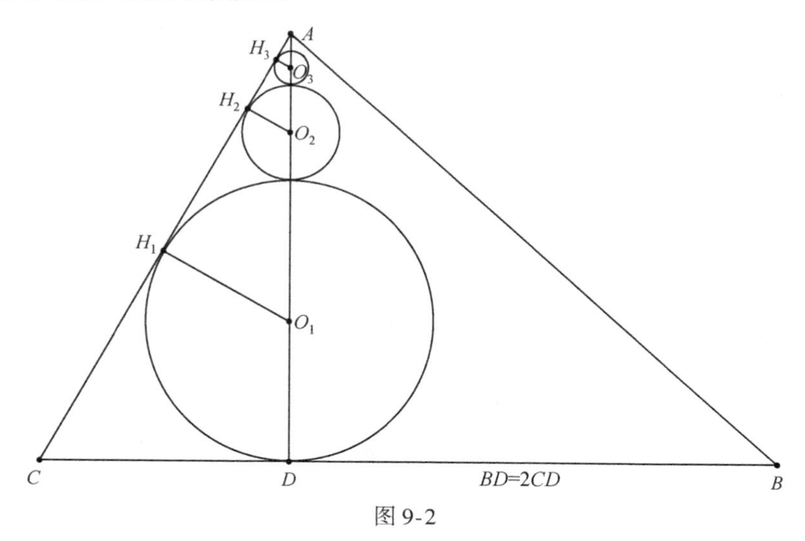

图 9-2

$$\frac{AC}{CD}=\frac{AO_1}{O_1H_1},\quad \frac{\frac{7}{6}\sqrt{3}}{\frac{\sqrt{3}}{6}}=\frac{2-r_1}{r_1},$$

求得 $r_1=\frac{1}{4}$.

再由$\triangle AH_1O_1\backsim\triangle AH_2O_2$，可知$r_2:r_1=\frac{3}{4}$，同理$r_3:r_2=r_4:r_3=r_5:r_4=\cdots=\frac{3}{4}$，那么所有球的体积之和$V=\frac{4}{3}\pi\sum_{i=1}^{\infty}r_i^3=\frac{4}{3}\pi\cdot\frac{(1/4)^3}{1-(3/4)^3}=\frac{4}{111}\pi$.

9.2 一般与特殊的类比

研究某个一般性问题时，它往往比较复杂，不易入手，这时可以先考查并解决它的一个较简单的特例，然后将解决特殊问题时所用的方法或所得到的结果，试用于解决原来的一般性问题，这就是一般与特殊的类比.

【例 9.6】 把 n^2 个互不相等的实数排成下表：

$$\begin{matrix} a_{11} & a_{12} & \cdots & a_{1n} \\ a_{21} & a_{22} & \cdots & a_{2n} \\ \vdots & \vdots & & \vdots \\ a_{n1} & a_{n2} & \cdots & a_{nn} \end{matrix}$$

先取每行的最大数，得到 n 个数，其中最小者为 x，再取每列的最小数，也得到 n 个数，其中最大者为 y.

试比较 x 和 y 的大小.

分析与解 先讨论 $n=3$ 的情况，任取一张表：

$$\begin{matrix} 1 & 2 & 3 \\ 4 & 5 & 6 \\ 7 & 8 & 9 \end{matrix}$$

由题设可得 $x=3$，$y=3$，即 $x=y$. 是否巧合？再打乱顺序排成一个表：

$$\begin{matrix} 2 & 7 & 9 \\ 5 & 4 & 1 \\ 6 & 3 & 8 \end{matrix}$$

这时 $x=5$，$y=3$，则有 $x>y$. 总之有 $x\geqslant y$.

为什么有这样的结果呢？不妨看一看第二张表. $x=5$ 是表中第二行第一列的数 a_{21}，$y=3$ 是表中第三行第二列的数 a_{32}，而 $a_{22}=4$，由题设中 x，y 的定义知，$x\geqslant a_{22}$，$y\leqslant a_{22}$，所以 $x\geqslant y$.

可见，其中的关键是取 x 所在行与 y 所在列交叉的那个数，作为比较 x，y 大小的媒介，由此不难讨论一般情形. 设 $x=a_{ij}$，$y=a_{kh}$，则表中 x 所在行

与 y 所在列交叉的数为 a_{ih}，根据 x，y 的定义，得 $y \leqslant a_{ih} \leqslant x$，即 $x \geqslant y$，其中 x，y 恰是表中同一个数时，$x=y$.

【例 9.7】 有 $2n(n \geqslant 2)$ 个人参加会议，其中每一个人都至少与 n 个与会者相识，证明：可从中选出 4 个人围圆桌坐下，使每两个相邻者互相认识.

分析 先考虑最简单的特殊情况，$n=2$，看看能否给出证法，并由此得到关于一般情况的启示.

当 $n=2$ 时，总共只有 4 个人，只好全取．人选定之后，还要考虑排法.

若 4 个人全部互相认识，则任一种排法均可，今设 4 个人不是全部互相认识，则其中至少有甲、乙两人互相不认识．由于甲、乙每人都至少认识两人，故甲、乙必共同认识其余两人，让甲、乙相对而坐，再将其余两人分坐在甲、乙之间便可.

这里的证法有三个地方值得注意：

1）问题的解答不仅与人选取法有关，还与排法有关；

2）全部互相认识时命题是显然的，与之相对立的情况是至少有甲、乙两人彼此不认识；

3）在其余的人中至少有两个甲、乙共同认识的.

据此，可得原命题的证法如下.

证明 若所有与会者全都彼此认识，则从中任取 4 人，随意排座都符合要求．现设不是所有与会者都互相认识，则至少有甲、乙二人互相不认识，由题设，在余下的 $2n-2$ 个人中，至少有 n 个与甲认识．而在这 n 个人中，至少有两个也与乙认识，否则乙所认识的人将至多有 $(2n-2)-n+1=n-1$ 个，与题设矛盾．让甲、乙相对而坐再将甲、乙共同认识的这两人请出，分坐于甲、乙之间即可.

9.3　结构相似的类比

如果所求解问题的结构与某一熟悉的数学问题的结构相类似，可以将待解决问题的条件或结论与这一熟悉的数学问题相类比，通过猜测、进行适当的代换或直接利用这个熟悉的数学问题的解决办法，有可能使所求解问题获得解决.

【例 9.8】 已知 $(z-x)^2-4(x-y)(y-z)=0$．求证：$2y=x+z$.

分析 题设条件与一元二次方程 $ax^2+bx+c=0$ 有等根的条件“$b^2-4ac=0$”在结构上相类似，故根据已知条件，可构造出一个一元二次方程，并使这个方程有两个相同的根，然后根据方程结论成立.

证明　当 $x-y=0$，即 $x=y$ 时，由已知条件得 $x=y=z$，故结论成立.

当 $x-y\neq 0$ 时，构造一元二次方程

$$(x-y)t^2+(z-x)t+(y-z)=0, \tag{9-3}$$

因为

$$\Delta=(z-x)^2-4(x-y)(y-z)=0,$$

所以一元二次方程(9-3)有两个相等的实数根.

又方程(9-3)的一个根 $t_1=1$，所以另一根 $t_2=\dfrac{y-z}{x-y}=1$.

故 $x-y=y-z$，即 $2y=x+z$.

【例 9.9】　求函数 $y=\dfrac{2-\sin x}{2-\cos x}$ 的最大值和最小值.

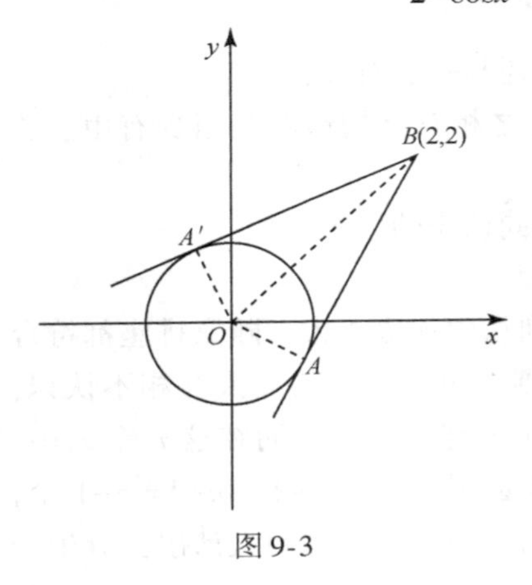

图 9-3

分析与解　观察已知函数的表达式，我们联想到两点连线的斜率公式 $k=\dfrac{y_2-y_1}{x_2-x_1}$ 与此类似.

于是设 $A(\cos\theta,\ \sin\theta)$，$B(2,\ 2)$，这样原题转化为求 AB 斜率的最大值与最小值，又点 A 在单位圆 $x^2+y^2=1$ 上，因此，进一步转化为在圆上求点 A，使它与点 B 的连线的斜率为最大和最小. 如图9-3 所示，容易求得直线 AB 与圆 $x^2+y^2=1$ 相切时的最大值和最小值分别为 $\dfrac{4+\sqrt{7}}{3}$ 和 $\dfrac{4-\sqrt{7}}{3}$.

【点评】　求形如 $y=\dfrac{a\sin x+b}{c\cos x+d}$ 的最值，其几何意义是关于动点 $A(c\cos x,\ a\sin x)$ 与定点 $B(-d,\ -b)$ 的连线的斜率 k_{AB} 的最值问题. 因此要求 y 的最值，只要确定 A 点的位置 k_{AB} 最大或最小，当 $a\neq c$ 时，A 点在椭圆上；当 $a=c$ 时，A 点在圆上.

在约束条件 $f(x,\ y)=0$ 下，形如 $z=\dfrac{y+b}{x+a}$ 的最值问题也可按上面所述几何方法求解.

更一般地，求形如 $z=\dfrac{f(u)+b}{g(u)+a}$ 的最值，通常可以看作求曲线 $\begin{cases}y=f(u),\\x=g(u)\end{cases}$ 上的动点，与定点 $(-a,\ -b)$ 的连线的斜率的最值.

【例 9.10】　证明方程 $x^2+y^5=z^3$ 有无限多个满足 $xyz\neq0$ 的整数解.

分析　我们熟知勾股数的定理，方程 $x^2+y^2=z^2$ 是有满足 $xyz\neq0$ 的整数解的. 例如，取 $x=3$，$y=4$，$z=5$，就有 $3^2+4^2=5^2$. 而且把 3，4，5 分别乘以同一个正整数 n 后，$3n$，$4n$，$5n$ 仍是勾股数，$(3n)^2+(4n)^2=(5n)^2$. 将勾股数满足的方程与本题相类比，容易看出，$x=3$，$y=-1$，$z=2$ 是本题方程的一组满足 $xyz\neq0$ 的解，能否将 3，-1，2 分别乘上某些正整数，使它们仍然满足原方程呢？这样就得到了本题的证法.

证明　因为 $3^2+(-1)^5=2^3$，所以 $x=3$，$y=-1$，$z=2$ 是原方程的一个解.

任取一个正整数 n，考虑到 $[2, 5, 3]=30$，取 $x=3n^{15}$，$y=-n^6$，$z=2n^{10}$代入方程 $(3n^{15})^2+(-n^6)^5=8n^{30}=(2n^{10})^3$，即 $x=3n^{15}$，$y=-n^6$，$z=2n^{10}$也是原方程的满足条件 $xyz\neq0$ 的解. 由于正整数 n 的个数无限，所以方程有无穷多个满足条件 $xyz\neq0$ 的整数解.

【例 9.11】　任给 13 个实数 $x_i(i=1, 2, \cdots, 13)$，求证：其中至少有两个实数 x_k，$x_p(1\leqslant k, p\leqslant13, k, p\in\mathbf{N})$满足不等式

$$0\leqslant\frac{x_k-x_p}{1+x_k\cdot x_p}\leqslant\sqrt{\frac{2-\sqrt{3}}{2+\sqrt{3}}}.$$

分析　注意到0，$\sqrt{\frac{2-\sqrt{3}}{2+\sqrt{3}}}$的数量特征和$\frac{x_k-x_p}{1+x_k\cdot x_p}$的结构特征，与三角公式 $\tan(\alpha-\beta)=\frac{\tan\alpha-\tan\beta}{1+\tan\alpha\cdot\tan\beta}$ 作类比，利用三角代换 $x_i=\tan\theta_i$，$\theta_i\in\left(-\frac{\pi}{2}, \frac{\pi}{2}\right)$，$i=1, 2, \cdots, 13$，转化为证

$$\tan0\leqslant\frac{\tan\alpha-\tan\beta}{1+\tan\alpha\cdot\tan\beta}\leqslant\tan\frac{\pi}{12},$$

进而转化为证 $0\leqslant\alpha-\beta\leqslant\frac{\pi}{12}$，这可由抽屉原理获证.

证明　设 $x_i=\tan\theta_i$，$\theta_i\in\left(-\frac{\pi}{2}, \frac{\pi}{2}\right)$，$i=1, 2, \cdots, 13$，把区间$\left(-\frac{\pi}{2}, \frac{\pi}{2}\right)$均分为 12 个子区间，则在上述的 13 个 θ_i 中必存在某两个数在同一子区间上，不妨设为 α，β，且 $\alpha\geqslant\beta$，则 $0\leqslant\alpha-\beta\leqslant\frac{\pi}{12}$，所以 $0\leqslant\tan(\alpha-\beta)\leqslant\tan\frac{\pi}{12}=2-\sqrt{3}=\sqrt{\frac{2-\sqrt{3}}{2+\sqrt{3}}}$，又设 $x_k=\tan\alpha$，$x_p=\tan\beta$，则 $\tan(\alpha-\beta)=\frac{x_k-x_p}{1+x_k\cdot x_p}$，

故 $0\leqslant\dfrac{x_k-x_p}{1+x_k\cdot x_p}\leqslant\sqrt{\dfrac{2-\sqrt{3}}{2+\sqrt{3}}}$.

【点评】 由上述证法可将本题推广为下述更一般的情形.

任给 $n(n\geqslant 4)$ 个实数，则其中必存在两个实数 x，y 满足

$$0\leqslant\frac{x-y}{1+xy}\leqslant\tan\frac{\pi}{n-1}.$$

当 $n=13$ 时即为本题. 当 $n=17$ 时即为第 16 届加拿大数学奥林匹克试题.

【例 9.12】 求方程组的所有实数解.

$$\begin{cases}x^3-3x=y,\\ y^3-3y=z,\\ z^3-3z=x.\end{cases}$$

解 代数式 x^3-3x 容易让人联想到与余弦的三倍角公式($\cos 3a=4\cos^3 a-3\cos a$)作类比. 但 x^3 前的系数不满足，易知 x，y，$z\in[-2, 2]$，设 $x=2\cos u$，$y=2\cos v$，$z=2\cos w$，其中 u，v，$w\in[0, \pi]$，方程组化为

$$\begin{cases}2\cos 3u=2\cos v,\\ 2\cos 3v=2\cos w,\\ 2\cos 3w=2\cos u.\end{cases}$$

对 $\cos 3u$ 与 $\cos v$ 使用三倍角公式，第一个等式变为 $\cos 9u=\cos 3v$. 结合第二个式子，可得 $\cos 9u=\cos w$，即 $\cos 27u=\cos 3w$，再由第三个式子，可得 $\cos 27u=\cos u$. 只有当 $27u=2k\pi\pm u$(k 为整数)时，等式成立.

在区间$[0, \pi]$中，$u=k\pi/14(k=0, 1, \cdots, 14)$和 $u=k\pi/13(k=1, 2, \cdots, 12)$，所以

$$x=2\cos\frac{k\pi}{14},\ y=2\cos\frac{3k\pi}{14},\ z=2\cos\frac{9k\pi}{14},\quad k=0, 1, \cdots, 14$$

和

$$x=2\cos\frac{k\pi}{13},\ y=2\cos\frac{3k\pi}{13},\ z=2\cos\frac{9k\pi}{13},\quad k=1, 2, \cdots, 12.$$

又因为方程组最多有 $3\times3\times3=27$ 个根，已经找到了 27 个，所以这些就是方程组的解.

通过上述例子，我们学习了类比方法在两个方面的应用，其一是发现问题的结论，其二是发现解决问题的途径. 不论哪个方面的应用，关键之处都在于找到一个合适的类比问题. 它们有空间与平面的类比、三次与二次的类比、三元与二元的类比、一般与特殊的类比、结构相似的类比等，这说明在数学领域内，可进行类比的对象是十分丰富的.

9.4 类比的危险

应用类比推理应当注意：只有本质上相同或相似的事物才能进行类比.如果把仅仅形式上相似而本质上并不相同的事物不分青红皂白地乱用类比，就会造成错误.

例如，把 $a(a+b)$ 与 $\log_a(x+y)$ 或 $\sin(x+y)$ 类比，把 $(ab)^n$ 与 $(a+b)^n$ 类比，常造成下列错误：

$$\log_a(x+y)=\log_a x+\log_a y,$$
$$\sin(x+y)=\sin x+\sin y,$$
$$(a+b)^n=a^n+b^n.$$

在数学教学中要注意防止这种形式主义的类比，其方法主要是使学生对于符号所表示的内容做到深刻理解. 类比与归纳一样，也是一种合情推理，是一种发现的方法而不是论证的方法，其结论正确与否，必须经过严格证明.

问　题

1. 计算：

(1) $\frac{1}{1\cdot 2}+\frac{1}{2\cdot 3}+\frac{1}{3\cdot 4}+\cdots+\frac{1}{n\cdot(n+1)}$；

(2) $\frac{1}{2\cdot 5}+\frac{1}{5\cdot 8}+\cdots+\frac{1}{(3n-1)\cdot(3n+2)}$；

(3) $\frac{1}{1\cdot 2\cdot 3}+\frac{1}{2\cdot 3\cdot 4}+\cdots+\frac{1}{n\cdot(n+1)(n+2)}$.

2. 设 $a+b+c=abc$，求证：

$(1-a^2)(1-b^2)c+(1-b^2)(1-c^2)a+(1-c^2)(1-a^2)b=4abc.$

3. (1) 已知 $a>b\geqslant 0$，求方程 $ab+a+b=6$ 的整数解；

(2) 已知 $a>b>c>0$，求方程 $abc+ab+bc+ca+a+b+c=1989$ 的整数解.

4. 若 $m^2=m+1$，$n^2=n+1$，且 $m\neq n$，求 m^5+n^5 的值.

5. 解方程组 $\begin{cases} xy+yz+zx=1, \\ yz+zt+ty=1, \\ zt+tx+xz=1, \\ tx+xy+yt=1. \end{cases}$

6. 试把一个凸 n 边形 $A_1A_2\cdots A_n(n\geqslant 4)$ 变成一个与它面积相等的三角形.

7. 试用三条直线把已知三角形分割成七片，使其中四片为全等的三角形，三片为五边形，并求每片三角形的面积占原三角形面积的几分之几？

8. 设p，q，a_i，$b_i(i=1,2,\cdots,n)$都是非零实数，且

$$a_1^4+a_2^4+\cdots+a_n^4=p^4,$$
$$a_1^3b_1+a_2^3b_2+\cdots+a_n^3b_n=p^3q,$$
$$a_1^2b_1^2+a_2^2b_2^2+\cdots+a_n^2b_n^2=p^2q^2,$$
$$a_1b_1^3+a_2b_2^3+\cdots+a_nb_n^3=pq^3,$$
$$b_1^4+b_2^4+\cdots+b_n^4=q^4.$$

求证：$\dfrac{a_1}{b_1}=\dfrac{a_2}{b_2}=\cdots=\dfrac{a_n}{b_n}=\dfrac{p}{q}$.

9. 二次方程$ax^2+bx+c=0$的两个根为x_1，x_2，令$S_n=x_1^n+x_2^n$，求证：

$$S_n=\frac{bS_{n-1}+cS_{n-2}}{a},\quad n=3,4,\cdots.$$

10. 已知x，$y\in\mathbf{R}$，且满足$(x-3)^2+(y-3)^2=6$，求$\dfrac{y}{x}$的最值.

11. 已知A，B，C，D为圆内接正七边形$ABCDEFG$顺序相邻的四个顶点. 求证：$\dfrac{1}{AB}=\dfrac{1}{AC}+\dfrac{1}{AD}$.

12. 求方程组

$$\begin{cases}5\left(x+\dfrac{1}{x}\right)=12\left(y+\dfrac{1}{y}\right)=13\left(z+\dfrac{1}{z}\right),\\ xy+yz+zx=1\end{cases}$$

的所有实数解.

13. 已知x，y，$z\in(0,1)$，求所有满足$x^2+y^2+z^2+2xyz=1$的x，y，z.

14. 设a，b，c为已知正数，求所有正实数x，y，z，满足

$$\begin{cases}x+y+z=a+b+c,\\ 4xyz-(a^2x+b^2y+c^2z)=abc.\end{cases}$$

15. 设s，t，u，$v\in\left(0,\dfrac{\pi}{2}\right)$，且$s+t+u+v=\pi$. 证明：

$$\frac{\sqrt{2}\sin s-1}{\cos s}+\frac{\sqrt{2}\sin t-1}{\cos t}+\frac{\sqrt{2}\sin u-1}{\cos u}+\frac{\sqrt{2}\sin v-1}{\cos v}\geqslant 0.$$

第 10 章
反 证 法

欧几里得最喜欢用的反证法，是数学家最精良的武器. 它比起棋手所用的任何战术还要好：棋手可能需要牺牲一只兵或其他棋，但数学家牺牲的却是整个游戏.

——哈代

10.1 什么是反证法

先看一个著名的例子——伽利略妙用反证法.

1589 年，意大利 25 岁的科学家伽利略(Galileo)，为了推翻古希腊哲学家亚里士多德的“不同质量的物体从高空下落的速度与其质量成正比”的错误论断，他除了拿两个质量不同的铁球登上著名的比萨斜塔当众做实验来说明外，还运用反证法证明如下：

假设亚里士多德的论断是正确的. 设有物体 A，B，且 $m_A>m_B$(m_A 表示 A 的质量，m_B 表示 B 的质量)，则 A 应比 B 先落地. 现把 A 与 B 捆在一起成为物体 A+B，则 $m_{(A+B)}>m_A$，故 A+B 比 A 先落地；又因 A 比 B 落得快，A，B 在一起时，B 应减慢 A 的下落速度，所以 A+B 又应比 A 后落地，这样便得到了自相矛盾的结果. 这个矛盾之所以产生，是由亚里士多德的论断所致，因此这个论断是错误的.

伽利略所采用的证明方法是反证法. 一般地，在证明一个命题时，从命题结论的反面入手，先假设结论的反面成立，通过一系列正确的逻辑推理，导出与已知条件、公理、定理、定义之一相矛盾的结果或者两个相矛盾的结果，肯定了“结论反面成立”的假设是错误的，从而达到了证明结论正面成立的目的，这样一种证明方法就是反证法.

反证法对大家来说并不陌生，它是一种最常见的证明方法. 成语故事：“自相矛盾”中，“以子之矛攻子之盾”，正是采用了反证法.

运用反证法的关键在于归谬，因此，反证法又称为归谬法. 美国著名数学家、教育家波利亚对这种证法作了很风趣的比喻：“归谬法是利用导出一个明显的谬误来证明假设不成立. 归谬法是个数学过程，但它和讽刺家所爱好的做法——反话，却有几分相似. 反话，很明显地采纳某个见解，但强调它并且过分强调它，直到产生一个明显的谬误.”

【例 10.1】 已知 m，n 是正整数，且 $n\leqslant 100$，在将分数$\frac{m}{n}$化成十进制小数时，一位学生得到小数点后面连续三位数字为 1，6，7. 证明：该学生的计算有错误.

证明 假设计算没有错误. 设

$$\frac{m}{n}=\overline{A.\ a_1a_2\cdots a_k167a_{k+4}a_{k+5}\cdots},$$

则

$$10^k\cdot\frac{m}{n}=10^k\times\overline{A.\ a_1a_2\cdots a_k}+0.\ 167a_{k+4}a_{k+5}\cdots,$$

其中 $10^k\times\overline{A.\ a_1a_2\cdots a_k}\in\mathbf{N}$. 作差

$$\frac{B}{n}=10^k\cdot\frac{m}{n}-10^k\ \overline{A.\ a_1a_2\cdots a_k},$$

这里 $B\in\mathbf{N}$，有

$$\frac{B}{n}=\overline{0.\ 167a_{k+4}a_{k+5}\cdots},$$

因此

$$0.167\leqslant\frac{B}{n}<0.168,$$

即

$$167n\leqslant 1000B<168n,$$

所以

$$1002n\leqslant 6000B<1008n,$$

有

$$2n\leqslant 6000B-1000n<8n.$$

因 $n\leqslant100$，故

$$2\leqslant6000B-1000n<800.$$

但 $1000\mid6000B-1000n$，导致矛盾，故学生计算有错误.

【例 10.2】 如图 10-1 所示，设 E，F，G 为 $\triangle ABC$ 三边上（除端点外）任意三点，求证：$\triangle AEG$，$\triangle BEF$，$\triangle CFG$ 中至少有一个面积不大于 $\triangle ABC$ 面积的 $\frac{1}{4}$.

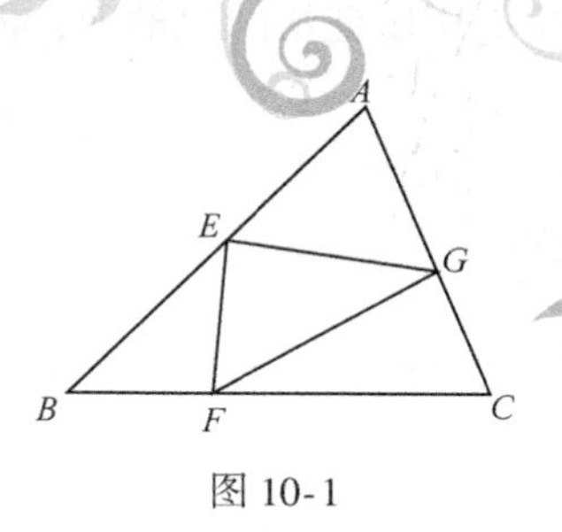

图 10-1

证明 设 $\triangle AEG$，$\triangle BFE$，$\triangle CGF$，$\triangle ABC$ 的面积分别为 S_1，S_2，S_3，S，$AE=a$，$BE=b$，$BF=c$，$FC=d$，$CG=e$，$AG=f$.

假设 S_1，S_2，S_3 均大于 $\frac{1}{4}S$，因 $S_1=\frac{1}{2}af\sin A$，$S=\frac{1}{2}(a+b)(e+f)\sin A$，故有 $af>\frac{1}{4}(a+b)(e+f)$.

同理可得

$$bc>\frac{1}{4}(a+b)(c+d),$$

$$de>\frac{1}{4}(c+d)(e+f),$$

所以

$$ab\cdot cd\cdot ef>\left(\frac{1}{4}\right)^3(a+b)^2(c+d)^2(e+f)^2. \tag{10-1}$$

但 $a+b\geqslant2\sqrt{ab}$，$c+d\geqslant2\sqrt{cd}$，$e+f\geqslant2\sqrt{ef}$，又有

$$ab\cdot cd\cdot ef\leqslant\left(\frac{1}{4}\right)^3(a+b)^2(c+d)^2(e+f)^2. \tag{10-2}$$

(10-1)与(10-2)相矛盾，故命题成立.

由上面数例可以看出，学习反证法应把握它的一般步骤：

假设 假设所要证明的结论不成立，即设结论的反面成立(这相当于增加了一个已知条件，无异于雪中送炭).

归谬 利用假设及题设条件，运用正确的逻辑推理，导出与题设条件、已知公理、定理、定义相矛盾或两个相互矛盾的结果，根据矛盾律，即在推理论证的过程中，在同一时间，同一关系下不能对同一对象作出两个相反论断，可知假设不能成立.

结论 根据排中律，即在同一论证过程中，命题 P 和命题“非 P”有一个且仅有一个是正确的，可知原结论成立.

在应用反证法证题时，必须按“假设—归谬—结论”的思路进行，这就是应用反证法的三部曲，但叙述上可以简略每一步的名称.

10.2 正确作出假设

正确作出假设，是使用反证法的一大关键.

（1）分清命题的条件与结论，结论与假设间的逻辑关系.

【例 10.3】 试证：适合 $xy+yz+zx=1$ 的实数 x，y，z 必不能满足 $x+y+z=xyz$.

证明 假设存在实数 x，y，z 既能满足 $xy+yz+zx=1$，又能满足 $x+y+z=xyz$. 那么方程组

$$\begin{cases} xy+yz+zx=1, & (10\text{-}3) \\ x+y+z=xyz & (10\text{-}4) \end{cases}$$

有实数解.

由(10-4)得$(xy-1)z=x+y$. 显然 $xy-1\neq0$，否则 $xy-1=0$，有 $x+y=0$，从而 $x^2=-1$，与方程组有实数解矛盾，故 $z=\dfrac{x+y}{xy-1}$，代入(10-3)中得

$$xy+\frac{(x+y)^2}{xy-1}=1 \Leftrightarrow x^2y^2+x^2+y^2+1=0$$
$$\Leftrightarrow (x^2+1)(y^2+1)=0.$$

此方程无实数解，矛盾，故命题得证.

（2）若结论的反面不止一种情形或需分为若干类情形，则假设后，分别就各种情况归谬，做到无一遗漏.

【例 10.4】 有一方程组

$$\begin{cases} a_{11}x_1+a_{12}x_2+a_{13}x_3=0, \\ a_{21}x_1+a_{22}x_2+a_{23}x_3=0, \\ a_{31}x_1+a_{32}x_2+a_{33}x_3=0. \end{cases}$$

其系数满足下列条件：

1）a_{11}，a_{22}，a_{33} 为正数，其余系数都是负数；

2）在每一个方程中系数之和为正数.

求证：方程组有唯一的一组解.

证明 显然(0，0，0)是方程组的一组解. 假定$(x_1，x_2，x_3)$是方程组的另一组解，则可分为两种情况：

(i) $x_i(i=1，2，3)$中至少有一个正数；

(ii) $x_i(i=1, 2, 3)$中至少有一个负数.

对于情形(i)，不妨设$x_1>0$，$x_1\geqslant x_2$，$x_1\geqslant x_3$；因$a_{12}<0$，$a_{13}<0$，故$a_{12}x_2\geqslant a_{12}x_1$，$a_{13}x_3\geqslant a_{13}x_1$，又$a_{11}+a_{12}+a_{13}>0$，所以

$$a_{11}x_1+a_{12}x_2+a_{13}x_3\geqslant(a_{11}+a_{12}+a_{13})x_1>0.$$

这与方程组解的定义相矛盾.

对于情形(ii)，不妨设$x_1<0$，$x_1\leqslant x_2$，$x_1\leqslant x_3$，则$-x_1>0$，$-x_1\geqslant -x_2$，$-x_1\geqslant -x_3$，根据按情形(i) 同样步骤分析可知

$$a_{11}x_1+a_{12}x_2+a_{13}x_3=-[a_{11}(-x_1)+a_{12}(-x_2)+a_{13}(-x_3)]<0,$$

同样导致矛盾.

综上所述，方程组仅有一组解(0, 0, 0).

10.3 反证法常用场合

1. 命题的结论以否定形式出现

【例10.5】 设a，b，c，d是正整数，且满足条件$n^2<a<b<c<d<(n+1)^2$，n是大于1的正整数，试证：$ad\neq bc$.

证明 假设存在a，b，c，d，使得$ad=bc$，设$a=n^2+p$，$b=n^2+k_1$，$c=n^2+k_2$，其中$1\leqslant p<k_1<k_2<2n$，则

$$\frac{bc}{a}=n^2+(k_1+k_2-p)+\frac{(k_1-p)(k_2-p)}{n^2+p}$$

是正整数，故

$$(k_1-p)(k_2-p)>n^2.$$

又

$$\left[\frac{(k_1-p)+(k_2-p)}{2}\right]^2>(k_1-p)(k_2-p),$$

所以$k_1+k_2-p>2n$，所以

$$\frac{bc}{a}>n^2+2n+1=(n+1)^2,$$

这与$d<(n+1)^2$矛盾，故命题结论成立.

2. 有关唯一性的命题

【例10.6】 在凸六边形$ABCDEF$中，对角线AD，BE和CF中的每一条

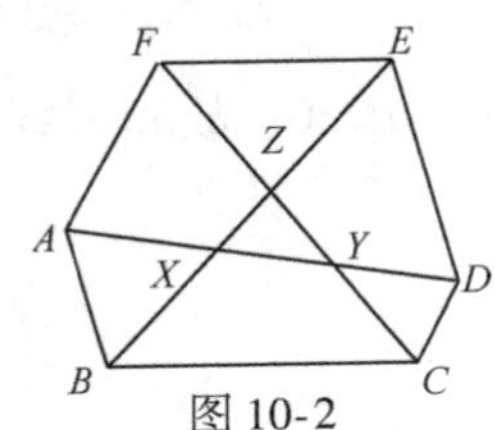

图 10-2

都把六边形分成面积相等的两部分，求证：这三条对角线相交于一点.

证明 如图 10-2 所示，假设三条对角线交于三点 X，Y，Z，依题设

$$S_{ABCD}=S_{BCDE}=\frac{1}{2}S_{ABCDEF},$$

于是

$$S_{\triangle ABX}=S_{ABCD}-S_{BCDX}=S_{BCDE}-S_{BCDX}=S_{\triangle DEX},$$

即

$$S_{\triangle ABX}=S_{\triangle DEX}.$$

同理，

$$S_{\triangle BCZ}=S_{\triangle EFZ},\quad S_{\triangle CDY}=S_{\triangle FAY}.$$

所以

$$AX\cdot BX=DX\cdot EX,\ BZ\cdot CZ=FZ\cdot EZ,\ CY\cdot DY=FY\cdot AY,$$

即

$$(DY+YX)(EZ+ZX)=AX\cdot BX,$$
$$(BX+XZ)(CY+YZ)=EZ\cdot FZ,$$
$$(FZ+ZY)(AX+XY)=CY\cdot DY.$$

三式相乘得

$$(AX+XY)(BX+XZ)(CY+YZ)(DY+YX)(EZ+ZX)(FZ+ZY)$$
$$=AX\cdot BX\cdot CY\cdot DY\cdot EZ\cdot FZ. \tag{10-5}$$

又 $AX+XY>AX$，$BX+XZ>BX$，$CY+YZ>CY$，$DY+YX>DY$，$EZ+ZX>EZ$，$FZ+ZY>FZ$，这显然与(10-5)矛盾，故三条对角线相交于一点.

3. 命题结论呈“至多”、“至少”形式

【例 10.7】 设 $f(x)$ 是一个不恒为零的实系数多项式. 如果存在 $n(n\geqslant 2)$ 个点 x_1，x_2，…，$x_n\in(0,\ \pi)$，使

$$\sum_{k=1}^{n}f(x_k)\sin x_k=\sum_{k=1}^{n}f(x_k)\cos x_k=0.$$

求证：方程 $f(x)=0$ 在 $(0,\ \pi)$ 内至少有两个不同的根.

证明 首先证明方程 $f(x)=0$ 在 $(0,\ \pi)$ 内必有根. 若不然，则 $f(x)$ 在 $(0,\ \pi)$ 内同号，又 $\sin x_k>0(k=1,\ 2,\ \cdots,\ n)$，所以 $\sum\limits_{k=1}^{n}f(x_k)\sin x_k\neq 0$，与题设相矛盾.

其次证明方程 $f(x)=0$ 至少有两个不同的根. 假设方程仅一根 α，则不妨设 $f(x)$ 在 $(0,\ \alpha)$ 中为负，而在 $(\alpha,\ \pi)$ 中为正. 又设 $0<x_1<x_2<\cdots<x_m\leqslant\alpha$，$\alpha<x_{m+1}<x_{m+2}<\cdots<x_n<\pi$，则 $\sin(x_i-\alpha)\leqslant 0$，$(i=1,\ 2,\ \cdots,\ m)$，$\sin(x_j-\alpha)\geqslant 0$，$(j=m+1,\ \cdots,\ n)$，且上述不等式中至少有一个取严格不等式，故

$$f(x_i)\sin(x_i-\alpha)\geqslant 0,\quad f(x_j)\sin(x_j-\alpha)\geqslant 0.$$

从而

$$\sum_{k=1}^{n}f(x_k)\sin(x_k-\alpha)=\sum_{i=1}^{m}f(x_i)\sin(x_i-\alpha)+\sum_{j=m+1}^{n}f(x_j)\sin(x_j-\alpha)>0. \tag{10-6}$$

另外，依题设又有

$$\sum_{k=1}^{n}f(x_k)\sin(x_k-\alpha)=\cos\alpha\sum_{k=1}^{n}f(x_k)\sin x_k-\sin\alpha\sum_{k=1}^{n}f(x_k)\cos x_k=0. \tag{10-7}$$

(10-6)与(10-7)矛盾，故命题结论成立.

4. 命题结论涉及无限集或数目不确定的对象

【例 10.8】 设 $f(x)$ 为任一非常数整系数多项式，则数列 $f(1)$，$f(2)$，$f(3)$，…中包含有无穷多个不同的质因数.

证明 设 $f(x)=a_nx^n+a_{n-1}x^{n-1}+\cdots+a_1x+a_0$，其中 $a_i\in\mathbf{Z}$ $(i=0,\ 1,\ 2,\ \cdots,\ n)$，$a_n\neq 0$，$n\geqslant 1$.

若 $a_0=0$，则

$$f(k)=k(a_nk^{n-1}+a_{n-1}k^{n-2}+\cdots+a_1).$$

由于 k 可取所有的素数，故数列 $f(1)$，$f(2)$，$f(3)$，…中含有无穷多个不同的质因数. 又若 $a_0\neq 0$，假设数列 $f(1)$，$f(2)$，…中只含有有限多个质因数 p_1，p_2，…，p_k，取 $x=p_1p_2\cdots p_ka_0y$ $(y\in\mathbf{Z})$，则得

$$\begin{aligned}f(p_1p_2\cdots p_ka_0y)&=a_n(p_1p_2\cdots p_ka_0)^ny^n+a_{n-1}(p_1p_2\cdots p_ka_0)^{n-1}y^{n-1}\\&\quad+\cdots+a_1(p_1p_2\cdots p_ka_0)y+a_0\\&=a_0(A_ny^n+A_{n-1}y^{n-1}+\cdots+A_1y+1),\end{aligned}$$

其中 $A_j=a_j(p_1p_2\cdots p_k)^ja_0^{j-1}(j=1,\ 2,\ \cdots,\ n)$.

设 $g(y)=A_ny^n+A_{n-1}y^{n-1}+\cdots+A_1y+1$，则 $p_1p_2\cdots p_k\mid A_j(j=1,\ 2,\ \cdots,\ n)$，从而得 $p_1p_2\cdots p_k\mid g(y)-1$，因此，$p_1$，$p_2$，…，$p_k$ 均不是 $g(y)$ 的质因数.

因为方程 $g(y)=\pm1$ 至多有 $2n$ 个根，因此必有整数 y_0，满足 $a_0y_0>0$，使 $g(y_0)\neq\pm1$，这样 $g(y_0)$ 必含有一个素数 p，它异于 p_1，p_2，…，p_k，进一步可知 $f(p_1p_2\cdots p_ka_0y_0)=a_0g(y_0)$ 含有一个异于 p_1，p_2，…，p_k 的质因数，与前面假设相矛盾，从而命题成立.

5. 命题结论的反面较结论本身具体、简单，直接证明难以下手时

【例 10.9】 n 个城市有 m 条公路连接，如果每条公路起点和终点都是两个不同的城市，且任意两条公路的两端也是不完全相同的，试证：当 $m>\frac{1}{2}(n-1)(n-2)$ 时，人们总可以通过公路旅行在任意两个城市之间.

证明 假设有 k 个城市 $(1\leqslant k\leqslant n-1)$ 相互连通而其余 $n-k$ 个城市中没有一个城市与这 k 个城市相通.

由于在 k 个城市之间，从每一个城市出发的公路至多只有 $k-1$ 条，而每条公路的起点有两种选择方式，因此这 k 个城市之间最多有 $C_k^2=\frac{1}{2}k(k-1)$ 条公路，同样在 $n-k$ 个城市间最多有 $C_{n-k}^2=\frac{1}{2}(n-k)(n-k-1)$ 条公路，两部分间无任何公路相连通，所以公路总数

$$\begin{aligned}m&\leqslant\frac{1}{2}[k(k-1)+(n-k)(n-k-1)]\\&=\frac{1}{2}(n^2-2nk+2k^2-n).\end{aligned}$$

从而

$$\begin{aligned}m-\frac{1}{2}(n-1)(n-2)&\leqslant\frac{1}{2}[(n^2-2nk+2k^2-n)-(n^2-3n+2)]\\&=k^2-nk+(n-1)\\&=(k-1)(k+1-n),\end{aligned}$$

又 $k-1\geqslant0$，$k\leqslant n-1$，故

$$m-\frac{1}{2}(n-1)(n-2)\leqslant0,$$

即 $m\leqslant\frac{1}{2}(n-1)(n-2)$，这与题设 $m>\frac{1}{2}(n-1)(n-2)$ 矛盾，故命题结论成立.

最后看一道在解题过程中应用反证法的例子.

【例 10.10】 设 z_1，z_2，z_3 是 3 个模不大于 1 的复数，w_1，w_2 是方程

$$(z-z_1)(z-z_2)+(z-z_2)(z-z_3)+(z-z_3)(z-z_1)=0$$

的两个根. 证明：对 $j=1$，2，3，都有

$$\min\{|z_j-w_1|, |z_j-w_2|\}\leqslant 1.$$

证明 由对称性，只需证明 $\min\{|z_1-w_1|, |z_1-w_2|\}\leqslant 1$.

不妨设 $z_1\neq w_1$，w_2. 令

$$f(z)=(z-z_1)(z-z_2)+(z-z_2)(z-z_3)+(z-z_3)(z-z_1),$$

由

$$f(z)=3(z-w_1)(z-w_2),$$

得

$$3(z_1-w_1)(z_1-w_2)=(z_1-z_2)(z_1-z_3),$$

因此，若 $|z_1-z_2||z_1-z_3|\leqslant 3$，结论成立.

另外，由 $w_1+w_2=\dfrac{2}{3}(z_1+z_2+z_3)$，$w_1w_2=\dfrac{z_1z_2+z_2z_3+z_3z_1}{3}$，得

$$\frac{1}{z-w_1}+\frac{1}{z-w_2}=\frac{2z-(w_1+w_2)}{(z-w_1)(z-w_2)}=\frac{3(2z-(w_1+w_2))}{f(z)},$$

所以

$$\frac{1}{z_1-w_1}+\frac{1}{z_1-w_2}=\frac{3\left[2z_1-\dfrac{2}{3}(z_1+z_2+z_3)\right]}{(z_1-z_2)(z_1-z_3)}=\frac{2(2z_1-z_2-z_3)}{(z_1-z_2)(z_1-z_3)},$$

因此，当 $\left|\dfrac{2z_1-z_2-z_3}{(z_1-z_2)(z_1-z_3)}\right|\geqslant 1$ 时，结论成立.

下设 $|z_1-z_2||z_1-z_3|>3$，$\left|\dfrac{2z_1-z_2-z_3}{(z_1-z_2)\ (z_1-z_3)}\right|<1$.

如图 10-3 所示，考虑以 $A(z_1)$，$B(z_2)$，$C(z_3)$ 为顶点的三角形. 记 m_a 和 h_a 分别是三角形 ABC 的边 BC 上的中线和高，则 $bc>3$，$2m_a<bc$.

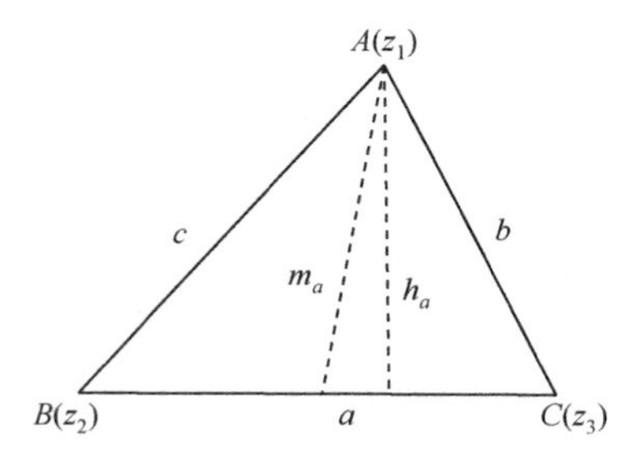

图 10-3

由于 b，$c<2$，所以 $m_a<b$，$m_a<c$，由此推出 $\angle B$，$\angle C$ 都小于 $90°$.

又因为 $b^2+c^2-a^2\geqslant 2bc-a^2>6-4>0$，所以 $\angle A<90°$，即 $\triangle ABC$ 为锐角三角形，所以，$\triangle ABC$ 外接圆半径 $R\leqslant 1$，于是 $2m_a<bc=2Rh_a\leqslant 2m_a$，矛盾！因此这种情况不可能发生.

综上所述，原命题成立.

问　题

1. 已知 19 个在 1 与 90 之间的、互不相等整数. 证明：在两两的差中，至少有三个相等.

2. 非负有理数列 a_1，a_2，a_3，…满足：对任意正整数 m，n，都有 $a_m+a_n=a_{mn}$. 证明：该数列中有相同的数.

3. 能否在一张无限大的方格纸的每一个方格中都填入一个正整数，使得对任何正整数 m，$n>100$，纸上的任何 $m\times n$ 方格表中所填的数的和都可以被 $m+n$ 整除？

4. 列莎将正整数 1 至 22^2 分别写在 22×22 方格表的各个方格中(每格写有一个整数). 试问：阿列克能否选择 2 个具有公共边或公共顶点的方格，使得写在它们之中的数的和是 4 的倍数？

5. 设 $f(x)$，$g(x)$ 都是首项系数为 1 的二次三项式. 如果方程

$$f(g(x))=0 \text{ 与 } g(f(x))=0$$

都没有实数根，求证：方程 $f(f(x))=0$ 与 $g(g(x))=0$ 中至少有一个没有实数根.

6. 试证：任何一个多面体，不可能有 7 条棱.

7. 设 p_1，p_2 为素数. 证明：关于 x，y 的方程 $\sqrt{x}+\sqrt{y}=\sqrt{p_1p_2}$ $(p_1\neq p_2)$ 无正整数解.

8. 设 a_n 为正数列，满足条件

$$(a_{k+1}+k)a_k=1,\quad k=1,2,\cdots.$$

求证：对一切 $k\in\mathbf{N}^+$，a_k 为无理数.

9. 设集合 $M=\{x_1,\ x_2,\ \cdots,\ x_{30}\}$ 由 30 个互不相同的正数组成，$A_n(1\leqslant n\leqslant 30)$ 是 M 中所有的 n 个不同元素之积的和数. 证明：若 $A_{15}>A_{10}$，则 $A_1>1$.

10. 已知 10 个互不相同的非零数，它们之中任意两个数的和或积是有理数. 证明：每个数的平方都是有理数.

11. 已知 25×25 的正方形，它由 625 个单位小方格组成. 在每个小方格中任意填入 $+1$ 或 -1. 记第 i 行 25 个数之积为 a_i，第 j 列 25 个数之积为 b_j，证明：无论 $+1$ 和 -1 怎么样填，$a_1+a_2+\cdots+a_{25}+b_1+b_2+\cdots+b_{25}\neq 0$.

12. 设 p_0，p_1，p_2，…，$p_{1995}=p_0$ 为 xy 平面上不同的点，具有以下性质：

（1）p_i 的坐标均为整数，其中 $i=1$，2，…，1995.

（2）在线段 p_ip_{i+1} 上没有其他的点，其坐标为整数，$i=0$，1，2，…，1994.

求证：对某个 i，$0\leqslant i\leqslant 1994$，在线段 p_ip_{i+1} 上有一点 $Q(q_x,\ q_y)$，使得 $2q_x$，$2q_y$ 均为奇数.

13. 如图，圆 O_1、圆 O_2 外切于点 C，且分别内切圆 O 于点 A，B. 圆 O 在 A，B 点的切线相交于 P，求证：圆 O_1、圆 O_2 的内公切线也过点 P.

14. 如果平面上的一有界图形 F 可被一半径等于 R 的圆形所覆盖，但不能被任一半径小于 R 的圆所覆盖. 证明：用半径等于 R 的圆覆盖 F 时，圆心所放的位置是唯一的.

15. 如图是一个七角星，它总共有 14 个交点，请将数 1，2，…，14 分别填入每个交点处（每点处填写一个数），使得每条线上所填的四数之和都相等.

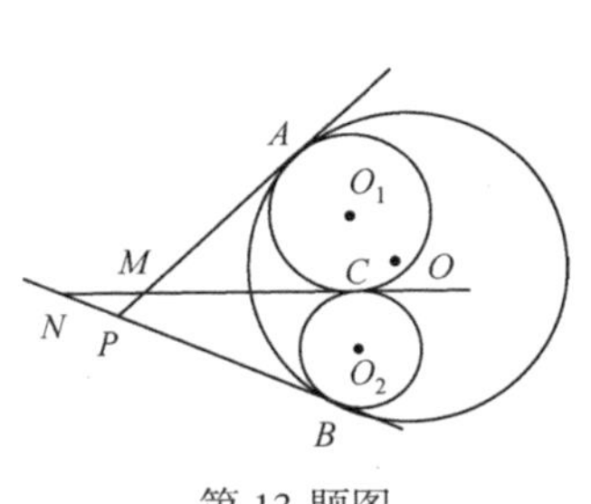

第 13 题图

第 15 题图

16. 若 $x_2-x_1=\dfrac{1}{n}(n\in\mathbf{N})$，则在数轴上位于 x_1 和 x_2 之间（不包括 x_1 和 x_2）形如 $\dfrac{p}{q}(1\leqslant q\leqslant n)$ 的既约分数最多只有 $\dfrac{n+1}{2}$ 个.

17. 当给定 15 个实数构成的序列

$$a_1,\ a_2,\ \cdots,\ a_{15}, \qquad ①$$

则可写出第二个序列 b_1，b_2，…，b_{15}，这里 $b_i(i=1,\ 2,\ \cdots,\ 15)$ 等于序列①中较 a_i 小的个数（例如，已知 5 个数构成的序列为 -1，0，5，$-\sqrt{2}$，2，则相应的第 2 个序列为 1，2，4，0，3），问：是否有 a_i 序列使得 b_i 的序列为

$$1,\ 0,\ 3,\ 6,\ 9,\ 4,\ 7,\ 2,\ 5,\ 8,\ 8,\ 5,\ 10,\ 13,\ 13 \qquad ②$$

18. x_1，x_2，…，x_6 是一实数列，已知 $|x_i|\leqslant 5$，$i=1$，2，…，6，且 $x_1+\cdots+x_6=0$，求证：其中必有连续三项，其和的绝对值不大于 5.

19. 设 m 和 n 是正整数. a_1，a_2，…，a_m 是集$\{1, 2, \cdots, n\}$的不同的元素. 每当 $a_i+a_j\leqslant n$，$1\leqslant i\leqslant j\leqslant m$，就有某个 k，$1\leqslant k\leqslant m$，使得 $a_i+a_j=a_k$. 求证

$$\frac{a_1+a_2+\cdots+a_m}{m}\geqslant\frac{n+1}{2}.$$

20. 某国有 1001 个城市，每两个城市之间都有单向行车的道路相连. 每个城市都恰好有 500 条出城的道路和 500 条入城的道路. 由该国划出一个地区，它拥有 668 个城市. 证明：由该地区的每个城市都可以到达该地区的其他任何一个城市，而无须越出地区边界.

21. 设 $f(x)=x^2+x+p\ (p\in\mathbf{N})$. 求证：如果 $f(0)$，$f(1)$，$f(2)$，…，$f\left(\left[\frac{p}{3}\right]\right)$是素数，那么数 $f(0)$，$f(1)$，…，$f(p-2)$都是素数.

22. 设有 $2n\times 2n$ 的正方形方格棋盘，在其中任意的 $3n$ 个方格中各放一枚棋子. 求证：可以选出 n 行和 n 列，使 $3n$ 枚棋子都在这 n 行和 n 列中.

23. 设 $n=1000!$，能否把 1 到 n 的正整数摆在一个圆周上，使得沿着顺时针方向移动时，每一个数都能按如下的法则由前一个数得到：或者把它加上 17，或者加上 28，如果必要的话，它可以减去 n?

24. 设 $P(x)$为 n 次$(n>1)$整系数多项式，k 是一个正整数. 考虑多项式 $Q(x)=P(P(\cdots P(P(x))\cdots))$，其中 P 出现 k 次. 证明：最多存在 n 个整数 t，使得 $Q(t)=t$.

25. n 个正数 t_1，t_2，…，$t_n(n\geqslant 3)$满足

$$n^2+1>(t_1+t_2+\cdots+t_n)\left(\frac{1}{t_1}+\frac{1}{t_2}+\cdots+\frac{1}{t_n}\right).$$

求证：对一切 $i, j, k(1\leqslant i<j<k\leqslant n)$，$t_i$，$t_j$，$t_k$ 是三角形的三边长.

26. 设 x_1，x_2，…，x_n 是实数，并满足

$$|x_1+x_2+\cdots+x_n|=1,$$

且$|x_i|\leqslant\frac{n+1}{2}(i=1, 2, \cdots, n)$. 证明：存在 x_1，x_2，…，x_n 的一个排列 y_1，y_2，…，y_n 满足

$$|y_1+2y_2+\cdots+ny_n|\leqslant\frac{n+1}{2}.$$

第 11 章
构 造 法

及至进了大学，学习了戴德金分割及其他构造法后，我才理解到整个数学的建构，是如此的美轮美奂.

——丘成桐

直接列举出满足条件的数学对象或反例，导致结论的肯定与否定，或间接构造某种对应关系，使问题根据需要进行转化的方法，我们称之为构造法.

11.1　直 接 构 造

大家知道，相当多的数学问题研究的是关于某种性质数学对象是否存在，或一数学对象是否存在某种特定性质. 构造法的作用之一是通过构造具体实例，使所研究的数学对象及其特性的存在得以肯定，反之则通过构造反例否定所研究数学对象或其特性的存在. 一旦构造成功，结论也就一目了然，再无须多言.

【例 11.1】 证明：能够找到 1996 个连续的正整数，它们之中恰好只有一个素数.

分析 欧几里得曾在证明素数的个数无限时构造了新数 $N=p_1p_2\cdots p_n+1$，则 N 一定包含一个不同于 p_1，p_2，…，p_n 中任何一个的质因数. 这就启发我们模仿这个方法构造 1996 个数.

证明 设$N=1996!+1$，则$N+1$，$N+2$，…，$N+1995$即为连续的1995个合数.

因为素数有无限多个，故可取大于N的最小素数p，则$p>N+1995$，即$p\geqslant N+1996$. 于是由N到素数p之间的数均为合数，且个数不小于1995个，所以$p-1$，$p-2$，…，$p-1995$恰为1995个合数，而p为素数，因此，取

$$p-1995,\quad p-1994,\quad \cdots,\quad p-2,\quad p-1,\quad p$$

为1996个连续的正整数，其中恰有一个素数.

【点评】 这里可以看出，构造是一种创造性活动，要求我们积极展开想象，灵活运用所学知识.

【例 11.2】 是否存在两两不同的正整数m，n，p，q，使得

$$m+n=p+q,\qquad \sqrt{m}+\sqrt[3]{n}=\sqrt{p}+\sqrt[3]{q}>2004?$$

证明 依题意，下面来寻找如下形式的正整数：

$$m=a^2,\quad n=b^3,\quad p=c^2,\quad q=d^3,$$

其中a，b，c，d为正整数. 注意，此时题中的条件转化为

$$a+b=c+d,\quad a^2+b^3=c^2+d^3,$$

即$a-c=d-b$，$(a-c)(a+c)=(d-b)(d^2+bd+b^2)$.

固定b与d的关系为$b=d-1>2004$，则如下的数对即可满足题中条件：

$$c=\frac{d^2+bd+b^2-1}{2},\quad a=\frac{d^2+bd+b^2+1}{2}.$$

事实上，由于b与d的奇偶性不同，所以，上述两数均为整数，且易看出$a>c>b^2>d>b>2004$.

【例 11.3】 由同一组数码写成的自然数称为相似数(例如，对数码1，1，2，相似数有112，121，211)，证明：存在三个不含有数码0且有2010位的相似数，其中两数之和等于第三个数.

证明 因为$459+495=954$，而2010能被3整除，所以存在满足题目要求的三个数，例如，

459459…459(670个459)，
495495…495(670个495)，
954954…954(670个954)

即满足题设要求.

【点评】 142857142857…142857(335个142857)，
428571428571…428571(335个428571)，
571428571428…571428(335个571428)

也满足要求.

【例 11.4】　爷爷在村子里把孙子叫到身边说："我的果园非比寻常. 在那里我种了 4 棵梨树，还种了苹果树. 每棵苹果树与另外两棵梨树的距离都各有 10 米呢."“哎，真有趣，”孙子说，“这么说你只种了两棵苹果树吧?”“你错啦”. 爷爷笑了，“我苹果树种得比梨树还要多呢.”请你画出爷爷的梨树和苹果树是怎么种的好吗? 按照题目的条件，你得尽可能多地安排苹果树的棵数. 在你安排了最大数量的苹果树后，还得解释为什么这才是最大的.

解　两种树可以有不同的安排，例如，图 11-1 中就种了 4 棵梨树(黑)和 8 棵苹果树(白). 如果让梨树种得紧凑些，那还能设法种下最大数量的苹果树. 例如，把 4 棵梨树每隔 5 米一棵地种成一横行，就能再种下 12 棵苹果树，如图 11-2 所示.

下面证明苹果树无法种得比 12 棵更多：事实上只要看某两棵梨树的情况就行. 要跟它们各保持 10 米距离的话，就只能种下 2 棵苹果树，而且是在两棵树的连线上下一边种一棵，见图 11-3. 如果把梨树两两配成一组，最多只能配出 6 组，每一组只能种两棵苹果树，所以最多也只能种 12 棵苹果树了.

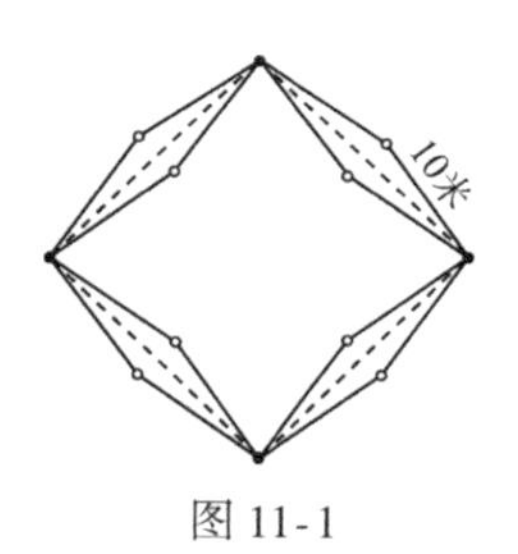

图 11-1

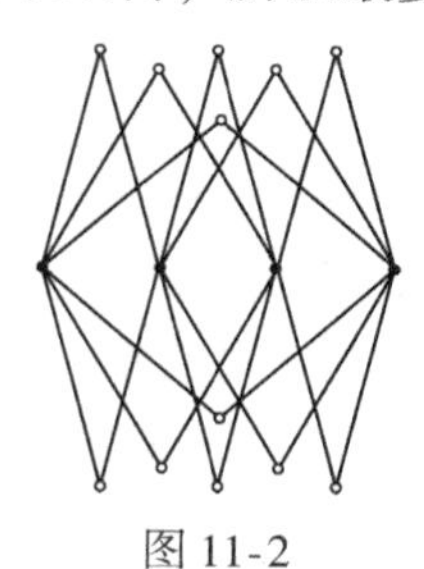
图 11-2

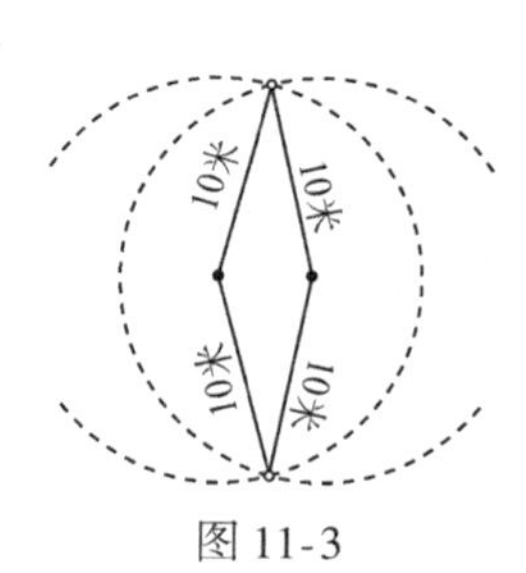

图 11-3

【点评】　果园中也可以像图 11-4 那样来种这两种树，其中实心点代表梨树，空心点代表苹果树，这时苹果树是梨树的两倍.

还可以这样来安排，使苹果树能是梨树的更多倍. 把 n 棵梨树一字形排开并等距离地种下，但第一棵梨树与最后一棵梨树的距离不超过 20 米. 取任意两棵梨树 A 与 B 为一组，以 AB 为底边作等腰三角形，腰长取为 10 米. 把一棵苹果树种在等腰三角形的顶点处，另外一棵苹果树则再种在与这棵树成对称的点处，如图 11-5 所示. 这时梨树可以两两成一组，组数为$\frac{1}{2}n(n-1)$. 苹果树的数量将是这个组数

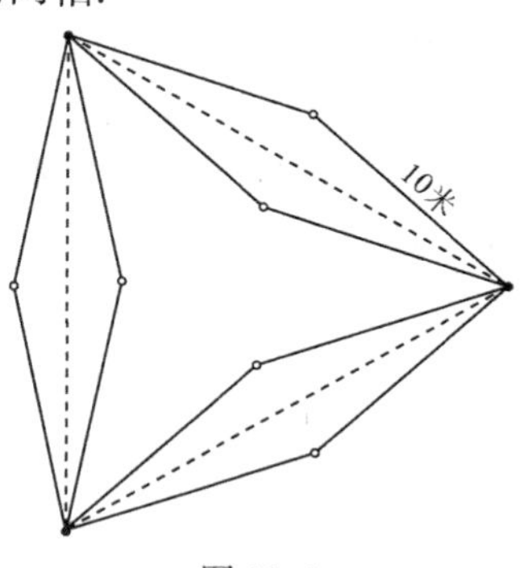

图 11-4

的两倍，也就是种下了 $n(n-1)$ 棵. 所以两种树的比就是$\frac{n(n-1)}{n}=n-1$，说明只要 n 足够大，那么这个比值也就可以任意大了.

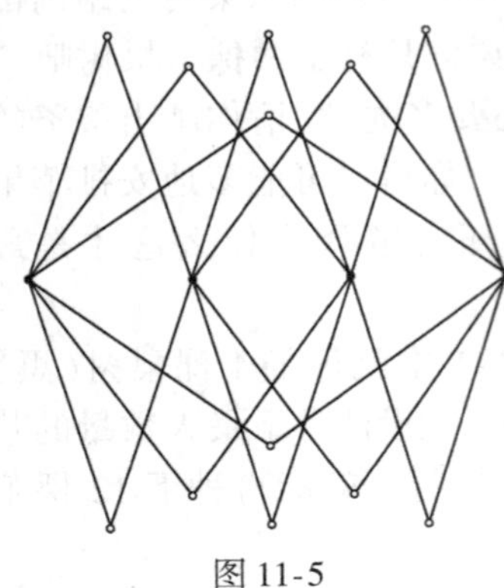

图 11-5

【例 11.5】 给定 n 个不相等的正数 a_1，a_2，…，a_n，用这些数构成所有可能的和. 证明：在这些和中，至少能有$\frac{1}{2}n(n+1)$个数两两不等. 是否存在 n 个不相等的正数，恰有$\frac{1}{2}n(n+1)$个和数两两不等？

分析与解 不妨设 $a_1<a_2<\cdots<a_n$，考虑下列和数：

$$
\begin{array}{ccccc}
a_1, & a_2, & \cdots, & a_{n-2}, & a_{n-1}, \quad a_n, \\
a_1+a_n, & a_2+a_n, & \cdots, & a_{n-2}+a_n, & a_{n-1}+a_n, \\
a_1+a_n+a_{n-1}, & a_2+a_n+a_{n-1}, & \cdots, & a_{n-2}+a_n+a_{n-1}, & \\
 & & \vdots & & \\
 & & a_1+a_2+\cdots+a_n, & &
\end{array}
$$

显然，这里每一个数都大于它前面的一个，就是说，这一序列中各数严格递增，所有各数都不相同，序列中共有数

$$n+(n-1)+\cdots+2+1=\frac{1}{2}n(n+1)(个).$$

对于第 2 问，前 n 个自然数 1，2，…，n 中至多有$\frac{1}{2}n(n+1)$个不同的和数，这是十分明显的事实.

【例 11.6】 在平面上给定了 $2n+1$ 个点. 试问：能否作一个圆，使得有 n 个点在圆内，n 个点在圆外，1 个点在圆周上？

分析与解 问题主要涉及的是点与圆的位置关系，可由点到圆心距离与圆的半径大小的比较来确定，最理想的是找到一个点，它到 $2n+1$ 个点距离都不等，将这些距离依大小排列起来：

$$r_1<r_2<\cdots<r_n<r_{n+1}<\cdots<r_{2n}<r_{2n+1},$$

那么以该点为圆心，r_{n+1} 为半径长作圆即满足题设要求. 由于 $2n+1$ 个点两两间连线段仅有有限条，这些线段的垂直平分线也是有限条，故平面上一定存在一个点，该点不在上述任何一条垂直平分线上，所以它到 $2n+1$ 个点的距离都不相等.

【例11.7】 在平面直角坐标系中，纵、横坐标都是整数的点称为整点．请设计一种方法将所有的整点染色，每一个整点染成白色、红色或黑色中的一种颜色，使得

1）每一种颜色的点出现在无穷多条平行于横轴的直线上；

2）对任意白点 A，红点 B 和黑点 C，总可以找到一个红点 D，使得 $ABCD$ 为一平行四边形．

试证明设计的方法符合上述要求．

分析与证明 这是一个有趣的问题．问题条件貌似苛刻，其实不然．依题设要求，一种十分自然的想法是让染为红色的点多些．

在坐标平面上，将纵轴上坐标为 $(0, a)(a\geqslant 0)$ 的点染上白色，$(0, b)$ $(b<0)$ 的点染上黑色，坐标平面上所有其余的点都染上红色．这样染色后，条件1）即得满足．不难证明条件2）也得满足，现任取染为红色的点 $B(x_0, y_0)$，染成白色的点 $A(0, a_0)$，染为黑色的点 $C(0, b_0)$．因 $x_0\neq 0$，故 A，B，C 不共线，再取点 $D(x_1, y_1)$，使

$$x_1=-x_0,$$
$$y_1=a_0+b_0-y_0,$$

则四边形 $ABCD$ 对角线互相平分，即为平行四边形，且 D 不在纵轴上，被染为红色．所设计的方案符合要求．

【点评】 构造实例并非总是一帆风顺的，常常是边构造边修正，逐步满足要求．

【例11.8】 证明：能将不同的完全平方数填满 $m\times n$ 的矩形方格表中的每一个小方格，使得每行、每列的和也是完全平方数．

分析与证明 $a_i(i=1, 2, \cdots, n)$，$b_i(j=1, 2, \cdots, m)$ 可组成 mn 个数对，先设计下面表格．从表中可以看出，现在各列、各行的和是完全平方数的关键在于保证

$$a_1^2+a_2^2+\cdots+a_n^2$$

与

$$b_1^2+b_2^2+\cdots+b_m^2$$

均是完全平方数．

列表如下：

	a_1	a_2	$\cdots$	a_i	$\cdots$	a_{n-1}	a_n
b_1	$a_1^2b_1^2$	$a_2^2b_1^2$	$\cdots$	$a_i^2b_1^2$	$\cdots$	$a_{n-1}^2b_1^2$	$a_n^2b_1^2$
b_2	$a_1^2b_2^2$	$a_2^2b_2^2$	$\cdots$	$a_i^2b_2^2$	$\cdots$	$a_{n-1}^2b_2^2$	$a_n^2b_2^2$
$\vdots$	$\vdots$	$\vdots$		$\vdots$		$\vdots$	$\vdots$

续表

	a_1	a_2	…	a_i	…	a_{n-1}	a_n
b_j	$a_1^2b_j^2$	$a_2^2b_j^2$	…	$a_i^2b_j^2$	…	$a_{n-1}^2b_j^2$	$a_n^2b_j^2$
⋮	⋮	⋮		⋮		⋮	⋮
b_{m-1}	$a_1^2b_{m-1}^2$	$a_2^2b_{m-1}^2$	…	$a_i^2b_{m-1}^2$	…	$a_{n-1}^2b_{m-1}^2$	$a_n^2b_{m-1}^2$
b_m	$a_1^2b_m^2$	$a_2^2b_m^2$	…	$a_i^2b_m^2$	…	$a_{n-1}^2b_m^2$	$a_n^2b_m^2$

联想到$(k+1)^2=k^2+(2k+1)$，故取$a_1\geqslant 3$，a_1为奇数，$a_i(i=2,\cdots,n-1)$为偶数，且$a_1<a_2<\cdots<a_{n-1}$，记$2M+1=\sum\limits_{i=1}^{n-1}a_i^2$，再以$a_n=M$，那么$\sum\limits_{i=1}^{n}a_i^2=(M+1)^2$为一完全平方数.

为保证表中各数不相等，可加大各行数的“距离”. 取$b_1>2a_n$且为奇数，$b_j(j=2,\cdots,m+1)$是偶数，$b_{j+1}>b_j\cdot a_n$，$b_m=s$，其中$2s+1=\sum\limits_{j=1}^{m-1}b_j^2$.

不难验证，上述填法符合要求.

【例 11.9】 当任意k个连续的正整数中都必有一个正整数，它的数字之和是11的倍数时，把其中每个连续k个自然数的片断都叫做一条长度为k的“龙”. 求证：最短的“龙”的长度为39.

分析与证明 保证存在某个正整数，其数字和是11的倍数的最理想状态是39个连续正整数中含有11个数，它们的数字和又构成一个连续正整数序列(或对模11的完全剩余系). 最大的干扰来自进位.

由于任意连续39个正整数的前20个正整数中总可以找到两个数的末位是0，其中至少有一个在0的前一位不是9，记此正整数为N，n是N的数字和，则数

$$N,\quad N+1,\quad N+2,\quad \cdots,\quad N+9,\quad N+19$$

仍是这连续39个正整数中的十一个数，它们的数字和依次是

$$n,\quad n+1,\quad n+2,\quad \cdots,\quad n+9,\quad n+10.$$

这是11个连续正整数，其中必有一个是11的倍数. 可见，存在长为39的“龙”.

显然，存在长为m的“龙”，则必存在长度大于m的长度的“龙”. 于是最短“龙”的长度不超过39.

$$999981,\quad 999982,\quad \cdots,\quad 1000018,$$

这38个自然数中没有一个数，它的数字和是11的倍数，可见不存在长度为

38的“龙”，当然也就更不存在长度小于38的“龙”.

【点评】 这里既构造了长度为39的“龙”，也构造了反例，说明长度小于39的“龙”不存在.

11.2 间接构造

构造的对象不仅仅是直接导致结论肯定和否定的实例，还包含有辅助工具. 通过这些辅助工具，铺路架桥，使问题得以顺利解决. 构造的辅助工具可以是数、式、方程、函数、图表、计算程序等. 关键在于审时度势，积极展开想象，灵活地运用所学知识.

【例11.10】 有质量数为1^2克，2^2克，…，1000^2克的砝码，证明：可将它们分成质量相等的两组，每组各有500个砝码.

分析与证明 不能指望一次性分组，注意到完全平方数的个位数的特征，尝试进行若干次对等分配.

$$1^2+4^2+6^2+7^2=2^2+3^2+5^2+8^2,$$
$$2^2+5^2+7^2+8^2=3^2+4^2+6^2+9^2,$$
$$\vdots$$

进一步构造等式

$$x^2+(x+3)^2+(x+5)^2+(x+6)^2=(x+1)^2+(x+2)^2+(x+4)^2+(x+7)^2, \tag{11-1}$$

不难验证(11-1)式是恒成立的，再令

$$x=8k+1, \quad k=0, 1, 2, \cdots, 124.$$

把等式两边的每一项视作一个砝码的质量，两边分别有123个各不相同的砝码组，于是将全部砝码分成质量相等的两组，每组各有500个砝码.

【点评】 本例中，通过构造恒等式达到了目的.

【例11.11】 已知$\triangle ABC$的外接圆与内切圆的半径分别为R和r. 求证：$\frac{r}{R}\leqslant\frac{1}{2}$.

分析与证明 不便直接将R，r联系在一起，联想到：两相似三角形一切对应线段的比都等于两三角形的相似比，尝试构造相似比分别为$\frac{r}{R}$，$\frac{1}{2}$的两相似三角形.

先过A，B，C分别作BC，CA，AB的平行线围成$\triangle A_1B_1C_1$，再作$\triangle ABC$外接圆的三条切线，使其平行于$\triangle A_1B_1C_1$各边，围成$\triangle A_2B_2C_2$. 如图11-6，

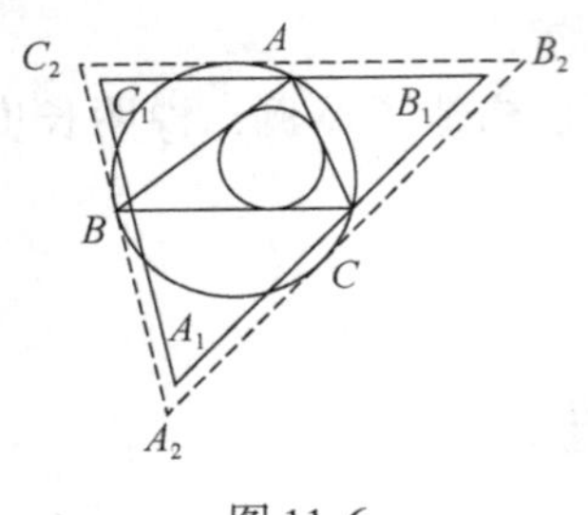

图 11-6

则 $\triangle A_1B_1C_1$ 在 $\triangle A_2B_2C_2$ 内部，且 $\triangle ABC \backsim \triangle A_1B_1C_1 \backsim \triangle A_2B_2C_2$. 特别地，当$\triangle ABC$为正三角形时，$\triangle A_1B_1C_1$ 与 $\triangle A_2B_2C_2$ 重合，故$\frac{AB}{A_1B_1}=\frac{1}{2}$，$\frac{AB}{A_2B_2}=\frac{r}{R}$，$A_1B_1 \leqslant A_2B_2$，从而$\frac{r}{R} \leqslant \frac{1}{2}$.

【例 11.12】 设在一环形公路上有 n 个汽车站，每站存有汽油若干桶（其中有的站可以不存）n 个站的总存油量正够一辆汽车依逆时针方向沿公路行驶一周. 现有一辆原来没油的汽车依逆时针方向沿公路行驶，每到一站即把该站的油全部带上（出发站也如此），求证：n 站之中至少有一站，可以使汽车从这站出发环行一周不致中途因缺油而停车.

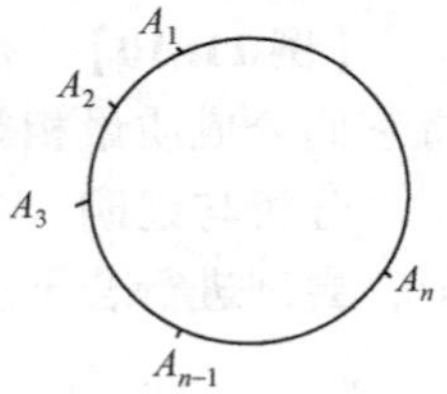

分析与证明 为了便于说明问题，构造算式. 如图 11-7 所示，将 n 个车站依次编上序号 A_1，A_2，A_3，…，A_{n-1}，A_n，A_i 的储油量与汽车到达下一站所需油量的差记作 b_i，于是

$$b_1+b_2+\cdots+b_i+\cdots+b_n=0.$$

图 11-7

自 b_1 起，逐个累加这些差数，得到一系列累加数

$$B_1=b_1,$$
$$B_2=b_1+b_2,$$
$$\vdots$$
$$B_i=b_1+b_2+\cdots+b_i,$$
$$\vdots$$
$$B_n=b_1+b_2+\cdots+b_n.$$

无疑应跳过缺油严重的一段路程来寻找目标. 现设 $B_j(1 \leqslant j \leqslant n)$ 是这次累计数中的最小值，则有 $B_j \leqslant B_n=0$. 如果 $B_j=0$，说明汽车自 A_1 出发即可顺利地环行一周. 如果 $B_j<0$，汽车自 A_{j+1} 站出发即可顺利地环行一周. 事实上，自 A_{j+1} 开始作 b_i 的累加数，结果必都将非负，否则将出现比 B_j 更小的累加数. 这说明自 A_{j+1} 出发，中途不致因缺油而停车.

【例 11.13】 已知实数 a，b，c，d 满足 $a^2+b^2+c^2+d^2 \leqslant 1$，求证：

$$ab+bc+cd+da+ac+bd \leqslant 4abcd+\frac{5}{4}.$$

证明 令 t 是实数，$S=ab+bc+cd+da+ac+bd$. 由问题中出现的对称式考虑多项式

$$A(x)=(x-a)(x-b)(x-c)(x-d)$$

$$=x^4-(a+b+c+d)x^3+Sx^2-(abc+bcd+abd+acd)x+abcd.$$

因为 $|p+iq|\geqslant|p|$，得到

$$\begin{aligned}|A(it)|^2&=\left|t^4+it^3\sum_{\text{cyclic}}a-St^2-it\sum_{\text{cyclic}}abc+abcd\right|^2\\&\geqslant|t^4-St^2+abcd|^2.\end{aligned}$$

另外，

$$|A(it)|^2=A(it)\cdot\overline{A(it)}=\prod_{\text{cyclic}}(a-it)\cdot\prod_{\text{cyclic}}(a+it)=\prod_{\text{cyclic}}(a^2+t^2).$$

因此

$$|t^4-St^2+abcd|^2\leqslant\prod_{\text{cyclic}}(a^2+t^2).$$

在此不等式中令 $t=\frac{1}{2}$，并利用算术–几何平均(AM-GM)不等式及已知条件得

$$\begin{aligned}\left|\frac{1}{16}-\frac{1}{4}S+abcd\right|^2&\leqslant\prod_{\text{cyclic}}\left(a^2+\frac{1}{4}\right)\leqslant\left(\frac{1}{4}\sum_{\text{cyclic}}\left(a^2+\frac{1}{4}\right)\right)^4\\&=\left(\frac{1}{4}(a^2+b^2+c^2+d^2+1)\right)^4\leqslant\frac{1}{16}.\end{aligned}$$

因此 $\left|\frac{1}{16}-\frac{1}{4}S+abcd\right|\leqslant\frac{1}{4}$，从而得到 $S\leqslant 4abcd+\frac{5}{4}$. 命题得证.

11.3　构造法与反证法联用

【例 11.14】 在坐标平面上，纵、横坐标都是整数的点称为整点. 求证：存在一个同心圆的集合使得

1) 每个整点在此集合的某一圆周上；

2) 此集合每个圆周上，有且只有一个整点.

分析与证明 关键在于先取圆心的位置. 显然整点是不适宜的，纵、横坐标都是分数的点也不妥，尝试有一个坐标是无理数的点.

取点 $P\left(\sqrt{2},\ \frac{1}{3}\right)$为圆心，将各整点到点 P 的距离从小到大排成一列 r_1，r_2，r_3，…，r_n，…，再以 r_1，r_2，…，r_n，…为半径作同心圆集合.

以下需证明，上述同心圆的半径彼此不等. 施行反证法，假设不同整点$(a,\ b)$，$(c,\ d)$到点 P 距离相等，则

$$(a-\sqrt{2})^2+\left(b-\frac{1}{3}\right)^2=(c-\sqrt{2})^2+\left(d-\frac{1}{3}\right)^2,$$

即

$$2\sqrt{2}\ (c-a)=c^2-a^2+d^2-b^2+\frac{2}{3}\ (b-d),$$

则

$$\begin{cases} c-a=0, & (11\text{-}2) \\ c^2-a^2+d^2-b^2+\frac{2}{3}\ (b-d)=0. & (11\text{-}3) \end{cases}$$

由(11-2)式得 $a=c$，代入(11-3)式得

$$d^2-b^2+\frac{2}{3}\ (b-d)=0$$

$$\Leftrightarrow (d-b)\ \left(d+b-\frac{2}{3}\right)=0.$$

因 d，b 为整数，故 $d+b-\frac{2}{3}\neq 0$，所以 $d=b$，从而点$(a,\ b)$与$(c,\ d)$重合，导致矛盾.

问　题

1. 证明：任一正有理数可写成若干有理数平方的和.

2. 数集 M 由 2003 个不同的数组成，对于 M 中任何两个不同的元素 a，b，数 $a^2+b\sqrt{2}$ 都是有理数. 证明：对于 M 中任何数 a，数 $a\sqrt{2}$ 都是有理数.

3. 数集 M 由 2003 个不同的正数组成，对于 M 中任何三个不同的元素 a，b，c，数 a^2+bc 都是有理数. 证明：可以找到一个正整数 n，使得对于 M 中任何数 a，数 $a\sqrt{n}$ 都是有理数.

4. 是否存在这样的实数 a 和 b，使得对每个自然数 $n(\geqslant 2)$，

（1）$a+b$ 是有理数，而 a^n+b^n 是无理数；

（2）$a+b$ 是无理数，而 a^n+b^n 是有理数.

5. 能否用由数字 0 和 2 组成的不同的 3 位数把立方体的顶点标号，使得任何两个相邻顶点的号码至少在两个数位上不相同?

6. 证明：圆周上所有的点可以分成两个集合，使得在任意一个内接直角三角形的顶点中都有属于这两个集合中的点.

7. 试找出不能表示为$\frac{2^a-2^b}{2^c-2^d}$的形式的最小的正整数，其中 a，b，c，d 都是正整数.

8. 证明：存在绝对值都大于 1000000 的 4 个整数 a，b，c，d，满足

$$\frac{1}{a}+\frac{1}{b}+\frac{1}{c}+\frac{1}{d}=\frac{1}{abcd}.$$

9. “设有一个三角形的三个角和两条边与另一个三角形的三个角和两条边分别相等，则这两个三角形全等”是真命题吗？

10. （1）证明：存在和为 1 的五个非负实数 a，b，c，d，e，使得将它们任意放置在一个圆周上，总有两个相邻的数的乘积不小于 1/9.

（2）证明：对于和为 1 的任意五个非负实数 a，b，c，d，e，总可以将它们适当放置在一个圆周上，并且任意相邻两数的乘积均不大于 1/9.

11. 14 张纸片如图堆叠. 一条从纸片 B 出发，最后到达纸片 F 的路径是这样得到的：先到上层位置的纸片，再到下层位置的纸片，如此交替行进. 同一张纸片可以经过多次，且不必经过每张纸片. 请依次写出一条路径上的纸片标号.

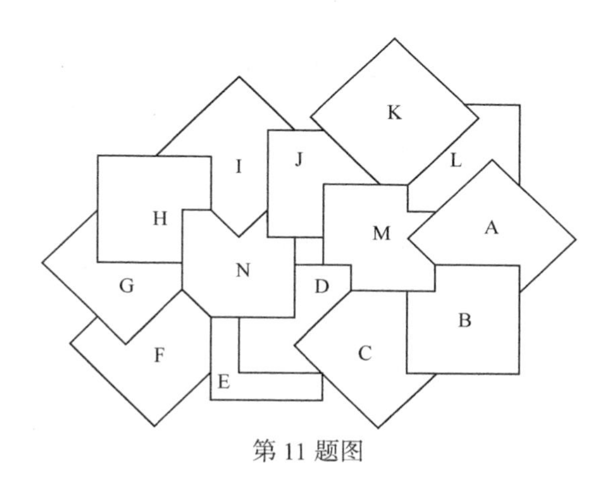

第 11 题图

12. 现有 99 个筐子，每个筐中都装有苹果和李子. 证明：可以从中挑选出 50 个筐子，它们中装有不少于所有苹果的一半，也装有不少于所有李子的一半.

13. 设平面上有 1990 个相异的点，是否可以作一个正三角形，使其中 995 个点在该三角形的内部，其余 995 个点在该三角形的外部.

14. 有 N 个互不相识的人. 证明：可以让其中一些人结识成朋友，并且任意三个人没有相同数目的朋友.

15. 围绕一个圆桌坐着来自 50 个国家的 100 名代表，每个国家 2 名代表. 证明：可以将他们分成两组，使得每一组都是由来自 50 个国家的 50 名代表组成，并且每一个人都至多与自己的一个邻座的人同组.

16. 找出 n 个不全在同一条直线上的点，使每两点之间的距离都是整数.

17. 能否在平面上放置 7 个点，使得在这些点的任意三点中，必存在两点，它们的距离等于 1？

18. 是否存在这样的正整数 $n>10^{1000}$，它不是 10 的倍数，且可以交换它的十进制表达式中的某两位不同的非 0 数字，使得所得到的数的质约数的集合与它的质约数的集合相同.

19. 空间中是否存在不在同一平面的有限点集 M，使得对 M 中的任意两点 A，B，我们可以在 M 中另取 C，D 两点，使直线 AB 和 CD 互相平行但不重合.

20. 某帝国有若干城市，其中包括 k 个都市，已知某些城市之间有公路相连，且从任一城市可到另外任一城市. 两城市间由最少条公路组称的道路成为最短道路. 证明：可将帝国分为 k 个共和国，每个共和国恰有一个城市作为首都，且对每个共和国的任一城市，从它到其首都的最短道路是它到所有首都的道路中最短的.

21. 有 5×5 的正方形方格棋盘，共由 25 个 1×1 的单位正方形方格组成，在每个单位正方形格子的中心处染上一个红点，请在棋盘上找若干条不通过红点的直线，分棋盘为若干小块(形状大小未必一样)，使得每一小块中至多有一个红点，问你最少要画几条直线？举出一种画法，并证明结论.

22. 以任意方式将圆周上 $4k$ 个点标上数 1，2，…，$4k$，证明：

（1）可以用 $2k$ 条两两不相交的弦连接这 $4k$ 个点，使得每条弦的两端的标数之差不超过 $3k-1$.

（2）对任意的正整数 k，(1)中的数 $3k-1$ 不能减少.

23. 设 a，b，c，d 为整数，$a>b>c>d>0$，且

$$ac+bd=(b+d+a-c)(b+d-a+c).$$

证明：$ab+cd$ 不是素数.

24. 求证：存在一个具有下述性质的正整数的集合 A：对于任何由无穷多个素数组成的集合 P，存在正整数 $m\in A$ 与 $n\notin A$，且 m，n 都是 P 中相同个数的不同元素的乘积.

25. 求最小的实数 M，使得对所有的实数 a，b 和 c，有

$$|ab(a^2-b^2)+bc(b^2-c^2)+ca(c^2-a^2)|\leqslant M(a^2+b^2+c^2)^2.$$

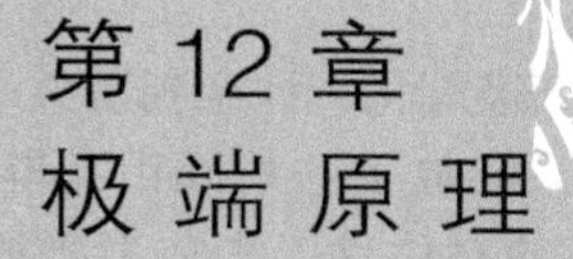

第 12 章 极端原理

我们要证明存在具有某种性质的对象，极端原理告诉我们去找使某函数最大或最小的对象.

——A. 恩格尔

12.1　极端原理

先看一个有趣的放硬币游戏.

两人相继轮流往一张圆桌上平放一枚同样大小的硬币，条件是后放的硬币不能压在先放的硬币上，直到桌子上再也放不下一枚硬币为止. 谁放入了最后一枚硬币谁获胜. 问：先放的人有没有必定取胜的策略？

这是一个古老而值得深思的难题. 当有人向一位确有才能的数学家提出这个难题时，引出了如下一段意味深长的对话：

数学家：这有什么难？如果圆桌小到只能容纳一枚硬币，那么先放的人当然能够取胜.

提问者：这还用你讲？简直废话！

数学家：不！这是一个很重要的特殊情况，它的解决将导致一般问题的解决.

提问者：怎么解决？

数学家：我先将第一枚硬币放在桌子的中心，利用圆桌的对称性，我就可以获胜. 不管是圆桌还是方桌，也不管是桌子有多大，只要有一个对称中心就行.

数学家独具慧眼，能从一般性问题中一下子找到一个极易求解的极端情形，并能将极端情形下的解法推向一般，轻而易举地解决了上述难题，而且还作了推广.

这位数学家大概是这样思考的：

一般性的问题比较复杂，先将其极端化，注意到所放硬币总数 $n\geqslant 1$，取其极端情形 $n=1$ 即假设桌子小到只能放下一枚硬币，得出特殊问题的解，即先占中心者为胜. 然后根据圆桌的对称性，先放者把硬币放在中心位置 O，若后放者把硬币放在 C 处，则先放者把硬币放在中心位置 O 的对称点 C' 处，这样只要后放者能放下硬币，先放者总能根据对称性，放下硬币，最后获胜.

这种思考问题的方法称为极端原理. 所谓极端原理指的是直接抓住全体对象中的极端情形或它们所具有的某种极端性质加以研究、解决问题的思想方法.

从问题的极端情况考虑，对于数值问题来说，就是指取它的最大或最小值；对于一个动点来说，指的是线段的端点，三角形的顶点等. 极端化的假设实际上也为题目增加了一个条件，求解也就会变得容易得多.

【例 12.1】 证明：任何四面体中，一定有一个顶点，由它出发的三条棱可以构成一个三角形.

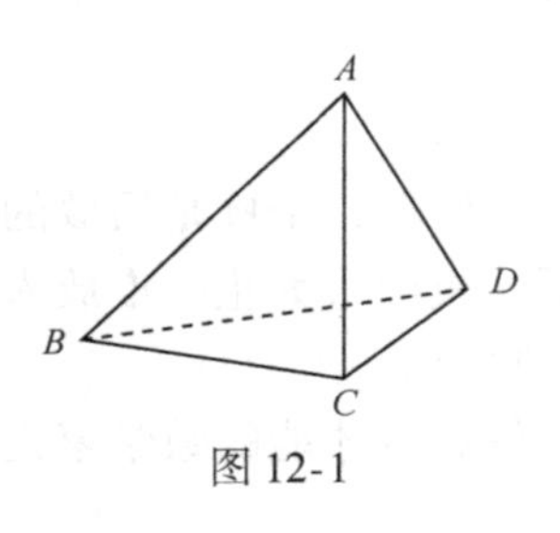

图 12-1

证明 如图 12-1 所示，组成四面体的六条棱中总存在最长棱，不妨设为 AB，则 $AD+BD>AB$，$AC+BC>AB$，有 $(AC+AD)+(BC+BD)>2AB$. 从而 $AC+AD>AB$ 与 $BC+BD>BA$ 二式中必有一式成立，即顶点 A 与顶点 B 中至少有一点为所求.

【例 12.2】 平面上给定 n 个点，其中没有三点共线. 证明：存在通过其中三个点的圆，它的内部(圆上除外)不包含任何一个已知点.

证明 给定的 n 个点总存在具有最小距离的两个点，不妨设为 A，B. 以线段 AB 为直径画$\odot O$，则其余的 $n-2$ 个点与 A，B 的距离均不小于 AB，它们都位于$\odot O$ 的外面，将这 $n-2$ 个点分别与点 A，B 连接，所得视角依大小顺序排成一列，有

$$\angle AP_1B\leqslant\angle AP_2B\leqslant\cdots\leqslant\angle AP_{n-2}B<90^\circ.$$

现过 A，B，P_{n-2} 三点作圆(图 12-2)，显然该圆内部不包含任何一个已知点，即为所求.

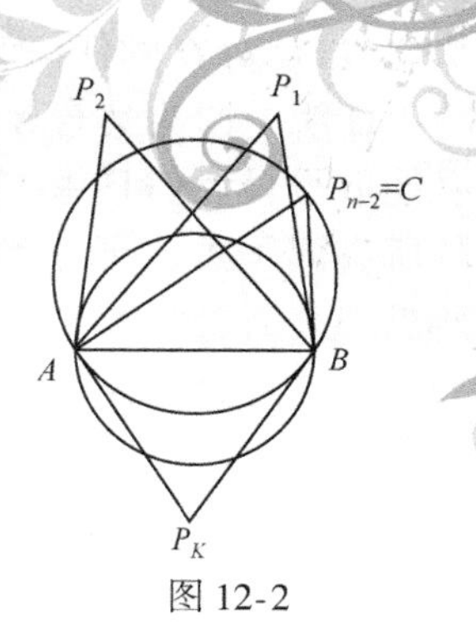

图 12-2

【例 12.3】 晚会上 $n(n\geqslant 2)$ 对男女青年双双起舞，设任何一个男青年都未与全部女青年跳过舞，而每个女青年至少与一个男青年跳过. 求证：必有两男 b_1，b_2 及两女 g_1，g_2，使得 b_1 与 g_1，b_2 与 g_2 跳过舞而 b_1 与 g_2，b_2 与 g_1 均未跳过.

证法 1 记与之跳过舞的女青年数最多的男青年之一为 b_1，因 b_1 未与全部女青年跳过，故可找到女青年 g_2 未与 b_1 跳过. 因 g_2 至少与一个男青年跳过舞，故存在 $b_2(\neq b_1)$ 与 g_2 跳过. 如果凡是与 b_1 跳过舞的女青年都与 b_2 跳过，则与 b_2 跳过舞的女青年数至少比 b_1 大 1，这不可能. 故在与 b_1 跳过舞的女青年中至少有一个未与 b_2 跳过，记其中之一为 g_1，则这样选取的 b_1，b_2，g_1，g_2 满足要求.

证法 2 记与之跳过舞的男青年数最少的女青年之一为 g_1，因 g_1 至少与一个男青年跳过舞故可取 b_1 与 g_1 跳过. 因 b_1 未与全部女青年跳过舞，故又可选取 g_2 未与 b_1 跳过. 如果凡与 g_2 跳过舞的男青年均与 g_1 跳过，则与 g_1 跳过舞的男青年数至少比 g_2 大 1，这与 g_1 的选法矛盾. 故可选取 b_2 与 g_2 跳过但未与 g_1 跳过.

【点评】 从上面几例可以看出，对于某些问题，只要把握问题的内在逻辑联系，适当地抓住研究对象的某些极端性质，就会摆脱繁复杂乱的处境处于极有利的地位，一下子击中问题的要害.

12.2 重要依据——最小数原理

利用所涉及对象数值上的极端情形解题是极端原理运用的一个最为显著的特点，其主要依据是最小数原理.

【例 12.4】 设 X 是一个有限集合，法则 f 使得 X 的每个偶子集 E(由偶数个元素组成的子集)都对应一个实数 $f(E)$，满足如下条件：

1）存在一个偶子集 D，使得 $f(D)>1990$；

2）对于 X 的任意两个不相交的偶子集 A，B，都有 $f(A\cup B)=f(A)+f(B)-1990$.

求证：存在 X 的子集 P 和 Q，使得

(i) $P\cap Q=\varnothing$，$P\cup Q=X$；

(ii) 对 P 的任何非空偶子集 S，有 $f(S)>1990$；

（iii）对 Q 的任何偶子集 T，有 $f(T)\leqslant 1990$.

证明 因为集合 X 为有限集，故它的偶子集只有有限多个，所以 $f(E)$ 必能取得最大值且由 1）知此最大值大于 1990. 设 P 是使 $f(E)$ 取得最大值的所有偶子集中元素数最少的一个偶子集并记 $Q=X-P$，则 P 和 Q 即为所求.

设 S 是 P 的任一非空偶子集，若 $f(S)\leqslant 1990$，则由 2）知

$$f(P-S)=f(P)-f(S)+1990\geqslant f(P),$$

此与 P 的选法矛盾. 故必有 $f(S)>1990$.

设 T 是 Q 的任一偶子集，若 $f(T)>1990$，则由 2）有

$$f(P\cup T)=f(P)+f(T)-1990>f(P),$$

矛盾. 故必有 $f(T)\leqslant 1990$.

【例 12.5】 在一块平地上有 n 个人，每个人到其他人的距离均不相等，每个人手中都有一把水枪，当发出信号时，每人用水枪击中距离他最近的人.

当 n 为奇数时，证明至少有一个人身上是干的.

当 n 为偶数时，请问这个结论是否正确？

解 当 n 为奇数时，设 $n=2m-1\ (m\in\mathbf{N})$，对 m 施行数学归纳法.

1）当 $m=1$ 时，$n=1$，平地上仅有一人，显然他身上是干的，结论成立.

2）假设命题对 m 成立. 下面考虑 $m+1$ 时情形，此时 $n=2m+1$，这 $2m+1$ 个人中两两之间距离构成一个有限集，其中必有最小数，不妨设 A，B 两人间距离最小，先不考虑 A，B. 对于剩下的 $2m-1$ 人，由归纳假设知其中至少有一人身上是干的. 记为 C，再考虑 A，B，由于 $AB<AC$，$AB<BC$，故依题设知 C 的身上仍是干的.

于是 $m+1$ 时结论仍成立.

综上所述，对 n 为奇数，结论成立.

当 n 为偶数时结论不正确. 事实上，记 $n=2m$，$m\in\mathbf{N}$. 将这 $2m$ 个人记为 A_1，A_2，…，A_m，B_1，B_2，…，B_m 它们的位置安排如下：A_i，B_i 都位于数轴上，A_i 在 $3i$ 点上，B_i 在 $3i+1$ 点上（$i=1,2,\cdots,m$）. 这样 A_i 与 B_i 相距为 1，A_i 与 B_i 必相互击中，无一人身上是干的.

【例 12.6】 在 $n\times n$ 的正方形棋盘上，放置的"车"遵循下列条件：如果某个小格是"自由"（这个小格上没有放"车"）的，则放在这格的水平线与竖直线上的"车"总数不小于 n，证明：在棋盘上摆放有不少于 $\frac{n^2}{2}$ 个"车".

证明　考查水平方向的 n 行与竖直方向的 n 列，它们中一定存在一行或一列放置的“车”数目最少，不妨设第一行放置“车”的数目最少为 k 个.

若 $k \geqslant \frac{n}{2}$，由于各行放置的“车”的个数都不少于 k，故棋盘上放置的“车”的总个数不少于 $n \cdot \frac{n}{2} = \frac{n^2}{2}$.

又若 $k < \frac{n}{2}$，则第一行没有放置“车”的空格有 $n-k$ 个，依题设含这些空格的每一列放置“车”的个数均不少于 $n-k$ 个，所有含这些空格的列中放置“车”的个数不少于 $(n-k)^2$，因此，整个棋盘上放置“车”的个数不少于 $(n-k)^2+k^2$ 个．而

$$(n-k)^2+k^2-\frac{n^2}{2}=2\left(\frac{n}{2}-k\right)^2 \geqslant 0,$$

故整个棋盘上摆放的“车”的个数不少于 $\frac{n^2}{2}$.

综上所述，命题得证.

12.3　“极端原理”+“构造法”

从上述的一些例子可以看到极端原理主要用于解决存在性问题．因此在符合题设要求的情况下，常以某种极端情形出发通过构造使问题得以解决.

【例 12.7】　已知有一些圆纸片，它们盖住了平面图形面积为 1，证明：可以从中选出若干个互不重叠的纸片，使得它们的面积之和不小于 $\frac{1}{9}$.

分析与证明　如果这些圆纸片互不重叠，那么问题获证．否则这些圆纸片彼此有相互重叠的情形，显然此时要挑选合适的圆．首先考虑的是最大圆，不妨设为 $\odot O_1$，其半径为 r_1，仍从极端情形出发，去掉所有与其重叠的圆，设 $\odot O_1$ 及与之重叠的圆盖住的面积为 S_1，那么

$$S_1 \leqslant \pi(3r_1)^2 = 9\pi r_1^2,$$

有

$$\pi r_1^2 \geqslant \frac{S_1}{9}.$$

若还有剩下的圆纸片，那么剩下的圆纸片都不与 $\odot O_1$ 重叠，从中再选一个半径最大的圆纸片 $\odot O_2$，设其半径为 r_2，$\odot O_2$ 及与之重叠的圆纸片盖

住面积 S_2，同样有 $\pi r_2^2 \geqslant \frac{S_2}{9}$. 依此类推，至多有限次，有

$$S_1+S_2+\cdots+S_k \geqslant 1, \quad k \leqslant 9.$$

此时

$$\pi r_1^2+\pi r_2^2+\pi r_3^2+\cdots+\pi r_k^2 \geqslant \frac{S_1}{9}+\frac{S_2}{9}+\cdots+\frac{S_k}{9} \geqslant \frac{1}{9}.$$

这样，可挑选$\odot O_1$，$\odot O_2$，…，$\odot O_k$，它们的面积之和不小于$\frac{1}{9}$，且彼此不重叠.

【点评】 例 12.7 说明，有些问题仅使用一次极端原理是不够的，需要两次或更多次地使用极端原理才能予以解决.

【例 12.8】 爱丽丝和鲍勃在一个 6×6 的方格表上玩一种游戏，每次在某个空格内写上一个有理数，要求该数与已写在表格中的数都不相同，爱丽丝先写，然后两人交替进行. 当每个格子中都写上数后，将每一行中最大的数所在的方格染为黑色. 爱丽丝如果能够从表格的最上端到最下端作一条直线，使该直线一直在黑格内，则她赢，否则鲍勃赢(这里若两个黑格有公共点就可作一条直线，使该直线一直在这两个黑格中). 问：哪一个玩家有必胜策略？

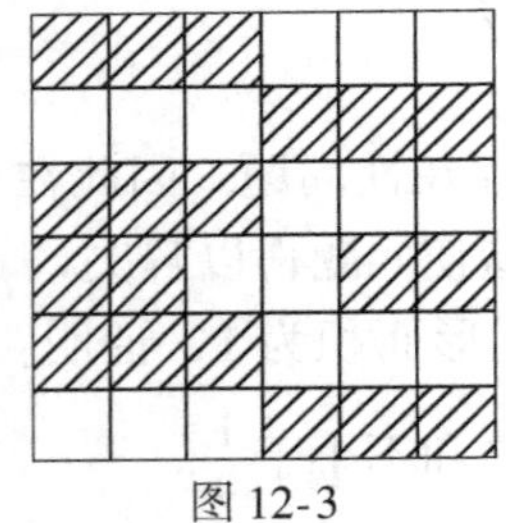
图 12-3

解 用 a_{ij} 表示第 i 行第 j 列所在方格中所填的数. 如图 12-3 所示，我们说鲍勃有策略，使得每行中的最大值都出现在阴影格中. 事实上，针对第 1，2，3，5，6 行中填数时，如果爱丽丝所填的数 x 在阴影格中，那么鲍勃在非阴影格中填数 y，使得$x>y$，反之则让 $y>x$. 这样，可保证第 1，2，3，5，6 行中的最大数都出现在阴影格中. 对第 4 行，鲍勃先可使两个非阴影格中填满数，注意到，他填入第 4 行的最后一个数(此格必为阴影格)，让该数为第 4 行中最大的数即可.

鲍勃采用上述策略后，爱丽丝要作出获胜直线，则该直线必须连接 a_{13}，a_{24}，a_{33}，a_{42}，a_{53}，a_{64}，它不可能一直在黑格中. 所以鲍勃有必胜策略.

【例 12.9】 在有限项的实数列

$$a_1, \quad a_2, \quad \cdots, \quad a_n \tag{12-1}$$

中，如果一段数 a_k，a_{k+1}，…，a_{k+l-1} 的算术平均数大于 1988，那么把这段数称为一条“龙”，并把 a_k 称为这条龙的“龙”头(如果某一项 $a_m>1988$，那么单独这一项也是龙).

假定(12-1)中至少存在一条龙，证明(12-1)中所有可以作为龙头的项的

算术平均数也必定大于 1988.

证明　对于实数列 a_1，a_2，…，a_n，从第一个可作龙头的数开始，取一条最短龙，继而在这短龙之后的实数列中又取第一个可作龙头的数，并取以这项为龙头的最短龙……依次取得最短龙若干条. 现分析以 a_k 为龙头的最短龙

$$a_k,\quad a_{k+1},\quad \cdots,\quad a_{k+l-1}.$$

若 $l>1$，则必有 $a_k\leqslant 1988$. 否则 $a_k>1988$，单项 a_k 即为最短龙. 因为依题设 a_k，a_{k+1}，…，a_{k+l-1}的算术平均数大于 1988，所以 a_{k+1}，a_{k+2}，…，a_{k+l-1}的算术平均数大于 1988. 这是一条以 a_{k+1}为龙头的龙. 同理，$a_{k+2,\cdots,}\, a_{k+l-1}$是以 a_{k+2}为龙头的龙，…. 由此可见，每一条最短龙均由龙头组成，且每个可作龙头的项，均属于某条最短龙之内. 由于每条龙的平均数大于 1988，因此所有龙头的平均数必大于 1988.

12.4　“极端原理”+“反证法”

与反证法联用是运用极端原理的又一常见形式.

【例 12.10】　在平面上给出某个点集 M，使得 M 中每个点都是集合 M 中某两点连接线段的中点，证明：集合 M 中一定包含无穷多个点.

证明　假设集合 M 是有限点集，则集合 M 中的点一定存在两两之间的距离的最大值，不妨设 A，B 两点间距离最大. 依题设点 B 应是某两点 C，D 的连线中点（C，$D\in M$）. 如图 12-4 所示，若 C 在直线 AB 上，则 D 也在直线 AB 上，且 C，D 位于点 B 的异侧，$AD>AB$，与 AB 最大的相矛盾.

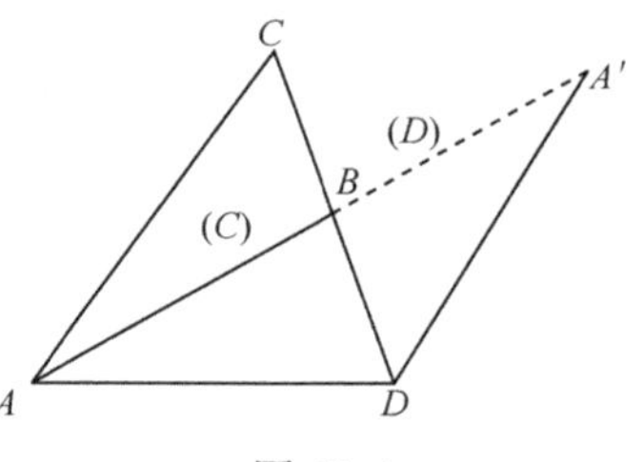

图 12-4

若 C，D 不在直线 AB 上，则延长 AB 至 A'，使 $AB=BA'$，连 $A'D$，$A'D=AC$，从而 $AD+AC=AD+DA'>AA'=2AB$. 此时 AD，AC 中至少有一大于 AB，导致矛盾.

综上所述，集合 M 不可能为有限点集，即为无穷点集.

【例 12.11】　已知正整数 a 与 b，使得 $ab+1$ 整除 a^2+b^2. 求证：$\dfrac{a^2+b^2}{ab+1}$是某个正整数的平方.

证法 1　令$\dfrac{a^2+b^2}{ab+1}=k$. 若 k 不是完全平方数，考虑不定方程

$$a^2-kab+b^2=k, \tag{12-2}$$

显然，这个不定方程的解(a, b)不会使$ab<0$. 否则，因ab为整数，有$-ab\geqslant 1$，导致$a^2+b^2\leqslant 0$，矛盾.

设(a_0, b_0)是(12-2)的解中适合$a>0$，$b>0$且使得$a+b$最小的解. 由对称性知可设$a_0\geqslant b_0$. 固定k与b_0，把(12-2)视为a的二次方程. 显然，它有一根a_0，设它的另一根为a'，由根与系数的关系可知

$$\begin{cases} a_0+a'=kb_0, & (12\text{-}3)\\ a_0a'=b_0^2-k. & (12\text{-}4)\end{cases}$$

由(12-3)知a'为整数，由(12-4)又知$a'\neq 0$，否则k为平方数，与反证假设矛盾. 从而(a', b_0)是不定方程(12-2)的解，且$b_0>0$，故$a'>0$. 于是有

$$a'=\frac{b_0^2-k}{a_0}\leqslant\frac{b_0^2-1}{a_0}\leqslant\frac{a_0^2-1}{a_0}<a_0.$$

可见，(a', b_0)为(12-2)的解，且$a'>0$，$b_0>0$，但$a'+b_0<a_0+b_0$. 矛盾，所以k必为完全平方数.

证法2 若正整数

$$k=\frac{a^2+b^2}{ab+1} \tag{12-5}$$

不是完全平方数，考虑方程

$$a^2+b^2-kab=k, \tag{12-6}$$

其中k为定数. 显然，这个不定方程的解(a, b)不会使$ab\leqslant 0$.

设(a_0, b_0)是(12-6)的整数解中满足$a>0$，$b>0$且使$a+b$最小的解，不妨设$a_0\geqslant b_0$. 若$a_0=b_0$，则

$$k=\frac{2a_0^2}{a_0^2+1}<2,$$

即$k=1$为平方数，矛盾. 故必有$a_0>b_0$. 记$a_0=sb_0-t$，$s\geqslant 2$，$0\leqslant t<b_0$，代入(12-5)将得到

$$k=\frac{b_0^2s^2+t^2-2b_0st+b_0^2}{b_0^2s-b_0t+1}=s+\frac{t^2-b_0st+b_0^2-s}{b_0^2s-b_0t+1}. \tag{12-7}$$

可以检验

$$-1<\frac{t^2-b_0st+b_0^2-s}{b_0^2s-b_0t+1}<1. \tag{12-8}$$

因k与s都是整数，故由(12-7)和(12-8)知$k=s$，即有

$$t^2-b_0st+b_0^2-s=0,$$

解得$k=s=\dfrac{b_0^2+t^2}{b_0t+1}$. 这说明$(t, b_0)$也是不定方程(12-6)的解. 若$t=0$，则$k=$

b_0^2 为完全平方数，矛盾；若 $t>0$，则 $t+b_0<a_0+b_0$，此与 (a_0, b_0) 的选法矛盾. 这就证明了 k 必为完全平方数.

12.5　探幽觅径

不少问题可以从研究它的极端情形出发获取重要信息，为进一步探讨指明方向.

【例 12.12】 AB 为定圆 O 中的定弦，作 $\odot O$ 中的弦 C_1D_1，C_2D_2，…，$C_{1988}D_{1988}$. 对其中每一弦 C_iD_i（$i=1, 2, \cdots, 1988$），都被弦 AB 平分于 M_i；过 C_i，D_i 分别作 $\odot O$ 的切线，两切线交于 P_i. 求证：点 P_1，P_2，…，P_{1988} 与某点等距，并指出这定点是什么.

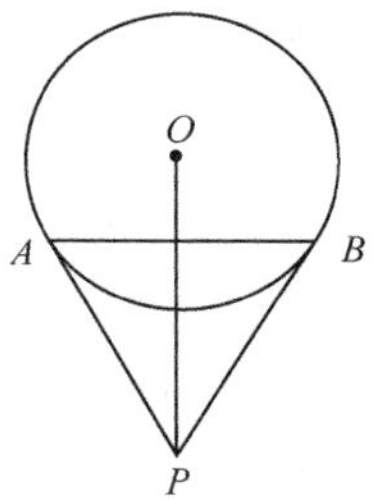

分析　如图 12-5 所示，设过点 A 与 B 的 $\odot O$ 的切线交于 P. 设想过 C_i、D_i 的 $\odot O$ 的切线交点无限接近于 P. 又设想弦 C_iD_i 两端点无限接近 A，那么过 C_i，D_i 的切线交点也无限接近 A，对于 B 也有类似情形. 因此可以进一步设想所求定点是 $\triangle ABO$ 的外心，即 OP 中点，也就是 $\triangle AOB$ 的外心.

图 12-5

证明　如图 12-6 所示，AB 弦平分 C_iD_i 于 M_i，连 OM_i 并延长，则 OM_i 垂直平分 C_iD_i. 又 C_iP_i，D_iP_i 是 $\odot O$ 的切线，故 O，M_i，P_i 三点共线. 因 A，C_i，B，D_i 四点共圆，所以

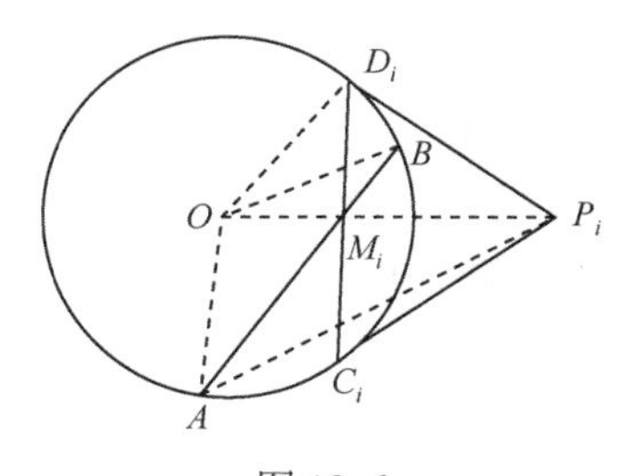

图 12-6

$$AM_i \cdot BM_i = C_iM_i \cdot D_iM_i = D_iM_i^2.$$

因 $\angle OD_iP_i=90°$，故 $D_iM_i^2=OM_i \cdot P_iM_i$，所以

$$OM_i \cdot P_iM_i = BM_i \cdot AM_i,$$

可知 O，P_i，A，B 四点共圆，又 $\triangle AOB$ 外接圆为定圆，所以 P_i 到 $\triangle AOB$ 外接圆心 O'（定点）等距.

问　题

1. 证明：每个凸五边形必有三条对角线，以它们为边可构成三角形.

2. $n(n\geqslant 3)$个排球队进行循环赛，每两个队之间比赛一次决出胜负. 如果比赛结束后发现没有一个队全胜，证明：一定存在三个队A，B，C，使得A胜B，B胜C，C胜A.

3. 某校学生中，没有一个学生读过学校图书馆的所有图书，又知道图书馆内的任何两本书至少被一个同学都读过，问：能不能找到两个学生甲、乙和三本书A，B，C，甲读过A，B，没读过C；乙读过B，C，没读过A？说明判断过程.

4. 平面上给定n个点，任三点为顶点的三角形的面积不大于1. 证明所有n个点在一面积不大于4的三角形内.

5. 平面上给定$2n$个点，没有三点共线，n个点代表农场$F=\{F_1, F_2, \cdots, F_n\}$，另$n$个点代表水库$W=\{W_1, W_2, \cdots, W_n\}$，一个农场与一个水库用直路连接. 证明存在一种分配方式，使得所有的路不相交.

6. 把1600颗花生分给100只猴子. 证明：不管怎样分，至少有4只猴子得到一样多的花生.

7. 现有8个学生8道问题，若每道题至少被5人解出，求证：可以找到两个学生，每道题至少被两个学生中的一个解出.

8. $n(n\geqslant 3)$名乒乓球选手单打比赛若干场后，任意两个选手已赛过的对手恰好都不完全相同.

试证明：总可以从中去掉一名选手，而使余下的选手中，任意两个选手已赛过的对手仍然都不完全相同.

9. 在一个8×8的方格棋盘的方格中，填入从1到64这64个数. 问：是否一定能够找到两个相邻的方格，它们中所填数的差大于4?

10. 魔术师和他的助手表演下面的节目：首先，助手在黑板上画一个圆，观众在圆上任意标出2007个互不相同的点，然后，助手擦去其中一个点. 此后，魔术师登场，观察黑板上的圆，并指出被擦去的点所在的半圆. 为确保演出成功，魔术师应当事先与助手作怎样的约定?

11. 在平面上有无穷个矩形组成的集合，其中每个矩形的顶点坐标为$(0, 0)$，$(0, m)$，(n, m)，$(n, 0)$ 此处n和m都是正整数(不同矩形对应的n，m值不同). 求证：从这些矩形中可选出两个来，使得一个矩形包含在另一个之中.

12. 求证：方程$x^3+2y^3=4z^3$无正整数解组.

13. 证明：对于任何自然数 $n>10000$，都可以找到自然数 m，其中 m 可以表示为两个完全平方数的和，并且满足条件 $0<m-n<3\sqrt[4]{n}$.

14. 设 $f(n)$ 是定义在正整数集上且取正整数值的严格递增函数，$f(2)=2$，当 m，n 互质时，有 $f(mn)=f(m)\cdot f(n)$. 求证：对一切正整数 n，都有 $f(n)=n$.

15. 已知实数列 $\{a_k\}$ $(k=1, 2, \cdots)$ 具有下列性质：存在正整数 n，满足 $a_1+a_2+\cdots+a_n=0$ 及 $a_{n+k}=a_k(k=1, 2, 3, \cdots)$.

证明：存在正整数 N，使得当 $k=0, 1, 2, \cdots$ 时，满足不等式

$$a_N+a_{N+1}+\cdots+a_{N+k}\geqslant 0.$$

16. 某市有中学 n 所，第 i 所中学派出 c_i 名学生到体育馆观看球赛 $(0\leqslant c_i\leqslant 39, i=1, 2, \cdots, n)$，全部学生总数为 $c_1+c_2+\cdots+c_n=1990$. 看台的每一横排有 199 个座位，要求同一学校的学生必须坐在同一横排. 问：体育馆最少要安排多少横排才能保证全部学生都能按要求入座?

17. 设 m 是平面上的有限点集. 已知过 m 中任意两点所作的直线必过 m 中另一点，求证：m 中所有点共线.

18. 在平面上给出了有限条红色直线和蓝色直线，其中任何两条不平行，并且其中任何两条同色直线的交点处都有一条与它们异色的直线经过. 证明：所有的给定直线相交于同一个点.

19. 已知 $A_1A_2\cdots A_{2n+1}$ 是平面上一个正 $2n+1$ 边形 $(n\in\mathbf{N}^*)$，O 是其内部任意一点.

求证：存在一个角 $\angle A_iOA_j$ 满足 $\pi\left(1-\frac{1}{2n+1}\right)\leqslant\angle A_iOA_j\leqslant\pi$.

20. 某国有 100 个城市，某些城市之间有道路相连. 在其中任何四个城市之间，都至少有两条道路相连. 已知该国没有经过各个城市恰好一次的道路. 证明：该国存在这样的两个城市，使得其余任何城市都至少与这两个城市之一有道路相连.

21. 设 $n(n\geqslant 2)$ 为正整数. 开始时，在一条直线上有 n 只跳蚤，且它们不全在同一点. 对任意给定的一个正实数 λ，可以定义如下的一种"移动"：

(1) 选取任意两只跳蚤，设它们分别位于点 A 和点 B，且 A 位于 B 的左边；

(2) 令位于点 A 的跳蚤跳到该直线上位于点 B 右边的点 C，使得 $\frac{BC}{AB}=\lambda$.

试确定所有可能的正实数 λ，使得对于直线上任意给定的点 M 以及这 n 只跳蚤的任意初始位置，总能够经过有限多个移动以后令所有的跳蚤都位于 M 的右边.

22. 对于凸多边形 P 的任意边 b，以 b 为边，在 P 内部作一个面积最大的三角形. 证明：对 P 的每条边，按上述方法所得三角形的面积之和至少是 P 的面积的 2 倍.

第 13 章 局部调整法

局部提示整体.

——G. 波利亚

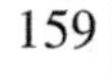

13.1　一种重要的解题策略

何谓局部调整法？说来大家并不陌生. 为了把一群人从矮到高排成一列，常常是先让这群人任意排成一列，然后着手进行调整：每次让其中顺序不合要求的某二人对换位置，其余的人暂时保持不动. 经过若干次调整，整个队列就符合要求了. 上述的每个调整过程即为局部调整的过程，所用的方法即为局部调整法.

下面的两个简单例子也较好地说明了局部调整的思想方法.

【例 13.1】 把一个凸 n 边形($n>3$)变为一个等积三角形.

解 做法是大家熟悉的. 如图 13-1 所示，作等积变换，将 A_1 平移到 $A_{n-1}A_n$ 延长线上的到 A_1'，可将 n 边形 $A_1A_2A_3\cdots A_n$ 变为等积的 $n-1$ 边形 $A'_1A_2A_3\cdots A_{n-1}$，继续上述变换，经 $n-3$ 次即得一与原 n 边行等积的三角形.

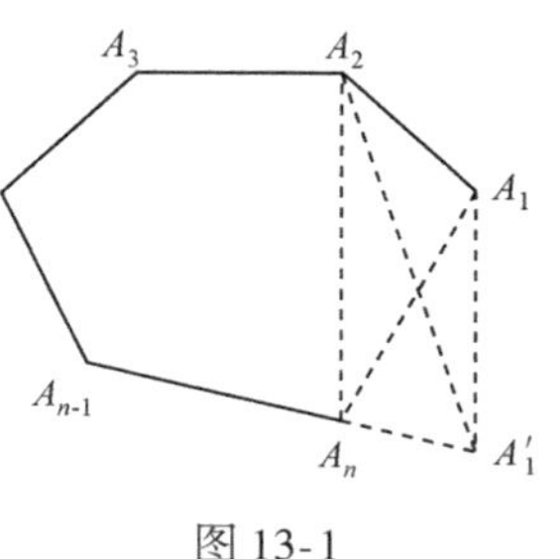

图 13-1

【例 13.2】 已知锐角△ABC 的内角 $A>B>C$，在△ABC 内部(包括边界)找一点 P，使 P 到三边距离和为

1）最小；

2）最大.

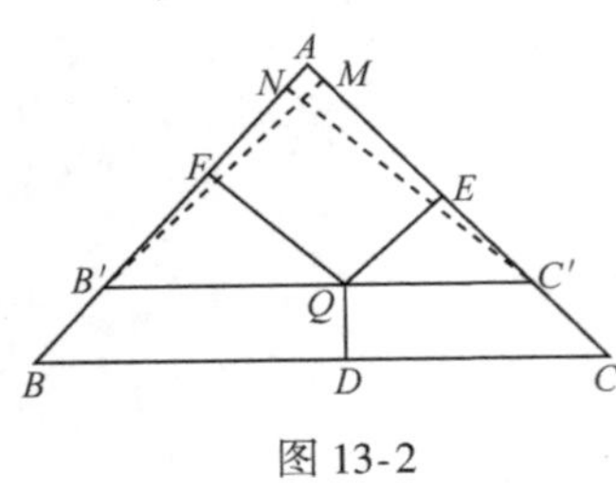

图 13-2

解 在$\triangle ABC$内任取一点Q，设Q在三边的射影分别为D，E，F，当Q点在$\triangle ABC$内及边界上变动时，显然同时考虑QD，QE，QF的长度这三个因素变化是很困难的，因此，为了易于考查$QD+QE+QF$的最小(大)的值，寻得P点，先暂时保持DQ的长不变，也就是让Q点在平行于BC的线段$B'C'$上变动，如图 13-2 所示，使$QE+QF$达到最值. 作$B'M\perp AC$，$C'N\perp AB$，垂足分别为M，N.

$$S_{\triangle ABC}=\frac{1}{2}B'M\cdot AC'=\frac{1}{2}C'N\cdot AB'$$
$$=\frac{1}{2}QF\cdot AB'+\frac{1}{2}QE\cdot AC'.$$

又$\angle B>\angle C$，有$\angle AB'C'>\angle AC'B'$，$AC'>AB'$，所以

$$QF\cdot AB'+QE\cdot AC'\leqslant QF\cdot AC'+QE\cdot AC'.$$

因此

$$B'M\cdot AC'\leqslant(QF+QE)\cdot AC',$$

有$B'M\leqslant QF+QE$，等号当Q与B'重合时成立. 同理$QF+QE\leqslant C'N$，等号当Q与C'重合时成立.

所以，欲使$QD+QE+QF$达到最小(大)值，Q点应处在$AB(AC)$边上.

当Q点在AB边上变动时，①由于$\angle A>\angle B$，由上述讨论可知三角形顶点A是三角形及边界上到三边距离和最小得点P；②又由于$\angle A>\angle C$，同样顶点C是三角形及边界上到三边距离和最大的点P.

以上两例都采用了一种同样的方法——局部调整法. 局部调整法的基本做法是：对于问题涉及的多个可变对象，先对其中少数对象进行调整，让其他对象暂时保持不变，从而化难为易，使问题的解决在局部获得进展. 经过若干次这样局部上的调整，不断缩小范围，最终导致整个问题的圆满解决. 无疑它是研究数学乃至其他问题的应用十分广泛而又卓有成效的一种基本思想方法.

13.2　平均值不等式的一种巧妙证明

先从三个数的平均值不等式说起.

对于三个正数a_1，a_2，a_3，平均值不等式为

$$\frac{1}{3}(a_1+a_2+a_3)\geqslant\sqrt[3]{a_1a_2a_3},\tag{13-1}$$

其中当且仅当 $a_1=a_2=a_3$ 时取等号. 证明它并非像二个数的平均值不等式那么容易. 一种比较简单的证明是利用不等式

$$a^3+b^3+c^3-3abc=\frac{1}{2}(a+b+c)[(a-b)^2+(b-c)^2+(c-a)^2]\geqslant 0.$$

下面从另一个角度去寻求证明.

令 $A(a)=\frac{a_1+a_2+a_3}{3}$, $G(a)=\sqrt[3]{a_1a_2a_3}$, 不等式(13-1)即是 $A(a)\geqslant G(a)$.

不妨设 $a_1\leqslant a_2\leqslant a_3$，当 $a_1=a_2=a_3$ 时，不等式取等号，命题显然成立.

假若 a_1，a_2，a_3 不全相等，那么 $a_1<A(a)<a_3$.

1）如果 $a_2=A(a)$，则 $a_1+a_3=2A(a)$，且

$$A(a)>G(a)\Leftrightarrow A(a)>\sqrt[3]{A(a)a_1a_3}\Leftrightarrow A^2(a)>a_1a_3\Leftrightarrow\frac{a_1+a_3}{2}>\sqrt{a_1a_3}.$$

命题成立.

2）如果 $a_2\neq A(a)$，能否通过某一种变换将 2) 转化为 1) 呢？下面可作这样的尝试：构造一新数得 b_1，b_2，b_3. 使 $b_1=A(a)$，$b_2=a_2$，$b_3=(a_1+a_3)-A(a)$，那么 $A(b)=\frac{1}{3}(b_1+b_2+b_3)=A(a)$ 且 b_1，b_2，b_3 中有一数为 $A(b)$.

由 1) 知，$A(b)>G(b)$，现只需证明 $G(b)>G(a)$ 而

$$G(b)>G(a)\Leftrightarrow\sqrt[3]{b_1b_2b_3}>\sqrt[3]{a_1a_2a_3}\Leftrightarrow b_1b_3>a_1a_3.\tag{13-2}$$

因 $b_1+b_3=a_1+a_3$. 故

$$\begin{aligned}b_1b_3-a_1a_3&=A(a)[a_1+a_3]-A(a)-a_1a_3\\&=[a_3-A(a)][A(a)-a_1]>0,\end{aligned}$$

于是(13-2)式成立，有 $G(b)>G(a)$, $A(a)=A(b)>G(b)>G(a)$

综合上述不等式(13-1)得证，且可知当且仅当 $a_1=a_2=a_3$ 时取的等号.

这里，采用的是局部调整法，通过构造新数组，保持 a_2 不变，对另两个数字 a_1，a_3 进行适当调整，从而将问题归结到已有的结论和简单的不等式(13-2) 的证明上.

就三个正数而言，此法虽然不如前法简便，但它不失为一种新颖、富于启发的方法，尤其重要的是这个证法具有推广一般情况的可能. 事实上，只需要仿照上述调整，经若干次重复施行，即可证明平均值不等式：

对于 n 个正数 a_1，a_2，…，a_n，有 $A(a)\geqslant G(a)$，其中 $A(a)=\frac{a_1+a_2+\cdots+a_n}{n}$，$G(a)=\sqrt[n]{a_1a_2\cdots a_n}$.

证明 不妨设 $a_1 \leqslant a_2 \leqslant \cdots \leqslant a_n$，若 $a_1=a_2=\cdots=a_n$，则 $A(a)=G(a)$. 若 a_i $(i=1, 2, \cdots, n)$不全相等，则 $a_1<a_n$，令 $b_j=a_j(j=2, 3, \cdots, n-1)$，$b_1=A(a)$，$b_n=a_1+a_n-A(a)$，则 $a_1<b_1<a_n$，$a_1<b_n<a_n$，有 $b_1b_n>a_1a_n$.

事实上，若有 $A+B=A'+B'$，$A<B$，$|A'-B'|<|A-B|$，则$A'>A$，$B'>A$，总有

$$A'B'-AB=A'B'-A[(A'+B')-A]=(A'-A)(B'-A)>0.$$

于是 $A(b)=A(a)$，$G(b)>G(a)$，且 $b_i(i=1, 2, \cdots, n)$ 中至少有一个数为 $A(a)$.

若 b_2，b_3，$\cdots$，b_n 这 $n-1$ 个数都相等，显然命题成立. 否则仍不妨设 $b_2 \leqslant b_3 \leqslant \cdots \leqslant b_n$，$b_2<b_n$，再令 $c_1=b_1=A(a)=A(b)$，$c_2=A(b)$，$c_n=(b_2+b_n)-A(b)$，$c_k=b_k(k=3, 4, \cdots, n-1)$，又可得 $A(c)=A(b)$，$G(c)>G(b)$，且$c_i(i=1, 2, \cdots, n)$ 中至少有两个 $A(b)$.

这样的调整至多重复 $n-1$ 次，最终必将出现新数组中各正数均相等. 假设第 s 次时新数组中各数相等，那么

$$A(a)=A(b)=A(c)=\cdots=A(s),$$
$$G(a)<G(b)<G(c)<\cdots<G(s).$$

同时 $A(s)=G(s)$，所以 $A(a)>G(a)$.

从上述证明过程知，当且仅当 $a_1=a_2=\cdots=a_n$ 时取等号.

每次仅对多变数中两个变数实行简单调整，经过有限次重复施行，而无须繁复的推理、计算. 也无须较高深的理论，相比之下，在这个重要不等式的各种证明中，这一应用局部调整法给出的证明当属漂亮的一个.

13.3 重复调整的前提不容忽视

一个数学问题的解决，常须着眼于化繁为简、化难为易. 局部调整法的功效也正在于此，它通过对多变数中部分变数的调整，在其余变量暂时不变的情况下，将问题归结到简单的数量、位置关系上，求得问题局部解决，经过有限次这样的成功，最终导致问题彻底解决. 实际上不少题，只要取得第一次局部调整的成功，剩下的只是简单重复前面的调整，更是大大简化了问题的论证过程，这应该说是最理想的. 因此，一方面有必要十分清楚地进行重复调整应具备的条件是什么，以确定能否实施重复调整；另一方面在不能直接进行重复调整时，酌情考虑如何作出努力，通过适当的变换，使所需条件得以满足，从而能继续重复调整.

【例 13.3】 一群小孩子围坐一圈分糖块，老师让他们先每人任取偶数块，然后按下列规则调整：所有的小孩同时把自己的糖块分一半给右边的小孩，糖的块数变成奇数的人向老师补要一块．试证明：经过有限次调整后，大家的糖就变得一样多了．

分析 这里给出了统一的调整规则．首先可以肯定经一次调整大家手中所有的糖块数的差距有所缩小．

设小孩有 n 个，调整前每人手中的糖块数依次为 a_1，a_2，…，a_n，其中最大为 $2P$，最小为 $2Q$，调整后，每人糖块数为 a_1'，a_2'，…，a_n'．

不妨设 $a_i=2k(i\in\{1, 2, \cdots, n\})$，在他左手的那个数为 $2h$．

若 $P=Q$，无须调整，命题成立．

若 $P\neq Q$，考查第一次调整：因 $Q\leqslant k\leqslant P$，$Q\leqslant h\leqslant P$．当 $k+h$ 为偶数时，$2Q\leqslant k+h\leqslant 2P$（其中左边等号仅当 $k=h=0$ 时才成立）；当 $k+h$ 为奇数时，$2Q<k+h<2P$，$2Q\leqslant k+h+1\leqslant 2P$，故 $2Q\leqslant a_i'\leqslant 2P$．

这样，经过调整，最多者手中糖块数不超过 $2P$，而糖块数超过 $2Q$ 的小孩调整后仍超过 $2Q$ 块，至少有一原手中持糖块数为 $2Q$ 的小孩，糖块数增加了．是否由于每人手中糖块数都可能发生变化，此类调整不属局部调整呢？不，从本质看关键仅在于调整保证了至少一持 $2Q$ 糖的人(局部上)手中的糖块数增加了，使彼此持糖块数的差距有所缩小．

需要特别指出的是：调整后，每人手中糖块仍为偶数块．正是这一点，是我们赖以重复上述调整的前提．

最初持 $2Q$ 块糖的小孩是有限的，最多经 $n-1$ 次调整每人手中糖数至少有 $2(Q+1)$块了，又因为 $P-Q$ 是一确定整数，如此继续下去，经有限次必然大家手中的糖块数就一样多了．

【例 13.4】 已知边长为 4 的正三角形 ABC，D，E，F 分别是 BC，CA，AB 上的点，且 $|AE|=|BF|=|CD|=1$，连接 AD，BE，CF，交成 $\triangle RQS$，P 点在 $\triangle RQS$ 内及其边上移动，P 点到 $\triangle ABC$ 三边的距离分别记住 x，y，z．

1）求证：当 P 点在 $\triangle RQS$ 的顶点位置时，乘积 xyz 有最小值；

2）求上述乘积 xyz 的最小值．

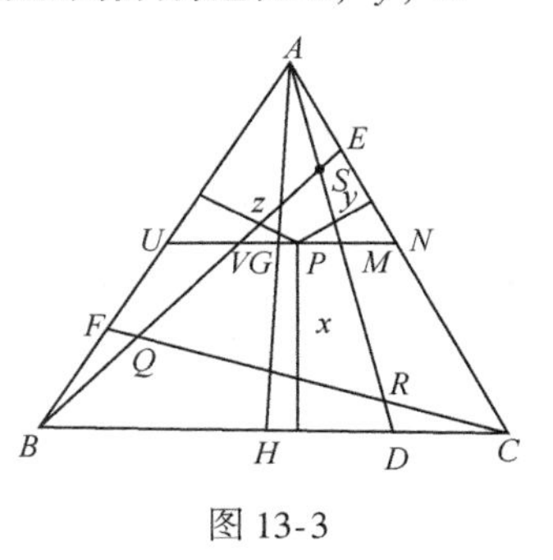

图 13-3

分析 1）设 P 为正$\triangle ABC$ 内或边上任意一点．因 P 到各边距离的和 $x+y+z$ 为定值．可考虑过 P 作直线平行于 BC，交 AB，BE，AD，AC 于 U，V，M，N．如图 13-3 所示，当 P 点在 UN 上移动时，乘积 xyz 中 x 固定不变，而 $yz=PU\cdot PN\cdot$

$\sin^2\dfrac{\pi}{3}$，故 yz 与 $PU\cdot PN$ 有一样的变化. 由于

$$4PU\cdot PN=(UP+PN)^2-(UP-PN)^2.$$

又 $UP+PN$ 为定值，故随着 $|UP-PN|$ 的增大，$PU\cdot PN$ 逐渐减小. 当 P 与 G（BC 边上的高 AH 与 UN 的交点）重合时，$UP\cdot PN$ 有极大值，而 P 离开 G 点向两侧移动时，$UP\cdot PN$ 逐渐减小，这样，为使 xyz 有极小值，首先应将 P 点调整到 V，M 处，即 $\triangle RQS$ 的边界上.

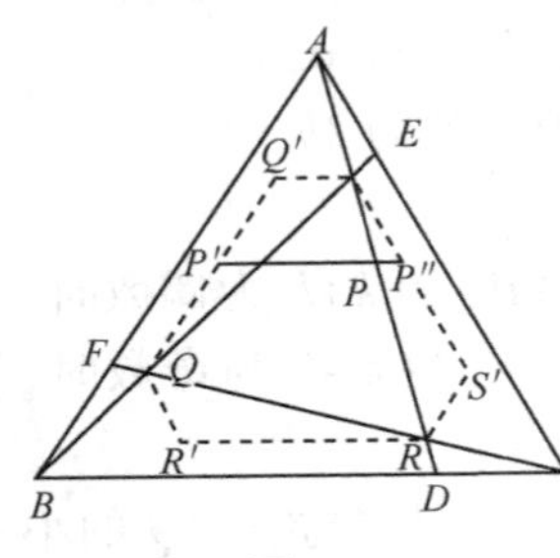

图 13-4

问题在于 BE 并不平行于 AB，AD 也不平行于 AC，直接在 $\triangle RQS$ 的边界上继续上述调整，从 V，M 调到 Q，S，R 处是荒谬的，因为重复上述调整的条件不具备，但可通过如下变换：过 R，Q，S 作 $RR'\parallel SQ'\parallel BC$，$QR'\parallel SS'\parallel AC$，$QQ'\parallel RS'\parallel AB$，围成六边形 $QQ'SS'RR'$. 如图 13-4 所示，这样，可重复上述调整，将 P 点调整到 P' 或 P'' 点，再继续至 $Q(Q')$ 处，或 $S(S')$ 处. 由于对称，xyz 在 Q、Q'，S，S' 处值相同，同样 xyz 在 R，R' 处值与在 Q 处值相同，故 xyz 在 Q，S，R 处达到极小值.

2）由 $\triangle ABE\cong\triangle CAD$ 可得 $\angle AEB=\angle ADC$，进而知 $\triangle AES\backsim\triangle ADC$，故有 $AS:SE=4:1$，又由 $\triangle AFR\backsim\triangle ADB$ 知 $AR:RF=4:3$，所以 $AS:SR:RD=4:8:1$. 注意到 $\triangle ABC$ 的高为 $\sqrt{12}$，所以在点 R 处，

$$xyz=\frac{1}{13}\cdot\frac{3}{13}\cdot\frac{9}{13}\cdot(\sqrt{12})^3=\frac{648\sqrt{3}}{2197}.$$

13.4 局部调整 分段逼进

局部调整法在解题中的作用大体可分为三种情形：①重复运用同一调整，即可使问题得以解决；②在不同阶段，根据对象不同，采取不同的调整策略. 最后导致问题的解决；③依靠局部调整解决问题中的某些环节. 前面部分对情形①已作详细的介绍，现在主要举例说明后两种的作用.

【例 13.5】 已知 $0<p\leqslant a_i\leqslant q$（$i=1,2,3,4,5$），求证：

$$(a_1+a_2+a_3+a_4+a_5)\left(\frac{1}{a_1}+\frac{1}{a_2}+\frac{1}{a_3}+\frac{1}{a_4}+\frac{1}{a_5}\right)\leqslant 25+6\left(\sqrt{\frac{q}{p}}-\sqrt{\frac{p}{q}}\right)^2.$$

证明 首先，若至少有一数不为 p 或 q，不妨设 a_1 不为 p 或 q，暂时保持

$a_i(i=2,3,4,5)$不变，设 $w=\left(\sum\limits_{i=1}^{5}a_i\right)\left(\sum\limits_{i=1}^{5}\dfrac{1}{a_i}\right)$，$m=\sum\limits_{i=2}^{5}a_i$，$n=\sum\limits_{i=2}^{5}\dfrac{1}{a_i}$，于是，有

$$w=(a_1+m)\left(\frac{1}{a_1}+n\right)=1+mn+a_1n+\frac{m}{a_1}.$$

注意到

$$\left(na_1+\frac{m}{a_1}\right)-\left(np+\frac{m}{p}\right)=(a_1-p)\left(n-\frac{m}{a_1p}\right),$$

且 $a_1-p\geqslant 0$，$a_1-q\leqslant 0$，若 $n-\dfrac{m}{a_1p}\leqslant 0$，则有 $na_1+\dfrac{m}{a_1}\leqslant np+\dfrac{m}{p}$，若 $n-\dfrac{m}{a_1p}>0$，则有 $n-\dfrac{m}{a_1q}>0$，又有 $na_1+\dfrac{m}{a_1}\leqslant nq+\dfrac{m}{q}$，所以把 a_1 调整为 p 或 q，w 方能得到最大值.

同理，把 a_2，a_3，a_4，a_5 不是 p 或 q 的数也调整为 p 或 q.

其次假设 a_1，a_2，a_3，a_4，a_5 中有 k 个取值 p，$5-k$ 个取值 $q(0\leqslant k\leqslant 5,k\in\mathbf{Z})$，于是

$$\begin{aligned}w&=[kp+(5-k)q]\left(\frac{k}{p}+\frac{5-k}{q}\right)\\&=k(5-k)\left(\sqrt{\frac{q}{p}}-\sqrt{\frac{p}{q}}\right)^2+25\\&\leqslant 25+6\left(\sqrt{\frac{q}{p}}-\sqrt{\frac{p}{q}}\right)^2.\end{aligned}$$

当 $k=2$ 或 3 时取等号，即

$$\begin{aligned}&(a_1+a_2+a_3+a_4+a_5)\left(\frac{1}{a_1}+\frac{1}{a_2}+\frac{1}{a_3}+\frac{1}{a_4}+\frac{1}{a_5}\right)\\&\leqslant 25+6\left(\sqrt{\frac{q}{p}}-\sqrt{\frac{p}{q}}\right)^2,\end{aligned}$$

其中等号当 $a_i(i=1,2,\cdots,5)$中有两数或三数为 p，其余等于 q 时成立.

【例 13.6】 设 n 是一个固定的整数，$n\geqslant 2$.

1）确定最小常数 c，使得不等式

$$\sum_{1\leqslant i\leqslant j\leqslant n}x_ix_j(x_i^2+x_j^2)\leqslant c\left(\sum_{1\leqslant i\leqslant n}x_i\right)^4$$

对所有的非负实数 x_1，x_2，$\cdots$，x_n 都成立；

2）对于这个常数 c，确定等号成立的充要条件.

解 1）若 x_i（$1\leqslant j\leqslant n$）中至少有一个非零正数，不妨设 $x_1\geqslant x_2\geqslant\cdots\geqslant$

$x_n \geqslant 0$，且 $\sum_{i=1}^{n} x_i = 1$. 记 $F(x_1, x_2, \cdots, x_n) = \sum_{i<j} x_i x_j (x_i^2 + x_j^2)$.

假设 $x_1, \cdots, x_n$ 中最后一个非零数为 x_{k+1}（$k \geqslant 2$）. 将

$$x = (x_1, \cdots, x_k, x_{k+1}, 0, \cdots, 0)$$

调整为

$$x' = (x_1, \cdots, x_{k-1}, x_k + x_{k+1}, 0, \cdots, 0),$$

有

$$\begin{aligned} F(x') - F(x) &= x_k x_{k+1} \left[3(x_k + x_{k+1}) \sum_{i=1}^{k-1} x_i - x_k^2 - x_{k+1}^2 \right] \\ &= x_k x_{k+1} [3(x_k + x_{k+1})(1 - x_k - x_{k+1}) - x_k^2 - x_{k+1}^2] \\ &= x_k x_{k+1} [(x_k + x_{k+1})(3 - 4(x_k + x_{k+1})) + 2x_k x_{k+1}]. \end{aligned}$$

因

$$1 \geqslant x_1 + x_k + x_{k+1} \geqslant \frac{1}{2}(x_k + x_{k+1}) + x_k + x_{k+1},$$

所以 $\frac{2}{3} \geqslant x_k + x_{k+1}$. 因此 $F(x') - F(x) > 0$. 这表明将 x 调整为 x' 时，函数值 F 严格增加.

对于任意 $x = (x_1, \cdots, x_n)$，经过若干次调整，最终可得

$$\begin{aligned} F(x) &\leqslant F(a, b, 0, \cdots, 0) = ab(a^2 + b^2) \\ &= \frac{1}{2}(2ab)(1 - 2ab) \\ &\leqslant \frac{1}{8} = F\left(\frac{1}{2}, \frac{1}{2}, 0, \cdots, 0\right). \end{aligned}$$

2）若所有 x_i 均为 0，则对任意 c 原式均成立. 可见所求之常数 c 等于 $\frac{1}{8}$. 等号成立的充要条件为两个 x_i 相等(可以为 0)，而其余的 x_j 均等于 0.

【例 13.7】 设整数 $n>3$，非负实数 $a_1, a_2, \cdots, a_n$ 满足

$$a_1 + a_2 + \cdots + a_n = 2.$$

求 $\frac{a_1}{a_2^2+1} + \frac{a_2}{a_3^2+1} + \cdots + \frac{a_n}{a_1^2+1}$ 的最小值.

分析 首先不难看出欲求式的值显然小于 2，并且在 $a_1, a_2, \cdots, a_n$ 中大数比较集中的时候，式子的值会相对小一些.

假设除了 a_1 和 a_2，其余的都是 0，那么式子变为 $\frac{2-a_2}{a_2^2+1} + a_2$，经计算其最小值为 1.5，在 $a_2 = 1$ 的时候取到. 在几次特殊值尝试后，我们认定欲求式的最小值就是 1.5. 可以试图构造一个不等式，使其等号在 1 和 0 处成立，

还能将原式简化.

解　当 $a_1=a_2=1$，其余的 a 均为 0 的时候，原式的值为 1.5，下面将证明 1.5 就是原式最小值.

不等式 $\frac{1}{a_i^2+1}>1-\frac{a_i}{2}$ 对任意的 a_i 成立，这个不等式等价于 $\frac{a_i\ (a_i-1)^2}{2}\geqslant 0$. 将此式代入原式，只需要证明

$$a_1\left(1-\frac{a_2}{2}\right)+a_2\left(1-\frac{a_3}{2}\right)+\cdots+a_n\left(1-\frac{a_1}{2}\right)\geqslant 1.5$$

或者是 $a_1a_2+a_2a_3+\cdots+a_na_1\leqslant 1$ 即可.

当 $n=4$ 时，

$$a_1a_2+a_2a_3+a_3a_4+a_4a_1=(a_1+a_3)(a_2+a_4)\leqslant\left(\frac{a_1+a_2+a_3+a_4}{2}\right)^2=1.$$

当 n 不小于 5 时，不妨设 $a_1\leqslant a_5$，我们可以将 a_2 调整成 0，a_4 调整成 a_2+a_4，这样 $a_1a_2+a_2a_3+\cdots+a_na_1$ 不比原来小，再把 a_2 这一项去掉，变成 $n-1$ 项，显然这样的乘积和又不比原来小，用无穷递降法知 $a_1a_2+a_2a_3+\cdots+a_na_1\leqslant 1$ 对任意的一组不少于 4 个且满足 $a_1+a_2+\cdots+a_n=2$ 的 a_1，a_2，…，a_n 成立，证毕.

【点评】　此题是 2007 年女子数学奥林匹克得分率最低的题目，只有俄罗斯一位选手做出(2007 年 IMO 金牌获得者). 将分式巧妙转换为整式是本题的关键. 若想不到此点，估计证明会相当麻烦.

【例 13.8】　空间有 1989 个点，其中任何三点不共线，把它们分成点数各不相同的 30 组，在任何三个不同的组中各取一点为顶点作三角形，问要使这种三角形的总数最大，各组的点数应是多少？

解　设 30 组的点数为 n_1，n_2，…，n_{30}，则 n_1，n_2，…，n_{30} 各不相等，且 $n_1+n_2+\cdots+n_{30}=1989$，三角形的总数 $=\sum\limits_{1\leqslant i<j<k\leqslant 30}n_in_jn_k$. 因为分组的方法数是有限的，所以三角形的总数的最大值是存在的，由对称性，不妨设 $n_1<n_2<\cdots<n_{30}$.

$$\sum_{1\leqslant i<j<k\leqslant 30}n_in_jn_k=n_1n_2\sum_{3\leqslant k\leqslant 30}n_k+\sum_{3\leqslant i<k\leqslant 30}n_jn_k(n_1+n_2)+\sum_{3\leqslant i<j<k\leqslant 30}n_in_jn_k.$$

固定 n_3，n_4，…，n_{30}，则 $n_1+n_2=1989-(n_3+\cdots+n_{30})$ 为常数，从而 $\sum\limits_{3\leqslant k\leqslant 30}n_k$，$\sum\limits_{3\leqslant j<k\leqslant 30}n_jn_k(n_1+n_2)$，$\sum\limits_{3\leqslant i<j<k\leqslant 30}n_in_jn_k$ 皆为常数，故要三角形总数最大必须 n_1n_2 最大，换言之，必须 n_2-n_1 最小. 所以 $n_2-n_1=1$ 或2. 类似地讨论可知，对 $1\leqslant i\leqslant 29$，$n_{i+1}-n_i=1$ 或 2.

可以证明，差为 2 的情况至多出现一次. 若不然，设 $n_{i+1}=n_i+2$，$n_{k+1}=n_k+2$，$i<k$，则可用 $n_i'=n_i+1$，$n'_{k+1}=n_k+1$ 分别代替 n_i 和 n_{k+1}，这样，$n_i'+n'_{k+1}=$

n_i+n_{k+1}，且 $n_i'n'_{k+1}>n_in_{k+1}$，三角形总数就要增大.

又不可能差都是1. 否则1989应是30个连续自然数之和，1989将被15整除，这显然不可能.

因此，使三角形总数最大的30组点的数目可设为 n，$n+1$，…，$n+k-1$，$n+k+1$，$n+k+2$，…，$n+30$，由它们的和是1989，可得

$$(n+1)+(n+2)+\cdots+(n+k)+(n+k+1)+\cdots+(n+30)=1989+k,$$

即 $15(2n+3)=1989+k$，所以 $1989+k$ 能被15整除，且 k 为偶数，又因为$1\leqslant k\leqslant 29$，所以 $k=6$，进而解得 $n=51$.

综上所述，使三角形总数最大的各组点数是51，52，…，56，58，59，…，81.

13.5 等周问题

【例13.9】 1）周长为定值的三角形，何者面积最大？

2）周长为定值 l 的四边形何者面积最大呢？是否是正方形呢？

分析 1）设 $\triangle ABC$ 三边为 a，b，c，利用海伦公式 $S_{\triangle ABC}=\sqrt{p(p-a)(p-b)(p-c)}$，其中 $p=\frac{1}{2}(a+b+c)$ 及 $(p-a)+(p-b)+(p-c)=p$（定值）. 根据平均值不等式，即知 $p-a=p-b=p-c$，即 $a=b=c$，$\triangle ABC$ 为等边三角形时，$(p-a)(p-b)(p-c)$ 有最大值，同时 $S_{\triangle ABC}$ 有最大值.

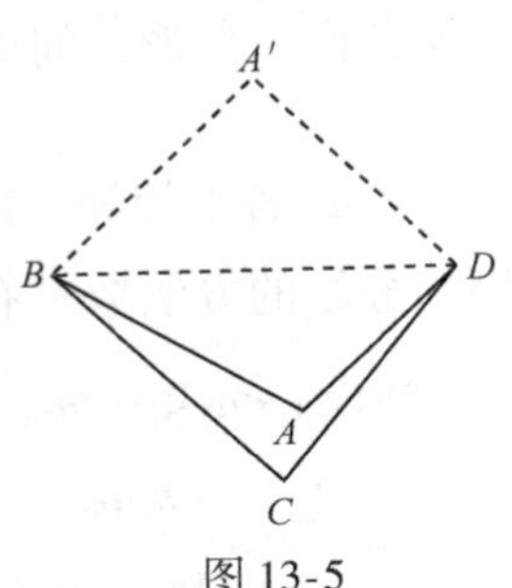

图 13-5

2）首先，周长为定值的四边形要有最大面积就不可能是凹四边形，否则如图13-5所示，四边形 $ABCD$ 中，内角 $\angle A>180°$. 连 BD，以 BD 为对称轴调整顶点 A 到 A' 的位置，凹四边形 $ABCD$ 变为凸四边形 $A'BCD$，显然周长不变，面积增大了.

其次，由于交换两邻边位置不会改变四边形的周长及面积，如图13-6所示，$\triangle A'DB\cong\triangle ABD$，因此可进行调整，使各边沿顺时针方向由短到长顺次排列. 不妨设 $A'D\leqslant DC\leqslant CB\leqslant BA'$，若存在不等边，则 $A'D<BA'$，如图13-7所示，再进行调整，固定 $\triangle BCD$ 不变，作 $\triangle A''BD$，使 $A''B+A''D=A'B+A'D$，$A''B=\frac{l}{4}$.

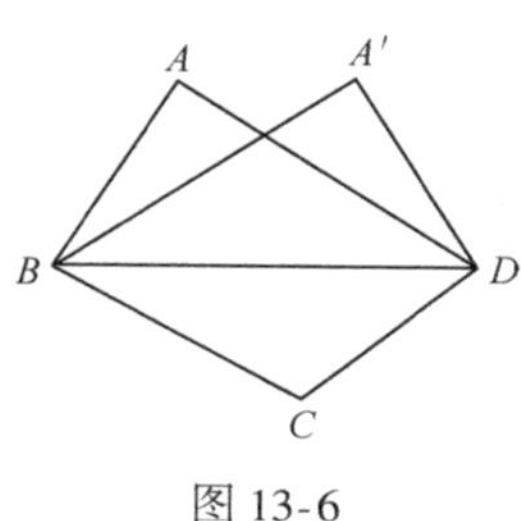

图 13-6

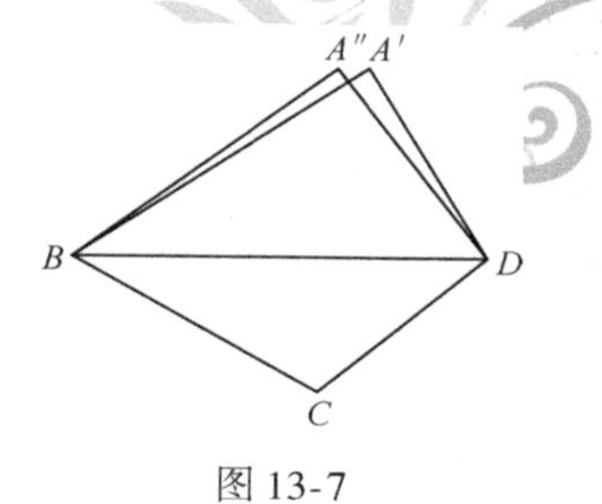

图 13-7

设 $p=\frac{1}{2}(A'B+A'D+BD)$，由 $|A''B-A''D|<|A'B-A'D|$ 可得

$$|(p-A''B)-(p-A''D)|<|(p-A'B)-(p-A'D)|,$$

且

$$(p-A''B)+(p-A''D)=(p-A'B)+(p-A'D).$$

因为对于任意实数 a，b，当 $a+b$ 为定值时，$|a-b|$ 减小，ab 增大，故

$$(p-A''B)(p-A''D)>(p-A'B)(p-A'D).$$

由海伦公式知 $S_{\triangle A''BD}>S_{\triangle A'BD}$.

四边形 $A''BCD$ 与四边形 $A'BCD$ 相比较，周长不变，面积增大了. 重复上述调整，可使四边形逐步变为等边四边形即菱形，而且面积有所增大. 换句话，周长为 l 的四边形要有最大面积应为菱形.

设 α 为调整后所得菱形一内角，因 $S_{四边形}=\left(\frac{1}{4}l\right)^2\sin\alpha\leqslant\left(\frac{1}{4}l\right)^2\sin\frac{\pi}{2}=\frac{l^2}{16}$，故 $\alpha\neq\frac{\pi}{2}$ 时，须调整 α，使 $\alpha=\frac{\pi}{2}$，这样得到周长为定值的四边形中面积最大者为正方形.

【例 13.10】 周长为定值的 n 边形中面积最大者是否就是正 n 边形呢?

分析 无疑，从例 13.9 的推导中可以知道周长为定值、面积最大的 n 边形必为等边凸 n 边形，因此，若能证明等边凸 n 边形内接于圆时面积最大则命题得证. 为此，先证明如下引理:

引理 13.1 在只有一边长度可以任意选取，其余 $n-1$ 边具有固定长度的 n 边形中，最大面积的 n 边形一定内接于一个以长度可以任意选取的那条边为直径的半圆周.

证明 设 n 边形 $A_1A_2\cdots A_n$ 长度可任选取的一边为 A_1A_n，连接 A_1A_3，A_3A_n. 若 $\angle A_1A_3A_n\neq\frac{\pi}{2}$，那么保持 $\triangle A_1A_2A_3$ 及 $n-2$ 边形 $A_3A_4\cdots A_n$ 不变，旋转 $n-2$ 边形 $A_3A_4\cdots A_n$，使 $\angle A_1A_3A_n$ 变为直角. 如图 13-8 所示，显然 $\triangle A_1A_3A_n$ 的

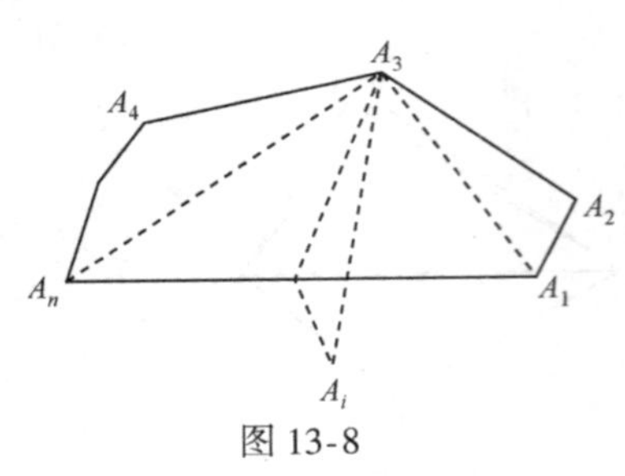

图 13-8

面积增大了. 若除 A_1，A_n 外仍存在某顶点对 A_1A_n 的视角不为直角，则重复上述调整. 这样，n 边形 $A_1A_2\cdots A_n$ 不断经过局部调整后的面积 S_1，S_2，…，S_n，…成一单调递增数列，显然它是有界的. 根据单调递增(减)有界数列存在极限这一重要准则，必存在极限 S. 此时即为内接于一个以任意选取的那条边为直径的半圆周的 n 边形的面积. 否则至少存在一顶点对 A_1A_n 视角不是直角，则可继续上述调整，面积仍将增大，引起矛盾.

现在回到原来的问题.

设 $A_1A_2\cdots A_n$ 为内接于圆的正 n 边形，$B_1B_2\cdots B_n$ 是与 $A_1A_2\cdots A_n$ 边长相等但不内接于圆的 n 边形.

在圆内接正 n 边形中作直径 A_1A，若 A 点落在外接圆圆周的 $\overset{\frown}{A_iA_{i+1}}$ 上（包括端点），连 A_1A，$A_{i+1}A$，如图 13-9，再在 n 边形 $B_1B_2\cdots B_n$ 的对应边 B_iB_{i+1} 的外侧作 $\triangle B_iBB_{i+1}$，使 $\triangle B_iBB_{i+1}\cong\triangle A_iAA_{i+1}$，连 B_1B. 如图 13-10，多边形 $B_1B_2\cdots B_iB$ 和 $B_1BB_{i+1}\cdots B_n$ 中至少有一个不内接于以 B_1B 为直径的半圆(否则，n 边形 $B_1B_2\cdots B_n$ 内接于圆，矛盾).

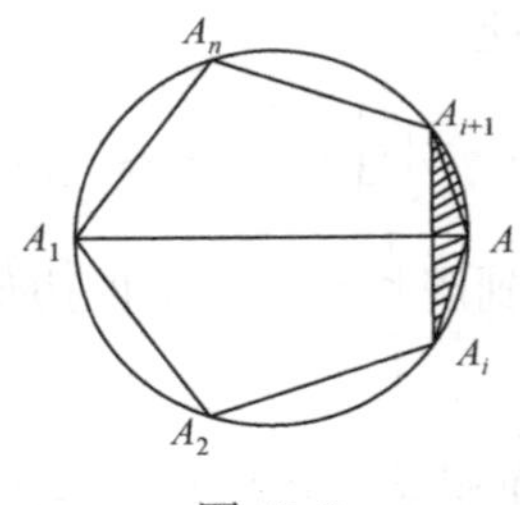

图 13-9

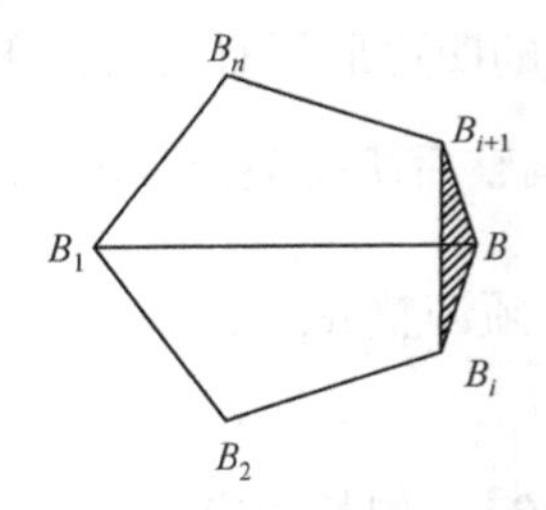

图 13-10

由于多边形 $A_1A_2\cdots A_iA$ 和 $A_1A_iA_{i+1}\cdots A_n$ 都内接于以 A_1A 为直径的半圆，根据引理 13.1，

$$S_{B_1B_2\cdots B_iB}\leqslant S_{A_1A_2\cdots A_iA},$$
$$S_{B_1BB_{i+1}\cdots B_n}\leqslant S_{A_1AA_{i+1}\cdots A_n},$$

两者之中至少有一等号不能成立. 将二式相加，得

$$S_{B_1B_2\cdots B_iBB_{i+1}\cdots B_n}<S_{A_1A_2\cdots A_iAA_{i+1}\cdots A_n}.$$

两边分别减去 $S_{\triangle B_iBB_{i+1}}$，$S_{\triangle A_iAA_{i+1}}$ 即得

$$S_{B_1B_2\cdots B_iB_{i+1}\cdots B_n}<S_{A_1A_2\cdots A_iA_{i+1}\cdots A_n}.$$

所以，周长为定值的 n 边形中，正 n 边形具有最大面积.

【点评】　此处所举问题仅是饶有趣味的各种等周问题中三个，且例 13. 9 是例 13. 10 的特例. 除例 13. 9 中 1) 为简单起见，利用海伦公式及平均值不等式直接得出结论外，主要采用局部调整法，逐步深入地探讨了等周多边形的最大面积，局部调整法的主要思想方法由此可见一斑.

13. 6　实际应用举例

局部调整方法有着广泛的实际应用. 如在最优化问题上，许多要求作出最佳决策的问题就是由多阶段的一连串部分决策构成的，因而作出决策的过程具体体现了局部调整法的应用，下面是一个简单的实例.

【例 13. 11】　某人从 A 城出差到 F 城，沿途顺经过若干城市，如图 13-11 所示，每条线上的数字表示从这一端点到另一端点城市所需费用，问如何才能使总费用最省？

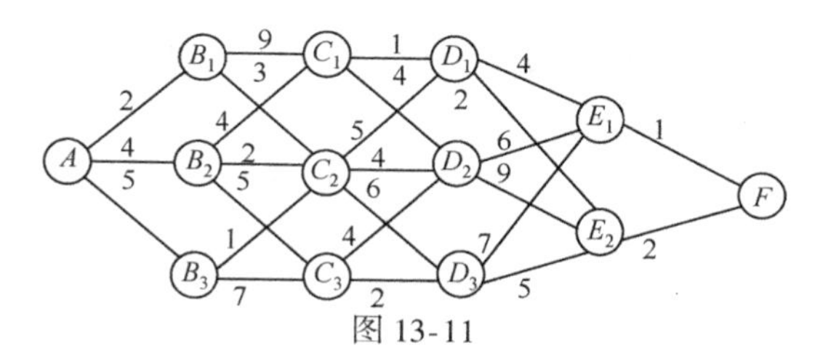

图 13-11

分析　如果从 A 开始逐一计算所有可能路线，工作量显然是很大的且易产生遗漏. 因实际问题决定了使途中费用最少的路线肯定是存在的，不妨从这样一个角度出发考虑问题，那就是对最优路线途中的某一城市，必存在如下事实，即不管前面路线如何，从本城市出发到终点途中费用仍应是最省的，否则将存在费用更省的路线，导致矛盾. 这样，可从 F 出发倒溯着进行局部调整，逐段淘汰不可能路线，从中筛选出最优路线.

记各城市至 F 的最小费用为 $g(x)$，x 为城市称号，那么首先

$$\begin{cases} g(E_1)=1, \\ g(E_2)=2. \end{cases}$$

其次

$$\begin{cases} g(D_1)=\min\{4+g(E_1),2+g(E_2)\}=4, \\ g(D_2)=\min\{6+g(E_1),9+g(E_2)\}=7, \\ g(D_3)=\min\{7+g(E_1),5+g(E_2)\}=7 \end{cases}$$

$$\rightarrow\begin{cases} g(C_1)=\min\{1+g(D_1),4+g(D_2)\}=5, \\ g(C_2)=\min\{5+g(D_1),4+g(D_2),6+g(D_3)\}=9, \\ g(C_3)=\min\{4+g(D_2),2+g(D_3)\}=9 \end{cases}$$

$$\rightarrow\begin{cases} g(B_1)=\min\{9+g(C_1),3+g(C_2)\}=12, \\ g(B_2)=\min\{4+g(C_1),2+g(C_2),5+g(C_3)\}=9, \\ g(B_3)=\min\{1+g(C_2),7+g(C_3)\}=10 \end{cases}$$

$$\rightarrow g(A)=\min\{2+g(B_1),4+g(B_2),5+g(B_3)\}=13.$$

可见最优路线是：$A\rightarrow B_2\rightarrow C_1\rightarrow D_1\rightarrow E_2\rightarrow F$ 且总费用为 13.

问　题

1. 在线段 AB 上关于它的中点 M 对称地放置 $2n$ 个点. 任意将这 $2n$ 个点中的 n 个染成红点，另 n 个染成蓝点. 证明：所有红点到 A 的距离之和等于所有蓝点到 B 的距离之和.

2. 若干个正整数之和为 1985，求这些整数乘积的最大值.

3. 在 1，2，3，…，1989 每个数前添上“+”或“-”号，使其代数和为最小的非负数，并写出算式.

4. 在一条公路上每隔 100 千米有一个仓库，如下图所示. 共有五个仓库，一号仓库存有 10 吨货物，二号仓库存有 20 吨货物，五号仓库存有 40 吨货物，其余两个仓库是空的. 现在想把所有货物集中存放在一个仓库里，如果每吨货物运输一千米需要 0.5 元运输费，那么最少要多少运输费才行？

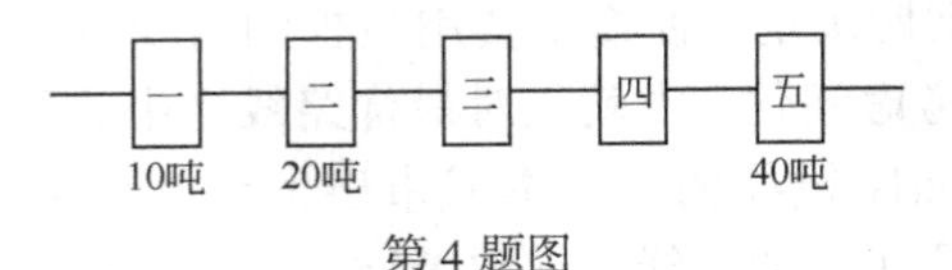

第 4 题图

5. 有十个村，坐落在从县城出发的一条公路旁(如下图，距离单位是千米). 要安装水管，从县城送自来水供给各村，可以用粗细两种水管. 粗管足够供给所有各村用水，细管只能供一个村用水. 粗管每千米要用 8000 元，细管每千米要用 2000 元. 把粗管和细管适当搭配，互相连接，可以降低工程的总费用. 按你认为费用最节省的方法，费用是多少？

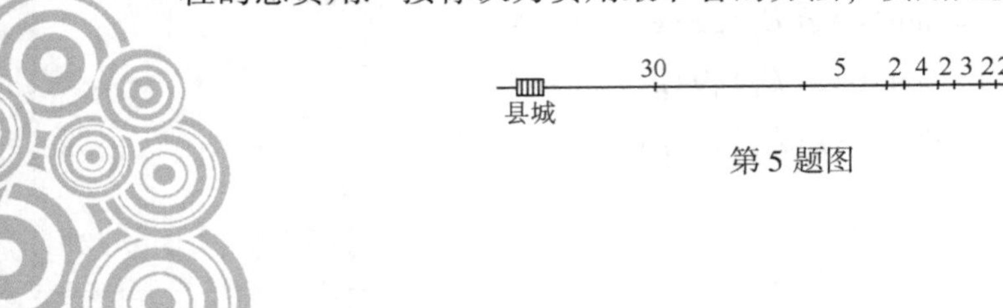

第 5 题图

6. 一个车场有六个货站，4 辆汽车经过六个货站组织循环运输. 每个货站所需的装卸工人数在图中标明. 为节省人力，装卸工人可以坐在车上到各货站去，这样就有些人固定在货站，有些人跟车，但每辆车到达任一个货站时都必须能顺利地装卸. 怎样安排能使装卸工的总人数最少？

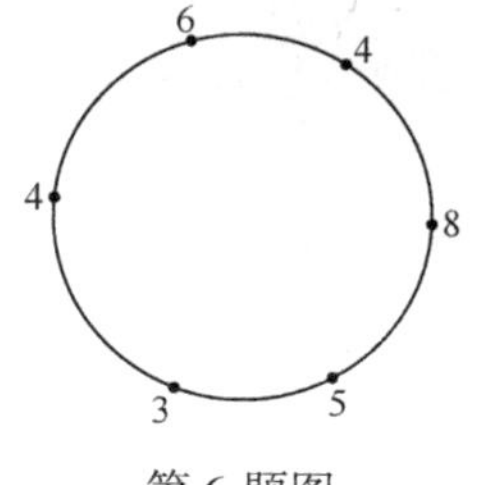

第 6 题图

7. 10 个人各拿着一只水桶到水龙头前打水，他们打水所花的时间分别为 1 分钟、2 分钟、3 分钟、…、10 分钟. 因为只有一个水龙头，他们得排队打水，请问怎样适当安排他们打水的顺序，使每个人排队和打水时间的总和最小？

8. 已知 $0<a_1, a_2, \cdots, a_n<\pi$，且 $a_1+a_2+\cdots+a_n=A$，求证：

$$\sin\alpha_1+\sin\alpha_2+\cdots+\sin\alpha_n\leqslant n\sin\frac{A}{n}.$$

9. 已知二次三项式 $f(x)=ax^2+bx+c$ 的所有系数都是正的且 $a+b+c=1$，求证：对于任何满足 $x_1x_2\cdots x_n=1$ 的正数组 $x_1, x_2, \cdots, x_n$ 都有

$$f(x_1)f(x_2)\cdots f(x_n)\geqslant 1.$$

10. 设 a, b, c 为三角形的三边长且 $a+b+c=2$，求证：$a^2+b^2+c^2<2(1-abc)$.

11. 设 a, b, c, d 都是非负实数，求证：

$$\sqrt{\frac{a^2+b^2+c^2+d^2}{4}}\geqslant\sqrt[3]{\frac{abc+bcd+cda+dab}{4}}.$$

12. 设实数 $x_1, x_2, \cdots, x_n$ 的绝对值都不大于1，试求 $S=\sum\limits_{1\leqslant i<j\leqslant n}x_ix_j$ 的最小值.

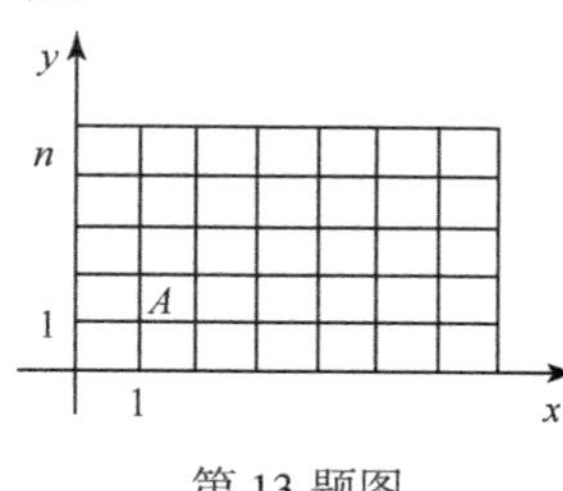

第 13 题图

13. 如图，有 $m\cdot n$ 个格点，求从点 $A(1, 1)$ 到达点 $B(m, n)$ 的一条路径，使得它所经过的每个格点的两坐标的乘积之和为最大，并求出此最大值(注：这里所谓“路径”指的是向上、向右，即不允许逆着 x, y 轴的正向走).

14. 某电影院的座位共有 m 排，每排有 n 座，票房共售出 mn 张电影票. 由于疏忽，这一场票中有些号是重的，不过每位观众都可以照票上所标的排次号之一入座，求证：至少可使一名观众既坐对排次，又坐对座次，而其他观众保持前述情况就座.

15. 证明：平面上任意 $n(n\geqslant 2)$ 个点，总可以被某些不相交的圆盖住.

这些圆的直径的和小于 $n-a+1$，且每两个圆之间的距离大于 a. 这里 $0<a<1$.

16. $2n+1$ 个选手 p_1，p_2，…，p_{2n+1} 进行象棋循环赛，每个选手同其他 $2n$ 个选手各赛一局. 假定比赛结果没有平局出现，现以 w_i 记选手 p_i 胜的局数. 试求 $S=\sum_{i=1}^{2n+1} w_i^2$ 的最大值和最小值.

17. 给定两个系数为非负整数的多项式 $f(x)$ 和 $g(x)$，其中 $f(x)$ 的最大系数为 m. 现知对于某两个正整数 $a<b$，有 $f(a)=g(a)$ 和 $f(b)=g(b)$. 证明：如果 $b>m$，则多项式 $f(x)$ 与 $g(x)$ 恒等.

第 14 章
夹　逼

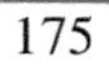

数学的基本结果往往是一些不等式而不是等式.

——E. 贝肯巴赫

先看一个简单例子.

一本书的页码自 1 至 n，在把这本书的各页号累加起来的时候，有一个页号被错误地多加了一次. 结果，所得到错误和数为 2000. 问：这个被多加了一次的页号是几?

设 $k(1 \leqslant k \leqslant n)$ 是被多加了一次的页号，则

$$1+2+\cdots+n < 1+2+\cdots+n+k < 1+2+\cdots+n+n+1,$$

有

$$\frac{n(n+1)}{2} < 2000 < \frac{(n+1)(n+2)}{2},$$

即

$$\begin{cases} n(n+1)<4000, & (14\text{-}1)\\ (n+1)(n+2)>4000. & (14\text{-}2)\end{cases}$$

显然，n 是稍大于 60 的数. 注意到 $62 \cdot 63=3906$，$63 \cdot 64=4032$，所以有

$$62 \cdot 63<4000<63 \cdot 64,$$

可见 $n=62$. 进而，得

$$k=2000-\frac{62 \times 63}{2}=2000-1953=47.$$

因此，被多加了一次的页号为47.

以上所采用的方法是根据题设条件建立不等式，使被考查的 n 被限制在一个较窄小的范围，再经过适当的处理获取结论. 这种方法正是夹逼的方法. 所谓夹逼，就是经过适当处理使被考查的数学对象被限在一个利于进一步考查的较小范围内，逐渐逼近目标的方法. 这种方法有着广泛的应用.

利用不等关系进行夹逼是最为常见的形式.

【例 14.1】 求所有正整数 n，使得 $n^3-18n^2+115n-391$ 是一个正整数的立方.

解 记 $f(n)=n^3-18n^2+115n-391$，则

$$\begin{aligned}(n-5)^3-f(n)&=(n^3-15n^2+75n-125)-(n^3-18n^2+115n-391)\\&=3n^2-40n+266\\&=n^2+2(n-10)^2+66>0,\end{aligned}$$

即 $f(n)<(n-5)^3$. 又

$$f(n)=(n-6)^3+7(n-25)=(n-7)^3+(3n+4)(n-12).$$

故当 $12<n<25$ 时，$(n-7)^3<f(n)<(n-6)^3$；当 $n>25$ 时，$(n-6)^3<f(n)<(n-5)^3$. 当 $n\leqslant 10$ 时，$f(n)=n(n-9)^2+34n-391$，容易验证 $f(n)<0$.

唯有 $f(11)=3^3, f(12)=5^3, f(25)=19^3$，故所求正整数 n 为11，12，25.

【例 14.2】 设 $x>1$，$y>1$，且使 $a=\sqrt{x-1}+\sqrt{y-1}$ 和 $b=\sqrt{x+1}+\sqrt{y+1}$ 是不相邻的整数，求证：$b=a+2$，$x=y=\dfrac{5}{4}$.

证明 显然，有

$$\begin{cases}\sqrt{x-1}<\sqrt{x+1}<\sqrt{x-1}+\sqrt{2},\\\sqrt{y-1}<\sqrt{y+1}<\sqrt{y-1}+\sqrt{2},\end{cases}\tag{14-3}$$

从而

$$a<b=\sqrt{x+1}+\sqrt{y+1}<\sqrt{x-1}+\sqrt{y-1}+2\sqrt{2}<a+3.$$

因 a，b 为两不相邻的整数，所以 $b=a+2$. 于是

$$\begin{cases}\sqrt{x-1}+\sqrt{y-1}=a, & (14\text{-}4)\\\sqrt{x+1}+\sqrt{y+1}=a+2. & (14\text{-}5)\end{cases}$$

由(14-3)式得

$$\sqrt{x+1}-\sqrt{x-1}<\sqrt{2},$$

所以，有

$$\frac{2}{\sqrt{x+1}+\sqrt{x-1}}=\frac{2(\sqrt{x+1}-\sqrt{x-1})}{(x+1)-(x-1)}$$
$$=\sqrt{x+1}-\sqrt{x-1}<\sqrt{2}.$$

又

$$\frac{2}{\sqrt{x+1}+\sqrt{x-1}}+\frac{2}{\sqrt{y+1}+\sqrt{y-1}}$$
$$=(\sqrt{x+1}-\sqrt{x-1})+(\sqrt{y+1}-\sqrt{y-1})$$
$$=(\sqrt{x+1}+\sqrt{y+1})-(\sqrt{x-1}+\sqrt{y-1})=2,$$

所以

$$\frac{2}{\sqrt{y+1}+\sqrt{y-1}}>2-\sqrt{2},$$

即

$$\sqrt{y+1}+\sqrt{y-1}<2+\sqrt{2},$$

故 $y<3$，同理 $x<3$，故

$$a=\sqrt{x-1}+\sqrt{y-1}<2\sqrt{2}<3.$$

从而知 a 为1或2.

当 $a=1$ 时,(14-4)式,(14-5)式即为

$$\begin{cases}\sqrt{x-1}+\sqrt{y-1}=1, & (14\text{-}6)\\ \sqrt{x+1}+\sqrt{y+1}=3, & (14\text{-}7)\end{cases}$$

由(14-6)式,(14-7)式解得 $x=y=\frac{5}{4}$.

当 $a=2$ 时,(14-4)式,(14-5)式即为

$$\begin{cases}\sqrt{x-1}+\sqrt{y-1}=2,\\ \sqrt{x+1}+\sqrt{y+1}=4,\end{cases}$$

此方程组无解.

综上所述，命题获证.

【例 14.3】 求证：对任意 $n\in\mathbf{N}^{+}$，恰有一组数 $x_1, x_2, \cdots, x_n$ 满足方程

$$(1-x_1)^2+(x_1-x_2)^2+\cdots+(x_{n-1}-x_n)^2+x_n^2=\frac{1}{n+1}.$$

证明 由柯西不等式得

$$(n+1)[(1-x_1)^2+(x_1-x_2)^2+\cdots+(x_{n-1}-x_n)^2+x_n^2]$$
$$\geqslant[(1-x_1)+(x_1-x_2)+\cdots+(x_{n-1}-x_n)+x_n]^2,$$

即

$$(1-x_1)^2+(x_1-x_2)^2+\cdots+(x_{n-1}-x_n)^2+x_n^2 \geqslant \frac{1}{n+1}.$$

由已知上式中仅有等号成立，且等号成立当且仅当

$$1-x_1=x_1-x_2=\cdots=x_{n-1}-x_n=x_n=\frac{1}{n+1},$$

即 $x_i=1-\frac{i}{n+1}(i=1,2,\cdots,n)$ 时成立，因此对任意 $n\in\mathbf{N}^+$，恰有一组数 $x_1,x_2,\cdots,x_n$ 满足方程.

【点评】 这里利用著名不等式中等号成立的充要条件导出相等，论证并求出方程的唯一一组有理解，十分巧妙.

【例 14.4】 函数列 $\{f(x)\}$ 由下列条件递归定义：$f_1(x)=\sqrt{x^2+48}$，且

$$f_{n+1}(x)=\sqrt{x^2+6f_n(x)}.$$

对于每个 $n\in\mathbf{N}^+$，求出方程 $f_n(x)=2x$ 的所有实数解.

分析 经观察，方程仅可能有正根，而且 $x=4$ 满足方程.

当 $n=1$ 时，若 $0<x<4$，则

$$f_1(x)=\sqrt{x^2+48}>\sqrt{x^2+3x^2}=2x.$$

进一步猜想，当 $0<x<4$ 时，对 $n\in\mathbf{N}^+$，均有 $f_n(x)>2x$. 假设 $f_k(x)>2x$，那么

$$f_{k+1}(x)=\sqrt{x^2+6f_k(x)}>\sqrt{x^2+6\times 2x}>\sqrt{x^2+3x^2}=2x.$$

故对 $n\in\mathbf{N}^+$，$f_n(x)>2x$. 说明 $0<x<4$ 不可能是方程 $f_n(x)=2x$ 的根.

只要把上述不等式反向，即可证得 $x>4$ 时，$f_n(x)<2x$，同样不存在方程实数解.

综上所述，知 $x=4$ 为所求.

若 $A_1\leqslant A_2$，$A_1\geqslant A_2$ 同时成立，则意味着 $A_1=A_2$，即可将不等关系转化为相等关系. 以上事实提供了一条重要解题策略——先退一步，求得不等关系（这要容易些），再两边夹逼，由不等导出相等.

【例 14.5】 证明：如果对所有 $x,y\in\mathbf{R}$，函数 f：$\mathbf{R}\to\mathbf{R}$ 满足

$$f(x)\leqslant x \tag{14-8}$$

与

$$f(x+y)\leqslant f(x)+f(y), \tag{14-9}$$

则 $f(x)=x$.

证明 在(14-9)式中，令 $x=y=0$，有

$$f(0)\leqslant 2f(0),$$

即 $f(0)\geqslant 0$. 又由(14-8)式知 $f(0)\leqslant 0$，故 $f(0)=0$. 于是由(14-9)式又有

$$f(x) \geqslant f((x)+(-x))-f(-x)=-f(-x), \tag{14-10}$$

由(14-8)式知

$$f(-x) \leqslant -x, \tag{14-11}$$

由(14-10)式,(14-11)式知

$$f(x) \geqslant x.$$

结合(14-8)式得$f(x)=x$.

【例 14.6】 设$f(x)$是定义在$\mathbf{N}$上的取非负整数值的函数，且对所有的m，$n \in \mathbf{N}$，有

$$f(m+n)-f(m)-f(n)=0\text{ 或 }1,$$

以及$f(2)=0$，$f(3)>0$，$f(6000)=2000$. 求$f(5976)$.

分析 由$f(2) \geqslant 2f(1)$，$f(2)=0$知$f(1)=0$. 因$f(3)-f(2)-f(1) \leqslant 1$，$f(3)>0$，知$f(3)=1$. 又$f(6000)=f(3\times 2000)=2000$，注意到$5976=1992\cdot 3$，猜想$f(3k)=k(k \leqslant 2000)$. 若猜想能得证，问题即可得到解决.

依题设，有

$$f(3n+3) \geqslant f(3n)+f(3)=f(3n)+1. \tag{14-12}$$

在(14-12)式中取$n=1,2,\cdots,k-1$，有

$$\begin{gathered} f(3\times 2) \geqslant f(3\times 1)+1, \\ f(3\times 3) \geqslant f(3\times 2)+1, \\ \vdots \\ f(3\cdot k) \geqslant f(3(k-1))+1, \end{gathered}$$

各式相加，得

$$f(3k) \geqslant f(3)+(k-1)=k,$$

这对一切正整数k成立. 若存在$k_0<2000$，使得$f(3k_0) \geqslant k_0+1$，那么

$$\begin{aligned} f(6000) &\geqslant f(6000-3k_0)+f(3k_0) \\ &\geqslant (2000-k_0)+k_0+1 \\ &> 2000, \end{aligned}$$

与题设相矛盾，所以，有

$$f(3k) \leqslant k, \quad k \leqslant 2000. \tag{14-13}$$

综合(14-12)式,(14-13)式,得

$$f(3k)=k, \quad k \leqslant 2000.$$

从而$f(5976)=1992$.

【例 14.7】 设函数f：$\mathbf{N}^+ \to \mathbf{N}^+$，满足$f(n+1)>f(f(n))$.求证:$f(n)=n$.

分析 直接证明$f(n)=n$很难下手. 先退而求其次，证明

$$f(n) \geqslant n. \tag{14-14}$$

因为若有(14-14)式成立，就不难证得$f(x)$是严格递增函数. 事实上，取$n=k$，即有

$$f(k+1)>f(f(k))\geqslant f(k).$$

再进而利用函数$f(n)$的单调性及$f(n+1)>f(f(n))$，得

$$n+1>f(n),$$

也就是

$$f(n)\leqslant n. \tag{14-15}$$

(14-14)式，(14-15)式联立，即可得$f(n)=n$.

为了证明(14-14)式，只需证明对于任意正整数k，当$n\geqslant k$时，有$f(n)\geqslant k$.

当$k=1$时，根据定义，有$f(n)\geqslant 1$，上述命题成立. 假设对正整数k命题成立，则当$n\geqslant k+1$时，由$n-1\geqslant k$及归纳假设，知

$$f(n-1)\geqslant k,$$

从而，有

$$f(f(n-1))\geqslant k,$$

于是，有

$$f(n)>k,$$

即

$$f(n)\geqslant k+1.$$

上述命题在$n=k+1$时也成立. 至此，上述命题获证. 利用获得结果，取$n=k$，即得(14-14)式.

【例 14.8】 f是定义在$(1,+\infty)$上且在$(1,+\infty)$中取值的函数，满足对任何$x,y>1$且$u,v>0$，都成立

$$f(x^u y^v)\leqslant [f(x)]^{\frac{1}{4u}}\cdot[f(y)]^{\frac{1}{4v}}. \tag{14-16}$$

试确定所有这样的函数f.

解 令$x=y$，$u=v$，由(14-16)式得

$$f(x^{2u})\leqslant [f(x)]^{\frac{1}{2u}},$$

再用u代换$2u$，则对所有$x>1$，$u>0$均有

$$f(x^u)\leqslant [f(x)]^{\frac{1}{u}}. \tag{14-17}$$

令$y=x^u$，$v=\dfrac{1}{u}$，则$x=y^{\frac{1}{u}}=y^v$，$u=\dfrac{1}{v}$，代入(14-17)式，得

$$f(y)\leqslant [f(y^v)]^v.$$

用x代换y，u代换v，则对所有$x>1$，$u>0$，又有

$$f(x^u)\geqslant [f(x)]^{\frac{1}{u}}. \tag{14-18}$$

由(14-17)式,(14-18)式知

$$f(x^u)=[f(x)]^{\frac{1}{u}}. \tag{14-19}$$

取 $x=\mathrm{e}$, $t=\mathrm{e}^u$, 当 u 从 0 变化到 $+\infty$ 时, t 从 1 变化到 $+\infty$, 于是(14-19)式变为

$$f(t)=[f(\mathrm{e})]^{\frac{1}{\ln t}}.$$

令 $f(\mathrm{e})=a>1$, 用 x 代换 t, 则

$$f(x)=a^{\frac{1}{\ln x}},\quad a>1. \tag{14-20}$$

下面验证函数(14-20)满足(14-16)式. 因 $x, y\in(1,+\infty), u, v>0$ 时,

$$\left(\frac{1}{u\ln x}+\frac{1}{v\ln y}\right)(u\ln x+v\ln y)\geqslant 4,$$

所以

$$\frac{1}{4u\ln x}+\frac{1}{4v\ln y}\geqslant\frac{1}{u\ln x+v\ln y},$$

$$f(x^u y^u)=a^{\frac{1}{u\ln x+v\ln y}}\leqslant a^{\frac{1}{4u\ln x}+\frac{1}{4v\ln y}}$$

$$=[f(x)]^{\frac{1}{4u}}\cdot[f(y)]^{\frac{1}{4v}}.$$

这就证明了对所有 $a>1$, (14-20)式即为所求函数.

【例 14.9】 求

$$\sqrt{1989+1985\sqrt{1990+1986\sqrt{1991+1987\sqrt{\cdots}}}}$$

的值.

解 设

$$f(x)=\sqrt{x+(x-4)\sqrt{(x+1)+(x-3)\sqrt{(x+2)+(x-2)\sqrt{\cdots}}}},$$

则 $f(x)$ 满足下列函数方程:

$$[f(x)]^2=x+(x-4)f(x+1). \tag{14-21}$$

由恒等式

$$(x-2)^2=x+(x-4)(x-1)$$

知 $f(x)=x-2$ 是上述函数方程的一个解. 以下证明当 $x\geqslant 6$ 时(14-21)式只有唯一解 $f(x)=x-2$.

首先, 当 $x\geqslant 6$ 时,

$$f(x)>\sqrt{(x-4)\sqrt{(x-3)\sqrt{(x-2)\sqrt{\cdots}}}}$$

$$>\sqrt{(x-4)\sqrt{(x-4)\sqrt{(x-4)\sqrt{\cdots}}}}$$

$$=(x-4)^{\frac{1}{2}+\frac{1}{4}+\frac{1}{8}+\cdots}$$

$$=x-4 \geqslant \frac{1}{2}(x-2);$$

其次，当 $x \geqslant 6$ 时，

$$f(x)<\sqrt{(2x-4)\sqrt{(2x-2)\sqrt{(2x)\sqrt{(2x+2)\sqrt{\cdots}}}}}$$

$$<\sqrt{2(x-2)\sqrt{4(x-2)\sqrt{8(x-2)\sqrt{16(x-2)\sqrt{\cdots}}}}}$$

$$=(x-2)^{\frac{1}{2}+\frac{1}{4}+\frac{1}{8}+\cdots}\cdot 2^{\frac{1}{2}+\frac{2}{4}+\frac{3}{8}+\cdots}$$

$$=4(x-2),$$

所以

$$\frac{1}{2}(x-2)<f(x)<4(x-2), \quad x \geqslant 6. \tag{14-22}$$

由(14-22)式得

$$\frac{1}{2}(x-1)<f(x+1)<4(x-1), \tag{14-23}$$

由(14-21)式,(14-22)式,(14-23)式得

$$\frac{1}{2}(x-2)^2<\frac{1}{2}x+(x-4)f(x+1)<f^2(x)$$

$$<4x+(x-4)f(x+1)$$

$$<4(x-2)^2,$$

所以

$$\frac{1}{\sqrt{2}}(x-2)<f(x)<\sqrt{4}(x-2), \quad x \geqslant 6.$$

设

$$\left(\frac{1}{2}\right)^{\frac{1}{2^k}}(x-2)<f(x)<4^{\frac{1}{2^k}}(x-2),$$

则

$$\left(\frac{1}{2}\right)^{\frac{1}{2^k}}(x-1)<f(x+1)<4^{\frac{1}{2^k}}(x-1).$$

于是

$$\left(\frac{1}{2}\right)^{\frac{1}{2^k}}(x-2)^2<\left(\frac{1}{2}\right)^{\frac{1}{2^k}}x+(x-4)f(x+1)<f^2(x)$$

$$<4^{\frac{1}{2^k}}x+(x-4)f(x+1)<4^{\frac{1}{2^k}}(x-2)^2,$$

从而有

$$\left(\frac{1}{2}\right)^{\frac{1}{2^{k+1}}}(x-2)<f(x)<4^{\frac{1}{2^{k+1}}}(x-2),\quad x\geqslant 6.$$

这就证明了对一切正整数 n 有

$$\sqrt[2^n]{\frac{1}{2}}(x-2)<f(x)<\sqrt[2^n]{4}(x-2),\quad x\geqslant 6.$$

令 $n\to+\infty$ 得 $f(x)=x-2$，$x\geqslant 6$，于是所求值为 $f(1989)=1987$.

有些问题呈环状结构，宜转化为不等关系考虑，通过不等式传递，形成

$$A_1\leqslant A_2\leqslant\cdots\leqslant A_n\leqslant A_1,$$

重新回归到相等关系上来.

【例 14.10】 设 $n\geqslant 2$，求方程组

$$\begin{cases}x_1^4+14x_1x_2+1=y_1^4,\\x_2^4+14x_2x_3+1=y_2^4,\\\quad\vdots\\x_{n-1}^4+14x_{n-1}x_n+1=y_{n-1}^4,\\x_n^4+14x_nx_1+1=y_n^4\end{cases}$$

的所有解 $(x_1,x_2,\cdots,x_n,y_1,y_2,\cdots,y_n)$，其中 x_i，$y_i(1\leqslant i\leqslant n)$ 都是正整数.

解 考查方程

$$x_i^4+14x_ix_{i+1}+1=y_i^4,$$

有

$$y_i^4-x_i^4=14x_ix_{i+1}+1>0,$$

故

$$y_i\geqslant x_i+1,\quad x_{n+1}=x_1,\ 1\leqslant i\leqslant n.\tag{14-24}$$

于是

$$\begin{aligned}14x_ix_{i+1}&=y_i^4-x_i^4-1\geqslant(x_i+1)^4-x_i^4-1\\&=4x_i^3+6x_i^2+4x_i,\end{aligned}$$

从而有

$$14(x_{i+1}-x_i)\geqslant 4(x_i-1)^2\geqslant 0,\tag{14-25}$$

所以

$$x_{i+1}\geqslant x_i,\quad 1\leqslant i\leqslant n,$$

即

$$x_1\leqslant x_2\leqslant\cdots\leqslant x_n\leqslant x_1,$$

也就是

$$x_1=x_2=\cdots=x_n=x_1.\tag{14-26}$$

由原方程组(14-25)式,(14-26)式得 $x_i=1$，$y_i=2$，$i=1,2,\cdots,n$.

【例 14.11】 已知 A，B 是由不同的正实数组成的有限集，n（$n>1$）是一个给定的正整数，A 和 B 中均至少有 n 个元素. 若 A 中任意 n 个不同实数的和属于 B，B 中任意 n 个不同实数的积属于 A. 求 A 和 B 中所有元素个数的最大值.

解 假设集合 A 中包含 m 个元素，设为 a_1，a_2，…，a_m，且满足 $0<a_1<a_2<\cdots<a_m$，$m>n$.

设 $S=a_1+a_2+\cdots+a_{n+1}$，$p=(S-a_1)(S-a_2)\cdots(S-a_{n+1})$，则 $S-a_k(k=1,2,\cdots,n+1)$ 属于 B.

再设 $\alpha_1=\dfrac{p}{S-a_1}$，$\alpha_2=\dfrac{p}{S-a_2}$，…，$\alpha_{n+1}=\dfrac{p}{S-a_{n+1}}$，$\alpha_k=\dfrac{p(S-a_1-a_{n+1}+a_k)}{(S-a_n)(S-a_{n+1})}$ $(k=n+2,\cdots,m)$，$\alpha_{m+1}=\dfrac{p(S-a_1-a_n+a_m)}{(S-a_n)(S-a_{n+1})}$，则 $\alpha_i(i=1,2,\cdots,m+1)$ 均为 B 中的 n 个不同元素的积.

因此，α_i 均属于 A，且满足 $\alpha_1<\alpha_2<\cdots<\alpha_{n+1}<\alpha_{n+2}<\cdots<\alpha_m<\alpha_{m+1}$，与 A 中有 m 个元素矛盾！

所以，A 中最多有 n 个元素. 从而可知 A 中有 n 个元素.

若 b_1，b_2，…，$b_{n+1}\in B$，且满足 $0<b_1<b_2<\cdots<b_{n+1}$，设 $\Pi=b_1b_2\cdots b_{n+1}$，则 $\dfrac{\Pi}{b_k}$（$k=1,2,\cdots,n+1$）属于 A，且满足 $0<\dfrac{\Pi}{b_{n+1}}<\dfrac{\Pi}{b_n}<\cdots<\dfrac{\Pi}{b_1}$，矛盾！

因此，A 和 B 中均有 n 个元素，所求最大值为 $2n$.

取 $A=\{1,2,\cdots,n\}$，$B=\left\{1,2,\cdots,n-2,\dfrac{n(n+1)}{2},\dfrac{2(n-1)}{(n+1)!}\right\}$，可知 $2n$ 是可以得到的.

问 题

1. 已知一个整数等于 4 个不同的形如 $\dfrac{m}{m+1}$（m 是正整数）的真分数之和，求这个数，并求出满足题意的 5 组不同的真分数.

2. 求下式中 S 的整数部分：

$$S=\frac{1}{1/91+1/92+1/93+\cdots+1/100}.$$

3. 若 x，y 为正整数，则 x^2+y 及 y^2+4x 不可能同为平方数.

4. 假定 a，b，c 是三个不同正整数. 证明：$a+b$，$b+c$，$c+a$ 三个数不可能都是 2 的方幂.

5. 如果一个数能分解成 k 个大于 1 的连续自然数之积，则说这个数具有

特性 $p(k)$. 证明：

（1）存在数 k，对这个数 k，有某个数同时具有特性 $p(k)$ 和 $p(k+2)$；

（2）同时具有特性 $p(2)$ 和 $p(4)$ 的数不存在.

6. 求使 $4^{27}+4^{1000}+4^x$ 成为完全平方数的最大整数 x.

7. 求方程

$$(x^{2k}+1)(1+x^2+x^4+\cdots+x^{2k-2})=2k\cdot x^{2k-1}$$

的一切实根，其中 k 是自然数.

8. 若实系数多项式 $f(x)$ 对于方程 $f(x)=x$ 无实根，则 $f^{(n)}(x)=x(n\in\mathbf{N})$ 也无实根.

9. 求所有定义在 $\mathbf{R}$ 上的实值函数 f，对一切实数 x，y，z，满足

$$\frac{1}{2}f(xy)+\frac{1}{2}f(xz)-f(x)f(yz)\geqslant\frac{1}{4}.$$

10. 设 $p=x^4+6x^3+11x^2+3x+31$ 为一整数的平方，求 x 的值.

11. 设 f：$\mathbf{R}^+\to\mathbf{R}^+$ 满足对任意 x，y，u，$v>0$，有

$$f\left(\frac{x}{2u}+\frac{y}{2v}\right)\leqslant\frac{1}{2}(uf(x)+vf(y)).$$

试确定所有这样的函数 f.

12. 若 a，b，c 是实数，$(b-1)^2<4ac$. 证明：关于 x_1，x_2，…，x_n 的方程组

$$\begin{cases}ax_1^2+bx_1+c=x_2,\\ax_2^2+bx_2+c=x_3,\\\qquad\vdots\\ax_n^2+bx_n+c=x_1\end{cases}$$

无实数解.

13. 已知函数 f：$\mathbf{N}\to\mathbf{N}$ 满足下述条件：

$$f(x+19)\leqslant f(x)+19,$$
$$f(x+94)\geqslant f(x)+94,$$

且 $f(1)=1$. 试求 $f(x)$.

14. 求出所有实数 a，使得存在非负实数 x_1，x_2，x_3，x_4，x_5 满足

$$\begin{cases}1\cdot x_1+2\cdot x_2+3\cdot x_3+4\cdot x_4+5\cdot x_5=a,\\1^3\cdot x_1+2^3\cdot x_2+3^3\cdot x_3+4^3\cdot x_4+5^3\cdot x_5=a^2,\\1^5\cdot x_1+2^5\cdot x_2+3^5\cdot x_3+4^5\cdot x_4+5^5\cdot x_5=a^3.\end{cases}$$

15. 设 a，n 为正整数，p 为素数，$p>|a|+1$. 证明：多项式

$$f(x)=x^n+ax+p$$

不能分解为两个次数大于0的整系数多项式之积.

16. 求函数f：$\mathbf{R}\to\mathbf{R}$，满足

$$x(f(x+1)-f(x))=f(x),\quad \forall x\in\mathbf{R}$$

以及

$$|f(x)-f(y)|\leqslant|x-y|,\quad \forall x,\ y\in\mathbf{R}.$$

17. 求所有的正整数n，使得存在正整数$k(\geqslant 2)$及正有理数a_1，a_2，…，a_k，满足

$$a_1+a_2+\cdots+a_k=a_1a_2\cdots a_k=n.$$

18. 设k为给定的正整数，求最小的正整数N，使得存在一个由$2k+1$个不同正整数组成的集合，其元素和大于N，但是其任意k元子集的元素和至多为$\frac{N}{2}$.

19. 求证：$\{[\sqrt{2003}n]\mid n=1,2,\cdots\}$中有无穷多个平方数.

20. 已知a，b为大于1的自然数，且对每个自然数n，b^n-1能整除a^n-1. 定义多项式$p_n(x)$如下：

$$p_0=-1,\quad p_{n+1}(x)=b^{n+1}(x-1)p_n(bx)-a(b^{n+1}x-1)p_n(x),\ n\geqslant 0.$$

求证：存在整数C和正整数k，使得$p_k(x)=Cx^k$.

21. 设$T=a_1$，a_2，…是满足下列条件的正整数序列：对于每一个n，a_{a_n}等于这个序列中不超过n的项的个数. 证明：存在无穷多个n，使得$a_{a_n}=n$.

第 15 章
数形结合

数与形，本是相倚依，焉能分作两边飞？
数缺形时少直观，形少数时难入微.
数形结合百般好，隔离分家万事休.
切莫忘，几何代数统一体，永远联系，切莫分离.

——华罗庚

数学是研究数量关系与空间形式及其它们之间关系的一门科学. “数”具有概括性、抽象化的特点，而“形”则具有具体化、形象化的特点，两者之间没有不可逾越的鸿沟. 数形结合是数学解题的基本策略之一. 通过平面直角坐标系(点集与数偶集合之间的一种对应)既可以使几何问题转化为代数问题，又可使代数问题转化为几何问题；既能发挥代数的优势，又可充分利用几何直观，借助形象思维获得出奇制胜的精巧解法. 华罗庚教授说得好，“数与形，本是相倚依，焉能分作两边飞？数缺形时少直观，形少数时难入微. 数形结合百般好，隔离分家万事休. 切莫忘，几何代数统一体，永远联系，切莫分离. ”华老这些话对我们的数学解题具有极深刻的启示. 数形结合解题常使我们的思维豁然开朗，视野格外开阔. 不少精巧的解法正是数形相辅相成的产物.

15.1　代数问题的几何解法

许多代数问题，直接根据数量关系求解显得较为繁难，但如果能将欲解

(证)的问题转化为与之相关的图形问题，使数量关系形象化，再根据图形的性质和特点进行解题，常能节省大量繁杂的计算，使问题的解答简捷直观，别具一格.

【例 15.1】 方程$\frac{1}{5}\log_2 x=\sin(5\pi x)$的实数解的个数是多少？

解 因为对任意的x都有$|\sin x|\leqslant 1$，所以只需考虑那些使$\left|\frac{1}{5}\log_2 x\right|\leqslant 1$的$x$，解得$\frac{1}{32}\leqslant x\leqslant 32$.

先考虑$\frac{1}{32}\leqslant x\leqslant 1$，这时$-1\leqslant \frac{1}{5}\log_2 x\leqslant 0$，当$\frac{1}{5}\leqslant x\leqslant \frac{2}{5}$，$\frac{3}{5}\leqslant x\leqslant \frac{4}{5}$时，$\sin 5\pi x\leqslant 0$，即$y=\frac{1}{5}\log_2 x$的图像与$y=\sin 5\pi x$的图像在$\frac{1}{32}\leqslant x<1$内相交于4点（图15-1）.

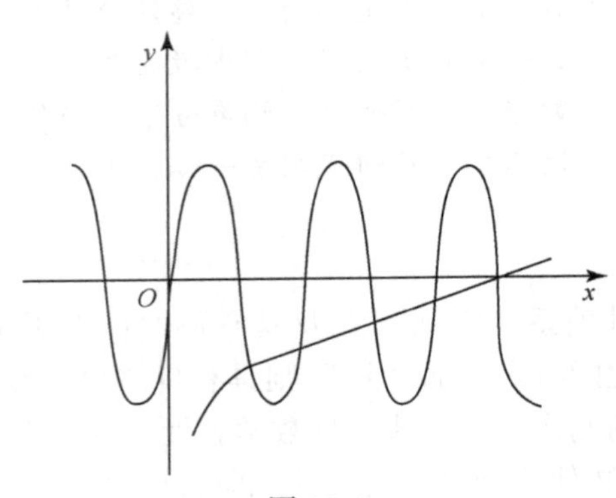

图 15-1

当$1<x\leqslant 32$时，$0<\frac{1}{5}<\log_2 x\leqslant 1$.

而$\frac{2k}{5}\leqslant x\leqslant \frac{2k+1}{5}$（$k=3, 4, \cdots, 79$）时，$\sin 5\pi x\geqslant 0$. 在这77个区间内，两函数图像相交于$2\times 77=154$个点（$1<x\leqslant 32$）.

当$x=1$时，两图像也相交于一点，所以共有$4+154+1=159$个解.

【点评】 对方程式或不等式的讨论，特别是对含有参数的问题，若用常规方法求解，固然能培养学生严密的逻辑推理能力，但从某种意义上讲，却又不利于激发学生的创造性思维，其结果是在不加分析地采用一般方法中进行艰难地演算，容易错解或漏解. 若用几何解法，常能收到事半功倍之效.

给出一个方程式 $F(x)=0$ 或不等式 $F(x)\geqslant 0$. 一般地，总可以改写为等价关系式 $f_1(x)=f_2(x)$ 或 $f_1(x)\geqslant f_2(x)$，分别作出 $f_1(x)$ 或 $f_2(x)$ 的图像，从这两个图像之间的关系发掘解题信息，可避免一些繁杂的运算或未知量的讨论，使问题的求解流畅而准确.

【例 15.2】 设 $f(x)$ 是定义在区间 $(-\infty,+\infty)$ 上以 2 为周期的函数，对 $k\in\mathbf{Z}$ 用 I_k 表示区间 $(2k-1,\ 2k+1]$. 已知当 $x\in I_0$ 时, $f(x)=x^2$.

1）求 $f(x)$ 在 I_k 上的解析表达式；

2）对自然数 k，求集合 $M_k=\{a\mid$ 使方程 $f(x)=ax$ 在 I_k 上有两个不相等的实数根$\}$.

解 1）画出 $x\in I_0=(-1,\ 1]$ 时 $f(x)=x^2$ 的图像，如图 15-2 所示. 这恰好为一个周期，只要将它连续平移就得到 $f(x)$ 在 $\mathbf{R}$ 上的图像. 因抛物线顶点为 $(2k,0)$，于是 $f(x)$ 在 I_k 上的解析表达式为 $y=(x-2k)^2(k\in\mathbf{Z})$.

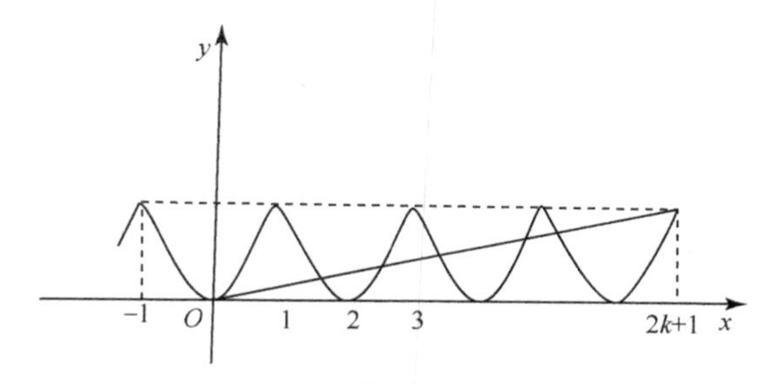

图 15-2

2）问题可转化为函数 $y=(x-2k)^2$ 在区间 $(2k-1,\ 2k+1]$ $(k\in\mathbf{N})$ 上的图像和直线 $y=ax$ 有两个不同交点时，求 a 的取值范围.

再从图像考查，因 $k\in\mathbf{N}$，显然有 $a>0$，又设 $A(2k+1,\ 1)(k\in\mathbf{N})$，当直线 $y=ax$ 过点 A 时，必有函数 $y=(x-2k)^2$ 在 $x\in(2k-1,\ 2k+1](k\in\mathbf{N})$ 上的图像与直线有两个不同的交点. 因为

$$a=k_{OA}=1/(2k+1),$$

所以

$$0<a\leqslant 1/(2k+1).$$

故有集合 $M_k=\{a\mid 0<a\leqslant 1/(2k+1),\ k\in\mathbf{N}\}$.

【点评】 本例是 1989 年高考理工农医类最后一道压轴题. 不少考生因为不理解题意或不重视图形在解题中的作用，为之困惑不解. 事实上用图像法解本题并不困难，即使不以图形作为解题依据，也可以利用它所提供的信息帮助思考.

【例 15.3】 解关于 x 的不等式 $\sqrt{a^2-x^2}>2x+a(a\neq 0)$.

解 令 $y_1=\sqrt{a^2-x^2}$，$y_2=2x+a$，分别作出它们的图像．y_1 是以原点为圆心、以 $|a|$ 为半径的圆的上半部分($y_1\geqslant 0$)；y_2 是以 2 为斜率、y 轴上截距为 a 的直线，分 $a>0$ 和 $a<0$ 两种情况，图像分别如图 15-3 和图 15-4 所示．

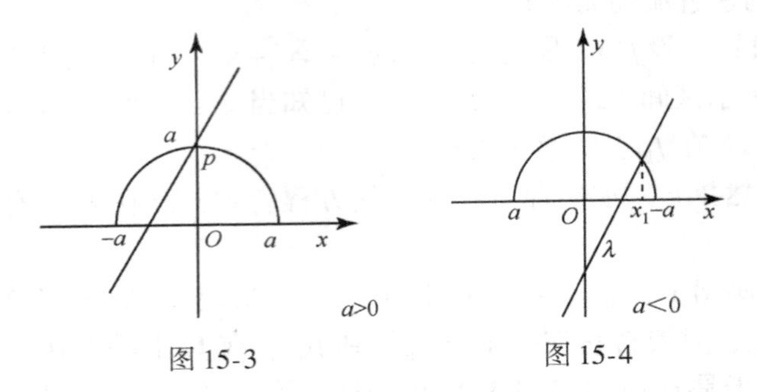

图 15-3　　图 15-4

设直线与半圆交点为 P，其横坐标为 x_1，由图可知

若 $a>0$，则 $x_1=0$（图 15-3）．因此需当 $-a<x<0$ 时，才有 $y_1>y_2$.

若 $a<0$，则需当 $a\leqslant x<x_1$ 时，才有 $y_1>y_2$（图 15-4），故求出 x_1 即可由 $\sqrt{a^2-x^2}=2x+a$ 变形得 $x(5x+4a)=0$，有 $x=0$ 或 $x=-\frac{4}{5}a$．因 $x_1>0$，应取 $x_1=-\frac{4}{5}a$．

综上所述，本题的解为

当 $a>0$ 时，$-a\leqslant x<0$；

当 $a<0$ 时，$a\leqslant x<-\frac{4}{5}a$．

【点评】 由以上几例可见代数问题几何化不仅避免了繁复的计算，对于一些用通常解析方法很难找到解答的问题，还可以利用图像之间的关系，通过分析，直接求得答案.

【例 15.4】 解方程 $||3x-4|-|3x-8||=2(x\in\mathbf{R})$.

解 原方程即为 $\left|\left|x-\frac{4}{3}\right|-\left|x-\frac{8}{3}\right|\right|=\frac{2}{3}$，它可看作点（$x$，0）到两定点 $\left(\frac{4}{3}，0\right)$ 与 $\left(\frac{8}{3}，0\right)$ 的距离之差的绝对值为 $\frac{2}{3}$，故 x 为双曲线

$$\frac{(x-6/3)^2}{1/9}-\frac{y^2}{1/3}=1,\quad a=\frac{1}{3},\ c=\frac{2}{3}$$

的两个顶点的横坐标. 因此，

$$x_1=\frac{6}{3}-\frac{1}{3}=\frac{5}{3},\qquad x_2=\frac{6}{3}+\frac{1}{3}=\frac{7}{3}.$$

【例 15.5】 设 $a, b, c \in \mathbf{R}^+$. 求证:

$$\sqrt{a^2-ab+b^2}+\sqrt{b^2-bc+c^2} \geqslant \sqrt{a^2+ac+c^2},$$

等号当且仅当 $\frac{1}{b}=\frac{1}{a}+\frac{1}{c}$ 时成立.

分析 式中有三个根号，若采用平方消去根号的方法处理，会使表达式变得非常复杂，注意到每一根式对应一段距离，联想到三角形两边之和大于第三边，构造图形如图 15-5，其中 $AB=a$，$AC=b$，$AD=c$，$\angle BAC=60°$，$\angle CAD=60°$. 因而有

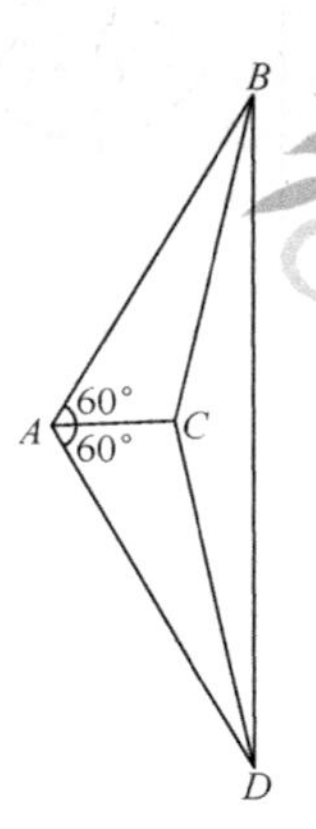

图 15-5

$$BC=\sqrt{a^2-ab+b^2}$$
$$DC=\sqrt{b^2-bc+c^2},$$
$$BD=\sqrt{a^2+ac+c^2}.$$

在 $\triangle BCD$ 中，$BC+CD \geqslant BD$，即有欲证不等式成立. 显然当且仅当 C 点位于线段 BD 上时，等号成立，此即 $S_{\triangle ABD}=S_{\triangle ABC}+S_{\triangle ADC} \Leftrightarrow ac=ab+bc \Leftrightarrow \frac{1}{b}=\frac{1}{a}+\frac{1}{c}$，得证.

【点评】 数形结合是基本的解题思想与策略，在有些不等式的证明中，构造相关的辅助图形，可形象地揭示一些量之间的制约关系，简化某些烦琐的运算.

【例 15.6】 设 $x, y, z, u, v, w \in \mathbf{R}$，则

$$x^2+y^2+z^2-xy-yz-zx+u^2+v^2+w^2-uv-vw-wu \geqslant \sqrt{3}\begin{vmatrix} u & x & 1 \\ v & y & 1 \\ w & z & 1 \end{vmatrix} \text{的绝对值}.$$

证明 构造坐标点 $A:(u,x)$，$B:(v,y)$，$C:(w,z)$，此三点确定一个以 BC，CA，AB 为边，面积为 s 的三角形，则上述不等式等价于三角形中的 Weitzewbock 不等式(第 3 届 IMO 试题)

$$a^2+b^2+c^2 \geqslant 4\sqrt{3}s.$$

此不等式证法甚多（已有十几种），下面给出一种构造图形的证明:

$$\frac{1}{3}\left(\frac{\sqrt{3}}{4}a^2\right)+\frac{1}{3}\left(\frac{\sqrt{3}}{4}b^2\right)+\frac{1}{3}\left(\frac{\sqrt{3}}{4}c^2\right) \geqslant s.$$

为此，在 $\triangle ABC$ 各边向形外作一正三角形，然后用这三个正三角形面积的 $\frac{1}{3}$ 与 $\triangle ABC$ 比较即可.

【例 15.7】 具有 n 个事物的集合有 A, B, C 三个子集. 试证:

$$3n+|A\cap B|+|B\cap C|+|C\cap A| \geqslant 2(|A|+|B|+|C|).$$

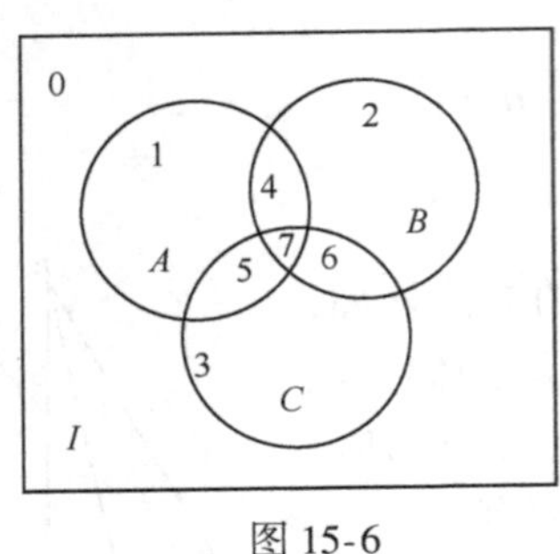

图 15-6

证明 一个简单的证明方法是构造韦恩图，如图 15-6 所示，A，B，C 把全集 I 分割成 8 个部分，分别标以 0，1，2，…，7，并设各部分的元素个数为 a_0，a_1，…，a_7，

那么

$$3n+|A\cap B|+|A\cap C|+|B\cap C|$$
$$=3(a_0+a_1+\cdots+a_7)+((a_4+a_7)+(a_5+a_7)+(a_6+a_7))$$
$$=3a_0+3a_1+3a_2+3a_3+4a_4+4a_5+4a_6+6a_7. \tag{15-1}$$

而

$$2(|A|+|B|+|C|)$$
$$=2((a_1+a_4+a_5+a_7)+(a_2+a_4+a_6+a_7)+(a_3+a_5+a_6+a_7))$$
$$=2a_1+2a_2+2a_3+4a_4+4a_5+4a_6+6a_7. \tag{15-2}$$

比较(15-1)、(15-2)两式，又因为 $3a_0+a_1+a_2+a_3\geqslant 0$，所以原不等式成立.

【点评】 以上几例都是通过构造一个图形，借此完成不等式的证明. 构造的图形，可以是平面几何的、立体几何的、解析几何的，也可以是韦恩图，这种方法直观、醒目、一目了然，给人以一种数学美感，这是其他证法所不能比拟的.

有些最值问题，所给的条件含蓄、复杂，用代数法求解难以寻得思路. 若对问题赋予几何解释，构作相应的几何图形，并运用“形”的性质求解，会找到一些巧妙的解法.

【例 15.8】 求函数 $y=\sqrt{x^2+4x+13}-\sqrt{x^2-2x+5}$ 的最大值.

解 $y=\sqrt{(x+2)^2+3^2}-\sqrt{(x-1)^2+2^2}$.

函数 y 的表达式可以看成是坐标平面中 x 轴上任一点 $P(x,0)$ 到点 $A(-2,3)$ 的距离与到点 $B(1,2)$ 的距离之差.

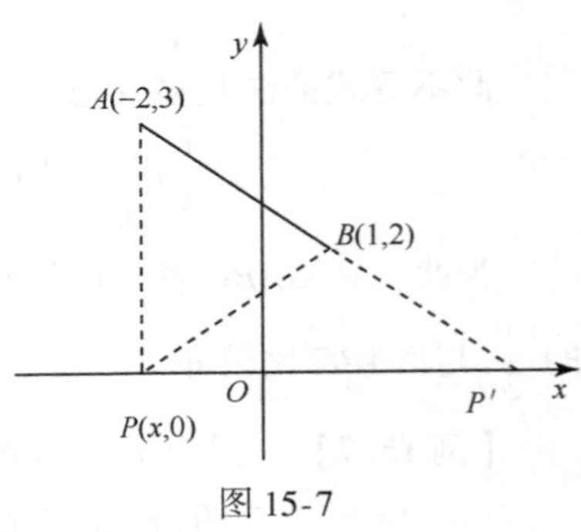

图 15-7

如图 15-7 所示，$y=|PA|-|PB|$，于是，求函数 y 的最大值的问题，便可转化为在 x 轴上求一点 P'，使 $|P'A|-|P'B|$ 为最大. 显然直线 AB 与 x 轴的交点即为所求的点 P'. 直线 AB 的方程为 $x+3y-7=0$，所以点 P' 的坐标为(7,0)，故当 $x=7$ 时，函数 y

的最大值为 $\sqrt{10}$.

【点评】　两个二次根式的和或差，其中被开方数可以化为两个变量的二次根式，那么这两根式和或差的最值，通常看作动点到两定点距离的和或差的最值.

【例 15.9】　设 $|u|\leqslant\sqrt{2}$，$v>0$，试求

$$(u-v)^2+\left(\sqrt{2-u^2}-\frac{9}{v}\right)^2$$

的最小值.

分析　本题若用初等函数求最值的方法来思考，很难迅速加以解决. 若变换角度考虑，则思路豁然开朗.

考查所给出的式子，从结构特征来看，它在直角坐标系中表示两点距离的平方，不妨看作点 $M(u,\ \sqrt{2-u^2})$ 到点 $N\left(v,\ \frac{9}{v}\right)$ $(v>0)$ 距离的平方，而点 M，N 又是在运动的，注意到它们的轨迹，再借助于几何直观，问题就很清楚了.

解　如图 15-8，设 $M(u,\ \sqrt{2-u^2})$，$N\left(v,\ \frac{9}{v}\right)$ $(v>0)$，则 M 是圆 $x^2+y^2=2$ 上的点，N 是等轴双曲线 $xy=9(x>0)$ 上的点，从图中看出，当 M，N 是直线 $y=x$ 与半圆 $x^2+y^2=2$ （$y\geqslant 0$）及双曲线 $xy=9$ 在第一象限内的两交点时，$|MN|$ 最小. 此时，$M(1,1)$，$N(3,3)$，故当 $u=1$，$v=3$ 时，$(u-v)^2+\left(\sqrt{2-u^2}-\frac{9}{v}\right)^2$ 有最小值为 8.

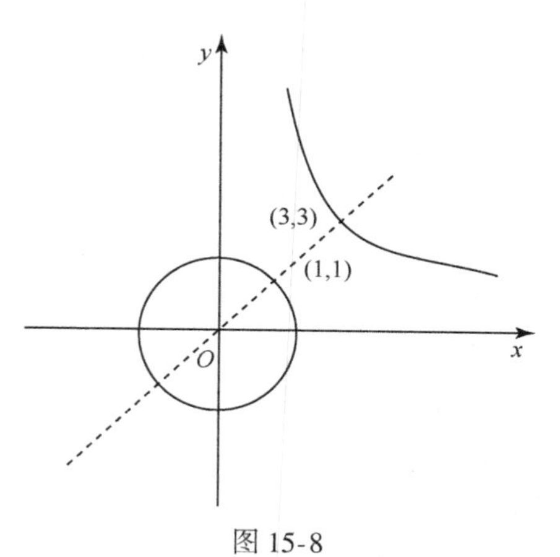

图 15-8

【点评】　含“差的平方和”式，确切地说，形如 $[f_1(u)-g_1(v)]^2+$

$[f_2(u)-g_2(v)]^2$ 的最值，一般可看作两条曲线

$$C_1:\begin{cases}x=f_1(u),\\ y=f_2(u)\end{cases}\quad 与 \quad C_2:\begin{cases}x=g_1(v),\\ y=g_2(v)\end{cases}$$

上各任取一点的距离的最值.

【例 15.10】 若 $a\sqrt{1-b^2}+b\sqrt{1-a^2}=1$. 求证：$a^2+b^2=1$.

分析 由 $a^2+b^2=1$ 联想到单位圆 $x^2+y^2=1$，由 $a\sqrt{1-b^2}+b\sqrt{1-a^2}=1$ 联想到圆的切线方程 $x_0x+y_0y=1$，由此可以得到证明.

证明 因为点 $A(a,\ \sqrt{1-a^2})$，$B(\sqrt{1-b^2},\ b)$ 在单位圆 $x^2+y^2=1$ 上，所以单位圆在点 A 处的切线方程为

$$ax+\sqrt{1-a^2}\,y=1,$$

$$a\sqrt{1-b^2}+b\sqrt{1-a^2}=1,$$

所以点 B 在切线上，又在单位圆上，即点 B 是切点，由切点的唯一性知 A，B 两点重合，所以 $a=\sqrt{1-b^2}$，即 $a^2+b^2=1$.

【点评】 代数问题几何化体现在数学的许多方面，以上几道题以“形”为主的分析方法比原命题者给出以“数”为主的求解方法要来的简便、通俗.

15.2 几何问题的代数解法

平面几何题的代数解法主要有坐标法、复数法或向量法、三角法等. 从原则上讲，所有的平面几何问题都可以用这些方法求解，但为了避免陷入烦琐的计算，仅在可以导致简明优化的解法时，才用到这些方法.

坐标法又称解析法，它是数形结合思想的光辉代表，借助于坐标系使平面上的点与一对有序实数一一对应，从而可以用代数方法研究平面图形的形状、大小及位置关系等. 坐标法的基本思想在于几何问题代数化，图形性质坐标化，把有关图形的问题“翻译”成相应的代数问题，然后用代数知识进行演算、论证，最后把所得的结果“翻译”成几何图形的性质，以达到证明几何问题的目的，如图 15-9 所示.

中学数学中的坐标系仅指平面直角坐标系和极坐标系，运用坐标法的前提是引入坐标系——在所讨论的图形上画出坐标系，其中原点、坐标轴的选取要兼顾简单性、对称性与轮换性.

使用坐标法的常规步骤如下：

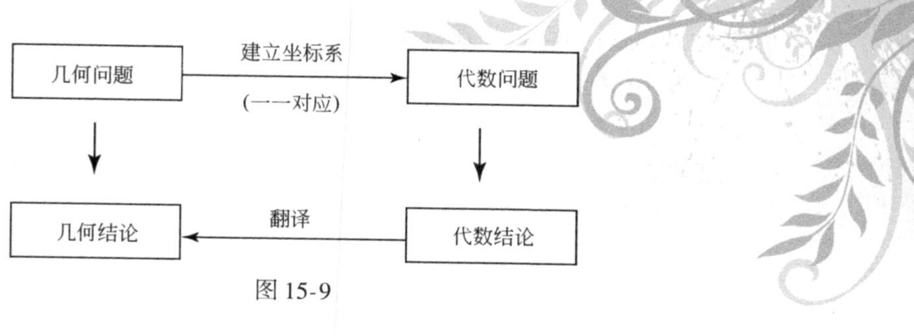

图 15-9

第一步．建立坐标系；

第二步．已知条件坐标化；

第三步．坐标系内的推理演算．这是技巧性最强的一步，在策略上要特别注意如下知识或技巧的灵活运用：消元法、代数方程知识(特别是韦达定理与判别式)、参数、曲线系、几何结论；

第四步．将坐标化的结论转换回所求的几何结论.

坐标法处理平面几何问题的优势是有一定的章程可以遵循，具有一般性和秩序性，不需要挖空心思寻找解法、刻意寻求辅助线，缺点是有些题目演算太繁.

【例 15.11】 已知

1）半圆的直径 AB 长为 $2r$；

2）半圆外的直线 l 与 BA 的延长线垂直，垂足为 T，

$$|AT|=2a,\quad 2a<\frac{r}{2};$$

3）半圆上有相异两点 M，N，它们与直线 l 的距离 $|MP|$、$|NQ|$ 满足条件

$$\frac{|MP|}{|AM|}=\frac{|NQ|}{|AN|}=1.$$

求证：$|AM|+|AN|=|AB|$.

证法 1 取线段 TA 的中点 O 为坐标原点，以有向直线 TA 为 x 轴，如图 15-10 所示，建立直角坐标系.

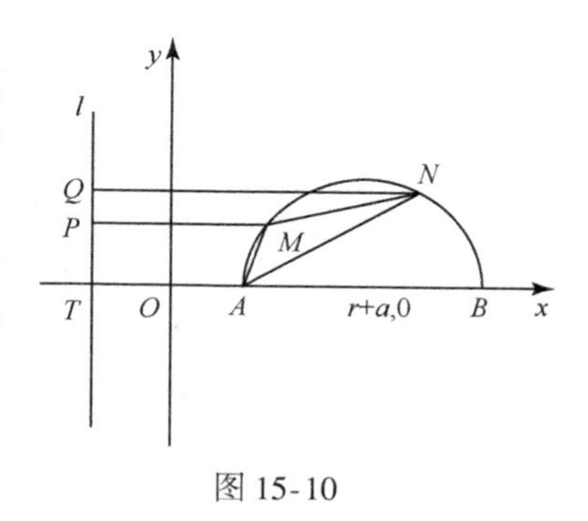

图 15-10

由题设知，M，N 均为抛物线 $y^2=4ax$ 与圆 $[x-(r+a)]^2+y^2=r^2$ 的交点，消去 y 并整理得 $x^2+(2a-2r)x+2ra+a^2=0$.

条件 $2a<\frac{r}{2}$ 保证这方程有两个不相等

的实根 x_1 与 x_2，它们分别是 M，N 的横坐标，$x_1+x_2=2r-2a$.

因为 $|AM|=|PM|=x_1+a$，$|AN|=|QN|=x_2+a$，$|AB|=2r$，所以 $|AM|+|AN|=|AB|$.

证法 2 以 A 为极点，AB 为极轴建立极坐标系，由题设可知

M，N 所在的圆的方程为 $\rho=2r\cos\theta$，

M，N 所在的抛物线方程为 $\rho\cos\theta+2a=\rho$.

消去 $\cos\theta$，得 $\rho^2-2r\rho+4ra=0$.

因为 $\rho_1+\rho_2=2r$，所以 $|AM|+|AN|=|AB|$.

【点评】 此题的第三种证法是，根据已知条件

$$\frac{|MP|}{|MA|}=\frac{|NQ|}{|NA|}=1$$

及抛物线的定义，可知 M，N 两点是以 A 为焦点，l 为准线的抛物线上的两点. 而抛物线方程为

$$\rho=\frac{a}{1-\cos\theta},$$

再把抛物线方程与半圆方程联立，同样可证得 $\rho_1+\rho_2=2r$.

【例 15.12】（蝴蝶定理） 如图 15-11 所示，过圆中 AB 弦的中点 M，任引两弦 CD 和 EF，连 CF 与 ED 交 AB 弦于 G，P. 求证：$PM=MG$.

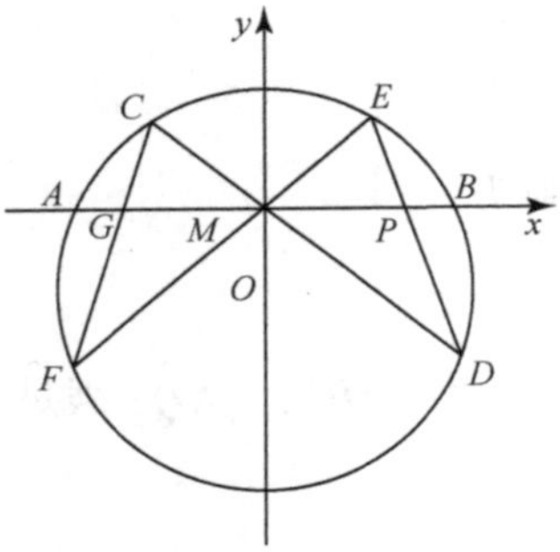

图 15-11

证明 以 M 为原点，AB 为 x 轴建立坐标系，则已知条件可以坐标化如下：

圆为

$$x^2+y^2-2by+f=0, \tag{15-3}$$

直线 CD，EF 为 $y=k_1x$，$y=k_2x$，

合并为

$$(y-k_1x)(y-k_2x)=0. \tag{15-4}$$

于是过(15-3)式、(15-4)式交点为 C，F，D，E 的二次曲线系为

$$x^2+y^2-2by+f+\lambda(y-k_1x)(y-k_2x)=0. \tag{15-5}$$

由曲线（15-5）与 AB 的交点 P，G 的横坐标满足

$$(1+\lambda k_1k_2)x^2+f=0. \tag{15-6}$$

由韦达定理，得 $x_P+x_G=0$.

这说明原点 M 是 P，G 的中点，从而 $PM=QM$.

【点评】 理解上述证明的实质步骤可以看到，线段 AB 与圆相切、相离，或圆改为二次曲线时仍有相应结论，一般地，有如下结论：

设圆锥曲线 F 的弦 MN 的中点为 O，P，G 在直线 GH 上并且关于 O 对称，过 P，G 的一条圆锥曲线交曲线 F 于 A，B，C，D，过 A，B，C，D 的任一条圆锥曲线交 PG 于 E，F，那么 $EO=OF$.

【例 15.13】 求最小常数 $a>1$，使得对正方形 $ABCD$ 内部任一点 P，都存在 $\triangle PAB$，$\triangle PBC$，$\triangle PCD$，$\triangle PDA$ 中的某两个三角形，其面积之比属于区间 $[a^{-1}, a]$.

分析 初看起来题目有些让人摸不着头脑，但是从问题的提出可以知道，在求边界值时一定是取一个适当的点 P，使得四个三角形的面积彼此都不能差的太少．这样，自然先要去解读四个三角形的面积．首先，有一件显然的事实，那就是相对的两个三角形面积之和等于正方形面积的一半，由此，在正方形边长已知的情况下，可以利用两个参数来表示四个三角形面积，而最明显的表示方法就是利用坐标．当然，这里给出一个更简单的做法．

不妨设正方形的边长为1，将正方形的两组对边中点连起来，这样正方形被划分成四个边长为 $\frac{1}{2}$ 的小正方形．对于给定的 P，不妨假设 P 在以 A 为一个顶点的小正方形中(含边界)．设 P 到 AB，AD 的距离分别为 x 和 y，再由对称性可设 $x\leqslant y$，那么 $0\leqslant x\leqslant y\leqslant \frac{1}{2}$．而四个小三角形的面积分别为 $\frac{x}{2}$，$\frac{y}{2}$，$\frac{1-y}{2}$ 和 $\frac{1-x}{2}$．下面力求它们中任意两个的商(大的除以小的)中的最小值最大．首先固定 y，不难发现当把 x 变为0时这些商均变大，故可以设 $x=0$ (尽管这不能取到,但是可以无限逼近,对题目结论没有影响)，四个三角形面积变为0，$\frac{y}{2}$，$\frac{1-y}{2}$ 和 $\frac{1}{2}$，其中最有可能的超过1的最小比值就是 $\frac{(1-y)/2}{y/2}=\frac{1-y}{y}$ 和 $\frac{1/2}{(1-y)/2}=\frac{1}{1-y}$ 之一了．由于这两个值相对于 y 来说一个是增函数，一个是减函数，因此只有当它们相等时，是“最坏情况”，不难解得此时的 $y=\frac{3-\sqrt{5}}{2}$，而最小的 $a=\frac{\sqrt{5}+1}{2}$．由此得到了结论，在解答的过程中就可以直接使用了．

解 所求最小的 $a=\frac{\sqrt{5}+1}{2}$，分两步来证明之．

若 $a<\frac{\sqrt{5}+1}{2}$，构造一个例子使得 a 并不满足题目条件．建立直角坐标系，取 $A=(0,\ 0)$，$B=(0,\ 1)$，$C=(1,\ 1)$，$D=(1,\ 0)$，$P=\left(\varepsilon,\ \frac{3-\sqrt{5}}{2}\right)$，

其中ε为满足$0<\varepsilon<1-\frac{\sqrt{5}-1}{2}a$的任一实数，那么四个三角形的面积从小至大排列为$\frac{\varepsilon}{2}$，$\frac{3-\sqrt{5}}{4}$，$\frac{\sqrt{5}-1}{4}$，$\frac{1-\varepsilon}{2}$，容易验证它们中任意两个之比均不在区间$[a^{-1}, a]$内．

当$a=\frac{\sqrt{5}+1}{2}$时，证明它满足题目条件．不妨设正方形的边长为1，而P到四边的距离分别为x，$1-x$，y，$1-y$．由对称性可以设$0\leqslant x\leqslant y\leqslant\frac{1}{2}$．当$y\geqslant\frac{3-\sqrt{5}}{2}$时，有两个三角形面积为$\frac{y}{2}$和$\frac{1-y}{2}$，它们之比在区间$[a^{-1}, a]$内；当$y<\frac{3-\sqrt{5}}{2}$时，有两个三角形的面积为$\frac{1-y}{2}$和$\frac{1-x}{2}$，它们之比在区间$[a^{-1}, a]$内．

【点评】 解读三角形面积之比的含义，从而得出设参数这个方法，再利用“最坏情况”的思想来确定a的最终值，是本题的关键．此题对于考生的一些思维方式和判断力有较高的要求．

关于复数法、向量法的应用见第16章复数与向量.

问　题

1. p为何值时，方程$|x^2-4x+3|=px$有四个根？

2. 已知函数$y=f(x)$满足$f(\cos x-1)=\cos^2 x$，分别求函数$f(x)$的图像关于点A（0，1）和直线l:$y=x$对称图像的函数解析式.

3. 函数$y=|x^2-4|-3x$在区间$-2\leqslant x\leqslant 5$中，何时取最大值、最小值？最大值、最小值是多少？

4. 求函数
$$y=\sqrt{x^2-2x+5}+\sqrt{x^2-4x+13}$$
的最小值.

5. 若$|x-2|+|y-2|\leqslant 1$，求x^2+y^2的最值.

6. 已知a，b是正实数，且$x^2+ax+2b=0$，$x^2+2bx+a=0$都有实根，求$a+b$的最小值.

7. 若$2x^2+3y^2=1$，求$x-y$的最值.

8. 若$x^2+y^2+5x\leqslant 0$，求$3x+4y$的最值.

9. 已知$\begin{cases}x=1+t\cos a,\\ y=3+t\sin a,\end{cases}$当$a$为何值时，$f(x, y)=x^2+3y^2$有最小值为25？

10. 如图，在直角坐标系中，在 y 轴的正半轴上给定两点 A，B，试在 x 轴的正半轴上求点 C，使得 $\angle ACB$ 取得最大值.

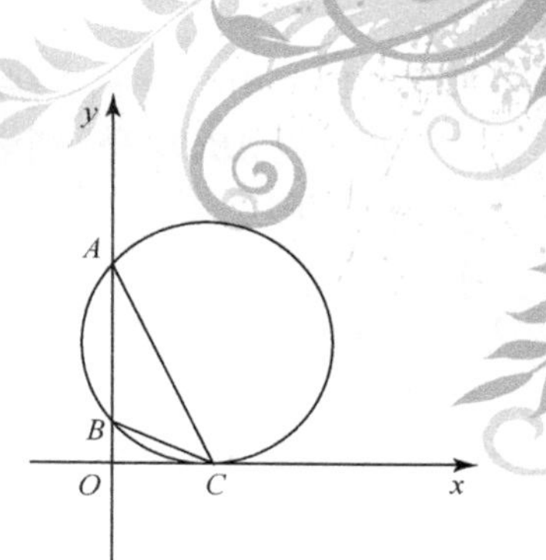

第 10 题图

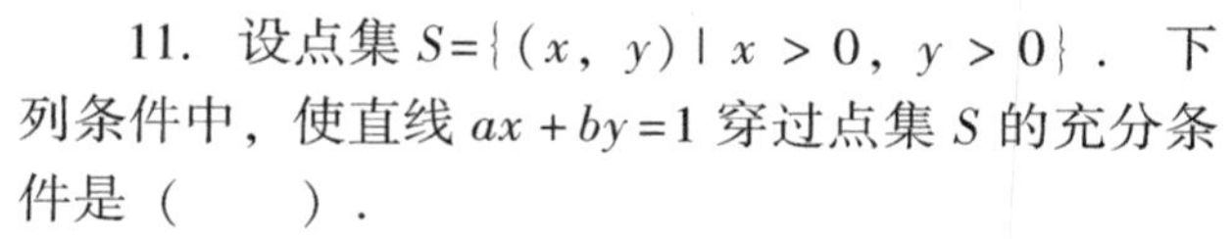

11. 设点集 $S=\{(x, y) \mid x>0, y>0\}$. 下列条件中，使直线 $ax+by=1$ 穿过点集 S 的充分条件是（　　）.

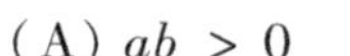

(A) $ab>0$　　(B) $a+b>0$

(C) $a+b>ab$　　(D) $a+b<1$

12. 若 $-\dfrac{\pi}{2} \leqslant x_i \leqslant \dfrac{\pi}{2}$，$i=1, 2, 3$，则

$$\frac{\cos x_1+\cos x_2+\cos x_3}{3} \leqslant \cos \frac{x_1+x_2+x_3}{3}.$$

13. 已知 $0<x_1<x_2<\dfrac{\pi}{2}$. 求证：$\dfrac{\sin x_1}{\sin x_2}>\dfrac{x_1}{x_2}$.

14. (1) 讨论关于 x 的方程 $|x+1|+|x+2|+|x+3|=a$ 的根的个数；

(2) 设 $a_1, a_2, \cdots, a_n$ 为等差数列，且

$$|a_1|+|a_2|+\cdots+|a_n|=|a_1+1|+|a_2+1|+\cdots+|a_n+1|$$
$$=|a_1-2|+|a_2-2|+\cdots+|a_n-2|=507.$$

求项数 n 的最大值.

15. 设 $a_1, a_2, \cdots, a_{50}, b_1, b_2, \cdots, b_{50}$ 为互不相同的数，使得方程

$$|x-a_1|+|x-a_2|+\cdots+|x-a_{50}|=|x-b_1|+|x-b_2|+\cdots+|x-b_{50}|$$

有有限个根. 试问最多可能有多少个根?

16. 证明下面的不等式对任意正整数 n 成立：

$$\sum_{i=1}^{n}\left[\sqrt[3]{\frac{n}{i}}\right]<\frac{5}{4}n,$$

其中 $[x]$ 表示不超过 x 的最大整数.

17. 设正数 α，β，γ 满足 $\alpha+\beta+\gamma<\pi$，其中 α，β，γ 中任一个小于其他两者之和. 求证：$\sin\alpha$，$\sin\beta$，$\sin\gamma$ 可以组成一个三角形，其面积

$$S \leqslant \frac{1}{8}(\sin 2\alpha+\sin 2\beta+\sin 2\gamma).$$

18. 设 $A_1A_2A_3A_4$ 为 $\odot O$ 的内接四边形，H_1，H_2，H_3，H_4 依次为 $\triangle A_2A_3A_4$，$\triangle A_3A_4A_1$，$\triangle A_4A_1A_2$，$\triangle A_1A_2A_3$ 的垂心. 求证：H_1，H_2，H_3，H_4 四点在同一圆上，并定出该圆的圆心位置.

19. 设 $\triangle ABC$ 是一个锐角三角形，MN 是平行于 BC 的中位线，P 是 N 在 BC 上的射影，记 A_1 是 MP 的中点，点 B_1，C_1 也用同样的方法作出 . 求证：

如果 AA_1， BB_1，CC_1 共点，则 $\triangle ABC$ 为等腰三角形．

20. 设 $ABCD$ 是一个有内切圆的凸四边形，它的每个内角和外角都不小于 $60°$．证明：

$$\frac{1}{3}\left|AB^3-AD^3\right| \leqslant \left|BC^3-CD^3\right| \leqslant 3\left|AB^3-AD^3\right|,$$

等号何时成立？

21. 凸四边形 $ABCD$ 有内切圆 W，设 I 为 W 的圆心，且

$$(AI+DI)^2+(BI+CI)^2=(AB+CD)^2.$$

证明：$ABCD$ 是一个等腰梯形或正方形.

22. 设 L_1，L_2，L_3，L_4是一个正方形桌子的四只脚，它们的高度都是正整数 n. 问有多少个有序四元非负整数数组（k_1，k_2，k_3，k_4），使得将每只脚 L_i 锯掉长为 k_i 的一段后(从地面开始锯)，$i=1$，2，3，4，桌子仍然是稳定的？这里当且仅当可以将桌子的 4 只脚同时放在地面上时，称桌子是稳定的.

23. 求所有的实数 $k>0$，使得可以将 $1\times k$ 的矩形分割为两个相似但不全等的多边形.

第 16 章
复数与向量

代数不过是书写的几何，而几何不过是图形的代数.

——格梅茵

18 世纪末期，挪威测量学家威塞尔首次利用坐标平面上的点来表示复数 $a+bi$，并利用具有几何意义的复数运算来定义向量的运算. 把坐标平面上的点用向量表示出来，并把向量的几何表示用于研究几何问题与三角问题. 人们逐步接受了复数，也学会了利用复数来表示和研究平面中的向量，向量就这样平静地进入了数学.

16. 1　用复数或向量解几何题

通过复平面，使复数、复平面上的点和复平面内以原点为起点的向量，三者之间建立了一一对应的关系，即如图 16-1 所示：

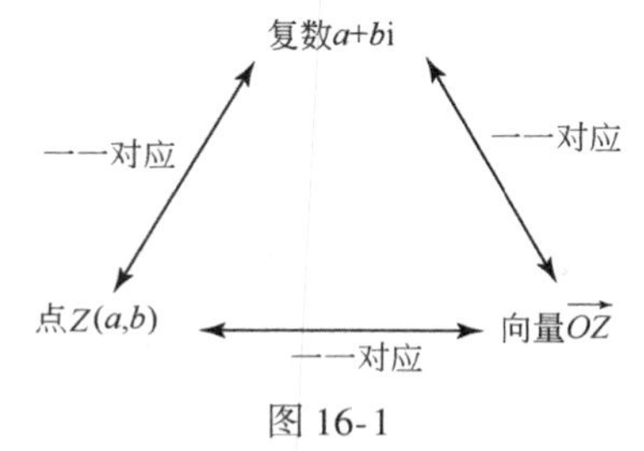

图 16-1

这样就为利用复数或向量解几何题提供了可能.

用复数或向量解几何题，首先要把几何条件转换成复数或向量关系，然后利用复数或向量的性质，或通过复数或向量的运算，得出新的复数关系或向量关系，再将它们重新化为几何事实，从而巧妙地导出所需的结果.

【例 16.1】（托勒密定理的推广） 设 A，B，C，D 为平面上任意四点. 求证：

$$AC\times BD\leqslant AB\times CD+AD\times BC.$$

证明 设 A，B，C，D 分别对应复数 z_1，z_2，z_3，z_4，于是所要证明的几何关系式即是

$$|z_3-z_1||z_4-z_2|\leqslant |z_2-z_1||z_4-z_3|+|z_4-z_1||z_3-z_2|.$$

由于

$$(z_3-z_1)(z_4-z_2)=(z_2-z_1)(z_4-z_3)+(z_4-z_1)(z_3-z_2),$$

所以

$$\begin{aligned}|z_3-z_1||z_4-z_2|&=|(z_3-z_1)(z_4-z_2)|\\&=|(z_2-z_1)(z_4-z_3)+(z_4-z_1)(z_3-z_2)|\\&\leqslant |z_2-z_1||z_4-z_3|+|z_4-z_1||z_3-z_2|.\end{aligned}$$

于是命题得证.

【例 16.2】 设 D 是 $\triangle ABC$ 内的一点，满足 $\angle DAC=\angle DCA=30°$，$\angle DBA=60°$，$E$ 是 BC 边的中点，F 是 AC 边的三等分点，满足 $AF=2FC$. 求证：$DE\perp EF$.

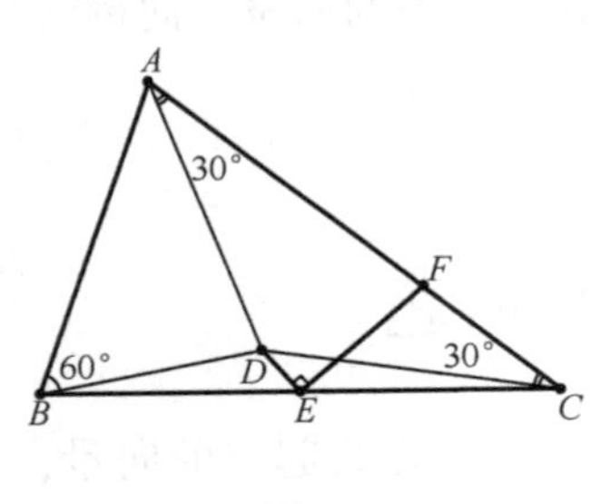

图 16-2

证明 如图 16-2 所示，把$\triangle ABC$ 置放在复平面上，使 B，D，A 所对应的复数分别为 0，1，$-\omega^2k$，其中 $\omega=e^{i\frac{2\pi}{3}}$，$k=|AB|$. 经计算可得

$$C=1-\omega^2-\omega k,$$

$$E=\frac{B+C}{2}=\frac{1-\omega^2-\omega k}{2},$$

$$F=\frac{2C+A}{3}=\frac{2-2\omega^2-2\omega k-\omega^2k}{3}.$$

于是，

$$E-1=-\frac{1+\omega^2+\omega k}{2},$$

$$F-E=\frac{1-\omega^2-(\omega+2\omega^2)k}{6},$$

所以

$$\frac{F-E}{E-1}=\frac{1}{3}\cdot\frac{\omega^2-1+(\omega+2\omega^2)k}{1+\omega^2+\omega\ k}$$
$$=\frac{\omega-\omega^2}{3}\cdot\frac{k+1}{k-1}$$
$$=\frac{\mathrm{i}}{\sqrt{3}}\cdot\frac{k+1}{k-1}.$$

因此 $DE\perp EF$，即 $\angle DEF=90°$.

【例 16.3】　如图 16-3 所示，$\triangle ABC$ 和 $\triangle ADE$ 是两个不全等的等腰直角三角形，现固定 $\triangle ABC$，而将 $\triangle ADE$ 绕 A 点在平面上旋转. 试证：不论 $\triangle ADE$ 旋转到什么位置，线段 EC 上必存在点 M，使得 $\triangle BMD$ 为等腰直角三角形.

证法 1　把 $\triangle ABC$ 置放在复平面上，使 A，B，C 所对应的复数分别为 0，$a\mathrm{e}^{\frac{\pi}{4}\mathrm{i}}$，$\sqrt{2}a(a>1)$.

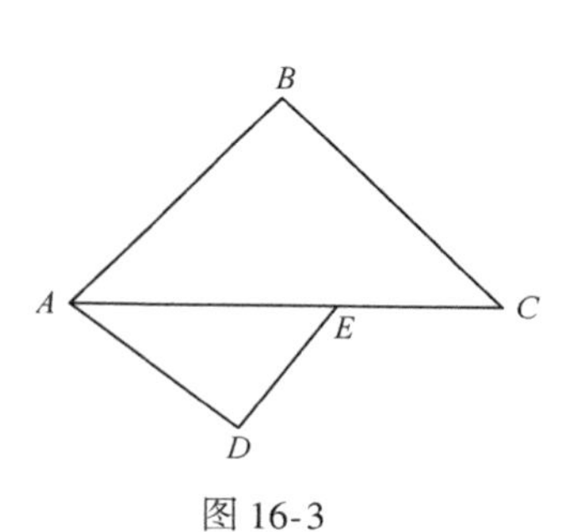

图 16-3

设 AD 的长为 1，则 D，E 所对应的复数分别为 $\mathrm{e}^{\theta\mathrm{i}}$，$\sqrt{2}\mathrm{e}^{(\theta+\frac{\pi}{4})\mathrm{i}}$，$CE$ 中点 M 所对应的复数为 $\frac{1}{2}(\sqrt{2}a+\sqrt{2}\mathrm{e}^{(\theta+\frac{\pi}{4})\mathrm{i}})$，于是

$$|BD|=|a\mathrm{e}^{\frac{\pi}{4}\mathrm{i}}-\mathrm{e}^{\theta\mathrm{i}}|,$$

$$|BM|=\left|a\mathrm{e}^{\frac{\pi}{4}\mathrm{i}}-\frac{1}{2}(\sqrt{2}a+\sqrt{2}\mathrm{e}^{(\theta+\frac{\pi}{4})\mathrm{i}})\right|$$
$$=\frac{\sqrt{2}}{2}|a\mathrm{i}-\mathrm{e}^{(\theta+\frac{\pi}{4})\mathrm{i}}|$$
$$=\frac{\sqrt{2}}{2}|\mathrm{e}^{\frac{\pi}{4}\mathrm{i}}(a\mathrm{e}^{\frac{\pi}{4}\mathrm{i}}-\mathrm{e}^{\theta\mathrm{i}})|$$
$$=\frac{\sqrt{2}}{2}|a\mathrm{e}^{\frac{\pi}{4}\mathrm{i}}-\mathrm{e}^{\theta\mathrm{i}}|,$$

$$|DM|=\left|\mathrm{e}^{\theta\mathrm{i}}-\frac{1}{2}(\sqrt{2}a+\sqrt{2}a\mathrm{e}^{(\theta+\frac{\pi}{4})\mathrm{i}})\right|$$
$$=\frac{\sqrt{2}}{2}|\mathrm{e}^{\theta\mathrm{i}}(\sqrt{2}-a\mathrm{e}^{-\theta\mathrm{i}}-\mathrm{e}^{\frac{\pi}{4}\mathrm{i}})|$$
$$=\frac{\sqrt{2}}{2}|a\mathrm{e}^{-\theta\mathrm{i}}-\mathrm{e}^{-\frac{\pi}{4}\mathrm{i}}|$$
$$=\frac{\sqrt{2}}{2}|(a\mathrm{e}^{-\theta\mathrm{i}}-\mathrm{e}^{-\frac{\pi}{4}\mathrm{i}})\mathrm{e}^{(\theta+\frac{\pi}{4})\mathrm{i}}|$$
$$=\frac{\sqrt{2}}{2}|a\mathrm{e}^{\frac{\pi}{4}\mathrm{i}}-\mathrm{e}^{\theta\mathrm{i}}|,$$

所以 $|BM|=|DM|=\frac{\sqrt{2}}{2}|BD|$.

故 $\triangle BMD$ 是等腰直角三角形.

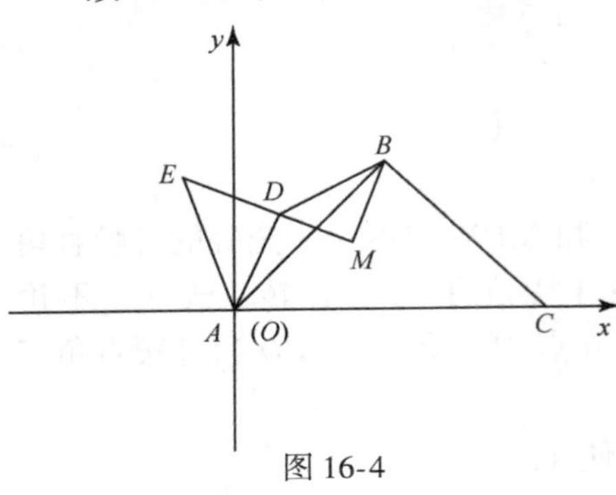

图 16-4

证法 2 如图 16-4 所示，把 $\triangle ABC$ 置放在复平面上，使得 A，B，C 所对应的复数分别为 0，$ae^{\frac{\pi}{4}i}$，$\sqrt{2}a$ $(a>1)$. 又设 AD 长为 1，D，E 对应的复数为 $e^{\theta i}$，$\sqrt{2}e^{(\theta+\frac{\pi}{4})i}$，并以 DB 为斜边作等腰直角三角形 DMB（D，M，B 按顺时针方向），点 D，M，B 对应复数简记为 D，M，B，于是

$$M-D=(B-D)\frac{1}{\sqrt{2}}e^{-\frac{\pi}{4}i}=(ae^{\frac{\pi}{4}i}-e^{\theta i})\frac{1}{\sqrt{2}}e^{-\frac{\pi}{4}i}=\frac{1}{\sqrt{2}}(a-e^{(\theta-\frac{\pi}{4})i}),$$

所以

$$M=D+(M-D)=\theta i+\frac{1}{\sqrt{2}}(a-e^{(\theta-\frac{\pi}{4})i})$$

$$=\frac{\sqrt{2}}{2}(a+\sqrt{2}e^{\theta i}-e^{(\theta-\frac{\pi}{4})i})$$

$$=\frac{\sqrt{2}}{2}(a+e^{(\theta+\frac{\pi}{4})i}+e^{(\theta-\frac{\pi}{4})i}-e^{(\theta-\frac{\pi}{4})i})$$

$$=\frac{\sqrt{2}}{2}(a+e^{(\theta+\frac{\pi}{4})i}),$$

故 $M=\frac{1}{2}(\sqrt{2}a+\sqrt{2}e^{(\theta+\frac{\pi}{4})i})$.

这说明 M 是线段 EC 的中点.

证法 3 如图 16-5 所示，因 $|AB|>|AD|$，故 B，D 不重合，把两三角形放置在复平面上，各顶点对应复数仍简记为表示对应点的字母，且 $B=-1$，$D=1$，于是

$$E-D=(A-D)(-i)=-(A-1)i,$$

所以

$$E=D-(A-1)i=1-(A-1)i.$$

同理，$C=B+(A-B)i=-1+(A+1)i$.

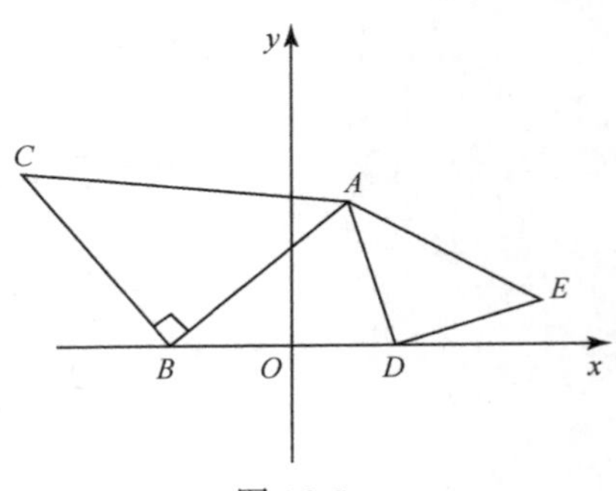

图 16-5

设 EC 中点为 M，则 $M=\frac{1}{2}(E+C)=\ \mathrm{i}$.

这说明 $\triangle BMD$ 为等腰直角三角形.

【点评】　此证法的巧妙之处在于恰当地将图形放置在复平面上.

证法 4　如图 16-6 所示，将 $\triangle ABC$，$\triangle ADE$ 放在同一复平面上，为简单起见，向量与对应复数可分别设为 $\overrightarrow{BA}$：z_1，$\overrightarrow{DE}$：z_2，则 $\overrightarrow{BC}$：$z_1\mathrm{i}$，$\overrightarrow{DA}$：$z_2\mathrm{i}$，$\overrightarrow{AC}$：$z_1\mathrm{i}-z_1$，$\overrightarrow{AE}$：$z_2-z_2\mathrm{i}$，所以

$$\overrightarrow{CE}：(z_1+z_2)-(z_1+z_2)\mathrm{i}.$$

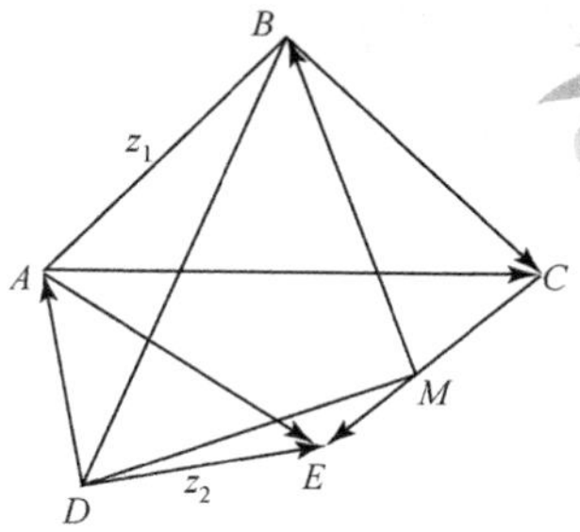

设 $\vec{M}$ 是所求的点，且记 $\overrightarrow{CM}=\lambda\,\overrightarrow{CE}(0\leqslant\lambda\leqslant 1)$，则 $\overrightarrow{MB}=-(\overrightarrow{BC}+\overrightarrow{CM})$.

图 16-6

于是 $\overrightarrow{MB}$ 对应复数为

$$\begin{aligned}z&=-z_1\mathrm{i}-\lambda(z_1+z_2)+\lambda(z_1+z_2)\mathrm{i}\\&=-\lambda(z_1+z_2)-(1-\lambda)z_1\mathrm{i}+\lambda z_2\mathrm{i},\end{aligned}$$

$$z\mathrm{i}=(1-\lambda)z_1-\lambda z_2-\lambda(z_1+z_2)\mathrm{i}. \tag{16-1}$$

又 $\overrightarrow{MD}=\overrightarrow{ME}-\overrightarrow{DE}$，所以 $\overrightarrow{MD}$ 对应复数

$$\begin{aligned}z'&=(1-\lambda)[(z_1+z_2)-(z_1+z_2)\mathrm{i}]-z_2\\&=(1-\lambda)z_1-\lambda z_2-(1-\lambda)(z_1+z_2)\mathrm{i}.\end{aligned} \tag{16-2}$$

若 $\triangle BMD$ 为等腰直角三角形，只需 $z\mathrm{i}=z'$. 比较（16-1）、（16-2）两式，即知 $\lambda=1-\lambda$，即 $\lambda=\frac{1}{2}$，这说明 M 是 EC 的中点.

【点评】　以上四种证法从各个不同侧面展示了复数在几何中的应用方式，是复数法解几何题的典范.

【例 16.4】　设 $A_1A_2A_3A_4$ 为 $\odot O$ 的内接四边形，H_1，H_2，H_3，H_4 依次为 $\triangle A_2A_3A_4$，$\triangle A_3A_4A_1$，$\triangle A_4A_1A_2$，$\triangle A_1A_2A_3$ 的垂心. 求证：H_1，H_2，H_3，H_4 四点在同一圆上，并定出该圆的圆心位置.

分析　这是一个典型的四点共圆问题，解题的关键在于发现四边形 $H_1H_2H_3H_4$ 与 $A_1A_2A_3A_4$ 中心对称，要求我们从整体上看问题，注意运动与数学美.

解　如图 16-7 所示，设圆心 O 为坐标原点，点 A_1，A_2，A_3，A_4 分别表示复数 z_1，z_2，z_3，z_4，且 $|z_1|=|z_2|=|z_3|=|z_4|$. 过 O 作 A_3A_4 的垂线交 A_3A_4 于 M，则 M 点表示的复数是 $\frac{z_3+z_4}{2}$. 由 $A_2H_1 \mathrel{\underline{\underline{/\!/}}} 2OM$ 知，向量 $\overrightarrow{A_2H_1}$ 表示的复数是 z_3+z_4，从而点 H_1 表示 $z_2+z_3+z_4$. 连接 A_1H_1，易知 A_1H_1 中点 P 表示复数 $\frac{1}{2}(z_1+z_2+z_3+z_4)$. 点 O 关于 P 的对称点 O' 表示复数 $(z_1+z_2+z_3+z_4)$，从而

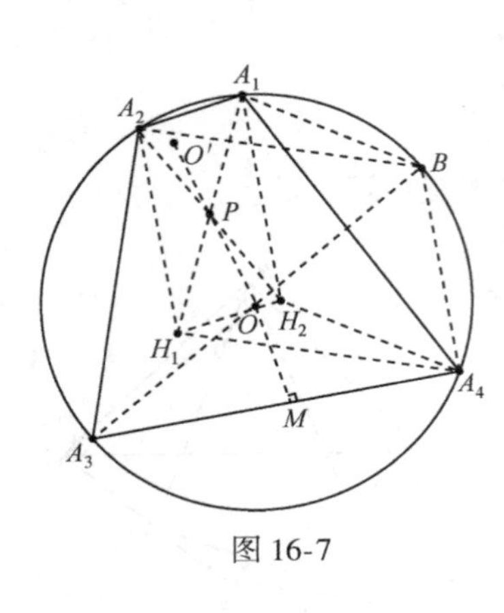

图 16-7

$|\overrightarrow{O'H_1}|=|(z_2+z_3+z_4)-(z_1+z_2+z_3+z_4)|=|z_1|$.

同理 $|\overrightarrow{O'H_2}|=|z_2|$，$|\overrightarrow{O'H_3}|=|z_3|$，$|\overrightarrow{O'H_4}|=|z_4|$.

因此，$|\overrightarrow{O'H_1}|=|\overrightarrow{O'H_2}|=|\overrightarrow{O'H_3}|=|\overrightarrow{O'H_4}|$.

这说明 H_1，H_2，H_3，H_4 四点在同一圆上，且圆心为 O'.

【例 16.5】 在凸四边形 $ABCD$ 的外部分别作正三角形 ABQ，正三角形 BCR，正三角形 CDS，正三角形 DAP，记四边形 $ABCD$ 的对角线之和为 x，四边形 $PQRS$ 的对边中点连线之和为 y，求 $\dfrac{y}{x}$ 的最大值.

分析 题目首先是没有给出四边形的任何要求，接着又以四个正三角形来展开图形，最后求的是线段比例，在没有任何条件和入手点的情况下，只能考虑试图从正三角形中得到突破．而两点已知的正三角形，要想求其第三点的位置，最好的办法便是利用复数．

解 建立复平面，不妨设 $ABCD$ 是顺时针的标记，设 A，B，C，D 代表的复数分别为 z_1，z_2，z_3，z_4，那么可以得出 Q 点所代表的复数为 $z_1+(z_2-z_1)\varphi$，其中 $\varphi=\dfrac{1+\sqrt{3}\,\mathrm{i}}{2}$. 同理可以表示其他三个顶点所代表的复数，那么 QR 中点所代表的复数为 $\dfrac{z_1+z_2}{2}+\dfrac{z_3-z_1}{2}\varphi$，而 SP 中点所代表的复数为 $\dfrac{z_3+z_4}{2}+\dfrac{z_1-z_3}{2}\varphi$，两者之差(其模即为中点连线长)为 $\dfrac{z_2-z_4}{2}+\dfrac{\sqrt{3}\,\mathrm{i}}{2}(z_3-z_1)$．同理，$PQ$ 中点与 RS 中点所代表的复数之差为 $\dfrac{z_1-z_3}{2}+\dfrac{\sqrt{3}\,\mathrm{i}}{2}(z_2-z_4)$．下面设 $|z_1-z_3|=a$，$|z_2-z_4|=b$，那么 $x=a+b$，$y\leqslant\left(\dfrac{b}{2}+\dfrac{\sqrt{3}}{2}a\right)+\left(\dfrac{a}{2}+\dfrac{\sqrt{3}}{2}b\right)=\dfrac{1+\sqrt{3}}{2}x$，即 $\dfrac{y}{x}$ 的最大值为 $\dfrac{1+\sqrt{3}}{2}$，当且仅当 $AC\perp BD$ 时成立等号．

【点评】 若未能看到正三角形的重要性而没有采取设复数的做法，此题的复杂度将无法想象．这道题目很好地考查了几何与代数之间的联系，并且告诉大家，平面直角坐标系并非是唯一解决几何问题的代数途径．

【例 16.6】 如图 16-8 所示，在圆内接四边形 $ABCD$ 中，过对角线 AC

和 BD 的交点向 AB 和 CD 分别作垂线，垂足分别为 E，F．求证：EF 垂直于 AD 和 BC 中点的连线．

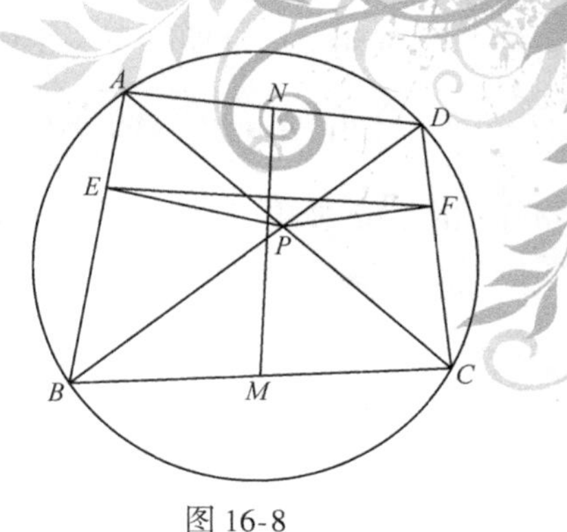

图 16-8

证明　利用向量证明．记 P 为原点，则

$$M=\frac{1}{2}(B+C),\qquad N=\frac{1}{2}(D+A),$$

$$\begin{aligned}\overrightarrow{EF}\perp\overrightarrow{MN}&\Leftrightarrow(E-F)(M-N)=0\\&\Leftrightarrow(E-F)(B+C-D-A)=0\\&\Leftrightarrow E\cdot(B+C-D-A)-F\cdot(B+C-D-A)=0.\qquad(16\text{-}3)\end{aligned}$$

因为 $\overrightarrow{EP}\perp\overrightarrow{AB}$，所以 $E\cdot(B-A)=0$.

同理 $F\cdot(D-C)=0$.

从而(16-3)式等价于

$$E\cdot(C-D)=F\cdot(B-A)$$

$$\Leftrightarrow|\overrightarrow{PE}|\cdot|\overrightarrow{DC}|\cos\angle(\overrightarrow{PE},\overrightarrow{DC})=|\overrightarrow{PF}|\cdot|\overrightarrow{AB}|\cos\angle(\overrightarrow{PF},\overrightarrow{AB}).\qquad(16\text{-}4)$$

由 $\triangle PAB\backsim\triangle PDC$，$E$，$F$ 分别是垂足知

$$\frac{PE}{AB}=\frac{PF}{CD},$$

即 $|\overrightarrow{PE}|\cdot|\overrightarrow{DC}|=|\overrightarrow{PF}|\cdot|\overrightarrow{AB}|$.

显然 $\angle(\overrightarrow{PE},\overrightarrow{DC})=\angle(\overrightarrow{PF},\overrightarrow{AB})$，所以（16-4）式成立，证毕．

【例 16.7】　已知 $\overrightarrow{OA}$，$\overrightarrow{OB}$，$\overrightarrow{OC}$ 是空间上共端点的三条射线．求证：由 $\angle AOB$，$\angle BOC$，$\angle COA$ 的角平分线组成的三个角或全是锐角，或全是直角，或全是钝角．

证明　需要利用如下这样一个事实：两个向量所组成的角是锐角、直角或钝角取决于它们的内积是正的、0 还是负的．取单位向量 $\boldsymbol{i}$，$\boldsymbol{j}$，$\boldsymbol{k}$ 分别与 $\overrightarrow{OA}$，$\overrightarrow{OB}$，$\overrightarrow{OC}$ 共线．

它们的两两之和 $\boldsymbol{i}+\boldsymbol{j}$，$\boldsymbol{j}+\boldsymbol{k}$，$\boldsymbol{k}+\boldsymbol{i}$ 分别与 $\angle AOB$，$\angle BOC$，$\angle COA$ 的角平分线共线．因为 $\boldsymbol{i}^2=\boldsymbol{j}^2=\boldsymbol{k}^2=1$，内积 $(\boldsymbol{i}+\boldsymbol{j})\cdot(\boldsymbol{j}+\boldsymbol{k})$ 等于

$$(\boldsymbol{i}+\boldsymbol{j})\cdot(\boldsymbol{j}+\boldsymbol{k})=\boldsymbol{j}^2+\boldsymbol{i}\cdot\boldsymbol{j}+\boldsymbol{j}\cdot\boldsymbol{k}+\boldsymbol{k}\cdot\boldsymbol{i}=1+\boldsymbol{i}\cdot\boldsymbol{j}+\boldsymbol{j}\cdot\boldsymbol{k}+\boldsymbol{k}\cdot\boldsymbol{i}.$$

根据对称性，可以得到内积 $(\boldsymbol{j}+\boldsymbol{k})\cdot(\boldsymbol{k}+\boldsymbol{i})$ 和 $(\boldsymbol{k}+\boldsymbol{i})\cdot(\boldsymbol{i}+\boldsymbol{j})$ 也有同样的结果．特别地，这三个内积具有相同的符号，这意味着由角平分线所形成的角要么全部是锐角，要么全部是直角或者全部是钝角．

【例 16.8】　当凸多边形的各个角都相等时，称它是等角的．求证：p 是素数当且仅当每个各边长度都是有理数的等角 p 边形是正 p 边形．

证明 先证明如下一个引理：

令 $a_1, a_2, \cdots, a_n$ 是正实数且 ε 是一个 n 次本原单位根，如 $\varepsilon=\cos\frac{2\pi}{n}+\mathrm{i}\sin\frac{2\pi}{n}$. 如果一个等角多边形的边长分别为 $a_1, a_2, \cdots, a_n$（按逆时针方向），则

$$a_1+a_2\varepsilon+a_3\varepsilon^2+\cdots+a_n\varepsilon^{n-1}=0.$$

对 $n=6$ 的情况画一个图(一般的情况也一样).

把多边形的边看作向量，方向为顺时针方向(图 16-9)，则这些向量之和等于0. 现在移动所得的向量使得它们有相同的始点. 如果看它们终点所对应的复数，选择 a_1 在正实轴上，可得到它们分别是 a_1, $a_2\varepsilon$, $a_3\varepsilon^2$, …, $a_n\varepsilon^{n-1}$. 因为这些向量之和为0，所以推出 $a_1+a_2\varepsilon+a_3\varepsilon^2+\cdots+a_n\varepsilon^{n-1}=0$.

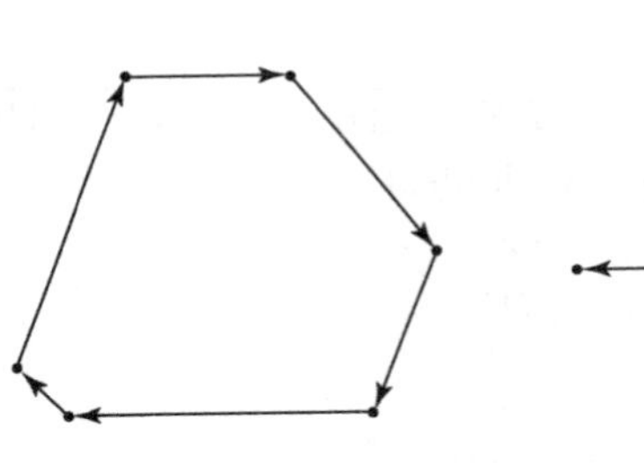
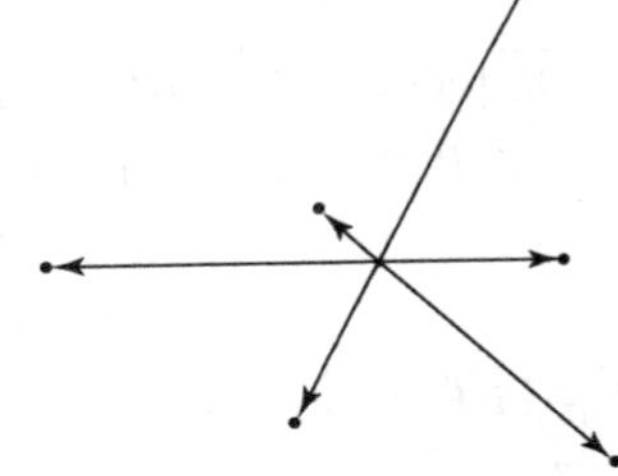

图 16-9

假设 p 是一个素数且令有理数 $a_1, a_2, \cdots, a_p$ 分别是一个等角 p 边形的边长. 我们知道

$$\zeta=\cos\frac{2\pi}{p}+\mathrm{i}\sin\frac{2\pi}{p}$$

是多项式 $P(X)=a_1+a_2X+\cdots+a_pX^{p-1}$ 的一个根.

另外，ζ 是多项式 $Q(X)=1+X+\cdots+X^{p-1}$ 的一个根. 因为两个多项式有共同的根，所以它们的最大公因子是一个非常数的有理系数多项式.

这说明 Q 可以分解成两个非常数的有理系数多项式的乘积，这是不可能的(对 $Q(X+1)$ 用爱森斯坦因判别即可证明).

反过来，假设 p 不是一个素数且令 $p=mn$（m, n 是大于1的整数）. 由此可得 ζ^n 是一个 m 次单位根，从而 $1+\zeta^n+\zeta^{2n}+\cdots+\zeta^{(m-1)n}=0$. 如果把这个等式和 $1+\zeta+\zeta^2+\cdots+\zeta^{p-1}=0$ 结合起来，则可推出 ζ 是一个 $p-1$ 次多项式的根，这个多项式有些系数为1，有些系数为2. 这表明存在一个等角 p 边形，一些边长度为1，剩下的边长度为2. 因为这个多边形不是正的，所以题目结

论成立.

【点评】　可以检验一下，如 $p=6=2\cdot 3$ 的情况. 如果

$$\zeta=\cos\frac{\pi}{3}+\mathrm{i}\sin\frac{\pi}{3},$$

则

$$1+\zeta^2+\zeta^4=0$$

且

$$1+\zeta+\zeta^2+\zeta^3+\zeta^4+\zeta^5=0,$$

所以 ζ 是多项式 $2+X+2X^2+X^3+2X^4+X^5$ 的根. 这意味着存在一个等角六边形，它的边长分别为 2，1，2，1，2，1，如图 16-10 所示.

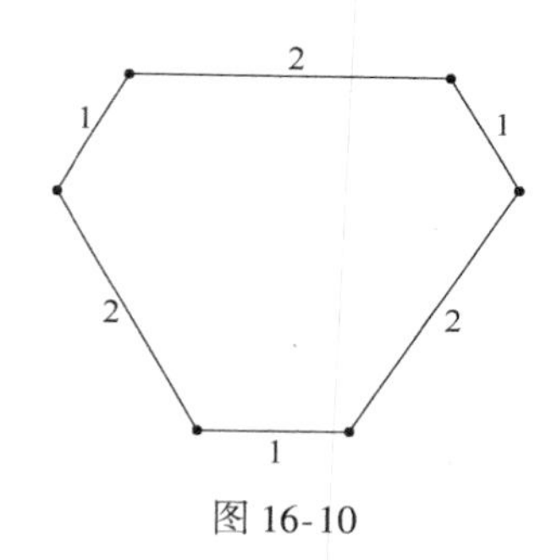

图 16-10

注意，引理的逆命题一般是不成立的. 例如，如果 a，b，c，d 是一个四边形的边长且 $a+b\mathrm{i}+c\mathrm{i}^2+d\mathrm{i}^3=0$，则 $(a-c)+\mathrm{i}(b-d)=0$. 这个等式只要四边形是平行四边形就可成立(没必要是等角四边形，即矩形). 然而，从证明的过程可看出如果 a_1，a_2，…，a_n 是正实数且满足 $a_1+a_2\varepsilon+a_3\varepsilon^2+\cdots+a_n\varepsilon^{n-1}=0$，则存在一个等角多边形，它的边长分别为 a_1，a_2，…，a_n.

值得一提的是 $n=3$ 这种情况，存在另外一个充分必要条件，即如果 a，b，c 分别是点（两两不同）A，B，C 所对应的复数，则 $\triangle ABC$ 是正三角形当且仅当 $a+b\varepsilon+c\varepsilon^2=0$，其中 ε 是三次单位根（非实数）.

【例 16.9】　设 $A=(0,0,0)$ 是空间直角坐标系的原点，定义

1）一个点的坐标的绝对值之和称为重量；

2）坐标是整数且它们的最大公约数是 1 的点称为本原格点；

3）正方形 $ABCD$ 称为不稳定本原整数正方形，若它的边长为整数，且本原格点 B，D 重量不等.

求证：存在无穷多个不稳定本原整数正方形 $AB_iC_iD_i$，且这些正方形所在的平面不平行.

证法1 设 (a, b, c) 是本原毕达哥拉斯三角形，即 a，b，c 是正整数，且 $a < b < c$，$a^2+b^2=c^2$，$\gcd(a, b, c)=1$. 易知 $\gcd(a, b)=\gcd(c, b)=\gcd(c, a)=1$.

为了找具有整数边长的向量，考虑

$$c^4=c^2(a^2+b^2)=c^2a^2+c^2b^2=(a^2+b^2)a^2+c^2b^2=c^2a^2+(a^2+b^2)b^2.$$

设 $\overrightarrow{AB}=\boldsymbol{u}=[-ab, b^2, ac]$，$\overrightarrow{AD}=\boldsymbol{v}=[a^2, -ab, bc]$，$C=(a^2-ab, b^2-ab, c(a+b))$，则 $AB^2=AD^2=(a^2+b^2)c^2=c^4$，$\overrightarrow{AB}\cdot\overrightarrow{AD}=\boldsymbol{u}\cdot\boldsymbol{v}=ab(-a^2-b^2+c^2)=0$.

点 B 和点 D 的重量之差等于

$$\begin{aligned}(b^2+ab+ac)-(a^2+ab+bc)&=b^2-a^2+ac-bc\\&=(b-a)(a+b-c)\neq 0\end{aligned}$$

（因为 $\gcd(a, b)=1$，且 a，b，c 是三角形三边之长）.

又 $\gcd(a, b)=\gcd(c, b)=\gcd(c, a)=1$，　$\gcd(b^2, ac)=\gcd(a^2, bc)=1$，综上所述，$ABCD$ 是一个不稳定本原整数正方形.

设 $\boldsymbol{w}=[b, a, 0]$，则

$$\boldsymbol{u}\cdot\boldsymbol{w}=-ab^2+ab^2=0,\qquad \boldsymbol{v}\cdot\boldsymbol{w}=a^2b-a^2b=0,$$

从而 $\boldsymbol{w}$ 垂直于正方形 $ABCD$ 所在的平面.

最后，不难看出对不同的本原毕达哥拉斯三角形 (a, b, c) 和 (a', b', c')，向量 $\boldsymbol{w}=[b, a, 0]$ 和 $\boldsymbol{w}'=[b', a', 0]$ 是不平行的. 因此，与不同的本原毕达哥拉斯三角形"相伴的"不稳定本原整数正方形在不同的平面内，且这些平面不平行. 由存在无穷多个本原毕达哥拉斯三角形知，结论成立.

证法2 设 $\overrightarrow{AB_i}=\boldsymbol{u}_i=[2, 2a_i, a_i^2]$，　$\overrightarrow{AD_i}=\boldsymbol{v}_i=[2a_i, a_i^2-2, -2a_i]$，$C_i=B_i+D_i$，其中 $a_i=2i+1$，$i=1, 2, \cdots$，则

$$|\overrightarrow{AB_i}|^2=a_i^4+4a_i^2+4,$$

$$|\overrightarrow{AD_i}|^2=(2a_i)^2+(a_i^2-2)^2+(-2a_i)^2=a_i^4+4a_i^2+4.$$

因为

$$\gcd(2, a_i)=\gcd(2a_i, a_i^2-2)=1,$$

所以点 $B_i(2, 2a_i, a_i^2)$ 与 $D_i(2a_i, a_i^2-2, -2a_i)$ 是本原格点. 又

$$2+2a_i+a_i^2\neq 2a_i+(a_i^2-2)+|-2a_i|,\qquad a_i\neq 2,$$

所以点 B_i 和点 D_i 重量不同. 再由

$$\boldsymbol{u}_i\cdot\boldsymbol{v}_i=4a_i+2a_i(a_i^2-2)-2a_i^3=0,$$

得

$$AB_i\perp AD_i.$$

综上所述，存在无穷多个不稳定本原整数正方形.

下证 $AB_iC_iD_i$ 所在的平面不平行.

取 $\boldsymbol{w}_i=[-a_i^2,\ 2a_i,\ -2]$，则

$\boldsymbol{w}_i\cdot\boldsymbol{u}_i=-2a_i^2+4a_i^2-2a_i^2=0$，　$\boldsymbol{w}_i\cdot\boldsymbol{v}_i=-2a_i^3+2a_i(a_i^2-2)+4a_i=0$，从而 $\boldsymbol{w}_i\perp$平面 $AB_iC_iD_i$.

显然 $\boldsymbol{w}_i\perp\boldsymbol{w}_j(i\neq j,\ i,\ j=1,\ 2,\ \cdots)$，所以 $AB_iC_iD_i$ 所在的平面不平行.

16.2　用向量证明不等式

向量具有代数形式和几何形式的“双重身份”，是沟通数与形内在联系的有力工具，利用向量证明不等式，方法漂亮、新颖，耐人寻味.

【例 16.10】　设实数 $a_1,\ a_2,\ \cdots,\ a_n,\ b_1,\ b_2,\ \cdots,\ b_n$ 满足

$$(a_1^2+a_2^2+\cdots+a_n^2-1)(b_1^2+b_2^2+\cdots+b_n^2-1)>(a_1b_1+a_2b_2+\cdots+a_nb_n-1)^2. \tag{16-5}$$

求证：$a_1^2+a_2^2+\cdots+a_n^2>1$ 且 $b_1^2+b_2^2+\cdots+b_n^2>1$.

证明　设 $\boldsymbol{u}=(a_1,\ a_2,\ \cdots,\ a_n)=\overrightarrow{OA}$，$\boldsymbol{v}=(b_1,\ b_2,\ \cdots,\ b_n)=\overrightarrow{OB}$，则

$$\begin{aligned}(16\text{-}5)\text{式}&\Leftrightarrow(\boldsymbol{u}\cdot\boldsymbol{u}-1)(\boldsymbol{v}\cdot\boldsymbol{v}-1)>(\boldsymbol{u}\cdot\boldsymbol{v}-1)^2\\&\Leftrightarrow(\boldsymbol{u}\cdot\boldsymbol{u})(\boldsymbol{v}\cdot\boldsymbol{v})-(\boldsymbol{u}\cdot\boldsymbol{u})-(\boldsymbol{v}\cdot\boldsymbol{v})>(\boldsymbol{u}\cdot\boldsymbol{v})^2-2(\boldsymbol{u}\cdot\boldsymbol{v})\\&\Leftrightarrow(\boldsymbol{u}\cdot\boldsymbol{u})(\boldsymbol{v}\cdot\boldsymbol{v})-(\boldsymbol{u}\cdot\boldsymbol{v})^2>(\boldsymbol{u}\cdot\boldsymbol{u})+(\boldsymbol{v}\cdot\boldsymbol{v})-2(\boldsymbol{u}\cdot\boldsymbol{v})\\&\Leftrightarrow(\boldsymbol{u}\cdot\boldsymbol{u})(\boldsymbol{v}\cdot\boldsymbol{v})-(\boldsymbol{u}\cdot\boldsymbol{v})^2>(\boldsymbol{u}-\boldsymbol{v})\cdot(\boldsymbol{u}-\boldsymbol{v}).\end{aligned}$$

由向量形式的余弦定理，$(\boldsymbol{u}\cdot\boldsymbol{v})^2=(\boldsymbol{u}\cdot\boldsymbol{u})(\boldsymbol{v}\cdot\boldsymbol{v})\cos^2\angle AOB$，所以

$$(\boldsymbol{u}\cdot\boldsymbol{u})(\boldsymbol{v}\cdot\boldsymbol{v})(1-\cos^2\angle AOB)>(\boldsymbol{u}-\boldsymbol{v})\cdot(\boldsymbol{u}-\boldsymbol{v}),$$

$$(\boldsymbol{u}\cdot\boldsymbol{u})(\boldsymbol{v}\cdot\boldsymbol{v})\sin^2\angle AOB>(\boldsymbol{u}-\boldsymbol{v})\cdot(\boldsymbol{u}-\boldsymbol{v}),$$

$$|OA|^2\cdot|OB|^2\sin^2\angle AOB>|AB|^2,$$

因此

$$|OA|\cdot|OB|\sin\angle AOB>|AB|.$$

从而 $S_{\triangle AOB}=\dfrac{1}{2}|OA|\cdot|OB|\sin\angle AOB>\dfrac{1}{2}|AB|$，所以 $\triangle AOB$ 中 AB 边上的高 $h>1$.

故 $1<h\leqslant|OA|^2=\boldsymbol{u}\cdot\boldsymbol{u}=\sum\limits_{i=1}^{n}a_i^2$，且 $1<h\leqslant|OB|^2=\boldsymbol{v}\cdot\boldsymbol{v}=\sum\limits_{i=1}^{n}b_i^2$.

【例 16.11】　已知实数 $x_1,\ x_2,\ \cdots,\ x_n$ 满足

$$\sin x_1+\sin x_2+\cdots+\sin x_n\geqslant n\sin\alpha,$$

其中 $\alpha\in\left[0,\ \dfrac{\pi}{2}\right]$．求证：$\sin(x_1-\alpha)+\sin(x_2-\alpha)+\cdots+\sin(x_n-\alpha)\geqslant 0$.

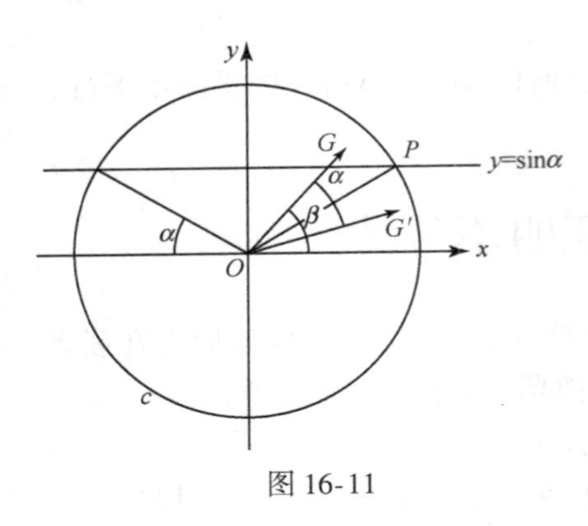

图 16-11

证明 如图 16-11 所示，在圆心为 O 的单位圆 c 上取点 $P(\cos\alpha,\ \sin\alpha)$，$P_i(\cos x_i,\ \sin x_i)(i=1,\ 2,\ \cdots,\ n)$．不失一般性，假设 $P_1P_2\cdots P_n$ 是圆 c 的内接凸 n 边形（如果需要可以重新排列点）．

这个多边形没有在图中画出来，关键是这个凸多边形的重心 $G\left(\dfrac{1}{n}\sum\limits_{i=1}^{n}\cos x_i,\ \left(\dfrac{1}{n}\sum\limits_{i=1}^{n}\sin x_i\right)\right.$ 在其内部，且在圆 c 的内部．另外，由题设条件 G 点的纵坐标不小于 $\sin\alpha$，所以 G 点或者在直线 $y=\sin\alpha$ 上或者在其上方．所有这些情况都能得到 $\overrightarrow{OG}$ 与 x 轴的正方向所构成的角 β 在区间 $[\alpha,\ \pi-\alpha]$.

如图 16-11，将 $\{P_1,\ P_2,\ \cdots,\ P_n\}$ 绕 O 点旋转角度 $-\alpha$，得到一组新的 $\{P_1',\ P_2',\ \cdots,\ P_n'\}$，它的重心 G 是转到 G' 的位置（因为旋转是一种线性操作）．前面已经证明 $\alpha\leqslant\beta\leqslant\pi-\alpha$，所以 G' 的纵坐标非负．因为 P_i' 的纵坐标是 $\sin(x_i-\alpha)$，$i=1,\ 2,\ \cdots,\ n$，由此得到

$$\sin(x_1-\alpha)+\sin(x_2-\alpha)+\cdots+\sin(x_n-\alpha)\geqslant 0.$$

【例 16.12】 已知两个三角形的内角分别为 $\alpha,\ \beta,\ \gamma$ 和 $\alpha_1,\ \beta_1,\ \gamma_1$.求证：

$$\frac{\cos\alpha_1}{\sin\alpha}+\frac{\cos\beta_1}{\sin\beta}+\frac{\cos\gamma_1}{\sin\gamma}\leqslant\cot\alpha+\cot\beta+\cot\gamma,$$

等号成立当且仅当 $\alpha=\alpha_1,\ \beta=\beta_1,\ \gamma=\gamma_1$.

证明 固定 $\alpha,\ \beta,\ \gamma$，考虑不等式左边，记为 L，L 是关于 $\alpha_1,\ \beta_1,\ \gamma_1$ 的函数，且满足 $\alpha_1>0,\ \beta_1>0,\ \gamma_1>0,\ \alpha_1+\beta_1+\gamma_1=\pi$．下面只要证明当且仅当 $\alpha=\alpha_1,\ \beta=\beta_1,\ \gamma=\gamma_1$ 时，L 取得最大值．为了证明这个结论，用 $\sin\alpha\sin\beta\sin\gamma>0$ 乘以 L，且考虑表达式

$$L_1=\sin\beta\sin\gamma\cos\alpha_1+\sin\gamma\sin\alpha\cos\beta_1+\sin\alpha\sin\beta\cos\gamma_1.$$

构造 $\triangle A_1B_1C_1$ 使得 $\angle A_1=\alpha_1,\ \angle B_1=\beta_1,\ \angle C_1=\gamma_1$，考虑分别与 $\overrightarrow{B_1C_1}$，$\overrightarrow{C_1A_1}$，$\overrightarrow{A_1B_1}$ 同方向的向量 $\boldsymbol{a},\ \boldsymbol{b},\ \boldsymbol{c}$，且满足 $|\boldsymbol{a}|=\sin\alpha,\ |\boldsymbol{b}|=\sin\beta,\ |\boldsymbol{c}|=\sin\gamma$．我们知道，对任何两个向量 $\boldsymbol{u},\ \boldsymbol{v}$，有 $\boldsymbol{u}\cdot\boldsymbol{v}=|\boldsymbol{u}|\cdot|\boldsymbol{v}|\cos\theta$，$\theta$ 是 $\boldsymbol{u}$ 与 $\boldsymbol{v}$

之间的夹角，那么有

$$a\cdot b=-\sin\alpha\sin\beta\cos\gamma_1,$$
$$b\cdot c=-\sin\beta\sin\gamma\cos\alpha_1,$$
$$c\cdot a=-\sin\gamma\sin\alpha\cos\beta_1.$$

因此得到 $L_1=-(\boldsymbol{a}\cdot\boldsymbol{b}+\boldsymbol{b}\cdot\boldsymbol{c}+\boldsymbol{c}\cdot\boldsymbol{a})$. 另外，

$$-(\boldsymbol{a}\cdot\boldsymbol{b}+\boldsymbol{b}\cdot\boldsymbol{c}+\boldsymbol{c}\cdot\boldsymbol{a})=\frac{1}{2}\left[\boldsymbol{a}^2+\boldsymbol{b}^2+\boldsymbol{c}^2-(\boldsymbol{a}+\boldsymbol{b}+\boldsymbol{c})^2\right]$$
$$\leqslant\frac{1}{2}(\boldsymbol{a}^2+\boldsymbol{b}^2+\boldsymbol{c}^2),$$

所以 $L_1\leqslant\frac{1}{2}(\boldsymbol{a}^2+\boldsymbol{b}^2+\boldsymbol{c}^2)$，当且仅当 $\boldsymbol{a}+\boldsymbol{b}+\boldsymbol{c}=\boldsymbol{0}$ 时，等号成立. 后面的一种情况，向量 $\boldsymbol{a}$，$\boldsymbol{b}$，$\boldsymbol{c}$ 能构成一个三角形，且边长为 $\sin\alpha$，$\sin\beta$，$\sin\gamma$，其对应的角分别为 α_1，β_1，γ_1. 利用正弦定理，不难推出 $\alpha=\alpha_1$，$\beta=\beta_1$，$\gamma=\gamma_1$，证毕.

【点评】　此题可以推广为

设 $\alpha_i>0$, $\beta_i>0$ $(1\leqslant i\leqslant n,\ n>1)$，且 $\sum\limits_{i=1}^{n}\alpha_i=\sum\limits_{i=1}^{n}\beta_i=\pi$，则

$$\sum_{i=1}^{n}\frac{\cos\beta_i}{\sin\alpha_i}\leqslant\sum_{i=1}^{n}\cot\alpha_i. \tag{16-6}$$

当 $n=2$ 时，

$$\frac{\cos\beta_1}{\sin\alpha_1}+\frac{\cos\beta_2}{\sin\alpha_2}=\frac{\cos\beta_1}{\sin\alpha_1}-\frac{\cos\beta_1}{\sin\alpha_1}=0=\cot\alpha_1+\cot\alpha_2.$$

证明见拙著《从数学竞赛到竞赛数学》（科学出版社，2015 年 5 月第四次印刷 P_{464}）.

【例 16.13】　证明不等式：

$$ax+by+cz+\sqrt{(a^2+b^2+c^2)(x^2+y^2+z^2)}\geqslant\frac{2}{3}(a+b+c)(x+y+z),$$

其中 a，b，c，x，y，z 为任意实数.

证明　这里给出的漂亮证明是由 V. Dubrovski 和供题者 Vasile Cârtoaje 发表在 Kvant(1990, No. 4) 上的证明.

如果 $(a^2+b^2+c^2)(x^2+y^2+z^2)=0$，则 $a=b=c=0$，或者 $x=y=z=0$，不等式显然成立；否则，考虑向量 $\boldsymbol{u}=(a,\ b,\ c)$，$\boldsymbol{v}=(x,\ y,\ z)$，$\boldsymbol{w}=(1,\ 1,\ 1)$，有

$$\boldsymbol{u}\cdot\boldsymbol{v}=ax+by+cz,\quad \boldsymbol{v}\cdot\boldsymbol{w}=x+y+z,\quad \boldsymbol{w}\cdot\boldsymbol{u}=a+b+c,$$
$$|\boldsymbol{u}|^2=a^2+b^2+c^2,\quad |\boldsymbol{v}|^2=x^2+y^2+z^2,\quad |\boldsymbol{w}|^2=3.$$

两边同时除以 $\sqrt{(a^2+b^2+c^2)(x^2+y^2+z^2)}$，把要证明的不等式写成下列形式：

$$\frac{\boldsymbol{u}\cdot\boldsymbol{v}}{|\boldsymbol{u}|\cdot|\boldsymbol{v}|}+1\geqslant 2\frac{\boldsymbol{w}\cdot\boldsymbol{u}}{|\boldsymbol{w}|\cdot|\boldsymbol{u}|}\cdot\frac{\boldsymbol{v}\cdot\boldsymbol{w}}{|\boldsymbol{v}|\cdot|\boldsymbol{w}|}.$$

根据内积的定义，这等价于

$$\cos\gamma+1\geqslant 2\cos\beta\cos\alpha,$$

其中 $\alpha=\angle(\boldsymbol{v},\boldsymbol{w})$，$\beta=\angle(\boldsymbol{w},\boldsymbol{u})$，$\gamma=\angle(\boldsymbol{u},\boldsymbol{v})$．因此，接下来只需要证明最后一个不等式对三面角的三个平面角 α，β，γ 成立(可能退化)．我们知道这些平面角满足不等式

$$\gamma\leqslant\alpha+\beta\text{（三角形不等式）和 }\alpha+\beta+\gamma\leqslant 2\pi.$$

这意味着 $\gamma\leqslant\alpha+\beta\leqslant 2\pi-\gamma$．现在，如果 φ，ψ 是区间 $[0,\pi]$ 上的角，且 $\psi\leqslant\varphi\leqslant 2\pi-\psi$，那么 $\cos\psi\geqslant\cos\varphi$，从而 $\cos\gamma\geqslant\cos(\alpha+\beta)$．由此得

$$\cos\gamma+1\geqslant\cos(\alpha+\beta)+\cos(\alpha-\beta)=2\cos\alpha\cos\beta,$$

证毕．

注意，讨论表明当且仅当 $\cos(\alpha-\beta)=1$，$\cos\gamma=\cos(\alpha+\beta)$，即 $\alpha=\beta$ 或者 $\gamma=2\alpha$，$\gamma+2\alpha=2\pi$ 时，等号成立．在这两种情况中，从几何意义上讲，这说明向量 $\boldsymbol{u}$ 和 $\boldsymbol{v}$ 关于直线 $x=y=z$ 对称．简单的计算表明向量 $\boldsymbol{v}$ 关于直线 $x=y=z$ 对称的向量 $\boldsymbol{v}_1$ 的坐标是

$$x_1=\frac{2(y+z)-x}{3},\quad y_1=\frac{2(z+x)-y}{3},\quad z_1=\frac{2(x+y)-z}{3},$$

所以等号成立的条件是 $\frac{x_1}{a}=\frac{y_1}{b}=\frac{z_1}{c}$．

问　题

1. 复数 z 满足 $|z|\leqslant\frac{1}{3}$，求复数 $3z+2\mathrm{i}$ 的幅角最值和模的最值.

2. 设 O 为复平面的原点，Z_1 和 Z_2 为复平面内的两个动点，并且满足

(1) Z_1 和 Z_2 所对应的复数的幅角分别为定值 θ 和 $-\theta\left(0<\theta<\frac{\pi}{2}\right)$；

(2) $\triangle OZ_1Z_2$ 的面积为定值 S. 求 $\triangle OZ_1Z_2$ 重心 Z 所对应的复数的模的最小值.

3. 在任意 $\triangle ABC$ 的边上向外作 $\triangle BPC$，$\triangle CQA$，$\triangle ARB$，使得

$$\angle PBC=\angle CAQ=45^\circ,$$
$$\angle BCP=\angle QCA=30^\circ,$$
$$\angle ABR=\angle BAR=15^\circ.$$

试证：$\angle QRP=90^\circ$，$QR=RP$.

4. 设 D 是锐角 $\triangle ABC$ 内部一点，$\angle ADB=\angle ACB+90^\circ$，并且 $AC\cdot BD=AD\cdot BC$，求 $\dfrac{AB\cdot CD}{AC\cdot BD}$ 的值.

5. 在 $\triangle ABC$ 中，$AC\neq BC$，将 $\triangle ABC$ 绕点 C 旋转，得到 $\triangle A'B'C$，M，E，F 分别为线段 BA'，AC，$B'C$ 的中点. 若 $EM=FM$，求 $\angle EMF$.

6. 设 P 是锐角三角形 ABC 内一点，AP，BP，CP 分别交边 BC，CA，AB 于点 D，E，F，已知 $\triangle DEF\backsim\triangle ABC$. 求证：$P$ 是 $\triangle ABC$ 的重心.

7. 如图，在凸四边形 $ABCD$ 的对角线 AC 上取点 K 和 M，在对角线 BD 上取点 P 和 T，使得 $AK=MC=\frac{1}{4}AC$，$BP=TD=\frac{1}{4}BD$. 证明：过 AD 和 BC 中点的连线，通过 PM 和 KT 的中点.

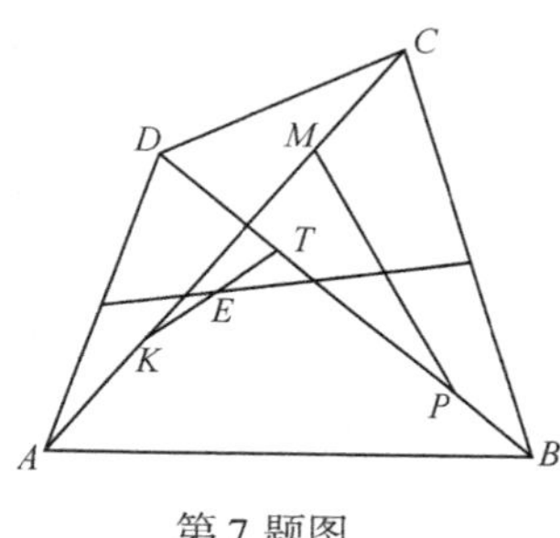

第 7 题图

8. 四边形 $ABCD$ 外切于圆，$\angle A$ 和 $\angle B$ 的外角平分线相交于点 K，$\angle B$ 和 $\angle C$ 的外角平分线相交于点 L，$\angle C$ 和 $\angle D$ 的外角平分线相交于点 M，$\angle D$ 和 $\angle A$ 的外角平分线相交于点 N. 设 $\triangle ABK$，$\triangle BCL$，$\triangle CDM$，$\triangle DAN$ 的垂心分别为 K_1，L_1，M_1，N_1. 证明：四边形 $K_1L_1M_1N_1$ 是平行四边形.

9. 已知两同心球 S_1，S_2，半径分别为 r，R（$R>r$），在球 S_2 上有一定点 A 及两个动点 B，C，S_1 上有一个动点 P，$\angle APB=\angle BPC=\angle CPA=\dfrac{\pi}{2}$，以 PA，PB，PC 为棱构成平行六面体，点 Q 是此六面体的与 P 点斜对的顶点. 求 P 点在 S_1 上移动，B，C 两点在 S_2 上移动时 Q 点的轨迹.

10. 设凸多面体 P_1 有 9 个顶点 A_1，A_2，…，A_9，P_i 是将 P_1 通过平移 $A_1\to A_i$ $(i=2,3,\cdots,9)$ 得到的多面体. 试证：P_1，P_2，…，P_9 中至少有两个多面体，它们至少有一个公共内点.

11. 求证：对任意 8 个实数 a，b，c，d，e，f，g，h，式子 $ac+bd$，$ae+bf$，$ag+bh$，$ce+df$，$cg+dh$，$eg+fh$ 中至少有一个非负.

12. 平面内 $n(n\geqslant 3)$ 个点组成集合 S，P 是此平面内 m 条直线组成的集合，满足 S 关于 P 中的每一条直线对称. 求证：$m\leqslant n$，并问等号何时成立？

13. 设 O 是 $\triangle ABC$ 内部一点. 证明：存在正整数 p，q，r，使得

$$\left|p\cdot\overrightarrow{OA}+q\cdot\overrightarrow{OB}+r\cdot\overrightarrow{OC}\right|<\frac{1}{2007}.$$

14. 设 x_1，x_2，…，x_n 和 y_1，y_2，…，y_n 为实数，且满足 $\sum\limits_{i=1}^{n}x_i^2=\sum\limits_{i=1}^{n}y_i^2=1$.

证明：

$$(x_1y_2 - x_2y_1)^2 \leqslant 2\left|1-\sum_{i=1}^{n} x_iy_i\right|,$$

并确定等号成立的条件．

15. 已知 n 为正奇数，α_1，α_2，…，α_n 是区间 $[0,\ \pi]$ 上的数．求证：

$$\sum_{1\leqslant i<j\leqslant n}\cos(\alpha_i-\alpha_j)\geqslant\frac{1-n}{2}.$$

16. 求最大的正整数 n，使得在三维空间中存在 n 个点 P_1，P_2，…，P_n，其中任意三点不共线，且对任意 $1\leqslant i<j<k\leqslant n$，$\triangle P_iP_jP_k$ 不是钝角三角形.

17. 在 49×69 的方格纸上标出所有 50×70 个小方格的顶点．两个人玩游戏，依次轮流进行如下操作：游戏者将某两个顶点用线段联结，其中每一个点都不是已连线段的端点，所连线段可以有公共点．这样的操作直到不能进行下去为止．在这以后，如果第一个人可以对每个所连线段选择一个适当的方向后，使得所有这样得到的向量的和是一个零向量，那么他获胜，否则，另一个人获胜．问谁有必胜策略？

18. 证明：不存在具有如下性质的由平面上多于 $2n$（$n>3$）个两两不平行的向量构成的有限集合 G，

（1）对于该集合中的任何 n 个向量，都能从该集合中再找出 $n-1$ 个向量，使得这 $2n-1$ 个向量的和等于 0；

（2）对于该集合中的任何 n 个向量，都能从该集合中再找出 n 个向量，使得这 $2n$ 个向量的和等于 0.

19. 如图，平面上由边长为 1 的正三角形构成一个（无穷的）三角形网格．三角形的顶点称为格点，距离为 1 的格点称为相邻格点.

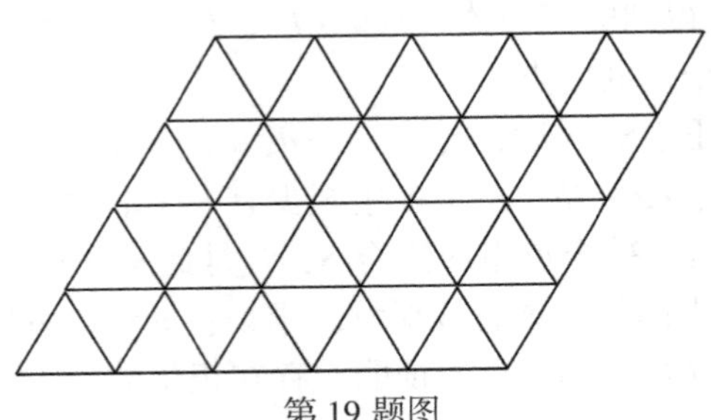

第 19 题图

A，B 两只青蛙进行跳跃游戏．“一次跳跃”是指青蛙从所在的格点跳至相邻的格点．“A，B 的一轮跳跃”是指它们按下列规则进行的先 A 后 B 的跳跃：

（1）A 任意跳一次，则 B 沿与 A 相同的跳跃方向跳跃一次，或沿与之相反的方向跳跃两次；

（2）当 A，B 所在的格点相邻时，它们可执行规则(1)完成一轮跳跃，也可以由 A 连跳两次，每次跳跃均保持与 B 相邻，而 B 则留在原地不动.

若 A，B 的起始位置为两个相邻的格点，问能否经过有限轮跳跃，使 A，B 恰好位于对方的起始位置上？

20. n 是正整数，$a_j(j=1,2,\cdots,n)$ 为复数，且对集合 $\{1,2,\cdots,n\}$ 的任一非空子集 I，均有

$$\left|\prod_{j\in I}(1+a_j)-1\right|\leqslant\frac{1}{2}.$$

证明：$\sum_{j=1}^{n}|a_j|\leqslant 3$.

第 17 章 变量代换法

在数学中，要紧的不是记号而是概念.

——高斯

在解答数学问题的过程中，常将某一变量 u 看作另一变量 t 的函数 $u=\phi(t)$（从简单到复杂），或者把问题中复杂的解析式 $\psi(x)$ 作为新的变量 y（从复杂到简单）处理，通过函数关系 $u=\varphi(t)$ 或 $\psi(x)=y$ 进行变量代换，得到结构简单便于求解的新问题. 然后在新问题解出后，再由反函数 $t=\phi^{-1}(u)$ 或 $x=\psi^{-1}(y)$ 求得原问题的解，这种解题方法称之为变量代换法，又称为换元法.

利用变量代换法解题，关键在于根据问题结构的特征，选取能以简驭繁、化难为易的函数 $u=\phi(t)$ 或 $\psi(x)=y$，就换元的形式而论是多种多样的，常用的有比值代换、根式代换、复变量代换、初等函数的代换、常值代换、三角代换等.

变量代换法作为一种重要的数学方法，在多项式的因式分解，代数式的化简计算，恒等式、条件等式或不等式的证明，方程、方程组、不等式、不等式组或混合组的求解，函数表达式、定义域、值域或极值的探求等问题中都有广泛的应用. 不少数学问题的解决，“难”就“难”在换元，“巧”也“巧”在换元，通过代换，它能使令人困惑的题型转化为思路娴熟的常见题.

另外，在解有关椭圆、双曲线、抛物线的问题时，将椭圆、双曲线、抛物线的直角坐标方程化为参数方程，其实质也是变量代换法.

【例 17.1】　解方程

$$\sqrt[3]{(8-x)^2}+\sqrt[3]{(27+x)^2}=\sqrt[3]{(8-x)(27+x)}+7.$$

分析　注意到三次根式 $\sqrt[3]{8-x}$ 和 $\sqrt[3]{27+x}$ 的立方和为常数，可作根式代换 $\sqrt[3]{8-x}=u$，$\sqrt[3]{27+x}=v$.

解　设 $u=\sqrt[3]{8-x}$，$v=\sqrt[3]{27+x}$，则

$$u^3+v^3=35.$$

又由原方程得

$$u^2+v^2=uv+7,$$

即

$$u^2-uv+v^2=7,$$

从而

$$u+v=\frac{u^3+v^3}{u^2-uv+v^2}=\frac{35}{7}=5,$$

$$uv=\frac{1}{3}[(u+v)^2-(u^2-uv+v^2)]=\frac{1}{3}\times(5^2-7)=6.$$

于是 u，v 是方程 $y^2-5y+6=0$ 的两个根，解得 $y_1=2$，$y_2=3$.

当 $u=2$，$v=3$ 时，$x_1=0$；

当 $u=3$，$v=2$ 时，$x_2=-19$.

经检验 $x_1=0$，$x_2=-19$ 都适合原方程.

【例 17.2】　求函数 $y=\sqrt{x^2+9}+\sqrt{x^2-8x+17}$ 的极小值.

分析　观察本题结构，使我们联想到 $\sqrt{x^2+9}$ 与 $\sqrt{x^2-8x+17}=\sqrt{(4-x)^2+1}$ 分别是复数 $z_1=x+3\mathrm{i}$ 与 $z_2=(4-x)+\mathrm{i}$ 的模，代入 $|z_1|+|z_2|\geqslant|z_1+z_2|$ 即可求解.

解　设 $z_1=x+3\mathrm{i}$，$z_2=(4-x)+\mathrm{i}$，则

$$|z_1|=\sqrt{x^2+9},\qquad |z_2|=\sqrt{(4-x)^2+1},$$

$$|z_1+z_2|=|4+4\mathrm{i}|=4\sqrt{2}.$$

又因为

$$|z_1|+|z_2|\geqslant|z_1+z_2|,$$

所以

$$\sqrt{x^2+9}+\sqrt{(4-x)^2+1}\geqslant4\sqrt{2},$$

当且仅当 $z_1=kz_2(k>0)$ 时取等号，此时 $k=3$，即 $x=3(4-x)$，$x=3$.

故 $y=\sqrt{x^2+9}+\sqrt{x^2-8x+17}$ 的极小值是 $4\sqrt{2}$.

【点评】 复变量代换就是通过引入适当的复数，把某些实数看作一个复数的实部或虚部，然后利用复数的性质及其运算来解决问题，它常用于涉及 $\sin x$，$\cos x$ 的一些对偶命题，或含有 $\sqrt{a^2+b^2}$ 这样的复数模形式的数学命题.

【例 17.3】 已知

$$\sin A+\sin 3A+\sin 5A=a,$$
$$\cos A+\cos 3A+\cos 5A=b.$$

求证：1）当 $b\neq 0$ 时，$\tan 3A=a/b$；

2）$(1+2\cos 2A)^2=a^2+b^2$.

证明 设 $z=\cos A+\mathrm{i}\sin A$，则

$z+z^3+z^5=(\cos A+\cos 3A+\cos 5A)+\mathrm{i}(\sin A+\sin 3A+\sin 5A)=b+a\mathrm{i}$.

由 $|z|=1$，得 $z\neq 0$. 因为

$$z^2+\frac{1}{z^2}=z^2+\left(\frac{1}{z}\right)^2=z^2+\bar{z}^2=2\cos 2A,$$

所以

$$z+z^3+z^5=z^3\left(\frac{1}{z^2}+1+z^2\right)=z^3(1+2\cos 2A),$$

即 $(1+2\cos 2A)(\cos 3A+\mathrm{i}\sin 3A)=b+a\mathrm{i}$.

故当 $b\neq 0$ 时，

$$\tan 3A=\frac{(1+2\cos 2A)\sin 3A}{(1+2\cos 2A)\cos 3A}=\frac{a}{b}.$$

再由 $|z^3(1+2\cos 2A)|=|b+a\mathrm{i}|$，$|z^3|=1$，即得

$$(1+2\cos 2A)^2=a^2+b^2.$$

【点评】 用复数方法还容易证明下述推广题：

已知 $\sin A+\sin 2A+\cdots+\sin(2k-2)A+\sin(2k-1)A=a$，$\cos A+\cos 2A+\cdots+\cos(2k-2)A+\cos(2k-1)A=b$，$k\in\mathbf{N}^+$，则

1）当 $b\neq 0$ 时，$\tan kA=\dfrac{b}{a}$；

2）$[1+2\cos A+2\cos 2A+\cdots+2\cos(k-1)A]^2=a^2+b^2$.

【例 17.4】 已知 $0<\alpha<\pi$. 证明：$2\sin 2\alpha\leqslant\cot\dfrac{\alpha}{2}$，并讨论 α 为何值时等号成立.

证明 令 $\tan\dfrac{\alpha}{2}=t$，则由 $0<\dfrac{\alpha}{2}<\dfrac{\pi}{2}$ 知 $t>0$. 由万能公式，原不等式可化为

$$4\cdot\frac{2t}{1+t^2}\cdot\frac{1-t^2}{1+t^2}\leqslant\frac{1}{t}.$$

用 $t(1+t^2)^2>0$ 乘上面不等式两端，问题变为证明

$$8t^2(1-t^2)\leqslant(1+t^2)^2,$$

展开化简，得

$$-9t^4+6t^2-1\leqslant 0,\ \text{即}\ -(3t^2-1)^2\leqslant 0. \tag{17-1}$$

由于以上每步可逆，故原不等式成立.

因为(17-1)式中等号当且仅当 $t^2=\frac{1}{3}$ 或 $\tan\frac{\alpha}{2}=\frac{\sqrt{3}}{3}$，即 $\alpha=\frac{\pi}{3}$ 时成立，故当 $\alpha=\frac{\pi}{3}$ 时，原不等式中等号成立.

【点评】　此题通过初等函数的代换，将三角不等式的证明转化为代数不等式的证明，其关键是寻找合适的代换.

【例 17.5】　设 $x_1, x_2, \cdots, x_n$ 是正数. 求证：

$$\frac{x_1^2}{x_1^2+x_2x_3}+\frac{x_2^2}{x_2^2+x_3x_4}+\cdots+\frac{x_{n-1}^2}{x_{n-1}^2+x_nx_1}+\frac{x_n^2}{x_n^2+x_1x_2}\leqslant n-1.$$

证明　为了把不等式左边写得整齐一些，令 $x_{n+1}=x_1$，$x_{n+2}=x_2$，则原不等式可改写为

$$\sum_{i=1}^{n}\frac{x_i^2}{x_i^2+x_{i+1}x_{i+2}}\leqslant n-1.$$

注意到上式左边每一项的分子分母都有 x_i^2，作为简化的手法，每一项分子分母同除以 x_i^2 是自然的，于是，令 $y_i=\frac{x_{i+1}x_{i+2}}{x_i^2}$，则 $y_i>0$，且 $y_1y_2\cdots y_n=1$. 原不等式即为

$$\sum_{i=1}^{n}\frac{1}{1+y_i}\leqslant n-1.$$

容易用数学归纳法来完成这一不等式的证明. 由

$$\frac{1}{1+y_1}+\frac{1}{1+y_2}=\frac{1}{1+y_1}+\frac{1}{1+1/y_1}=1\leqslant 2-1,$$

知当 $n=2$ 时命题成立.

假设当 $n=k$ 时不等式成立，对于 $n=k+1$，因有 $y_1y_2\cdots(y_ky_{k+1})=1$，由归纳假设有

$$\sum_{i=1}^{k-1}\frac{1}{1+y_i}+\frac{1}{1+y_ky_{k+1}}\leqslant k-1.$$

而

$$\frac{1}{1+y_k}+\frac{1}{1+y_{k+1}}\leqslant 1+\frac{1}{1+y_ky_{k+1}},$$

两式相加，得

$$\sum_{i=1}^{k+1}\frac{1}{1+y_i}\leqslant k,$$

即 $n=k+1$ 时，不等式也成立，这样就证明了原不等式.

【点评】 这一例换元，在简化了原不等式的同时，增加了一个条件：$y_1y_2\cdots y_n=1$，这是不能忽视的.

【例 17.6】 解函数方程

$$f(x)+f\left(\frac{x-1}{x}\right)=1+x,\quad x\neq 0,\ x\neq 1. \tag{17-2}$$

解 从方程(17-2)的形式看，作变量代换 $x=\frac{y-1}{y}(y\neq 0,\ 1)$ 是有益的，代入(17-2)式，得

$$f\left(\frac{y-1}{y}\right)+f\left(\frac{1}{1-y}\right)=\frac{2y-1}{y}.$$

把上式中的 y 改写成 x，得

$$f\left(\frac{x-1}{x}\right)+f\left(\frac{1}{1-x}\right)=\frac{2x-1}{x}, \tag{17-3}$$

但现在(17-2)、(17-3)两式联立，不能解出 $f(x)$. 为此，再令 $x=\frac{1}{1-z}(z\neq 0,\ 1)$，代入(17-2)式，得

$$f\left(\frac{1}{1-z}\right)+f(z)=\frac{2-z}{1-z}.$$

又把 z 换成 x，又得

$$f\left(\frac{1}{1-x}\right)+f(x)=\frac{2-x}{1-x}. \tag{17-4}$$

把(17-2)、(17-3)、(17-4)三式联立，就可以看成一个关于 $f(x)$，$f\left(\frac{x-1}{x}\right)$，$f\left(\frac{1}{1-x}\right)$ 的三元一次代数方程组，(17-2)+(17-4)−(17-3)得

$$\begin{aligned}f(x)&=\frac{1}{2}\left[(1+x)+\frac{2-x}{1-x}-\frac{2x-1}{x}\right]\\&=\frac{1+x^2-x^3}{2x(1-x)}.\end{aligned}$$

易验证这个函数满足方程(17-2).

【例 17.7】 解方程 $\sqrt{x^2+6x+10}+\sqrt{x^2-6x+10}=10$.

分析 对原方程两边平方去根号是一种方法，但要十分小心避免出现高

次方程而陷入困境．这里给出一个直观的方法，先对原方程变形，得

$$\sqrt{(x+3)^2+1}+\sqrt{(x-3)^2+1}=10.$$

此时的形式结构，会使我们联想到距离公式，进一步会想到椭圆方程的推导过程中的步骤，于是就产生了下面的解法.

解　令 $1=y^2$，从而有

$$\sqrt{(x+3)^2+y^2}+\sqrt{(x-3)^2+y^2}=10.$$

这是以 $F_1(-3,\ 0)$，$F_2(3,\ 0)$ 为焦点，长轴之长为 10(短轴之长为 8)的椭圆方程，即

$$\frac{x^2}{25}+\frac{y^2}{16}=1.$$

当 $y^2=1$ 时，就有 $x=\pm\frac{5}{4}\sqrt{15}$．

【点评】　人们习惯于变量代换法，往往认为常数是一个确定的数值不应对它作何处理，其实不然，有时把常数用字母或函数式表示，把常量暂时看作变量，通过研究变动的、一般的状态来了解确定的特殊的情形，这种看来使问题复杂化了的方法，却往往能导出巧妙的解法.

【例 17.8】　已知 a_1，a_2，…，a_n 在区间 $[-2,\ 2]$ 上，且满足它们的和为 0. 证明：

$$|a_1^3+a_2^3+\cdots+a_n^3|\leqslant 2n.$$

证明　考虑到 a_k 在区间 $[-2,\ 2]$ 上，导致我们想到代换 $a_k=2\cos b_k$，$k=1$，2，…，n，则由三倍角公式 $\cos 3b=4\cos^3 b-3\cos b$ 得到 $2\cos 3b_k=a_k^3-3a_k$，$k=1$，2，…，n．利用已知条件 $\sum\limits_{k=1}^{n}a_k=0$，得到

$$2\sum_{k=1}^{n}\cos 3b_k=\sum_{k=1}^{n}a_k^3,$$

注意到对所有的 x 有 $|\cos x|\leqslant 1$，结论成立．

【例 17.9】　求出所有的实三元数组(a,b,c)，使得 $a^2-2b^2=1$，$2b^2-3c^2=1$，且 $ab+bc+ca=1$.

解　因为 $a^2-2b^2=1$，所以 $a\neq 0$. 因为 $2b^2-3c^2=1$，所以 $b\neq 0$. 如果 $c=0$，则 $b=\pm\frac{1}{\sqrt{2}}$ 且 $a=\pm\sqrt{2}$．容易验证 $(a,\ b,\ c)=(\pm\sqrt{2},\ \pm\frac{1}{\sqrt{2}},\ 0)$ 是方程的解. 我们断定没有其他满足条件的解．

用反证法证明这个问题，假设存在一个实三元数组$(a,\ b,\ c)$ 使得方程成立，其中 $abc\neq 0$. 不失一般性，假设其中两个数为正的；否则，可以考虑

三数组（$-a$，$-b$，$-c$）. 再不失一般性，假设 a，b 为正的(前面两个方程与 a,b,c 的符号无关,最后一个方程关于 a,b,c 对称). 由点评中的结论，可以假设 $a=\cot A$，$b=\cot B$，$c=\cot C$，其中 $0<A$，$B<90°$，A，B，C 是某个三角形的三个角，则有

$$a^2+1=2(b^2+1)=3(c^2+1).$$

最后一个等式化成

$$\csc^2 A=2\csc^2 B=3\csc^2 C$$

或

$$\frac{1}{\sin A}=\frac{\sqrt{2}}{\sin B}=\frac{\sqrt{3}}{\sin C}.$$

由正弦定理，可断定角 A，B，C 的对边分别长 k，$\sqrt{2}k$，$\sqrt{3}k$，其中 k 为某个正实数. 而由此可知三角形 ABC 是直角三角形且 $\angle C=90°$，意味着 $c=\cot C=0$，与假设 $c\neq 0$ 矛盾. 从而假设是错误的，$(a, b, c)=(\pm\sqrt{2}, \pm\frac{1}{\sqrt{2}}, 0)$ 是方程的解.

【点评】 已知 ABC 为一个三角形，则

$$\cot A\cot B+\cot B\cot C+\cot C\cot A=1.$$

反之，如果实数 x，y，z 满足 $xy+yz+zx=1$，则存在三角形 ABC，使得 $\cot A=x$，$\cot B=y$ 和 $\cot C=z$.

如果 ΔABC 是直角三角形，则不失一般性假设 $A=90°$，则 $\cot A=0$ 且 $B+C=90°$，所以 $\cot B\cot C=1$，这说明所要证的结论成立. 如果 A，B，$C\neq 90°$，则 $\tan A\tan B\tan C$ 是有意义的. 对所要证的恒等式的两边同时乘以 $\tan A\tan B\tan C$，这样就化成了 $\tan A+\tan B+\tan C=\tan A\tan B\tan C$.

第二个结论是正确的，因为函数 $\cot x$ 从区间 $(0°, 180°)$ 到区间 $(-\infty, \infty)$ 是双射的.

【例 17.10】 已知 a，b，$c\geqslant 0$，$a+b+c=1$. 求证：

$$\sqrt{a+\frac{1}{4}(b-c)^2}+\sqrt{b}+\sqrt{c}\leqslant\sqrt{3}.$$

分析 这个不等式比起三个根号和不大于 $\sqrt{3}$ 来，有所加强，重点在于如何处理好第一个括号里的东西. 这里采用变量代换将无理化有理去证明.

证法 1 不妨设 $x=\sqrt{b}$，$y=\sqrt{c}$，那么 $a=1-x^2-y^2$.

将原不等式移项，平方，它等价于

$$4(1-x^2-y^2)+(x^2-y^2)^2\leqslant 4(\sqrt{3}-x-y)^2,$$

即

$$(x^2-y^2)^2\leqslant 4(1-\sqrt{3}x)^2+4(1-\sqrt{3}y)^2-4(x-y)^2.$$

右边的前两项，可以用 $2(p^2+q^2)\geqslant(p-q)^2$ 来建立与其他项的关系.

$$\begin{aligned}\text{不等式右边}&\geqslant 2(\sqrt{3}x-\sqrt{3}y)^2-4(x-y)^2\\&=2(x-y)^2\\&\geqslant 2(x^2+y^2)(x-y)^2\\&\geqslant(x+y)^2(x-y)^2\\&=\text{左边},\end{aligned}$$

证毕.

证法 2　不妨设 $b\geqslant c$. 令 $\sqrt{b}=x+y$, $\sqrt{c}=x-y$，则

$$b-c=4xy,\quad a=1-2x^2-2y^2,\quad x\leqslant\frac{1}{\sqrt{2}}.$$

从而

$$\begin{aligned}\text{原式左边}&=\sqrt{1-2x^2-2y^2+4x^2y^2}+2x\\&\leqslant\sqrt{1-2x^2}+x+x\\&\leqslant\sqrt{3}.\end{aligned}$$

最后一步由柯西不等式得到.

证法 3　令 $a=u^2$，$b=v^2$，$c=w^2$，则 $u^2+v^2+w^2=1$，于是待证不等式变为

$$\sqrt{u^2+\frac{(v^2-w^2)^2}{4}}+v+w\leqslant\sqrt{3}.\tag{17-5}$$

注意到

$$\begin{aligned}u^2+\frac{(v^2-w^2)^2}{4}&=1-(v^2+w^2)+\frac{(v^2-w^2)^2}{4}\\&=\frac{4-4(v^2+w^2)+(v^2-w^2)^2}{4}\\&=\frac{4-4(v^2+w^2)+(v^2+w^2)^2-4v^2w^2}{4}\\&=\frac{(2-v^2-w^2)^2-4v^2w^2}{4}\\&=\frac{(2-v^2-w^2-2vw)(2-v^2-w^2+2vw)}{4}\\&=\frac{[2-(v+w)^2][2-(v-w)^2]}{4}\leqslant 1-\frac{(v+w)^2}{2},\end{aligned}$$

（注意 $(v+w)^2\leqslant 2(v^2+w^2)\leqslant 2$）由上式可知，如果下面不等式成立，则 (17-5) 式成立.

$$\sqrt{1-\frac{(v+w)^2}{2}}+v+w\leqslant\sqrt{3}.$$

令 $\frac{v+w}{2}=x$，将上述不等式改写为

$$\sqrt{1-2x^2}+2x\leqslant\sqrt{3},$$

以下同证法 2.

【例 17.11】 设 x，y，$z\in(0,1)$ 且满足 $x+y+z=1$. 求证：

1) $\sqrt{\frac{x}{x+yz}}+\sqrt{\frac{y}{y+zx}}+\sqrt{\frac{z}{z+xy}}\leqslant\frac{3\sqrt{3}}{2}$； (17-6)

2) $\frac{\sqrt{xyz}}{(1-x)(1-y)(1-z)}\leqslant\frac{3\sqrt{3}}{8}$.

证明 根据正弦函数在 $(0,\pi)$ 上是上凸函数，可以立即得到

$$\sin\theta_1+\sin\theta_2+\sin\theta_3\leqslant\frac{3\sqrt{3}}{2}, \tag{17-7}$$

其中 θ_1，θ_2，$\theta_3>0$ 且满足 $\theta_1+\theta_2+\theta_3=\pi$.

令 $a=y+z$，$b=z+x$，$c=x+y$. 因为 $x+y+z=1$，得 $a=1-x$，$b=1-y$，$c=1-z$ 及 $a+b+c=2$. 因为 a，b，c 满足三角形不等式 $a+b>c$，$c+b>a$，$a+c>b$，所以 a，b，c 是三角形的三边长. 令角 α，β，γ 的对边分别是 a，b，c，则 $\alpha+\beta+\gamma=\pi$. 注意三角形的半周长 $s=\frac{1}{2}(a+b+c)=1$.

1)

$$\frac{x}{x+yz}=\frac{1-a}{1-a+(1-b)(1-c)}=\frac{1-a}{2-(a+b+c)+bc}$$
$$=\frac{1-a}{bc}=\frac{s(s-a)}{bc}=\cos^2\frac{\alpha}{2},$$

同理

$$\frac{y}{y+zx}=\cos^2\frac{\beta}{2},\qquad\frac{z}{z+xy}=\cos^2\frac{\gamma}{2}.$$

因此(17-6)式的左边等于 $\cos\frac{\alpha}{2}+\cos\frac{\beta}{2}+\cos\frac{\gamma}{2}$. 为了证明(17-6)式只需要证明

$$\cos\frac{\alpha}{2}+\cos\frac{\beta}{2}+\cos\frac{\gamma}{2}\leqslant\frac{3\sqrt{3}}{2},$$

其中 α，β，$\gamma>0$ 且满足 $\alpha+\beta+\gamma=\pi$.

该不等式成立只需要在(17-7)式中令 $\theta_1=\frac{1}{2}(\pi-\alpha)$，$\theta_2=\frac{1}{2}(\pi-\beta)$，

$\theta_3=\frac{1}{2}(\pi-\gamma)$ 即可.

2）令 K 与 R 分别是边长为 a，b，c 的三角形的面积和外接圆半径，则

$$\frac{\sqrt{xyz}}{(1-x)(1-y)(1-z)}=\frac{\sqrt{s(s-a)(s-b)(s-c)}}{abc}=\frac{K}{4KR}=\frac{s}{4R}$$

$$=\frac{1}{4}\left(\frac{a}{2R}+\frac{b}{2R}+\frac{c}{2R}\right)$$

$$=\frac{1}{4}(\sin\alpha+\sin\beta+\sin\gamma)\leqslant\frac{3\sqrt{3}}{8}.$$

最后一步是在(17-7)式中令 $\theta_1=\alpha$，$\theta_2=\beta$，$\theta_3=\gamma$ 得到的.

以上通过一些典型例题讨论了变量代换的一些常见形式，它是借助于引入新变量来实现问题转化的一种解题策略，新变量的引入没有固定的形式，它依赖问题本身的结构和特点. 变量代换通常有三个作用，一是简化问题的形式，避免繁杂的运算，这通常表现在用一个字母去取代一个固定的表达式；二是化归，“将某一个式子看作一个变量”，便可将新的问题化归为已经解决的问题，如通过根式代换将无理方程转化为有理方程就是如此；三是促进问题的转化，将某一个系统中的问题对应地转化到另一个系统中去解决，如通过三角代换将代数问题转化为三角问题，这是变量代换最本质的作用.

问　题

1. 设 a_i，$b_i\in\mathbf{R}^+(i=1,2,\cdots,n)$，$m\in\mathbf{N}^+$，且满足

$$\frac{a_1}{b_1}<\frac{a_2}{b_2}<\cdots<\frac{a_n}{b_n}.$$

求证：$\frac{a_1^m}{b_1^m}<\frac{a_1^m+a_2^m+\cdots+a_n^m}{b_1^m+b_2^m+\cdots+b_n^m}<\frac{a_n^m}{b_n^m}$.

2. 已知正整数 m，n 满足 $\sqrt{m-174}+\sqrt{m+34}=n$，求 n 的最大值.

3. 求出满足不等式 $\log_x y\geqslant\log_{\frac{x}{y}}(xy)$ 的点(x,y)所成的区域.

4. 求方程组

$$\begin{cases}5\left(x+\frac{1}{x}\right)=12\left(y+\frac{1}{y}\right)=13\left(z+\frac{1}{z}\right),\\ xy+yz+zx=1\end{cases}$$

的所有实数解.

5. 解方程组

$$\begin{cases}\sqrt{x}-\dfrac{1}{y}-2\omega+3z=1,\\ x+\dfrac{1}{y^2}-4\omega^2-9z^2=3,\\ x\sqrt{x}-\dfrac{1}{y^3}-8\omega^3+27z^3=-5,\\ x^2+\dfrac{1}{y^4}-16\omega^4-81z^4=15.\end{cases}$$

6. 已知 $\sin\alpha+\sin\beta=\dfrac{1}{4}$，$\cos\alpha+\cos\beta=\dfrac{1}{3}$，求 $\tan(\alpha+\beta)$ 的值.

7. 设 α，β，γ，τ 为正数，对一切实数 x，都有 $\sin\alpha x+\sin\beta x=\sin\gamma x+\sin\tau x$. 证明：$\alpha=\gamma$ 或 $\alpha=\tau$.

8. 解不等式

$$\left|\sqrt{x^2-2x+2}-\sqrt{x^2-10x+26}\right|<2.$$

9. 设 $x>0$，$y>0$. 证明不等式：

$$(x^2+y^2)^{\frac{1}{2}}>(x^3+y^3)^{\frac{1}{3}}.$$

10. 设 a，b 是两个实数，且

$$A=\{(x,\ y)\mid x=n,\ y=na+b,\ n\in\mathbf{Z}\},$$
$$B=\{(x,\ y)\mid x=m,\ y=3m^2+15,\ m\in\mathbf{Z}\},$$
$$C=\{(x,\ y)\mid x^2+y^2\leqslant 144\}$$

是平面 xOy 的点的集合，讨论是否存在 a 和 b，使得

(1) $A\cap B\neq\varnothing$，　　(2) $(a,\ b)\in\mathbf{C}$

同时成立.

11. 设 a，b，c 为实数. 证明：

$$(ab+bc+ca-1)^2\leqslant(a^2+1)(b^2+1)(c^2+1).$$

12. 证明：

$$(\sin x+a\cos x)(\sin x+b\cos x)\leqslant 1+\left(\frac{a+b}{2}\right)^2.$$

13. 设 x，y，$z\in\mathbf{R}$，且 $x+y+z=0$. 求证：$6(x^3+y^3+z^3)^2\leqslant(x^2+y^2+z^2)^3$.

14. 解方程组

$$\begin{cases}y=4x^3-3x,\\ z=4y^3-3y,\\ x=4z^3-3z.\end{cases}$$

15. 求证：对任意正数 a，b，c，均有

$$\frac{a+b}{b+c}+\frac{b+c}{c+a}+\frac{c+a}{a+b}\leqslant\frac{a}{b}+\frac{b}{c}+\frac{c}{a}.$$

16. 设 x，y，z 为正实数.

（1）证明：如果 $x+y+z=xyz$，则

$$\frac{x}{\sqrt{1+x^2}}+\frac{y}{\sqrt{1+y^2}}+\frac{z}{\sqrt{1+z^2}}\leqslant\frac{3\sqrt{3}}{2}.$$

（2）证明：如果 $0<x, y, z<1$ 和 $xy+yz+zx=1$，则

$$\frac{x}{1-x^2}+\frac{y}{1-y^2}+\frac{z}{1-z^2}\geqslant\frac{3\sqrt{3}}{2}.$$

17. 设 x_1，x_2，…，x_n 是正数，且 $\sum\limits_{i=1}^{n}x_i=1$. 求证：

$$\left(\sum_{i=1}^{n}\sqrt{x_i}\right)\left(\sum_{i=1}^{n}\frac{1}{\sqrt{1+x_i}}\right)\leqslant\frac{n^2}{\sqrt{n+1}}.$$

18. 非负实数 x，y，z 满足 $x^2+y^2+z^2=1$. 求证：

$$1\leqslant\frac{x}{1+yz}+\frac{y}{1+zx}+\frac{z}{1+xy}\leqslant\sqrt{2}.$$

19. （1）设实数 x，y，z 都不等于 1，$xyz=1$. 求证：

$$\frac{x^2}{(x-1)^2}+\frac{y^2}{(y-1)^2}+\frac{z^2}{(z-1)^2}\geqslant 1.$$

（2）证明：存在无穷多组三元有理数组 (x,y,z)，使得上述不等式等号成立.

20. 数 a_1，a_2，…，a_n 满足 $a_1+a_2+\cdots+a_n=0$. 求证：

$$\max_{1\leqslant k\leqslant n}(a_k^2)\leqslant\frac{n}{3}\sum_{i=1}^{n-1}(a_i-a_{i+1})^2.$$

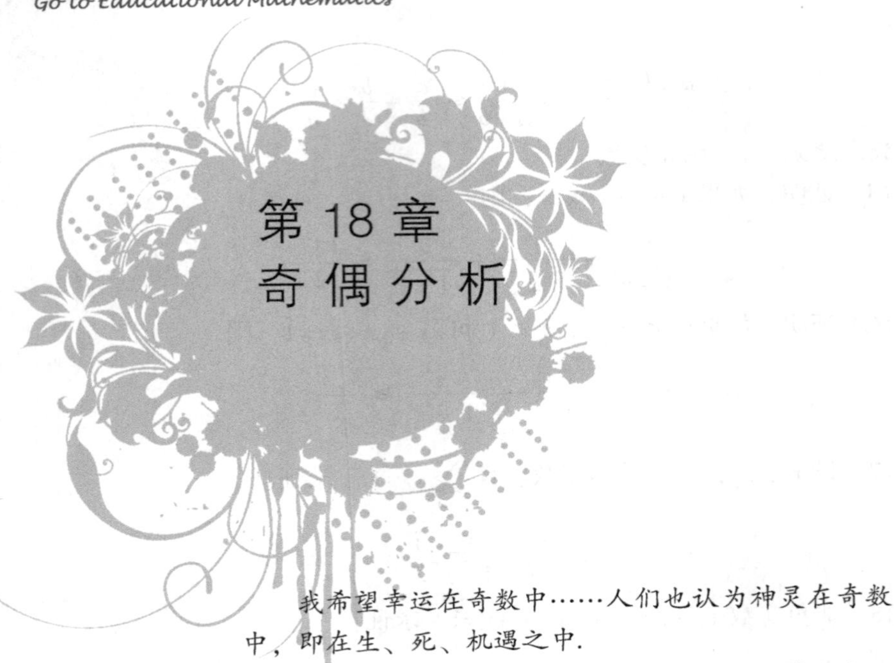

第18章 奇偶分析

我希望幸运在奇数中……人们也认为神灵在奇数中，即在生、死、机遇之中.

——莎士比亚

我们知道，全体整数按被2除的余数不同可以划分为两大类，被2除余1的属于一类，被2整除的属于另一类. 前一类中的数叫做奇数，可用$2k+1$表示（其中k是整数），后一类中的数叫做偶数，可用$2k$表示（其中k是整数）.

关于奇数、偶数有如下性质：

1）加、乘法则；

±	奇	偶
奇	偶	奇
偶	奇	偶

×	奇	偶
奇	奇	偶
偶	偶	偶

2）奇数≠偶数；

3）两个整数之和与两个整数之差的奇偶性相同；

4）设a，b皆为整数，若$a\pm b$为偶数，则a，b的奇偶性相同；若$a\pm b$为奇数，则a，b的奇偶性相反；

5）奇数个奇数之和是奇数；偶数个奇数之和是偶数；任意个偶数之和是偶数；

6）相邻的两个整数之和必为奇数；相邻的两个整数之积必为偶数；

7）若干个奇数之积是奇数；若干个整数连乘，如果其中有一个数是偶数，那么乘积是偶数；

8）设 a 为整数，则 $|a|$ 与 a 的奇偶性相同；

9）奇数$^2\equiv 1(\mathrm{mod}4)$，偶数$^2\equiv 0(\mathrm{mod}4)$；

10）正整数 n 为平方数$\Leftrightarrow n$ 的正因数个数为奇数；

正整数 n 为非平方数$\Leftrightarrow n$ 的正因数个数为偶数.

灵活、巧妙、有意识地利用这些性质，加上正确的分析推理（常常与反证法联手），可以解决许多复杂而有趣的问题. 通过分析整数的奇偶性来推理、论证问题的方法称为奇偶分析. 善于运用奇偶分析，往往有意想不到的效果.

由于奇偶性是整数的固有属性，因此可以说奇偶性是一个整数的不变性. 奇偶性也常表现为染色，把一个图形染成黑白两色，往往可视为其中一色为奇数，另一色为偶数，也可以记为1、0或用+1、-1标号等.

【例18.1】 在一直线上相邻两点的距离都等于1的四个点上各有一只青蛙，允许任意一只青蛙以其余三只青蛙中的某一只为中心跳到其对称点上. 证明：无论跳动多少次后，四只青蛙所在的点中相邻两点之间的距离不能都等于2008.

分析 这种题目一般是找到每次操作后不变的性质，根据题目的操作，不难想到应当利用奇偶性来进行证明.

证明 不妨设青蛙们所在的直线为数轴，四只青蛙的原始位置分别为0、1、2、3. 显然青蛙们无论怎么跳，都只能落在整点上. 每当一只青蛙从数 a 处以数 b 处的另一只青蛙为中心跳到其对称点时，它将跳到数 $2b-a$ 处. 因为 $2b-a$ 与 a 奇偶性相同，所以无论如何跳动，四只青蛙始终有两只处于奇数的位置上，另两只处于偶数的位置上，故不可能相邻两点之间距离都是2008.

【例18.2】 设 a_1，a_2，…，a_{64} 是正整数1，2，…，64的任一排列，令

$$b_1=|a_1-a_2|,\quad b_2=|a_3-a_4|,\quad \cdots,\quad b_{32}=|a_{63}-a_{64}|;$$
$$c_1=|b_1-b_2|,\quad c_2=|b_3-b_4|,\quad \cdots,\quad c_{16}=|b_{31}-b_{32}|;$$
$$d_1=|c_1-c_2|,\quad d_2=|c_3-c_4|,\quad \cdots,\quad d_8=|c_{15}-c_{16}|;$$
$$\vdots$$

这样一直做下去，最后得到的一个整数是奇数还是偶数？

解 我们知道，对于整数 a 与 b，$|a-b|$，$a-b$ 与 $a+b$ 的奇偶性相同，由此可知，上述计算的第二步中，32个数

$$|a_1-a_2|,\quad |a_3-a_4|,\quad \cdots,\ |a_{63}-a_{64}|$$

分别与下列 32 个数：

$$a_1+a_2,\quad a_3+a_4,\quad \cdots,\quad a_{63}+a_{64}$$

有相同的奇偶性. 这就是说，在只考虑奇偶性时，可以去掉绝对值符号，并且可以用“和”代替“差”，这样就可以把原来的计算过程改为

第一步：a_1，a_2，a_3，a_4，…，a_{61}，a_{62}，a_{63}，a_{64}；

第二步：a_1+a_2，a_3+a_4，…，$a_{61}+a_{62}$，$a_{63}+a_{64}$；

第三步：$a_1+a_2+a_3+a_4$，…，$a_{61}+a_{62}+a_{63}+a_{64}$；

⋮

最后一步所得到的数是 $a_1+a_2+\cdots+a_{63}+a_{64}$. 由于 a_1，a_2，…，a_{64} 是 1，2，…，64 的一个排列，因此它们的总和为 1+2+…+64 是一个偶数，故最后一个整数是偶数.

点评 这个题目由于只关心奇偶性，所以把题目中的绝对值符号去掉，并且把“差”变成“和”，使问题很快得到解决. 利用这个思路可以解决如下两个较为复杂的类似问题：

1）试问，能否将 1 ~ 21 这 21 个自然数分别填入图 18-1 中各个圆圈内，使得除最后一行外，每个圆圈内的数字都等于其脚下两个圆圈内的数字之差的绝对值？

2）从 0，1，2，…，13，14 这 15 个数中选 10 个不同的数填入图 18-2 中各个圆圈内，使每两个用线相连的圆圈中的数所成的差的绝对值各不相同，能否做到这一点？为什么？

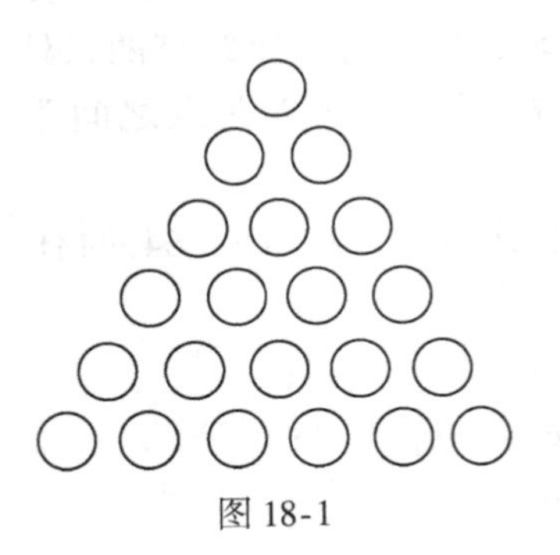

图 18-1

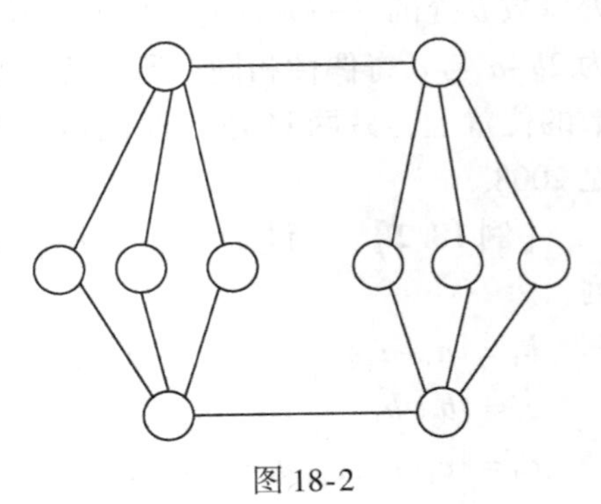

图 18-2

【例 18. 3】 今有两张 3×3 方格表 18-1 与表 18-2，现将数 1，2，…，9 按某种顺序填入表 18-1（每格填写一个数），然后依照如下规则填写表 18-2：使表 18-2 中第 i 行、第 j 列交叉处的方格内所填的数等于表 18-1 中第 i 行的各数和与第 j 列的各数和之差的绝对值. 例如，表 18-2 中的

$$b_{12}=|(a_{11}+a_{12}+a_{13})-(a_{12}+a_{22}+a_{32})|.$$

问：能否在表18-1中适当填入1，2，…，9，使得在表18-2中也出现1，2，…，9这九个数字？

表 18-1

a_{11}	a_{12}	a_{13}
a_{21}	a_{22}	a_{23}
a_{31}	a_{32}	a_{33}

表 18-2

b_{11}	b_{12}	b_{13}
b_{21}	b_{22}	b_{23}
b_{31}	b_{32}	b_{33}

解 不能作出这样的安排. 为此，将表18-2中的各数去掉绝对值符号，所得到的表格记为表18-3.

表 18-3

c_{11}	c_{12}	c_{13}
c_{21}	c_{22}	c_{23}
c_{31}	c_{32}	c_{33}

则

$$c_{11}=(a_{11}+a_{12}+a_{13})-(a_{11}+a_{21}+a_{31}),$$
$$c_{12}=(a_{11}+a_{12}+a_{13})-(a_{12}+a_{22}+a_{32}),$$
$$\vdots$$
$$c_{33}=(a_{31}+a_{32}+a_{33})-(a_{13}+a_{23}+a_{33}).$$

易见，$c_{11}+c_{12}+\cdots+c_{33}=0$，故表18-3中有偶数个奇数，因为$b_{ij}=|c_{ij}|$，故$b_{ij}$与$c_{ij}$同奇偶，所以表18-2中也有偶数个奇数，但1，2，…，9中有奇数个奇数，因此不能作出这样的安排.

【例18.4】 六张扑克牌，点数是1、2、3、4、5和6. 初始时，将它们从小到大排成一个最小的整数123456，然后按以下规则调整六张牌的位置：可以任意抽出一张牌，再向左或向右间隔2张牌的位置插入这张牌. 问能不能以这种方式将这六张牌的排列调整为一个最大的六位数，即654321. 若能，请给出调整的方案；若不能，请说明理由.

解 一个整数q，任意取出2个数字，如果左边的数字比右边的数字大，则称为这个整数有一个**逆序**，用NX（q）表示q的逆序的总数，如NX(654321)=15. 按照本题给出的规则调整一个整数时，有

当$a>b$，$a>c$时，NX（$\bar{b}\ \bar{c}\ \bar{a}$）= NX（$\bar{a}\ \bar{b}\ \bar{c}$）−2，其中，$\bar{a}$，$\bar{b}$，$\bar{c}$表示扑克牌的排列.

例如，$a=1$，$b=2$，$c=3$.

以$\overline{1}\ \overline{2}\ \overline{3}$表示三张牌的顺序而不是数 123.

当 $a<b,a<c$ 时，$NX(\overline{b}\ \overline{c}\ \overline{a})=NX(\overline{a}\ \overline{b}\ \overline{c})+2$；

当 $a>b,a<c$ 或 $a<b,a>c$ 时，$NX(\overline{b}\ \overline{c}\ \overline{a})=NX(\overline{a}\ \overline{b}\ \overline{c})$；

又因为任何整数加或减一个偶数，这个整数的奇偶性不发生变化，所以 $NX(\overline{a}\ \overline{b}\ \overline{c})$和 $NX(\overline{b}\ \overline{c}\ \overline{a})$的奇偶性相同. 计算 123456 和 654321 的逆序的个数，NX(123456)=0，NX(654321)=15 是一个奇数，所以不可能按照题目的规则，将从小到大排列的 6 张扑克牌调整为从大到小的排列.

【点评】 整数可以被认为是一种“状态”，例 18.4 中所引入的整数的“逆序”可以用来分类“状态”或者讲分类整数，“逆序”个数是偶数的“状态”是第一类，“逆序”个数是奇数的“状态”是第二类，这种分类不同于整数分为奇数和偶数. 例如，123456 是偶数，142563 是奇数，在奇数和偶数意义上，不是同一类. 但是，NX(123456)=0，NX(142563)=4，在“逆序”的意义下，它们是同一类，都是“逆序”个数被 2 除余数为 0 的同余类. 当按照例 18.4 的约定调整“状态”时，尽管“状态”发生了变化，但是，它们仍然是在同一类里，在“逆序”分类的意义下，类型没有变化. 因为 NX(123456)=0，NX(654321)=15，123456 和 654321 在“逆序”分类意义下，不是同一类，所以例 18.4 是否定的答案.

【例 18.5】 图 18-3 是一个 3×3 的网格，填了“华、罗、庚、金、杯、邀、请、赛”八个字，可惜填错了顺序，从左至右、从上往下则成了“华罗庚杯金邀请赛”. 问是否可以移动网格中的字，将填法校正为“华罗庚金杯邀请赛”（图 18-4）. 在每次移动网格中的汉字时，要求只能将字滑动到相邻的空的网格中. 如果能，请写出移动网格中汉字的过程；如果不可以，请说明理由.

华	罗	庚
杯		金
邀	请	赛

图 18-3

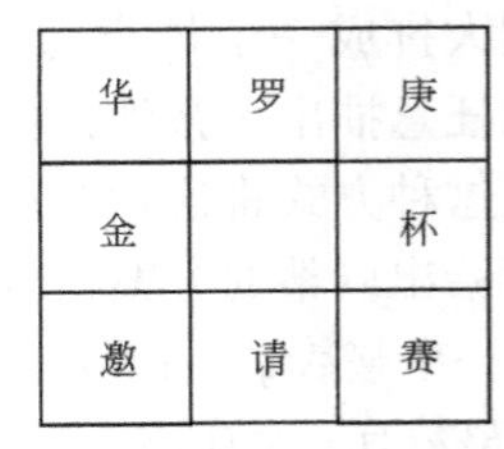

图 18-4

解 将“华、罗、庚、金、杯、邀、请、赛”八个字编号，分别是 1、2、3、4、5、6、7 和 8，则图 18-3 变为图 18-5，则图 18-4 变为图 18-6，调整汉字就是调整这些数字.

1	2	3
5		4
6	7	8

图 18-5

1	2	3
5	7	4
6		8

图 18-6

1）将 3×3 网格中的数字从左至右、从上往下排成一个八位数，图 18-4 对应的八位数是 12354678，图 18-6 对应的八位数是 12345678；

2）根据例 18.4 的解答，NX(12354678)=1，是一个奇数，NX(12345678)=0，是一个偶数；

3）按照要求调正数字时，数字只能左右移动和上下移动，左右移动后，网格所对应的八位数完全相同，逆序的个数不发生变化. 上下移动则是跳过 2 个数字，根据例 18.4 的解答，不改变逆序个数的奇偶性.

故不能通过移动汉字将图 18-3 调整为图 18-4.

【点评】 例 18.5 的关键是如何将汉字移动的问题转换为一个数学描述的问题，这里是将汉字换为数字，并引入整数的逆序概念，从而将汉字的移动，转换为一个奇偶性是否变化的问题.

【例 18.6】 1992 能写成多少个连续正整数的和？

分析与解 加数（连续正整数）的个数是未知的，需要先确定加数的个数，也就是项数（每一个加数称为一项），它是一个大于 1 的正整数.

项数（加数的个数）可能是奇数，也可能是偶数.

1）如果项数是奇数，那么它与中间的数相乘，积就是 1992，因此，项数是 1992 的约数. 因为

$$1992=3\times8\times83.$$

所以项数只可能是 3 或 83 或 3×83.

（i）项数是 3 时，中间的数是 $8\times83=664$，

$$1992=663+664+665.$$

（ii）项数是 83 时，中间的数是 $3\times8=24$. 从 25 起向下数 41 项到 65，但从 23 起向上数到 1 仅有 23 项，不是 41 项，所以 1992 不可能写成 83 个连续的自然数的和.

（iii）同样，1992 不可能写成 3×83 个连续正整数的和.

2）如果项数是偶数，那么中间两项的和（也就是首末两项的和）与项数相乘应当是 2×1992，即中间两项的和、项数都是

$$2\times1992=16\times3\times83$$

的约数，而且（在上次的问题中已经指出）中间两项是两个连续的正整数，它们的和是大于1的奇数．因此，项数只可能是

$$16,\ 16\times3,\ 16\times83.$$

中间两项的和相应地为

$$3\times83=249,\ 83,\ 3.$$

前两种情况分别得出

$$1992=117+118+119+120+121+122+123+124+125+126+127+128+129+130+131+132\quad（共16项）$$

及

$$1992=18+19+20+21+22+23+24+\cdots+65\quad（共48项）.$$

【点评】 将全体整数分为奇数和偶数两类，分而治之，逐一讨论，是解决整数问题的常用手法．奇偶性本质上是整数“模2”的余数分类及其变化，还可以将“模2”换为“模3”或“模m”．

【例18.7】 桌上放着1993枚硬币，第一次翻动1993枚，第二次翻动其中的1992枚，第三次翻动其中的1991枚，…，第1993次翻动其中的1枚，按这样的方法翻动硬币，问能否使桌上所有的1993枚硬币原先朝下的一面都朝上？说明你的理由．

解 按规定的翻动，共翻动了$1+2+\cdots+1993=1993\times997$次，平均每枚硬币翻动了997次，这是奇数，因此，对每一枚硬币来说，都可以使原先朝下的一面翻朝上．注意到$1993\times997=1993+(1992+1)+(1991+2)+\cdots+(997+996)$，根据规定，可以设计如下的翻动方法：不妨把1993枚硬币编上号1～1993，第1次翻动时，每枚硬币都翻动一次；第2次翻动时，第1枚硬币暂不动，翻动其余1992枚硬币；…，第1993次翻动时，翻动第1枚，其余不动，这样每枚硬币又各翻动一次．如此做下去，第997次翻动时，第1，2，…，996枚硬币不动，翻动其余997枚硬币；第998次翻动时，翻动第1，2，…，996枚，其余不动，这样正好每枚硬币各翻动了997次，结果原先朝下的一面都朝上．

【点评】 奇偶性与二值状态相应，比如电灯开、关，亮、灭；面向南、面向北；杯口向上、向下都是两种状态，都可以用奇、偶来描述，都可以用奇偶性来分析．

此题也可以从简单情形入手（如9枚硬币的情形），按规定的翻法翻动硬币，从中获得启发．这里的关键是，只要在翻到n个硬币时，选择翻动剩余的$1993-n$枚硬币．有如下类似的问题：

桌上面朝上放有 10 枚硬币，现在规定每次翻动其中 9 枚，要你翻动 10 次，你能把“国徽”全部翻得朝上吗？如果是 11 枚，每次翻动 10 枚，你能把“国徽”全部翻得朝上吗？为什么？

【例 18.8】 设有一个正 $2n+1(n>1)$ 边形. 两人按如下法则做游戏：轮流在该正多边形内画对角线，每人每次画一条新的（以前没有画过的）对角线，而它恰好与已画出的偶数条对角线相交（交点在正多边形内），凡无法按照要求画出对角线者即为负方. 问谁有取胜策略？

解 将先开始的人称为甲，后开始的人称为乙.

如果 n 为奇数，则乙有取胜策略；如果 n 为偶数，则甲有取胜策略.

由于正多边形的边数为奇数，则对于任何一条对角线来说，都是在它的一侧有奇数个顶点，在另一侧有偶数个顶点. 因此，每一条对角线都与偶数条其他对角线相交.

假设到某个时刻，游戏不能再继续下去，此时，每一条未画出的对角线都与奇数条已画出的对角线相交. 这样的情况只能出现在未画出的对角线的条数为偶数的时刻. 事实上，如果对每一条未画出的对角线，都数一数与它相交的未画出的对角线的条数，那么，每一对未画出的相交的对角线都被数了两次，总和应当为偶数；但若未画出的对角线的条数为奇数，那么，总和就是奇数个奇数的和，仍为奇数，由此产生矛盾. 因此，未画出的对角线的条数为偶数.

如此一来，如果多边形中的对角线的总条数为奇数，那么，就应当是甲取胜；而若对角线的总条数为偶数，那么，就应当是乙取胜.

众所周知，在正 $2n+1$ 边形中，共有

$$\frac{(2n+1)(2n-2)}{2}=(n-1)(2n+1)$$

条对角线，所以，当 n 为奇数时，对角线的总数为偶数，此时，乙可取胜；当 n 为偶数时，对角线的总数为奇数，此时，甲可取胜.

【例 18.9】 弹子盘为长方形 $ABCD$，四角有洞. 弹子从 A 出发，路线与边成 $45°$ 角，撞到边界即反弹，如图 18-7 所示. $AB=4$，$AD=3$ 时，弹子最后落入 B 洞. 问 $AB=1995$，$AD=1994$ 时，弹子最后落入哪个洞？在落入洞之前，撞击 BC 边多少次？（假定弹子永远按上述规律运动，直到落入一个洞为止.）

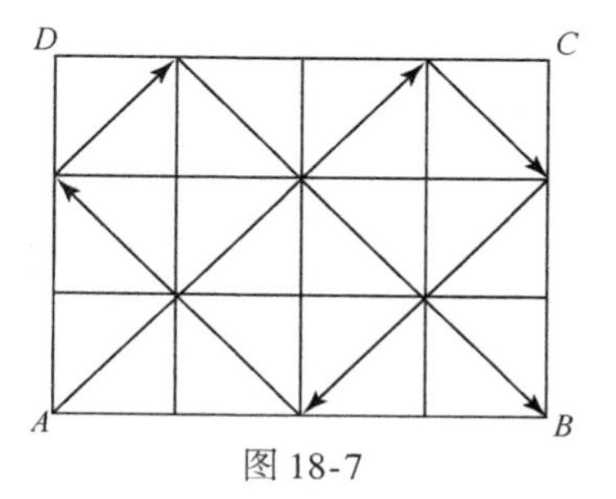

图 18-7

分析与解 此题是第五届“华杯赛”决赛题，主试委员会提供的解答是运用递推和归纳的方法求解，这里利用奇偶分析将问题推广到一般情况如下：

设长方形 $ABCD$ 中，$AB=m$，$AD=n$，而 m，n 是自然数，且 $(m,n)=1$，弹子从 A 出发，按题设条件运动，问弹子最后落入哪个洞？在落入洞之前，撞击各边各多少次？

将图 18-7 中所有线段的交点分成两类，即奇点与偶点．设某点位于第 p 条纵线（从左向右）和第 q 条横线（自下而上）的交点，若 $p+q$ 为奇数，即称该点为奇点；若 $p+q$ 为偶数，则称该点为偶点（可用粗黑点表示）．由题设易得如下结论：

1）起点 A 是偶点，且弹子所经过的点都是偶点；

2）由于 m，n 互质，弹子必定经过全部偶点，又由于弹子不会原路返回，故弹子经过的偶点不会重复，且弹子最后不会落入 A 洞；

3）弹子最后落入哪个洞及撞击各边的次数与 m，n 的奇偶性有关，即

（i）当 m，n 都是奇数时（图 18-8），弹子最后落入 C 洞，在落入洞之前，撞击 AB 边$\frac{m-1}{2}$次，BC 边$\frac{n-1}{2}$次，CD 边$\frac{m-1}{2}$次，DA 边$\frac{n-1}{2}$次；

（ii）当 m 是奇数，n 是偶数时（图 18-9），弹子最后落入 D 洞，在落入洞之前，撞击 AB 边$\frac{m-1}{2}$次，BC 边$\frac{n}{2}$次，CD 边$\frac{m-1}{2}$次，DA 边$\frac{n}{2}-1$ 次；

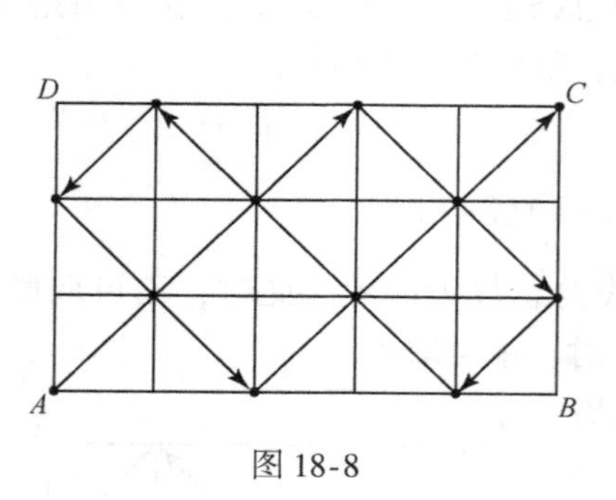

图 18-8

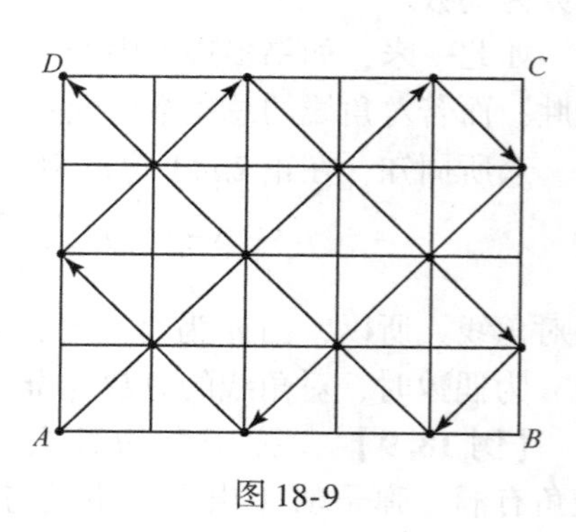

图 18-9

（iii）当 n 是奇数，m 是偶数时（如 $m=4$，$n=3$），弹子最后落入 B 洞，在落入洞之前，撞击 AB 边 $\frac{m}{2}-1$ 次，BC 边 $\frac{n-1}{2}$次，CD 边 $\frac{m}{2}$次，DA 边 $\frac{n-1}{2}$次.

边界上的偶点（含起点 A 与终点）共有 $m+n$ 个，所以弹子撞击各边的

次数的和是 $m+n-2$.

至此，问题已圆满解决. 当 m，n 取值不同时，结论显而易见. 例如，原题 $m=1995$ 是奇数，$n=1994$ 是偶数，m，n 互质，所以弹子最后落入 D 洞，在落入洞之前，撞击 AB 边 $\frac{1995-1}{2}=997$ 次，BC 边 $\frac{1994}{2}=997$ 次，CD 边 $\frac{1995-1}{2}=997$ 次，DA 边 $\frac{1994}{2}-1=996$ 次.

【例 18.10】　平面上具有整数坐标的点是单位正方格的顶点，正方格被黑白相间的染色（像国际象棋棋盘那样）.

对任意一对正整数 m，n，考虑顶点都是整点的直角三角形，它的两条长分别为 m，n 的直角边都在正方格的边上，设 S_1 是三角形中黑色部分的总面积，S_2 是三角形中白色部分的总面积，令

$$f(m,n)=|S_1-S_2|.$$

1）当 m，n 全为奇数或全为偶数时，求 $f(m,n)$ 的值；

2）证明：$f(m,n)\leqslant\frac{1}{2}\max\{m,n\}$ 对一切 m，n 成立；

3）证明：不存在常数 c，使 $f(m,n)<c$ 对一切 m，n 成立.

解　1）首先方格的染色关于任何一个整点都是中心对称的，关于任何一个方格的中心也是中心对称的. 对于直角三角形 ABC，$AB=m$，$BC=n$，$B=90°$（图 18-10）. 设 AC 中点为 P，B 关于点 P 的对称点为 D，则 $\triangle ABC$ 与 $\triangle CDA$ 关于点 P 中心对称. D 为整点，四边形 $ABCD$ 为矩形.

若 m，n 均为偶数，则 AB，BC 中点均为整点，从而点 P 为整点，于是 $\triangle CDA$ 的染色与 $\triangle ABC$ 的染色相同，且矩形 $ABCD$ 中黑色格与白色格数目相同. 从而 $\triangle ABC$ 中黑、白两色所占面积相等，即 $f(m,n)=0$.

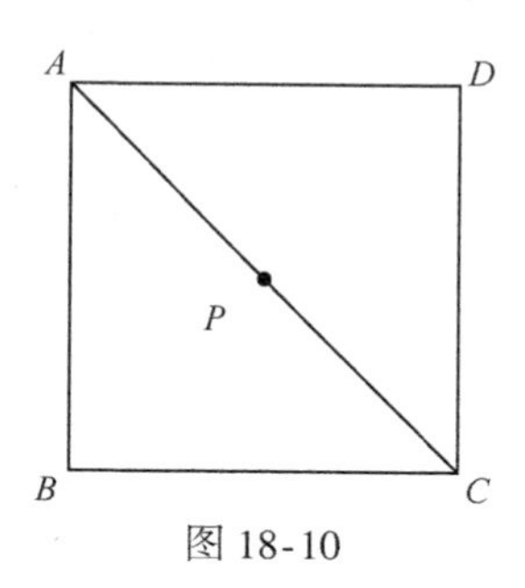

图 18-10

若 m，n 均为奇数，则 p 为某一方格中心. 同样有 $\triangle CDA$ 的染色与 $\triangle ABC$ 的染色相同，又矩形 $ABCD$ 黑白格数相差 1，因此 $\triangle ABC$ 中黑白所占面积差为 $\frac{1}{2}$，即 $f(m,n)=\frac{1}{2}$.

综上所述，当 m，n 同为偶数时 $f(m,n)=0$；当 m，n 同为奇数时 $f(m,n)=\frac{1}{2}$.

2）不妨设 $m\leqslant n$. 当 m，n 同为奇数或同为偶数时，由 1）知

$$f(m,n)\leqslant\frac{1}{2}\leqslant\frac{1}{2}\max\{m,n\}.$$

若 m，n 奇偶性不同，则 $m\leqslant n-1$，对于直角三角形 ABC，不妨设 $AB=m$，$BC=n$，$B=90°$（图 18-11）. 延长 BC 到 D，使 $CD=1$，则 $BD=n+1$，$n+1$ 与 m 奇偶性相同. 由 1）知 $\triangle ABC$ 中黑、白面积之差不超过 $\frac{1}{2}+\frac{m}{2}$，即

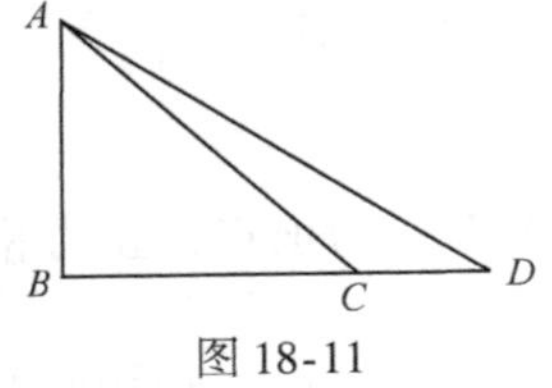

图 18-11

$$f(m,\ n)\ \leqslant\frac{1}{2}+\frac{m}{2}\leqslant\frac{n}{2}=\frac{1}{2}\max\{m,n\}.$$

综上所述，命题获证.

3）考虑 $f(2k,\ 2k+1)$（$k\in\mathbf{Z}$），如图 18-12 所示，设四边形 $ABCD$ 为矩形，$AB=2k$，$BC=2k+1$. 在 BC，DA 上分别取 E，F，使 $CE=AF=1$，则 $BE=DF=2k$. 在 $\square AECF$ 内无整点，故 AC 内无整点. 由 1）可知 $\triangle ABE$ 中黑、白面积相等. 只需考虑 $\triangle AEC$ 中黑、白面积之差. 线段 CF 所在的 $2k$ 个方格同色且与 $\triangle AEC$ 的交均为三角形，可以算出这些三角形的底依次为 $\frac{1}{2k}$，$\frac{2}{2k}$，…，$\frac{2k}{2k}$，高依次为 $\frac{1}{2k+1}$，$\frac{2}{2k+1}$，…，$\frac{2k}{2k+1}$，它们面积之和为

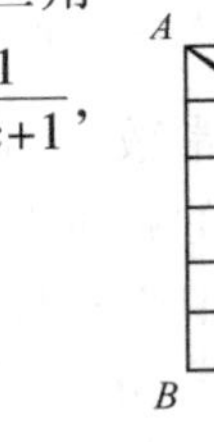

$$\frac{1}{2}\cdot\frac{1}{2k}\cdot\frac{1}{2k+1}[1^2+2^2+\cdots+(2k)^2]=\frac{4k+1}{12}.$$

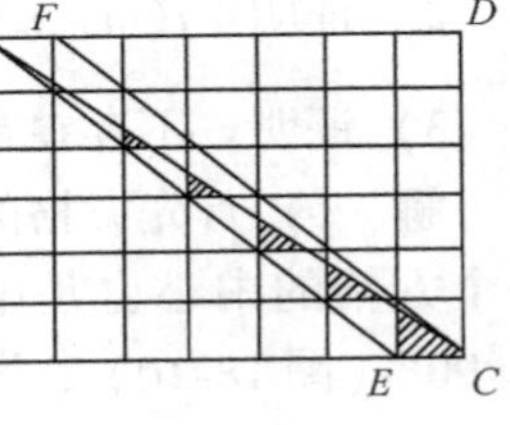

图 18-12

$\triangle AEC$ 中其余面积为

$$\frac{1}{2}\cdot 2k\cdot 1-\frac{4k+1}{12}=\frac{8k-1}{12}.$$

故 $\triangle AEC$ 中黑、白面积之差为

$$\left|\frac{8k-1}{12}-\frac{4k+1}{12}\right|=\frac{k}{3}-\frac{1}{6},$$

即

$$f(2k,\ 2k+1)\ =\frac{k}{3}-\frac{1}{6}.$$

显然不存在常数 c，使对一切 $k\in\mathbf{N}$，有 $\frac{k}{3}-\frac{1}{6}<c$. 因此，不存在常数 c，使对一切 m，n 有 $f(m,\ n)\ <c$. 命题获证.

【例 18.11】 平面上给定一个凸 2002 边形 $A_1A_2\cdots A_{2002}$，设 S 是一切以该凸 2002 边形的顶点为顶点的三角形的集合，其内部一点 P 不在 S 中的任意三角形的边上. 求证：S 中包含 P 点的三角形总数必为偶数.

分析与证明 这是一道年号题，问题中的2002是个偶数. 特殊化，先考虑凸四边形，显然有包含P点的三角形有两个.

这样考虑4点组. 以凸2002边形的顶点中任何4点构成的四边形为凸四边形. 设其中有m个四边形含P点，则有$2m$个三角形含P点，但有重复计数. 下面排除重复计数的个数.

若点P含于某个三角形，则必含于该三角形三顶点与其他任一点构成的四边形中，故重复计算了$2002-3=1999$次，所以含P点的三角形总数为$\frac{2m}{1999}$个.

显然，$\frac{2m}{1999}$为整数，由于$(2,1999)=1$，所以$1999\mid m$，即$\frac{2m}{1999}=2k$是偶数.

【点评】 这里利用了特殊与一般的关系，构造4点组，采用重复计数. 显然，本问题可以推广到一般情况如下：

平面上给定一个凸n边形$A_1A_2\cdots A_n$（$n\geqslant4$，且为偶数）. 设S是一切以该凸n边形的顶点为顶点的三角形的集合，其内部一点P不在S中的任意三角形的边上，则S中包含P点的三角形总数必为偶数.

【例18.12】 能否把1，1，2，2，3，3，…，2010，2010这些数字排成一行，使得两个1之间夹一个数，两个2之间夹2个数，两个3之间夹3个数，…，两个2010之间夹2010个数？证明你的结论.

分析 从特殊情形入手，可知符合要求的排列能否存在，与2010这个数字的某些性质有关.

解 假设具有要求的性质的排列存在，把所有数排好之后，共占了$2\times2010=4020$个位置，依次从左到右的顺序，给这些位置进行编号，第1号位置直到第4020号位置.

对于每个i（$1\leqslant i\leqslant2010$），设两个$i$，从左到右依次占据了$a_i$，$b_i$号位，依题目要求，应有$b_i-a_i=i+1$，即$b_i+a_i-2a_i=i+1$. 从1到2010求和，得

$$\sum_{i=1}^{2010}(b_i+a_i)-2\sum_{i=1}^{2010}a_i=2010+\sum_{i=1}^{2010}i. \tag{18-1}$$

由于$\sum_{i=1}^{2010}(b_i+a_i)=\sum_{k=1}^{4020}k$是偶数，从而由(18-1)式知$\sum_{i=1}^{2010}i$是偶数，但是

$$\sum_{i=1}^{2010}i=\frac{1}{2}\times2010\times2011=1005\times2011$$

是奇数，矛盾. 这表明具有要求的性质的排列不存在.

【点评】 一般地，考虑1，1，2，2，…，n，n这$2n$个数的同样的排

法是否存在.

从特殊情形入手，当 $n=1$，2 显然不存在.

当 $n=3$，4 时，存在，即为

$$2, 3, 1, 2, 1, 3;$$

$$2, 3, 4, 2, 1, 3, 1, 4.$$

当 $n=5$ 时，假定可以构成这样的排列，那么两个 5 之间应该排进五个数，因此，1，2，3，4 这四个数中至少有一个数字出现两次.

显然，这个数不可能是 4，也不能为 3. 因为两个 3 要排在这五个数的两端，如

$$5\quad 3\quad \square\quad \square\quad \square\quad 3\quad 5.$$

这样，下一步排两个 1 及两个 2 时，无法同时满足条件. 同样，也不可能是 2，如

$$5\quad 2\quad \square\quad \square\quad 2\quad \square\quad 5.$$

因此，下一步同时排好两个 1、两个 2 和两个 4 也不可能.

类似地，可以讨论对于 $n=6$，也不可能.

但对于 $n=7$，8 时，有

$$5, 3, 6, 7, 2, 3, 5, 2, 4, 6, 1, 7, 1, 4;$$

$$5, 3, 7, 8, 2, 3, 5, 2, 6, 4, 7, 1, 8, 1, 4, 6.$$

由以上讨论，可作如下猜想：

(1) 当 $n=4k+1$ 或 $4k+2$（k 为自然数）时，满足条件的排列不存在；

(2) 当 $n=4k$ 或 $4k+3$（k 为自然数）时，满足条件的排列存在.

对于 (1)，可用例 10 求解的思路进行证明.

对于 (2)，就需要给出一个构造这种排列的法则. 因此，先观察如下几个具体的排列：

当 $n=11$ 时，

9，7，5，10，2，11，④，2，5，7，9，4，8，6，10，3，1，11，1，3，6，8；

当 $n=12$ 时，

9，7，5，10，2，12，④，2，5，7，9，4，10，8，6，11，3，1，12，1，3，6，8，10；

当 $n=15$ 时，

13，11，9，7，14，4，2，15，⑥，2，4，7，9，11，13，6，12，10，8，14，5，3，1，15，1，3，5，8，10，12；

当 $n=16$ 时，

13，11，9，7，15，4，2，16，⑥，2，4，7，9，11，13，6，14，12，10，8，15，5，3，1，16，1，3，5，8，10，12，14.

注意到圆圈中的4和6，它们是给出构造方法的突破口. 这两个数是怎样得到的呢?

从 $n=11$ 及 $n=15$ 来看，$4=\frac{1}{2}(11-3)$，$6=\frac{1}{2}(15-3)$. 一般地，当 $n=4k+3(k\geqslant1)$ 时，有 $M=\frac{1}{2}(n-3)$;

从 $n=12$ 及 $n=16$ 来看，$4=\frac{1}{2}(12-4)$，$6=\frac{1}{2}(16-4)$. 一般地，当 $n=4k(k\geqslant1)$ 时，有 $M=\frac{1}{2}(n-4)$.

以 $n=15$ 为例，给出构造方法如下:

第一，排好两个15，并把6排在前一个15的右侧，然后在15和6的两侧按从小到大顺序排上所有小于6的偶数对;

第二，在后一个15的两侧，从小到大顺序排上所有小于6的奇数对;

第三，在上面已排好的两群数的左端分别排上一个14（小于15的最大自然数）;

第四，在上面排好的靠左边的一群数的两端按从小到大顺序排上所有大于6而小于15的奇数对，并在这些奇数对的右端排上第二个6;

第五，在上述右边一群数的两端按从小到大顺序排上所有大于6而小于15的偶数对，即得到 $n=15$ 的排列.

这个法则，可类似地推广到 $n=4k+3$ 和 $n=4k$.

例如，对于 $n=4k+3$，按照上述法则，立即可以得到 $M=\frac{1}{2}(4k+3-3)=2k$.

小于 M 的奇数有1，3，5，…，$2k-1$ 共 k 个;

小于 M 的偶数有2，4，6，…，$2k-2$ 共 $k-1$ 个;

小于 $4k+3$ 而大于 M 的奇数有 $2k+1$，$2k+3$，…，$4k+1$ 共 $k+1$ 个;

小于 $4k+2$ 而大于 M 的偶数有 $2k+2$，$2k+4$，…，$4k$ 共 k 个.

因此，构成的数列可写为

$4k+1, 4k-1, \cdots, 2k+1, 4k+2, 2k-2, 2k-4, \cdots, 4, 2, 4k+3, 2k, 2, 4, \cdots, 2k-2, 2k+1,$

$2k+3, \cdots, 4k+1, 2k, 4k, 4k-2, \cdots, 2k+2, 4k+2, 2k-1, 2k-3, \cdots, 3, 1, 4k+3,$

$1,3,\cdots,2k-1,2k+2,2k+4,\cdots,4k.$

奇偶分析作为一种分析问题、处理问题的方法，在数学中有广泛的应用，是处理存在性问题的有力工具，本章所举例题大多属于这类问题. 这种方法具有很强的技巧性，尤其是选择什么量进行奇偶分析往往是很困难的. 选准了，只需依据奇偶数的性质，分析这个量的奇偶特征，问题便迎刃而解；选不好，事倍功半. 读者应认真领会本章所举例题，以把握选择合适的量进行奇偶分析的技巧.

问　题

1. 证明：数 $9^{8n+4}-7^{8n+4}$ 对于任何自然数 n 都能被 20 整除.

2. 代数式 $rvz-rwy-suz+swx+tuy-tvx$ 中，r，s，t，u，v，w，x，y，z 可以分别取 1 或 -1.

（1）证明：该代数式的值都是偶数；

（2）求该代数式所能取到的最大值.

3. 设 $\frac{1}{3}+\frac{1}{5}+\frac{1}{7}+\frac{1}{9}+\cdots+\frac{1}{1997}+\frac{1}{1999}=\frac{n}{m}$，其中 $\frac{n}{m}$ 是一既约分数.

证明：n 必为一个奇数.

4. 把 1 到 157 的所有自然数的平方写成一列如下：1□4□9□16□…，在每个□中适当添加“+”、“−”的符号，使得整个算式的结果是尽量小的非负整数，则这个非负整数是________.

5. 已知正整数 N 的各位数字之和为 100，而 $5N$ 的各位数字之和为 50. 证明：N 是偶数.

6. 将 1～100 这 100 个自然数任意地写在一个 10×10 的方格表中，每个方格写一个数. 每一次操作可以交换任何两个数的位置. 证明：只需经过 35 次操作，就能使得写在任何两个有公共边的方格中的两个数的和都是合数.

7. 彼得在具有整数边长的矩形中先给某一个方格涂色，而萨沙接着也给其他方格涂色，但他得遵循以下规则：该方格要与奇数个已涂色的方格相邻（这里相邻是指具有公共边），那么在以下两种矩形中，不论彼得先涂哪一格，萨沙都能把全部方格涂满色吗？

（1）如果是 8×9 的矩形；

（2）如果是 8×10 的矩形.

8. 是否存在具有奇数个面，每个面都有奇数条边的多面体？

9. 小明有一些硬币，个数等于 85！末尾连续 0 的个数. 一开始所有硬币正面朝上，小明对这些硬币进行翻动，每次翻动的个数相等，能整除 85，且要尽量多．同一次翻动必须翻动各不相同的硬币，不允许把同一个硬币翻过来翻过去．请问至少要多少次才能把所有硬币都翻成反面朝上？

10. $9\times9\times9$ 的正方体的每个侧面都由单位方格组成，用 2×1 的矩形沿方格线不重叠且无缝隙地贴满正方体的表面（肯定会有一些 2×1 的矩形"跨越"两个侧面）．求证：跨越两个侧面的 2×1 矩形的个数一定是奇数．

11. 在黑板上写有 100 个分数．在它们的分子中，自然数 1～100 恰好各出现一次；在它们的分母中，自然数 1～100 也恰好各出现一次．如果这 100 个分数的和可以化为分母为 2 的最简分数，求证：可以交换某两个分数的分子，使所得的 100 个分数的和可以化为分母为奇数的最简分数．

12. 设 d 是异于 2、5、13 的任一整数．求证：在集合 $\{2, 5, 13, d\}$ 中可以找到两个不同的元素 a，b，使得 $ab-1$ 不是完全平方数．

13. 在 8×8 的棋盘的左下角放有 9 枚棋子，组成一个 3×3 的正方形（图(a)）．规定每枚棋子可以跳过它身边的另一枚棋子到一个空着的方格，即可以以它旁边的棋子为中心做对称运动，可以横跳、竖跳或沿着斜线跳（如图(b)的①号棋子可以跳到②，③，④号位置）．问：这些棋子能否跳到棋盘的右上角（另一个 3×3 的正方形）？

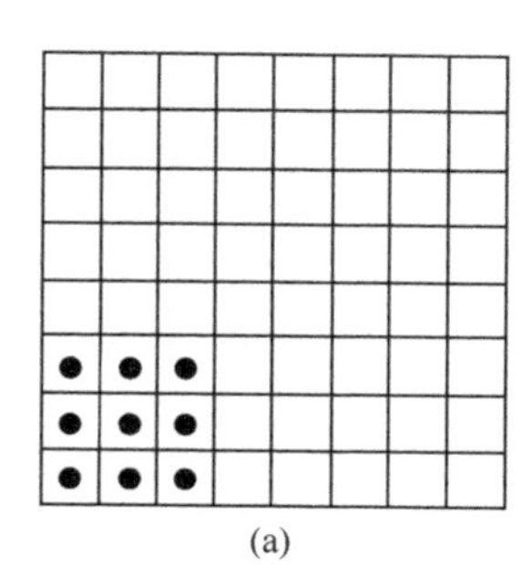
(a)

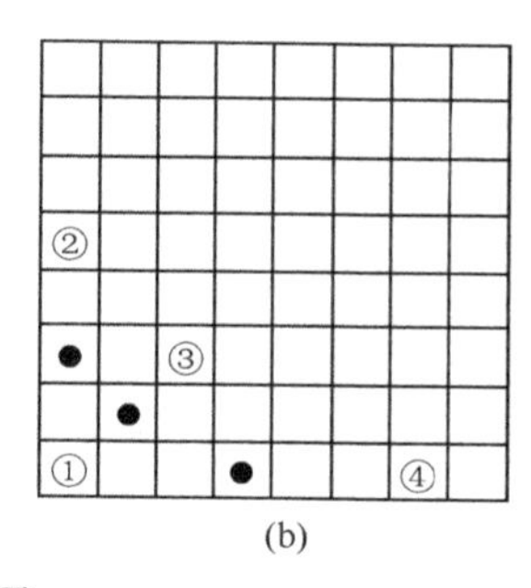

(b)

第 13 题图

14. 设 $E=\{1, 2, 3, \cdots, 200\}$，$G=\{a_1, a_2, a_3, \cdots, a_{100}\}\subset E$ 且 G 有如下性质：

（1）对任何 $1\leqslant i<j\leqslant100$，恒有 $a_i+a_j\neq201$；

（2）$\sum\limits_{i=1}^{100} a_i=10080$．

求证：G 中奇数的个数是 4 的倍数，且 G 中所有数字的平方和为一定数．

15. 设有一个平面封闭折线 $A_1A_2\cdots A_nA_1$，它的所有顶点 A_i $(i=1, 2, \cdots, n)$ 都是整点，且 $A_1A_2=A_2A_3=\cdots=A_{n-1}A_n=A_nA_1$．

求证：n 是偶数.

16. 求所有使得

$$1+2^{x}+2^{2x+1}=y^{2}$$

的整数对(x,y).

17. 求所有有序素数组（p，q，r），满足 $p\mid q^{r}+1, q\mid r^{p}+1, r\mid p^{q}+1$.

18. 称一个正整数为交错数，如果它的十进制记法中任何两个相邻数码的奇偶性不同. 求所有正整数 n，使 n 有一倍数为交错数.

19. 在凸多面体中，顶点 A 的度数（由一个顶点所引出的棱的条数称为该顶点的度数）是5，其余顶点的度数都是3. 把每条棱染成蓝色、红色或紫色. 若从任意一个3度顶点引出的3条棱都恰好被染成3种不同的颜色，则称这种染色方式是“好的”. 如果所有不同的好的染色方式的数目不是5的倍数，求证：在某种好的染色方式中，一定有3条由顶点 A 引出的依次相邻的棱被染成相同的颜色.

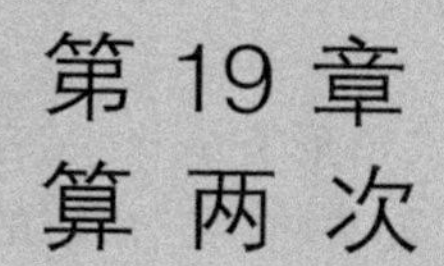

第19章 算两次

横看成岭侧成峰，远近高低各不同.

——苏轼

设 $A=\{a_1,a_2,\cdots,a_m\}$，$B=\{b_1,b_2,\cdots,b_n\}$ 是两个有限集合，将所有形如 (a_i,b_j) $(1\leqslant i\leqslant m,1\leqslant j\leqslant n)$ 的有序数对作为元素构成的集合记作 $A\times B$，$S(a_i,\cdot)$ 表示 S 中所有形如 (a_i,b) $(b\in B)$ 的元素构成的子集，其中 $i=1,2,\cdots,m$，$S(\cdot,b_j)$ 表示 S 中所有形如 (a,b_j) $(a\in A)$ 的元素构成的子集，其中 $j=1,2,\cdots,n$. $S(a_1,\cdot)$，$S(a_2,\cdot)$，$\cdots$，$S(a_m,\cdot)$ 是 S 的一个分划，$S(\cdot,b_1)$，$S(\cdot,b_2)$，$\cdots$，$S(\cdot,b_n)$ 是 S 的另一个分划，根据加法原理，有

$$|S|=\sum_{a\in A}|S(a,\cdot)|=\sum_{b\in B}|S(\cdot,b)|. \tag{19-1}$$

(19-1) 式称作富比尼原理，也称作算两次原理.

运用富比尼原理的方法主要体现在对同一对象从两种不同角度去进行计数，再加以综合，以便获取所欲取得的结果. 如果计数的结果不产生矛盾，那么就得到一个等式；如果所得的结果不同，那么产生矛盾（这正是反证法所希望的）；如果用两种方法计数同一对象时，至少有一种方法采用的是估计的方法，那么就得到一个不等式.

【例 19.1】 将一个三角形的三个顶点分别涂以红、蓝、黑三种颜色. 在此三角形内取若干点，将它分成若干个小三角形将每个小三角形的顶点涂红、蓝、黑三种颜色之一. 证明：不管怎样涂，都有一个小三角形，它的三个顶点的颜色全不相同.

分析与证明 端点为一红一蓝的边称为红蓝边. 现对大三角形及其内部

的红蓝边进行考查.

设大三角形内有 k 条红蓝边，那么这些红蓝边每条都作为两三角形的公共边被重复计算了两次，连同大三角形上的一条，这样累计各个三角形中的红蓝边应有 $2k+1$ 条.

设三个顶点分别为红、蓝、黑的小三角形有 p 个，三个顶点分别为红、红、蓝或蓝、蓝、红的小三角形有 q 个. 如果将两三角形的公共边计算两次，那么将这些三角形的红蓝边累计起来有 $p+2q$ 条.

综合两方面结果，应有

$$p+2q=2k+1, \tag{19-2}$$

（19-2）式说明 p 是奇数，当然不会是零，因此至少存在一个小三角形，它的三个顶点的颜色全不相同.

【点评】 这里大胆地舍去了红黑边、蓝黑边，而把红蓝边作为突破口，仅对红蓝边从两方面进行计数，导致问题解决. 仅选择问题中所涉及诸多对象中的某些对象计数而不计其余的作法是算两次原理运用中一种常见手段.

【例 19.2】 在一张正方形纸片的内部给出了 1985 个点，现用该纸的 4 个顶点和这 1985 个点构成的集合 M，并按下述规则将这些纸剪成一些三角形：

（1）每个三角形的三个顶点都是 M 中的点；

（2）除顶点外，每个三角形中不再具有 M 中的点.

试问：共可剪出多少个三角形？共需剪多少刀（每剪出一个三角形的一条边，需要剪一刀）？

分析与解 M 中每一个点都是一些三角形的公共顶点，不管怎么剪，纸的四个顶点处各三角形内角和均为 90°，其余的 1985 个点处所有三角形内角和则都是 360°. 上述数量关系为我们提供了诱人前景. 设剪有 x 个三角形，那么全体剪得的三角形内角和又是 $180°\cdot x$，于是

$$180°\cdot x=4\cdot 90°+1985\cdot 360°.$$

解之，得 $x=3972$.

由于每个三角形都有三条边，各自计算再累加起来，这些三角形共有 $3972\cdot 3$ 条边. 另外，每剪一次，产生两条三角形边（两个三角形同边）. 注意到正方形的四条边不用剪，设共剪了 y 刀，那么所有剪出的三角形，每个按三边计，有 $2y+4$ 条边，所以

$$2y+4=3972\cdot 3.$$

解之，得 $y=5956$ 刀.

“横看成岭侧成峰”. 运用算两次的方法的主要困难就在于正确地选择考查对象和考察角度. 考查对象能为我们提供多方面的考查是必不可少的，同

时还应依据题设条件和要求适当作些调整. 不少问题, 如果能从局部, 又从整体两个方面对某些对象进行计数, 则可以取得成功.

【例 19.3】 n 为正奇数, 数表 (也称为矩阵)

$$\begin{bmatrix} a_{11} & a_{12} & a_{13} & \cdots & a_{1n} \\ a_{21} & a_{22} & a_{23} & \cdots & a_{2n} \\ a_{31} & a_{32} & a_{33} & \cdots & a_{3n} \\ \vdots & \vdots & \vdots & & \vdots \\ a_{n1} & a_{n2} & a_{n3} & \cdots & a_{nn} \end{bmatrix}$$

是对称的, 也就是

$$a_{ij}=a_{ji}, \quad i, j=1,2,\cdots,n,$$

并且

$$\{1,2,\cdots,n\} \subseteq \{a_{i1},a_{i2},\cdots,a_{in}\}, \quad i=1,2,\cdots,n.$$

求证:

$$\{1,2,\cdots,n\} \subseteq \{a_{11},a_{22},\cdots,a_{nn}\}.$$

分析与证明 $\{1,2,\cdots,n\} \subseteq \{a_{i1},a_{i2},\cdots,a_{in}\}(i=1,2,\cdots,n)$表示在每一行数中, 数 1, 2, ⋯, n 都出现. 由于每一行只有 n 个数, 所以在每一行 1, 2, ⋯, n 都恰好出现一次. 这样, 在整个数表中, 1, 2, ⋯, n 都恰好出现 n 次.

另外, $a_{ij}=a_{ji}(i,j=1,2,\cdots,n)$表明在对角线 $\{a_{11}, a_{22}, \cdots, a_{nn}\}$ 下方的 1 的个数等于对角线上方的 1 的个数. 因而, 在数表中, 除去对角线 $\{a_{11}, a_{22}, \cdots, a_{nn}\}$ 后, 剩下的 1 有偶数个.

由于 n 是奇数, 数表中有奇数个 1, 所以对角线上必然有 1.

同样, 对角线上必然有 2, 3, ⋯, n, 即

$$\{1,2,\cdots,n\} \subseteq \{a_{11},a_{22},\cdots,a_{nn}\}.$$

【例 19.4】 一个 $n\times n$ 的矩阵称为 n 阶 "银矩阵", 如果它的元素取自集合

$$S=\{1,2,\cdots,2n-1\},$$

且对于每个 $i=1$, 2, ⋯, n, 它的第 i 行和第 i 列中的所有元素合起来恰好是 S 中的所有元素. 证明:

1) 不存在 $n=1997$ 阶的银矩阵;

2) 有无限多个 n 值, 存在 n 阶银矩阵.

证明 1) 若存在 $n=1997$ 阶的银矩阵. 考虑 1, 2, ⋯, $2\times1997-1$ 中不在主对角线上 (第 i 行与第 i 列 ($i=1$, 2, ⋯, 1997) 交叉处) 的数 x (它的存在是显然的), 设它出现了 k 次, 则在整个矩形的行和列分别累计出现

了 $2k$ 次. 另外，依题设，可知第 i 行第 i 列中 x 恰出现一次，则有

$$2k=1997.$$

注意到 $k\in\mathbf{Z}$，上式不能成立. 故命题成立.

2）首先证明，若存在 n 阶主对角线上数相同的银矩阵，则存在 $2n$ 阶主对角线上数相同的银矩阵.

设 $\boldsymbol{A}$ 是一个 n 阶银矩阵且主对角线上数相同. 将 $\boldsymbol{A}$ 中所有数加上 $2n-1$ 得到矩阵记为 $\boldsymbol{B}$. 将 $\boldsymbol{B}$ 中主对角线上的数全改为 $4n-1$，所得矩阵记作 $\boldsymbol{C}$，构造一个 $2n$ 阶银矩阵，见下图：

$$\begin{bmatrix} \boldsymbol{A} & \boldsymbol{B} \\ \boldsymbol{C} & \boldsymbol{A} \end{bmatrix}$$

则该 $2n$ 阶矩阵主对角线上数相同，且第 i 行第 i 列的数恰组成集 $\{1,2,\cdots,4n-1\}$. 显然存在 1 阶银矩阵且主对角线上数相同. 由上述结论知存在 2^k（$k=1,2,\cdots$）阶银矩阵. 命题成立.

【例 19.5】 设 n 为奇数，且大于 1，k_1，k_2，…，k_n 为给定的整数，对于 1，2，…，n 的 $n!$ 个排列中的每一个排列 $a=(a_1, a_2, \cdots, a_n)$，记 $S(a)=\sum\limits_{i=1}^{n} k_i a_i$. 证明：有两个排列 b 和 c，$b\neq c$，使得 $S(b)-S(c)$ 能被 $n!$ 整除.

证明 记 $\sum S(a)$ 为所有 $n!$ 个排列所得到的 $S(a)$ 的总和. 下面用两种方式来计算 $\sum S(a) \pmod{n!}$：

一方面，$a_1=k$（$k\in\{1, 2, \cdots, n\}$）时，有 $(n-1)!$ 种不同的排列，在 $\sum S(a)$ 中，$k_1 k$ 被计算了 $(n-1)!$ 次，于是 k_1 前面的系数为

$$(n-1)!\ (1+2+\cdots+n) = \frac{(n+1)!}{2},$$

所以

$$\sum S(a) = \frac{(n+1)!}{2} \sum_{i=1}^{n} k_i. \tag{19-3}$$

另一方面，如果不存在排列 $a\neq b$，使得 $n!$ 能整除 $S(a)-S(b)$，则 $n!$ 种不同排列所得到的 $S(a)$ 跑遍 $n!$ 的完系，于是

$$\sum S(a) \equiv \frac{(n!-1)n!}{2} \pmod{n!}. \tag{19-4}$$

比较（19-3）式和（19-4）式，得到

$$\frac{(n+1)!}{2} \sum_{i=1}^{n} k_i \equiv \frac{(n!-1)\ n!}{2} \pmod{n!}. \tag{19-5}$$

因为 n 为奇数，（19-5）式左边模 $n!$ 余 0，且 $n>1$ 时 $n!-1$ 为奇数，

（19-5）式右边模 n! 不余0. 矛盾!

故必存在排列 $a\neq b$ 使得 n! 能整除 $S(a)-S(b)$.

【例 19.6】 平面上有100个点，其中任意两点的距离都不小于3，而且距离恰好等于3的每两点都连一条线段. 证明：这样的线段至多有300条.

证明 平面上给定的100个点构成的集合记作 A，如果点 u 与 v 的距离恰好是3，则将 u 和 v 配成对子（u，v），所有这样的对子构成的集合记作 S. 注意，如果 u 与 v 配成对子（u，v），则 u 与 v 也配成对子(v,u). 因此，如果 A 中点之间连有 k 条线段，则 $|S|=2k$. 对于 A 中的每个点 u，A 中与 u 连有线段的点 v 应在以 u 为圆心且半径为3的圆周上，其他的点都是在这个圆周之外. 由于 A 中任意两点的距离至少是3，因此，这个圆周上至多有 A 中的6个点. 换句话说，A 中至多有6个点与 u 配对，于是

$$2k=|S|\leqslant 6\times 100,$$

从而 $k\leqslant 300$，命题获证.

【例 19.7】 某新建城市购进大批公共汽车，用以解决市内交通问题. 他们计划在1983个不同地点建立汽车站，并通过开辟若干线路的公共汽车沟通各汽车站，他们的愿望如下：

1）尽可能多开辟一些线路；

2）每两条线路至少有一个公用的汽车站；

3）每个公共汽车站至多经过两条不同的线路.

照此愿望，他们最多可以开设多少条线路的公共汽车？每条线路至少应经过多少个车站？

分析 记1983个车站形成的集合为 I，又设开辟的公共汽车线路为 k 条，并分别以 A_1，A_2，…，A_k 记这 k 条线路所经过的车站集合，则 $A_i\subset I$ $(i=1,2,\cdots,k)$，且

$$A_{i_1}\cap A_{i_2}\neq\varnothing,\quad 1\leqslant i_1\leqslant i_2\leqslant k,\tag{19-6}$$

$$A_{i_1}\cap A_{i_2}\cap A_{i_3}=\varnothing,\quad 1\leqslant i_1\leqslant i_2\leqslant i_3\leqslant k.\tag{19-7}$$

也就是说，其中的每两个子集的交都非空，每三个子集的交都是空集.

由上述性质进一步可以知道，每一子集所含元素数不少于 $k-1$. 这是因为，根据（19-6）式知每个子集都与其余 $k-1$ 个子集至少有一个公共元素，而由（19-7）式知这些公共元素两两不同（不然，就会造成某三个子集的交非空），于是将这 k 个子集所含元素累加起来不少于 $k(k-1)$ 个. 另外，上述计算中至多将集合 I 的每个元素重复计算了一次. 故

$$(k-1)k\leqslant 1983\times 2,$$

即 $k\leqslant 63$.

以上说明，至多开辟63条线路，每条线路至少经过62个公共汽车站.

【例19.8】 给定平面上n个相异的点．证明：其中距离为单位长的点对不超过$\frac{n}{4}+\frac{\sqrt{2}}{2}n^{\frac{3}{2}}$.

证明 令C_i表示以P_i为圆心、1为半径长的圆，因两圆至多2个交点，故总共至多$2C_n^2$个交点，记$S_i=\left\{P_j \middle| \,|P_j-P_i|=1\right\}$，$x_i$表示集合$S_i$中的元素数，则

$$x=\frac{1}{2}\sum_{i=1}^{n}x_i.$$

又若P_k，$P_j\in S_i$，C_k，C_j交于P_i，则P_i作为圆C_j，C_k等的交点为$C_{x_i}^2$次，有

$$\sum_{i=1}^{n}C_{x_i}^2\leqslant 2C_n^2,$$

即得

$$2C_n^2\geqslant\frac{1}{2}\left(\sum_{i=1}^{n}x_i^2-\sum_{i=1}^{n}x_i\right)$$
$$\geqslant\frac{1}{2n}\left(\sum_{i=1}^{n}x_i\right)^2-\frac{1}{2}\sum_{i=1}^{n}x_i$$
$$=\frac{1}{2n}\cdot 4x^2-x,$$

有

$$2x^2-nx-n^2(n-1)\leqslant 0.$$

解之，即有

$$x\leqslant\frac{n}{4}+\frac{\sqrt{2}}{2}n^{\frac{3}{2}}.$$

【例19.9】 证明：在任何由n个人组成的人群中，都可以找出两个人，使得其余的$n-2$人中，至少有$\left[\frac{n}{2}\right]-1$人，每个人或者同这2人都相识，或者都不相识（假定“相识”是相互的，$[x]$表示不大于x的最大整数）.

分析与证明 从反面考虑．假设命题不成立，在n个人中任取二人A和B，再在其余的$n-2$个人中选出刚好只认识A和B中一人的C_1，C_2，…，C_k，则$k\geqslant\frac{n}{2}$．否则

$$n-2-k\geqslant n-2-\left(\frac{n}{2}-1\right)=\frac{n}{2}-1,$$

与假设矛盾.

现用两种方法对三人组 $\{A, B, C_i\}$ 进行计数.

一方面，由于一共有 $C_n^2=\frac{1}{2}n(n-1)$ 个不同的两人对 $\{A, B\}$，而每个两人对都对应着不少于 $\frac{n}{2}$ 个人 C_i，所以三人组不少于 $\frac{n}{2}C_n^2=\frac{n^2(n-1)}{4}$.

另一方面，固定 C_i，找出与他相应的两人对 $\{A, B\}$. 他在这些对中恰好认识一个人. 如果 C_i 有 h 个认识的人，那么有 $n-1-h$ 个不认识的人. 与 C_i 相对应的两人对共有

$$h(n-1-h)\leqslant\left(\frac{h+n-1-h}{2}\right)^2=\frac{(n-1)^2}{4}$$

个. 因有 n 种 C_i 的选法，所以上述三人组不超过 $\frac{n(n-1)^2}{4}$.

综合上述两个方面，可知假设不成立，故命题成立.

【例 19.10】 S 是满足 $1\leqslant a<b\leqslant n$ 的 m 个正整数对 (a, b) 组成的集合. 求证：至少有

$$4m\cdot\frac{m-n^2/4}{3n}$$

个三元数组 (a, b, c) 适合 (a, b), (b, c), (a, c) 都属于 S.

分析与证明 作图 G. 以 $\{1, 2, \cdots, n\}$ 为顶点集 $V(G)$, S 为边集 $E(G)$，即当且仅当 $(i, j)\in S$ 时，将顶点 i 与 j 连一条边，于是问题等价于证明 G 中至少存在

$$4m\cdot\frac{m-\frac{n^2}{4}}{3n}$$

个三角形.

首先，令顶点 i 的次数为 $d(i)$，则

$$\sum_{i=1}^{n}d(i)=2m. \tag{19-8}$$

假设 G 中有 k 个三角形，考查这些三角形的边. 一方面，每个三角形有三条边，累计共有 $3k$ 条边. 另外，G 中任取一边 (i, j)，它的两端点 i, j 向其余 $n-2$ 个顶点引出 $d(i)+d(j)-2$ 条边，其中至少有

$$(d(i)+d(j)-2)-(n-2)=d(i)+d(j)-n$$

条边分别与 (i, j) 同为图 G 中某三角形的边. 换句话说，G 中每条边 (i, j) 至少属于 $d(i)+d(j)-n$ 个三角形. G 中所有边为三角形贡献了

$$\sum_{(i,j)\in S}(d(i)+d(j)-n)$$

条边，所以

$$3k=\sum_{(i,j)\in S}(d(i)+d(j)-n). \tag{19-9}$$

注意到$|S|=m$，顶点i的$d(i)$在（19-9）式右边式中出现$d(i)$次，故（19-9）式右边等于

$$\sum_{i=1}^{n}(d(i))^2-mn. \tag{19-10}$$

根据柯西不等式及（19-8）式，（19-10）式不小于

$$\frac{1}{n}\left(\sum_{i=1}^{n}d(i)\right)^2-mn=\frac{4m^2}{n}-mn. \tag{19-11}$$

由（19-9），（19-11）两式知

$$k\geqslant\frac{1}{3}\left(\frac{4m^2}{n}-mn\right)=4m\cdot\frac{m-\frac{n^2}{4}}{3n}.$$

问 题

1. 两个七年级学生被允许参加八年级学生所组成的象棋比赛. 每个选手都同其他每个选手比赛一次，胜得一分，和得半分，输得零分. 两个七年级学生一共得8分，每个八年级学生都和他的同年级同学得到相同分数，有几个八年级的学生参加象棋比赛？答案是唯一的吗？

2. 规格为$n\times n$的方格表被网格线分成n^2个小方格，称其中k行方格与l列方格的交为这块方格板的一个$k\times l$子式，并称该子式的半周长为$k+l$. 已知若干半周长均不小于n的子式盖住了方格板的主对角线. 求证：它们至少盖住了方格板上的一半方格.

3. 依次拼接1977个相同的正方块（拼接时，一个正方块的边与另一个正方块的边相合），问：能否拼成一条封闭的链？

4. 在一张正方形的纸上画着n个矩形，它们的边都平行于纸边. 已知任何两个矩形没有公共的内点. 证明：如果挖去所有的矩形，那么纸的剩余部分的小块的数量不多于$n+1$.

5. 在$n\times n$（n是奇数）的方格表里的每一个方格中，任意填上+1或−1，在每一列的下面写上该列所有数的乘积，在每行的右面写上该行所有数的乘积. 证明：这$2n$个乘积的和不等于0.

6. 数x_1，x_2，…，x_n中每一个取值1或−1，且

$$x_1x_2x_3x_4+x_2x_3x_4x_5+\cdots+x_{n-3}x_{n-2}x_{n-1}x_n$$
$$+x_{n-2}x_{n-1}x_nx_1+x_{n-1}x_nx_1x_2+x_nx_1x_2x_3=0.$$

证明：$4\mid n$.

7. n 个元素 $a_1, a_2, \cdots, a_n$ 组成 n 对 p_1, p_2，…，p_n. 若当且仅当 $\{a_i, a_j\}$ 是其中一对时，两对 p_i 与 p_j 中恰好有一个公共元素. 证明：每一个元素恰好在其中两对.

8. n 支球队要举行主客场双循环比赛（每两支球队比赛两场，各有一场主场比赛），每支球队在一周（从周日到周六的七天）内可以进行多场客场比赛，但如果某周内该球队有主场比赛，在这一周内不能安排该球队的客场比赛. 如果4周内能够完成全部比赛，求 n 的最大值.

9. n 是正偶数. 证明：在矩阵（即数表）

$$\begin{bmatrix} 1 & 2 & 3 & \cdots & n \\ 2 & 3 & 4 & \cdots & 1 \\ 3 & 4 & 5 & \cdots & 2 \\ \vdots & \vdots & \vdots & & \vdots \\ n & 1 & 2 & \cdots & n-1 \end{bmatrix}$$

中找不到一组1，2，…，n，其中每两个都既不在同一行，也不在同一列.

10. 设 P_1，P_2，…，P_{2n+3} 为平面上 $2n+3$ 个点，每四个点不共圆（任意三点不共线）. 通过其中三个点作圆，将其余 $2n$ 个点均分，使圆内圆外各有 n 个点，这种圆的个数记为 k. 证明：$k>1/\pi C_{2n+3}^2$.

11. 将凸多面体的每一条棱都染成红、黄两色之一，两边异色的面角称为奇异面角. 某顶点 A 处的奇异面角数称为该顶点的奇异度，记为 S_A. 求证：总存在两个顶点 B 和 C，使得 $S_B+S_C\leqslant 4$.

12. n 个人参加同一会议，其中每两个互不认识者恰有两个共同的熟人，每两个熟人却都没有共同的认识者. 证明：每一个与会者都有相同数目的熟人.

13. 在一个车厢中，任何 m（$m\geqslant 3$）个旅客都有唯一的公共朋友（当甲是乙的朋友时，乙也是甲的朋友）. 问在这车厢中，朋友最多的人有多少个朋友？

14. 在某项竞赛中，共有 a 个参赛选手与 b 个裁判，其中 $b\geqslant 3$ 且为奇数. 每个裁判对每个选手的评分只有"通过"或"不及格"两个等级. 设 k 是满足以下条件的整数：任何两个裁判至多可对 k 个选手有完全相同的评分. 证明：

$$\frac{k}{a}\geqslant\frac{b-1}{2b}.$$

15. 21个女孩和21个男孩参加一次数学竞赛.

（1）每一个参赛者至多解出了6道题；

（2）对于每一个女孩和每一个男孩，至少有一道题被这一对孩子都解出.

证明：有一道题，至少有3个女孩和至少有3个男孩都解出.

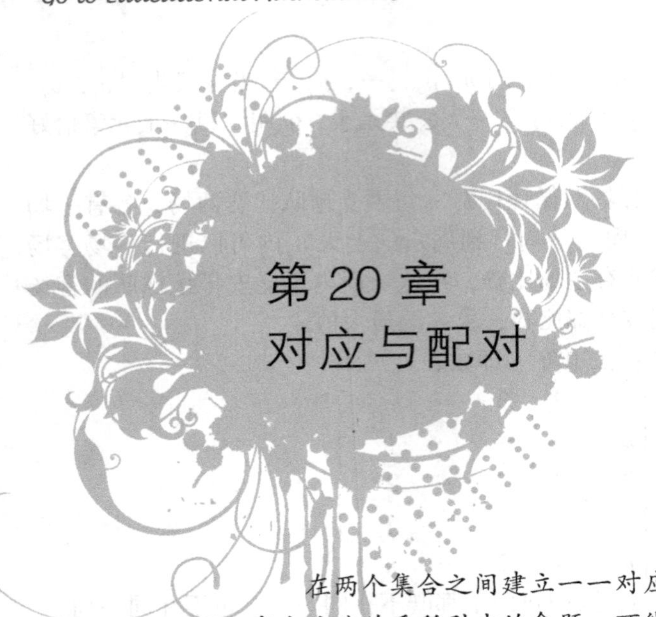

第 20 章 对应与配对

在两个集合之间建立一一对应关系，并进一步研究由这些关系所引出的命题，可能是现代数学的中心思想.

——克利福德

20.1　对应原理

桌子上有一堆黑白两色的棋子混在一起. 现在你想知道黑色棋子多还是白色棋子多. 一般做法是把黑棋与白棋分开，分别统计各自数目，然后加以比较，很少人会想到这样一种做法，把黑白棋子一一配对往外拿，最后看剩下的是黑色棋子还是白色棋子，也就知道了哪种棋子多些. 一般地，如果两类对象彼此有一对一的关系，那么可以通过对一类较易计数的对象计数，而得出具有同等数目的另一类难于计数的对象的个数.

正整数与完全平方数比较，哪一类数多？同学们可能会不假思索地回答：那还用说，肯定正整数多. 然而问题并不那么简单，请看以下对应关系：

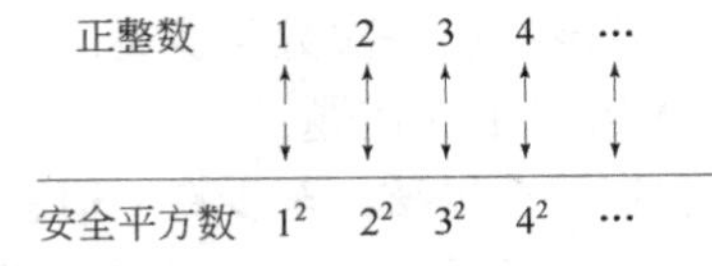

可见正整数并不比完全平方数多. 这是数学发展史上有代表意义的一个问题. 这里并不打算深入讨论它，只是想说明对应思想在数学研究中的地位非同一般.

设 X 和 Y 都是有限集，f: $X \to Y$ 为一映射，有

1）如果 f 为单射，则 $|X| \leqslant |Y|$;

2）如果 f 为满射，则 $|X| \geqslant |Y|$;

3）如果 f 为双射，则 $|X| = |Y|$;

4）如果 f 为倍数映射且倍数为 m，则 $|X| = m|Y|$.

上述结论是显然的，称之为对应原理. 它在计数及有关问题中有着极为广泛的应用.

在许多计数问题中，计数对象的特征不明显或混乱复杂难以直接计数，这时可以通过某种映射将问题化归到容易计数的对象上来.

【例 20.1】 n 名选手参加单打淘汰赛，需要打多少场后才能产生冠军？

分析　要产生冠军，需要淘汰冠军外的所有其他选手，也就是要淘汰 $n-1$ 名选手. 要淘汰一名选手必须进行一场比赛. 反之，每进行一场比赛恰淘汰一名选手. 以上说明单打淘汰赛是所有各场比赛所成集合到被淘汰的选手集合的一一映射. 因被淘汰的选手共 $n-1$ 名，所以根据对应原理，共进行了 $n-1$ 场比赛才产生冠军.

【例 20.2】 设 $S=\{1, 2, \cdots, n\}$，A 为至少含两项的、公差为正的等差数列，其项都在 S 中，且添加 S 中的其他元素列到 A 的前后均不能构成与 A 有相同公差的等差数列. 求这种 A 的个数（这里只有两项的数列也看作等差数列）.

分析　先考虑 $n=2k(k \in \mathbf{N}^+)$ 的情形. 数列 A 中必有相邻两项，其一在 $\{1,2,\cdots,k\}$ 中，另一在 $\{k+1,k+2,\cdots,2k\}$ 中. 反之，在 $\{1,2,\cdots,k\}$ 中任取一数，$\{k+1,k+2,\cdots,2k\}$ 中任取一数，以它们之差为公差可以作出一个 A. 因此，令

$$S=\{(p, q) \mid p=k+i, q=j; i,j \in \{1,2,\cdots,k\}\}$$

和

$$S'=\{\text{满足条件的数列 } A\},$$

那么存在一个一一映射 f: $S \to S'$.

根据乘法原理知，

$$|S|=k \cdot k=\frac{n^2}{4},$$

根据对应原理知，

$$|S'|=|S|=\frac{n^2}{4}.$$

对 $n=2k+1$，情况类似. 注意到集合 $\{k+1,k+2,\cdots,n\}$ 中有 $k+1$ 个数，故数列 A 的个数为

$$k(k+1)=\frac{n+1}{2}\cdot\frac{n-1}{2}=\frac{n^2-1}{4}.$$

综上所述，数列 A 的个数为 $\left[\frac{n^2}{4}\right]$.

【例 20.3】 某人有 n 块大白兔奶糖. 从元旦那天起，每天至少吃一块，吃完为止. 问有多少种不同的安排方案？

分析 将 n 块奶糖排成一行，如第一天吃 3 块，第二天吃了 4 块，…，那么，就在第 3 块奶糖后作一记号，如画一条竖线，这条竖线的第 4 块的后面(即第七块的后面)再画一条竖线，…，如图 20-1 所示.

○○○｜○○○○｜○…

图 20-1

这种十分自然的做法实际上使得吃奶糖的一种方案变成了在 n 块奶糖之间的 $n-1$ 空隙添加竖线(每个空隙可以加一根,也可以不加)的方式. 上述映射显然是吃奶糖的方案与 n 块奶糖间 $n-1$ 个空隙中添加竖线的方式间的一一映射.

由于每个空隙有两种处理方式，加竖线或者不加竖线，所以由乘法原理知，有

$$\underbrace{2\times2\times\cdots\times2}_{n-1\text{个}2}=2^{n-1}$$

种不同添加竖线的方式. 进而根据对应原理知吃奶糖的方案有 2^{n-1} 种.

【例 20.4】 把正三角形 ABC 各边 n 等分，过各分点在三角形内作三边的平行线，这样得到的图形称之为“正三角形的 n 格阵”. 求正三角形 n 格阵中边长为 $\frac{1}{n}BC$ 的小菱形的个数.

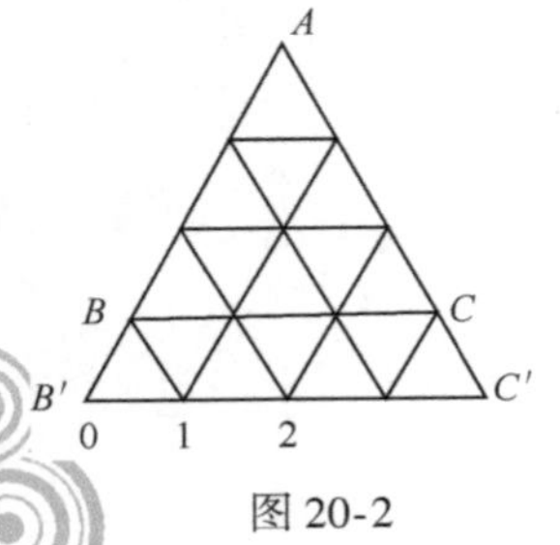

图 20-2

分析 首先考虑边不平行于 BC 的小菱形，延长这种菱形的边与 BC 相交于 BC 边上顺次四个分点，但在特殊情况下，第二个交点与第三个交点重合(即重合于该菱形的一个顶点). 为了便于统一处理，可作如下处理，如图 20-2 所示，延长 AB 到 B'，AC 到 C'，作成正三角形 $n+1$ 格阵，并使

$$BB'=\frac{1}{n}BC.$$

为叙述方便起见，记 $B'C'$ 上的 $n+2$ 个分点(包括端点)为0，1，2，…，$n+1$，于是每个边不与 BC 平行的小菱形的两组对边延长交于 $B'C'$ 于四个分点 i，$i+1$，k，$k+1$，反之，任给这样的四个分点必对应于某个边不与 BC 平行的小菱形，两者具有一一对应关系. 由于有序数组

$$(i, i+1, k, k+1), \quad 1\leqslant i+1<k\leqslant n$$

又与有序数组

$$(i+1, k), \quad 1\leqslant i+1<k\leqslant n$$

一一对应，故边与 BC 不平行的小菱形个数为 C_n^2. 由对称性，所求小菱形的个数为 $3C_n^2$. 还有一种对应方式，将小菱形的一条对角线(和边长相等)与菱形一一对应，再行计数，可得同样结果.

【例 20.5】 圆周上有 $n(\geqslant 4)$ 个点，每两点连一条弦，如果没有三弦交于圆内一点，问

1）这些弦在圆内一共有多少个交点?

2）这些弦可把这个圆分成多少个区域?

分析 1）如图 20-3 所示，假设 P 为二弦 AC 与 BD 的交点，则 P 为圆上四个点 A，B，C，D 所引弦的圆内唯一的交点. 同时任取圆上四点作顶点，可构成一个凸四边形，这个凸四边形的对角线(弦)在圆内交于一点. 因此所求圆内交点个数恰为圆周上 n 个点的四元子集数 C_n^4.

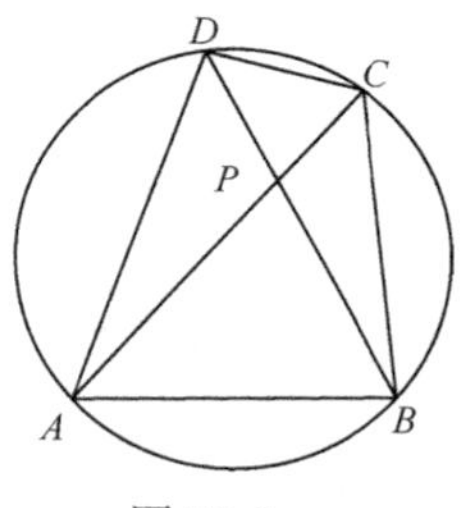

图 20-3

2）我们知道，圆周上 n 个点可连 C_n^2 条弦，又由 1）知这些弦在圆内共有 C_n^4 个交点. 显然所分区域取决于弦和交点，那么具体地，这些弦和交点是如何对划分区域作“贡献”呢? 设想新增加一条弦，增加 k 个交点，那么该弦就会被分成 $k+1$ 段，每一段将原所在区域一分为二，从而增加了 $k+1$ 个区域. 换句话说，新添一条弦及由此增加的 k 个交点，恰好对应新增加的 $k+1$ 个区域. 最初圆内没有弦及弦的交点，区域数是 1. 以后一条一条地添弦，共有 C_n^2 条弦，在圆内有 C_n^4 个交点，所以这些弦可以把这个圆分成

$$1+C_n^4+C_n^2$$

个区域 .

从 n 个不同元素中每次取出 m 个元素并成一组，这 m 个元素允许重复，叫做从 n 个不同元素中取出 m 个可重复元素的一个重复组合.

运用对应原理可以得到从 n 个不同元素中取出 m 个可重复元素的所有重复组合的个数为 C_{n+m-1}^m.

用$\{1,2,\cdots,n\}$表示 n 个不同元素组成的集合，从中任取 m 个可以重复

的数字 x_1，x_2，…，x_m，将这 m 个可重复数字从小到大依次排成一行，不妨记作

$$1\leqslant x_1\leqslant x_2\leqslant\cdots\leqslant x_m\leqslant n. \tag{20-1}$$

作映射 f:

$$y_k=x_k+k-1,\quad k=1,2,\cdots,n, \tag{20-2}$$

则得到 y_1，y_2，…，y_m 这样一组互不相同的数字．显然

$$1\leqslant y_1<y_2<\cdots<y_m\leqslant n+m-1. \tag{20-3}$$

注意到，由(20-2)，(20-3)两式可逆推至(20-1)式，所以映射是数组 $\{x_1,x_2,\cdots,x_m\}$ 构成的集合到数组 $\{y_1,y_2,\cdots,y_m\}$ 构成集合的一一映射.

满足(20-3)式的数组是 C_{n+m-1}^m 个，根据对应原理满足(20-1)式的数组也有 C_{n+m-1}^m 个.

【点评】 这里运用对应原理巧妙地将从 n 个不同元素中取出 m 个有重复元素的组合数的计算化归为从 $n+m-1$ 个不同元素中取出 m 个不同元素的组合数计算.

【例 20.6】 求 m 元方程

$$x_1+x_2+\cdots+x_m=n$$

的非负整数解的组数.

分析 1 由于数组 $\{x_1,x_2,\cdots,x_m\}$ 中各数既可重复，又大小无序，因此作如下映射 φ:

$$\begin{cases}x_1+1=y_1,\\ x_1+x_2+2=y_2,\\ x_1+x_2+x_3+3=y_3,\\ \quad\vdots\\ x_1+x_2+\cdots+x_{m-1}+m-1=y_{m-1},\\ x_1+x_2+\cdots+x_m+m=y_m.\end{cases}$$

显然

$$1\leqslant y_1<y_2<\cdots<y_{m-1}<y_m\leqslant n+m, \tag{20-4}$$

且 $(x_1,x_2,\cdots,x_m)$ 与 $(y_1,y_2,\cdots,y_m)$ 间一一对应．因

$$y_m=x_1+x_2+\cdots+x_m+m=n+m,$$

故满足(20-4)式的数组有 C_{n+m-1}^{m-1} 个．根据对应原理即知所求方程解的组数为 C_{n+m-1}^{m-1} 个.

分析 2 方程的非负整数解与将 n 个球放入 m 个(有编号)盒子中的方法一一对应．方程的每一组非负整数解 $(x_1,x_2,\cdots,x_m)$ 产生一种放球方法，在编号为1，2，…，m 的盒子中分别放入 x_1，x_2，…，x_m 个球．反之，每一种

放球的方法产生方程的一个非负整数解.

将 n 个相同的球放入 m 个编号为 1，2，…，m 的盒子，也就是从 m 个(有编号)盒子中可以重复选取 n 个来装这 n 个球，一个盒子重复出现 k 次表示它装了 k 个球. 这样一来，问题相当于从 m 个不同元素中可重复地选取 n 个元素的组合，有 C_{n+m-1}^{m-1} 种不同选取方式，也就是有 C_{n+m-1}^{m-1} 组方程的非负整数解，这与分析一的结果是完全相同的.

对应原理的应用并非仅限于计数，运用它还可较便利地解决某些与计数有关的问题，可以对某些非计数问题，通过构造适当的映射进而利用对应原理实现问题转化，达到另辟蹊径的效果.

【例 20.7】　对 $\{1,2,\cdots,n\}$ 的所有非空子集，定义一个唯一确定的“交替和”如下：按照递减的次序重新排列该子集，然后从最大的数开始交替地减加后继的数(例如，$\{1,2,4,6,9\}$ 的“交替和”是 $9-6+4-2+1=6$，$\{5\}$ 的“交替和”就是 5). 对 $n=7$，求所有这种“交替和”的总和.

分析　记

$$N=\{1,2,\cdots,n\},\quad M=\{1,2,\cdots,n-1\},$$
$$N'=\{\{n,a_1,a_2,\cdots,a_k\}\mid a_1,a_2,\cdots,a_k\in M\},$$
$$M'=\{\{a_1,a_2,\cdots,a_k\}\mid a_1,a_2,\cdots,a_k\in M\},$$

再让 N' 中元素 $\{n,a_1,a_2,\cdots,a_k\}$ 与 M' 中元素 $\{a_1,a_2,\cdots,a_k\}$ 对应，显见这是 N' 到 M' 的一一映射. 因为 $N'\cap M'=\varnothing$，$N'\cup M'=\{E\mid E\subseteq N\}$，所以 $|N'|=|M'|=2^{n-1}$.

两数组 $(a_1,a_2,\cdots,a_k)$ 与 $(n,a_1,a_2,\cdots,a_k)$ 的“交替和”之和恰为 n，因此所有“交替和”的总和为 $n\cdot 2^{n-1}$.

特别地，当 $n=7$ 时，所得“交替和”为

$$7\times 2^{7-1}=448\ .$$

【例 20.8】　在一个 6×6 的棋盘上放置了 11 块 1×2 的骨牌，每个骨牌恰好覆盖两个方格. 证明：无论这 11 块骨牌怎么放置，总能再放入一块骨牌.

分析　若有某一行存在 4 个空格，由于每行仅有 6 格，必有两空格是相邻的，可放置一块骨牌. 否则每行至多有 3 个空格.

如果这 11 块骨牌放置以后，不能再放入一块骨牌，考虑两个集合：

$$X=\{\text{下面 } 5\times 6 \text{ 的空格集合}\},$$
$$Y=\{\text{上面 } 5\times 6 \text{ 的骨牌集合}\}.$$

由于整个棋盘上有空格

$$6\times 6-11\times 2=14$$

个，除最上面一行可能有的空格外，应有

$$|X| \geqslant 11. \tag{20-5}$$

此外，

1）空格的上方必然是毗邻着骨牌（否则空格上方还有空格，那么连续两个空格又可以放置一块骨牌，导致矛盾）；

2）不同的空格上方毗邻的骨牌必然不同（否则两个不同空格对应同一骨牌，两空格也相邻，也就可以放置一块骨牌，也导致矛盾）.

由上述可见

$$|X| \leqslant |Y| \leqslant 11. \tag{20-6}$$

由（20-5），（20-6）两式知

$$|X| = |Y| = 11. \tag{20-7}$$

(20-7)式说明每一空格与上方毗邻骨牌一一对应.

由于11块骨牌全部位于上面5行，因而第6行全为空格，这又导致矛盾.

综上所述，命题获证.

【例 20.9】 在圆周上给定 $2n-1(n\geqslant 3)$ 个定点，从中任选 n 个点染成黑色，其余染成白色. 试证：一定存在两个黑点，使得以这两点为端点的两条弧之一的内部，恰好含 n 个给定点.

分析 1 假若结论是否定的. 从圆周上任何黑点出发，沿任何方向的第 $n-1$ 个点都是白色. 因而，对于每一个黑点，都可以得到两个相应的白点. 这就定义了一个由所有黑点到白点的对应. 因每个黑点对应两个白点，故共有 $2n$ 个白点(包括重复计数). 又因为每个白点至多是两个黑点的对应点，故至少有 n 个不同的白点，此不可能，故知命题成立.

分析 2 对于每个黑点，令它对应于从它算起沿顺时针方向的第 $n-1$ 个点，容易看出，这个对应是个双射. 由假设结论不成立知象点都为白点，故给定点总数应为偶数，与已知矛盾.

【例 20.10】 对于每个正整数 n，将 n 表示成 2 的非负整数次方的和. 令 $f(n)$ 为正整数 n 的不同表示法的个数.

如果两个表示法的差别仅在于它们中各个数相加的次序不同，这两个表示法就被视为是相同的. 例如，$f(4)=4$，因为 4 恰有下列四种表示法：

$$4;\quad 2+2;\quad 2+1+1;\quad 1+1+1+1.$$

证明：对于任意整数 $n\geqslant 3$，

$$2^{\frac{n^2}{4}} < f(2^n) < 2^{\frac{n^2}{2}}.$$

证明 注意到 $2n+1$ 的表示法中必含有 1，去掉 1 即变成 $2n$ 的表示法，

这是一一映射，故有

$$f(2n+1)=f(2n). \tag{20-8}$$

对于 $f(2n)$，$2n$ 表示法中若含有 1，可由 $2n-1$ 的表示法添 1 得到；$2n$ 表示法中含不含有 1，则可由 n 的表示法中每个数乘以 2 得到，这都是一一映射，故有

$$f(2n)=f(n)+f(2n-1). \tag{20-9}$$

由(20-8)，(20-9)两式可知 f 在定义域上不减.

以下证明

$$f(n+k)+f(n+1-k)\leqslant f(n+k+1)+f(n-k) \tag{20-10}$$

对一切 n，$k\in\mathbf{N}(k<n)$ 成立.

(20-10)式等价于

$$f(n+k+1)-f(n+k)\geqslant f(n+1-k)-f(n-k).$$

若 $n+k$ 为偶数，则 $n-k$ 也为偶数，于是由（20-8）式可得

$$f(n+k+1)-f(n+k)=f(n+1-k)-f(n-k)=0.$$

若 $n+k$ 为奇数，则 $n-k$ 也为奇数，由 f 不减及（20-9）式有

$$\begin{aligned}f(n+k+1)-f(n+k)&=f\left(\frac{n+k+1}{2}\right)\geqslant f\left(\frac{n-k+1}{2}\right)\\&=f(n+1-k)-f(n-k).\end{aligned}$$

由上述知(20-10)式成立.

由(20-10)式可得

$$f(n)+f(n+1)\leqslant f(n-1)+f(n+2)\leqslant\cdots\leqslant f(1)+f(2n).$$

故

$$f(1)+f(2)+\cdots+f(2n)\geqslant n[f(n)+f(n+1)]. \tag{20-11}$$

由(20-8)，(20-11)两式可知，当 $n\geqslant 3$ 时，

$$\begin{aligned}f(1)+f(2)+\cdots+f(2^{n-1})&\geqslant 2^{n-2}[f(2^{n-2})+f(2^{n-2}+1)]\\&=2^{n-1}f(2^{n-2}).\end{aligned} \tag{20-12}$$

由(20-8)，(20-9)两式有

$$\begin{aligned}\sum_{i=1}^{n}f(i)&=\sum_{i=1}^{n}[f(2i)-f(2i-1)]\\&=f(2n)-f(1)+\sum_{i=1}^{n-1}[f(2i)-f(2i+1)]\\&=f(2n)-f(1),\end{aligned}$$

即

$$f(2n)=f(1)+f(1)+f(2)+\cdots+f(n).$$

故

$$
\begin{aligned}
f(2^n)&=f(1)+f(1)+f(2)+\cdots+f(2^{n-1})\\
&=f(2)+f(2)+\cdots+f(2^{n-1})\\
&\leqslant \underbrace{f(2^{n-1})+f(2^{n-1})+\cdots+f(2^{n-1})}_{2^{n-1}\text{个}}\\
&\leqslant 2^{n-1}f(2^{n-1}).
\end{aligned}
\tag{20-13}
$$

由(20-12)，(20-13)两式可知

$$
2^{n-1}f(2^{n-2})\leqslant f(2^n)\leqslant 2^{n-1}f(2^{n-1}). \tag{20-14}
$$

运用数学归纳法，由(20-14)式易得命题成立.

20.2 配对策略

配对的形式是多样的，有数字的凑整配对或共轭配对，有解析式的对称配对或整体配对，有子集与其补集配对，也有集合间元素与元素的配对(可用于计数). 传说高斯 8 岁时在求 1+2+…+100 的和首创了配对. 像高斯那样，善于使用配对技巧，常常能使一些表面上看来很麻烦，甚至很棘手的问题迎刃而解.

【例 20.11】 把平面划分成形为全等正六边形的房间，并按如下办法开门：若三面墙汇聚于一点，那么在其中两面墙上各开一个门，而第三面墙不开门. 证明：不论沿多么曲折的路线走回原来的房间，所穿过的门的个数一定是偶数.

分析 为方便起见，把有公共门的两个房间叫做相邻的. 如图 20-4 所示，用两种颜色涂平面上的这些房间，使相邻的房间不同颜色. 注意，从某种颜色的房间走到同一种颜色的房间，必定经过另一种颜色的房间. 显然，从任一房间走到同种颜色的房间，必定经过偶数个门. 这样，利用图形和不同的颜色就可以解出这道题.

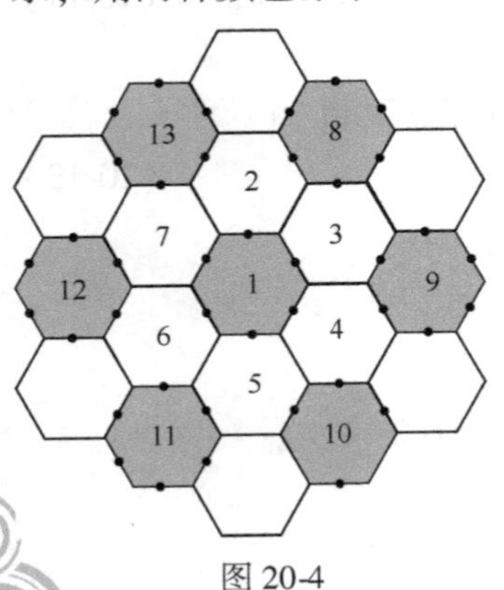

图 20-4

【例 20.12】 已知最简分数$\frac{m}{n}$可以表示成

$$
\frac{m}{n}=1+\frac{1}{2}+\frac{1}{3}+\cdots+\frac{1}{1992}.
$$

试证：分子 m 是素数 1993 的倍数.

证法 1 仿照高斯求和 $1+2+3+\cdots+n$ 的方法，将和

$$1+\frac{1}{2}+\frac{1}{3}+\cdots+\frac{1}{1992}=\frac{m}{n}$$

的各项顺序倒过来再写一遍，即

$$\frac{1}{1992}+\frac{1}{1991}+\frac{1}{1990}+\cdots+1=\frac{m}{n}.$$

两式相加得

$$\frac{1993}{1992}+\frac{1993}{2\times1991}+\frac{1993}{3\times1990}+\cdots+\frac{1993}{1992}=\frac{2m}{n}.$$

从而 $2m\cdot1992!=1993$ 的倍数，但 1993 为奇素数，所以 1993 不整除 2，3，…，1992，从而 $1993\mid m$.

证法 2 作配对处理

$$\begin{aligned}\frac{m}{n}&=\left(1+\frac{1}{1992}\right)+\left(\frac{1}{2}+\frac{1}{1991}\right)+\cdots+\left(\frac{1}{996}+\frac{1}{997}\right)\\&=1993\times\left(\frac{1}{1\times1992}+\frac{1}{2\times1991}+\cdots+\frac{1}{996\times997}\right).\end{aligned}$$

将括号内的分数进行通分，其公分母为

$$1\times1992\times2\times1991\times3\times1990\times\cdots\times996\times997=1992!,$$

故

$$\frac{m}{n}=1993\cdot\frac{q}{1992!},\qquad q\text{ 是正整数}.$$

从而

$$m\cdot1992!=1993\text{ 的倍数},$$

但 1993 为奇素数，所以 1993 不整除 2，3，…，1992，从而 $1993\mid m$.

【例 20.13】 设 n 是正整数，求证：

$$\left[\left(\frac{1+\sqrt{5}}{2}\right)^{4n-2}\right]-1$$

是完全平方数.

证明 考虑 $\left(\frac{1+\sqrt{5}}{2}\right)^{4n-2}$ 的倒数 $\left(\frac{1-\sqrt{5}}{2}\right)^{4n-2}$，设

$$x_n=\left(\frac{1+\sqrt{5}}{2}\right)^{4n-2}+\left(\frac{1-\sqrt{5}}{2}\right)^{4n-2},$$

则

$$x_n=\frac{4}{6+2\sqrt{5}}\left(\frac{7+3\sqrt{5}}{2}\right)^n+\frac{4}{6-2\sqrt{5}}\left(\frac{7-3\sqrt{5}}{2}\right)^n.$$

因此，x_n 满足递推关系式

$$x_{n+1}=7x_n-x_{n-1},$$

易知，$x_0=x_1=3$ 和对所有 $n\geqslant 0$，x_n 是正整数.

又因为

$$0<\left(\frac{1-\sqrt{5}}{2}\right)^{4n-2}<1,$$

可推知

$$\left[\left(\frac{1+\sqrt{5}}{2}\right)^{4n-2}\right]-1=x_n-2.$$

而

$$x_n-2=\left(\left(\frac{1+\sqrt{5}}{2}\right)^{2n-1}+\left(\frac{1-\sqrt{5}}{2}\right)^{2n-1}\right)^2,$$

类似前面的讨论可以证明，对 $n\geqslant 0$，

$$\left(\frac{1+\sqrt{5}}{2}\right)^{2n-1}+\left(\frac{1-\sqrt{5}}{2}\right)^{2n-1}$$

是正整数，因此结论成立.

【例 20.14】 设 $p(x)$ 为任一个首项系数为正数 p_0 的实系数多项式，且 $p(x)$ 无实根. 证明：必有实系数多项式 $f(x)$ 和 $g(x)$，使

$$p(x)=(f(x))^2+(g(x))^2.$$

分析 注意到实系数多项式的虚根一定是以共轭对出现，故可用复数运算法则得到如下构造性证法.

证明 由 $p(x)$ 无实根及实系数多项式虚根成对定理知，$p(x)$ 必为偶次多项式. 令其次数为 $2n$，且根为 x_j，$\overline{x_j}$，$j=1$，2，$\cdots$，n，则

$$p(x)=\left[\sqrt{p_0}\prod_{i=1}^{n}(x-x_i)\right]\left[\sqrt{p_0}\prod_{i=1}^{n}(x-\overline{x_i})\right].$$

令 $q(x)=\sqrt{p_0}\prod_{i=1}^{n}(x-x_i)$，则 $p(x)=q(x)\cdot\overline{q(x)}$.

由于 $q(x)$ 为复系数多项式，必有实系数多项式 $f(x)$ 和 $g(x)$，使

$$q(x)=f(x)+\mathrm{i}g(x),\quad \overline{q(x)}=f(x)-\mathrm{i}g(x),$$

所以

$$\begin{aligned}p(x)&=(f(x)+\mathrm{i}g(x))(f(x)-\mathrm{i}g(x))\\&=(f(x))^2+(g(x))^2.\end{aligned}$$

【点评】 由此题不难得出，若 $Q(x)$ 是首项系数为正的实系数多项式，且有实数 a 使 $Q(a)<0$，则 $Q(x)$ 必有实零点.

问　题

1. 从 8×8 的棋盘中，取出一个由三个小方格组成的 L 形，问有多少种不同的取法？

2. 一家工厂有 $n\geqslant3$ 个工作，按照工资的递增次序标上 1 至 n. n 个求职者，按照其能力的递增次序标上 1 至 n. 当且仅当 $i\geqslant j$ 时，求职者 i 可以担任第 j 种工作.

求职者依随机的次序逐一到达，每个人依次被雇到他或她所能适应的、工作级别低于已经雇了人的工作的最高级别工作(在这规则下,工作总有人去做,而且在这以后雇佣结束).

证明：求职者 n 与 $n-1$ 被雇佣的机会相等.

3. 求当 $n\geqslant6$ 时，求由凸 n 边形的对角线构成的，其顶点位于形内的三角形的个数的最大值.

4. 把正整数 n 写成三个正整数之和，有多少种写法？

5. 将数集 $A=\{a_1,a_2,\cdots,a_n\}$ 中所有元素的算术平均值记为 $P(A)$ $\left(P(A)=\dfrac{a_1+a_2+\cdots+a_n}{n}\right)$. 若 B 是 A 的非空子集，且 $P(B)=P(A)$，则称 B 是 A 的一个“均衡子集”. 试求数集 $M=\{1,2,3,4,5,6,7,8,9\}$ 的所有“均衡子集”的个数.

6. 某班有相同个数的男生和女生(总人数不少于 4 人). 他们以各种不同的顺序排成一排，看看能否将这一排分成两部分，每部分中男生和女生各占一半，假设 a 是不能这样分的排法的个数，b 是可以用唯一的方法将这一排分成男女各一半的两部分的排法的个数. 证明：$b=2a$.

7. 将正整数 n 写成若干个 1 与若干个 2 之和，和项顺序不同认为是不同的写法，所有写法种数记作 $\alpha(n)$. 将 n 写成若干大于 1 的整数之和，和项顺序不同认为是不同的写法，所有写法数记作 $\beta(n)$. 求证：对每个 n，都有 $\alpha(n)=\beta(n+2)$.

8. 如果从 1，2，…，14 中，按从小到大的顺序取出 a_1，a_2，a_3，使同时满足 $a_2-a_1\geqslant3$，$a_3-a_2\geqslant3$，那么所有符合题意的不同取法有多少种？

9. 将 n 个完全一样的白球及 n 个完全一样的黑球逐一从袋中取出，直到取完. 在取球过程中，至少有一次取出的白球多于(取出的)黑球的取法有多少种？

10. 电影票每张五角，如果 $2n$ 个人排队购票，每人购票一张，并且其中 n 个人恰有五角钱，n 个人恰好有一元钱，而票房无零钱可找，那么，有多

少种方法将这 $2n$ 个人排成一列，顺次购票，使购票不致因无零钱可找而耽误时间？

11. 由正号“+”与负号“–”组成的符号序列．例如，

$$++-+-+-,$$

其中由“+”到“–”，或由“–”到“+”，称为“一次变号”，序列①中有5次变号．问有多少个长 m 的序列，其中恰有 n 次变号？

12. 数学奥林匹克评委会由9人组成，有关试题藏在一个保险箱内，要求至少有6名评委在场才能把保险箱打开．问保险箱应安上多少把锁？配多少把钥匙？怎样把钥匙分给评委？

13. 有一个红色卡片盒和 k 个 $(k>1)$ 蓝色卡片盒，还有一副卡片，共有 $2n$ 张，它们被分别编为1至 $2n$ 号．开始时，这副卡片被按任意顺序叠置在红色卡片盒中．从任何一个卡片盒中都可以取出最上面的一张卡片，或者把它放到空盒中，或者把它放到比它号码大1的卡片的上方．对于怎样的最大的 n，可以通过这种操作把所有卡片移到其中一个蓝色卡片盒中？

14. 设 n 为正整数，称集合 $\{1,2,\cdots,2n\}$ 的一个排列 $\{x_1,x_2,\cdots,x_{2n}\}$ 具有性质 P，如果在 $\{1,2,\cdots,2n-1\}$ 中至少有一个 i，使得 $|x_i-x_{i+1}|=n$．求证：对于任何 n，具有性质 P 的排列比不具有性质 P 的排列多．

15. 设 $f(x)=\dfrac{4^x}{4^x+2}$，求 $f\left(\dfrac{1}{1001}\right)+f\left(\dfrac{2}{1001}\right)+\cdots+f\left(\dfrac{1000}{1001}\right)$ 的值．

16. 已知 x，y，z 满足

$$\begin{cases}x+[y]+\{z\}=-0.9,\\ [x]+\{y\}+z=0.2,\\ \{x\}+y+[z]=1.3,\end{cases}$$

其中对于数 a，$[a]$ 表示不大于 a 的最大整数，$\{a\}=a-[a]$．求 x，y，z 的值．

17. 将正整数中所有被4整除以及被4除余1的数全部删去，剩下的数依照从小到大的顺序排成一个数列 $\{a_n\}$：2，3，6，7，10，11，…．数列 $\{a_n\}$ 的前 n 项之和记为 S_n，其中 $n=1$，2，3，…．求 $S=[\sqrt{S_1}]+[\sqrt{S_2}]+\cdots+[\sqrt{S_{2006}}]$ 的值(其中 $[x]$ 表示不超过 x 的最大整数)．

18. 给定绝对值都不大于10的整数 a，b，c，三次多项式 $f(x)=x^3+ax^2+bx+c$ 满足条件

$$\left|f(2+\sqrt{3})\right|<0.0001.$$

问：$2+\sqrt{3}$ 是否一定是这个多项式的根？

19. 设p和q为自然数，已知

$$\frac{p}{q}=1-\frac{1}{2}+\frac{1}{3}-\cdots+\frac{1}{1331}-\frac{1}{1332}.$$

判断p是否是1999的倍数.

20. 设n是正整数，集合$M=\{1,2,\cdots,2n\}$. 求最小的正整数k，使得对于M的任何一个k元子集，其中必有4个互不相同的元素之和等于$4n+1$.

21. 设复变量多项式

$$P(z)=z^n+c_1z^{n-1}+c_2z^{n-2}+\cdots+c_n,$$

其中系数$c_k(k=1,2,\cdots,n)$是实数. 假设$|P(\mathrm{i})|<1$. 求证：存在实数a和b使得$P(a+b\mathrm{i})=0$，且$(a^2+b^2+1)^2<4b^2+1$.

22. 设a，b_1，$\cdots$，b_n，c_1，$\cdots$，c_n是实数，使得

$$x^{2n}+ax^{2n-1}+ax^{2n-2}+\cdots+ax+1=(x^2+b_1x+c_1)\cdots(x^2+b_nx+c_n)$$

对任意的实数x成立，求c_1，c_2，$\cdots$，c_n的值.

23. 证明：存在无限多个正整数n，使得和数$1+\frac{1}{2}+\cdots+\frac{1}{n}$的既约分数表达式中的分子不是素数的正整数次方幂.

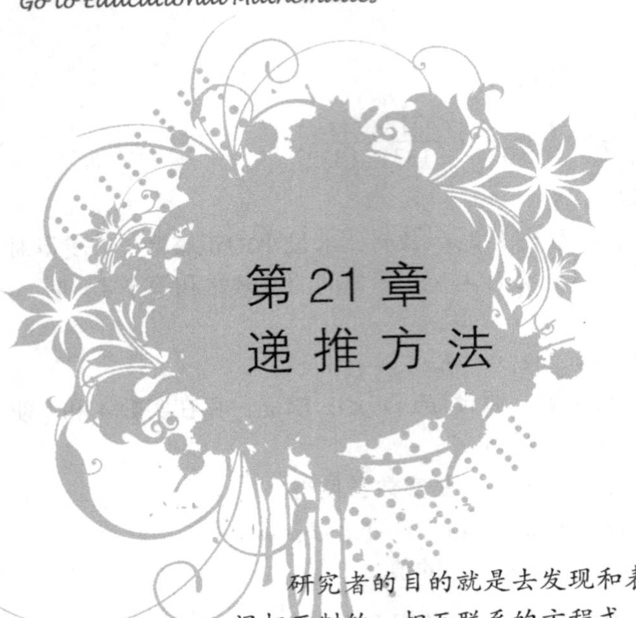

第21章 递推方法

研究者的目的就是去发现和表达各种基本现象之间相互制约、相互联系的方程式.

——欧斯特·马赫

先看一个古老的数学游戏.

一块黄铜平板上装着三根金刚石细柱，其中一根细柱上套着64个大小不等的环形金盘，大的在下小的在上，如图21-1所示. 这些盘子可一次一个地从一根柱子转移到另一根柱子，但不允许较大盘子放在较小盘子的上面. 若把这64个金盘从一根柱子全部移到另一根柱子上至少须移动多少次？

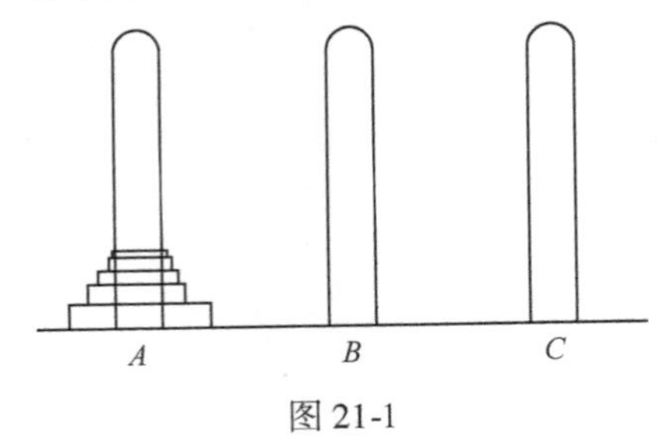

图21-1

据说古代印度婆罗门教寺庙内的僧侣们玩着这一称为“河内宝塔问题”的游戏，认为如果一场游戏能玩到结束，就意味着世界末日的来临.

现用 a_n 表示将 n 个盘子从一根柱子移到另一根柱子所必须移动的次数. 显然，$a_0=0$，$a_1=1$. 对于 n 个盘子，先把柱子 A 上的 $n-1$ 个盘子套到柱子 C 上而且保持相对位置这需要 a_{n-1} 次，再把柱子 A 上的最大的盘子套到 B 上，用一次，然后再把 C 上的盘子按要求套到 B 上(此时柱子 A 已空出来)，还须用 a_{n-1} 次，所以有

$$a_n=2a_{n-1}+1. \tag{21-1}$$

由(21-1)式得

$$a_n+1=2(a_{n-1}+1)=\cdots=2^n(a_0+1),$$

进而可得

$$a_n=2^n-1.$$

回到原问题上来. 取 $n=64$，有 $a_{64}=2^{64}-1$，故至少移动 $2^{64}-1$ 次. 如果是一个人用手工移动，数百亿年也难以将64个金盘从一个柱子移到另一根柱子上去，也就大可不必担心世界末日的来临.

再看一个有趣的问题，是斐波那契1202年提出来的.

假定一对兔子每隔一个月生一对一雌一雄的小兔，每对小兔在两个月后也逐月生一对一雌一雄的小兔. 现设年初在兔房子里放一对大兔，问一年以后，兔房子里有多少对兔子?

用 a_n 表示第 n 个月初时兔房里兔子的对数，那么，$a_1=1$，而第2个月初既有原来的一对兔子，又有它们生下的一对小兔，故 $a_2=2$. 第3个月初则包含第2个月初所有的兔子的对数，同时还有新生下的小兔 a_1 对，于是

$$a_3=a_1+a_2=3.$$

上述讨论启发我们作如下一般的考虑：第 n 个月初时兔房中的兔子可以分为两部分，其一是第 $n-1$ 个月初时在兔房中的兔子 a_{n-1} 对，另一部分则是在第 n 个月初出生的小兔 a_{n-2} 对，这是因为凡在第 $n-2$ 个月初在兔房中的各对兔子(无论大小)到第 n 个月初都能生小兔. 因此有

$$a_n=a_{n-1}+a_{n-2}, \tag{21-2}$$

这里记 $a_0=1$.

不难由 $a_0=1$，$a_1=1$ 及递归关系(21-2)直接算得 $a_{13}=377$.

一般地，由(21-2)式的特征方程

$$x^2=x+1$$

解得两根是 $x_1=\dfrac{1+\sqrt{5}}{2}$，$x_2=\dfrac{1-\sqrt{5}}{2}$，于是

$$a_n=a_1\left(\frac{1+\sqrt{5}}{2}\right)^n+a_2\left(\frac{1+\sqrt{5}}{2}\right)^n.$$

再根据初始条件，得 $a_1=\dfrac{1+\sqrt{5}}{2\sqrt{5}}$，$a_2=\dfrac{1-\sqrt{5}}{2\sqrt{5}}$，所以

$$a_n=\frac{1}{\sqrt{5}}\left[\left(\frac{1+\sqrt{5}}{2}\right)^{n+1}-\left(\frac{1-\sqrt{5}}{2}\right)^{n+1}\right].$$

以上两例中所采用的方法即递推法，这是一种通过建立递推关系解决问题的方法.

从上述两例可以看出应用递推法的一般步骤如下：

1）求初始值；

2）建立递归关系；

3）利用递归关系求解.

在建立递归关系遇到困难时，可列举简单情形寻求启示，这可与求初始值同步进行.

进行计数是递推法的一项重要运用.

【例 21.1】 仅由字母 X，Y 组成的长度为 n 的“单词”恰有 2^n 个(这是因为 n 个位置中每个位置有两种选择)，设这些“单词”中至少有两个 X 相连的有 a_n 个，XXYY，YXXY，YYXX，XXXY，XXYX，XYXX，YXXX，XXXX，共 8 个，于是 $a_4=8$. 求 a_{10}.

解 设长度为 n 的“单词”中“坏单词”即不含 XX 的个数为 b_n，则

$$b_1=2,\quad b_2=3,\quad b_3=5,\quad b_4=8,\ \cdots,$$

由此猜想

$$b_n=b_{n-2}+b_{n-1},\quad n\geqslant 3. \tag{21-3}$$

下面证明上述猜想.

如果长度为 $n-1$ 的单词中有“坏单词”，在其节尾加一个字母 Y，就得到所有节尾为 Y 的长度为 n 的“坏单词”. 为了计数节尾为 X 的“坏单词”，注意这种单词的最后两个字母一定是 YX. 因此，每一个这样的单词，可以被分解为一个长度为 $n-2$ 的“坏单词”和 YX. 于是，长度为 n 的“坏单词”数 b_n，恰好是以 Y 结尾的“坏单词”数与以 X 节尾的“坏单词”数 b_{n-2}之和. 这就说明猜想成立.

由(21-3)式可推出

$$b_5=5+8=13,\quad b_6=8+13=21,\quad b_7=13+21=34,$$
$$b_8=21+34=55,\quad b_9=34+55=89,\quad b_{10}=55+89=144.$$

故 $a_{10}=2^{10}-b_{10}=1024-144=880$.

【例 21.2】 将正四面体的每条棱 n 等分，过每个分点作不过这条棱的两个面的平行平面，问这些平面将正四面体分成多少部分?

解 将棱 n 等分的题设中的平面将正四面体所分的部分记为 $F(n)$，则 $F(1)=1$，$F(2)=5$.

对于 $F(n+1)$，先考虑由上面 n 层，有 $F(n)$ 部分. 其次是最下面一层，可分如下两类：三顶点在原大正四面体底面上，有

$$1+3+\cdots+(2n+1)=(n+1)^2$$

个小四面体；三顶点在与原正四面体底面相邻截面上，有一顶点在原正四面体底面上即如图 21-2 所示的实心点，这样的小四面体有

$$1+2+\cdots+(n-1)=\frac{1}{2}n(n-1)$$

个. 于是

图 21-2

$$F(n+1)=F(n)+(n+1)^2+\frac{1}{2}n(n-1),$$

$$F(n+1)-F(n)=\frac{3}{2}n^2+\frac{3}{2}n+1,$$

所以

$$\begin{aligned}\sum_{k=2}^{n}[F(k)-F(k-1)] &= \sum_{k=2}^{n}\left[\frac{3}{2}(k-1)^2+\frac{3}{2}(k-1)+1\right]\\ &= \frac{3}{2}\cdot\frac{(n-1)n(2n-1)}{6}+\frac{3}{2}\cdot\frac{(n-1)n}{2}+n-1\\ &= \frac{1}{2}n(n^2+1)-1,\end{aligned}$$

化简得

$$F(n)=\frac{1}{2}n\ (n^2+1).$$

【例 21.3】 4 个人相互传球，要求接球后马上传给别人. 由甲传球，并作为第一次传球，求经过 10 次发球仍回到发球人甲手中的传球方式的种数.

分析 经 n 次传球后仍回到发球人手中的传球方式种数记为 a_n.

首先由甲发球，球传出后自然不能还在他手中，故 $a_1=0$.

再考查经两次传球情形，先由甲发球给其他三人中的一位，再由此人回传给甲，$a_2=3$.

上述分析启发我们，经 $n-1$ 次传球后，不同传球方式共有 3^{n-1} 种. 这些方式中既包括了再经第 n 次传球，由他人将球回传到甲手中的 a_n 种不同的传球方式，也包括由球经第 $n-1$ 次传球正好落入甲手中，第 n 次传球又将是甲把球传给他人的传球方式，而且仅有上面两种情形，故有

$$a_n+a_{n-1}=3^{n-1}. \tag{21-4}$$

由(21-4)式可得

$$-(a_{n-1}+a_{n-2})=-3^{n-2},$$

$$a_{n-2}+a_{n-3}=3^{n-3},$$

……

$$(-1)^{n-2}\ (a_2+a_1)=(-1)^{n-2}\cdot 3.$$

将上面所有各式(包括(21-4)式)相加，得

$$a_n=\frac{3^{n-1}\ [1-(-1/3)^{n-1}]}{1-(-1/3)}=\frac{3}{4}\ [3^{n-1}+(-1)^n].$$

取 $n=10$，解得 $a_{10}=14763$.

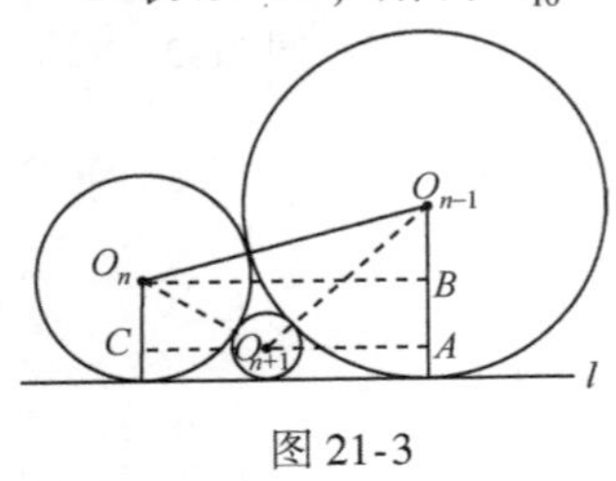

图 21-3

【例 21.4】 半径为 1 的两个圆⊙O_1，⊙O_2 相切，l 是外公切线，作⊙O_3 与⊙O_1，⊙O_2 及其外公切线 l 相切. 一般地，作⊙O_{n+1}与⊙O_n，⊙O_{n-1} 及其外公切线相切. 如图 21-3，求⊙O_n 的半径 r_n.

解 首先 $r_1=r_2=1$，如图 21-3 所示，$O_nB\perp O_{n-1}A$，$CA/\!/O_nB$. O_{n+1} 在 CA 上，O_nC，$O_{n-1}A$ 都垂直于 l，于是

$$AO_{n+1}=\sqrt{(r_{n-1}+r_{n+1})^2-(r_{n-1}-r_{n+1})^2}$$
$$=2\sqrt{r_{n-1}r_{n+1}}.$$

同理，$CO_{n+1}=2\sqrt{r_nr_{n+1}}$，$BO_n=2\sqrt{r_{n-1}r_n}$.

因 $AC=BO_n=CO_{n+1}+O_{n+1}A$，故

$$\sqrt{r_{n-1}r_n}=\sqrt{r_{n-1}r_{n+1}}+\sqrt{r_nr_{n+1}}.$$

作代换，令 $x_n=\frac{1}{\sqrt{r_n}}$，则 $x_1=x_2=1$，且

$$x_{n+1}=x_n+x_{n-1},$$

于是

$$x_n=\alpha_1\left(\frac{1+\sqrt{5}}{2}\right)^n+\alpha_2\left(\frac{1-\sqrt{5}}{2}\right)^n.$$

补充规定 $x_0=0$，则利用 $x_0=0$，$x_1=1$，可解得 $\alpha_1=\frac{1}{\sqrt{5}}$，$\alpha_2=-\frac{1}{\sqrt{5}}$，所以

$$x_n=\frac{1}{\sqrt{5}}\left[\left(\frac{1+\sqrt{5}}{2}\right)^n-\left(\frac{1-\sqrt{5}}{2}\right)^n\right].$$

从而

$$r_n=\frac{1}{x_n^2}=\frac{5}{\left[\left(\frac{1+\sqrt{5}}{2}\right)^n-\left(\frac{1-\sqrt{5}}{2}\right)^n\right]^2}$$

即为所求.

【例 21.5】 用 1，2，3 三个数字构造 n 位数，但不允许有两个紧挨着的

1 出现在 n 位数中(例如,当 $n=5$ 时 31213 是允许的,11233,31112 等都是不允许的). 问能构造多少个这样的 n 位数?

分析 设能构造 a_n 个符合要求的 n 位数，容易知道，$a_1=3$，$a_2=8$.

当 $n\geqslant 3$ 时，分如下两类情形：

1）如果 n 位数的第一个数字是 2 或 3，那么这样的 n 位数有 $2a_{n-1}$ 个.

2）如果 n 位数的第一个数字是 1，那么第二个数字只能是 2 或 3，这样的 n 位数有 $2a_{n-2}$ 个.

因此，有递归关系

$$a_n=2a_{n-1}+2a_{n-2}, \qquad n\geqslant 3. \tag{21-5}$$

这样补充规定 $a_0=1$，$a_i(i=1,2,3)$ 满足(21-5)式.

由(21-5)式的特征方程

$$x^2=2x+2$$

可解得它的两根为 $x_1=1+\sqrt{3}$，$x_2=1-\sqrt{3}$，故

$$a_n=a_1(1+\sqrt{3})^n+a_2(1-\sqrt{3})^n.$$

根据初始条件可得 $a_1=\dfrac{2+\sqrt{3}}{2\sqrt{3}}$，$a_2=-\dfrac{2-\sqrt{3}}{2\sqrt{3}}$，所以

$$a_n=\frac{1}{4\sqrt{3}}\left[(1+\sqrt{3})^{n+2}-(1-\sqrt{3})^{n+2}\right].$$

【例 21.6】 将一个 $2\times n$ 个方格的带形的某些格中染上颜色，使得任何 2×2 的方格中都没有完全染上颜色，以 P_n 表示所有满足条件的不同染色法的数目．求证：P_{1989} 能被 3 整除，并求能整除 P_{1989} 的 3 的最高次幂.

分析 将全部满足条件的染色方式分为如下两类：

1）最后一列两格都染色，染色方式数目记为 a_n；

2）最后一列两格没有全部染色，染色方式数目记为 b_n. 则有

$$P_n=a_n+b_n. \tag{21-6}$$

依题设，任何 2×2 的四个方格都不能全部染色，故有

$$a_n=b_{n+1}, \tag{21-7}$$

$$b_n=3(a_{n-1}+b_{n-1}). \tag{21-8}$$

由(21-7),(21-8)两式得

$$a_n=3(a_{n-1}+a_{n-2}), \tag{21-9}$$

$$b_n=3(b_{n-1}+b_{n-2}). \tag{21-10}$$

由(21-6),(21-9),(21-10)三式得

$$P_n=3(P_{n-1}+P_{n-2}). \tag{21-11}$$

显然，$P_n(n\geqslant 3)$是3的整数倍．特别地，P_{1989}是3的倍数．

易知初始值$P_1=4$，$P_2=15$，由$3\nmid P_1$，$3|P_2$，$9\nmid a_3$，$9|a_4$．猜想

$$3^{k-1}|P_{2k-1},\ 3^k\nmid P_{2k-1},\ 3^k|P_{2k},\quad k\in\mathbf{N}. \tag{21-12}$$

利用数学归纳法不难给予证明．

【例21.7】 A和E是正八边形的一对相对顶点．一只青蛙从A点开始跳跃，从正八边形除E外的每一顶点都可以向相邻两顶点的任何一个跳动．当青蛙跳至E点后就停在那里，不再跳动．试求从A点出发经n步跳到E点的所有不同的跳法总数．

注 一个跳n步的跳法是由一个由顶点组成的有限序列$(P_0,P_1,\cdots,P_n)$，它满足

1）$P_0=A$，$P_n=E$；

2）对$0\leqslant i\leqslant n-1$，$P_i\neq E$；

3）对$0\leqslant i\leqslant n-1$，$P_i$和$P_{i+1}$是相邻的．

分析 设八边形的顶点按逆时针排列为A，B，C，D，E，F，G，H，用a_n，b_n，c_n，d_n分别表示从A，B，C，D各点出发经n步跳至E点的所有跳法种数．由对称性知从H，G，F出发经n步跳至E点所有跳法种数也分别为b_n，c_n，d_n，于是当$n>1$时，有

$$a_n=b_{n-1}+b_{n-1}=2b_{n-1}. \tag{21-13}$$

这表明从A出发经n步到E点跳法种数可分为两类，一类是从A出发跳到B再经$n-1$步到E的跳法种数；另一类是从A出发跳到H后经过$n-1$步跳到E的跳法种数．

同样地，有

$$b_n=c_{n-1}+a_{n-1}, \tag{21-14}$$

$$c_n=d_{n-1}+b_{n-1}, \tag{21-15}$$

$$d_n=c_{n-1}, \tag{21-16}$$

且

$$a_1=b_1=c_1=0,\qquad d_1=1. \tag{21-17}$$

由(21-13)式得

$$b_n=\frac{1}{2}a_{n+1}. \tag{21-18}$$

把(21-18)式代入(21-14)式得

$$\frac{1}{2}a_{n+1}=c_{n-1}+a_{n-1},$$

即

$$c_n=\frac{1}{2}a_{n+2}-a_n. \tag{21-19}$$

由(21-16)式得

$$d_n=c_{n-1}=\frac{1}{2}a_{n+1}-a_{n-1}. \tag{21-20}$$

(21-18),(21-19),(21-20)三式代入(21-15)式得

$$\frac{1}{2}a_{n+2}-a_n=\frac{1}{2}a_n-a_{n-2}+\frac{1}{2}a_n,$$

化简得

$$a_{n+2}=4a_n-2a_{n-2}. \tag{21-21}$$

注意到

$$a_1=0, a_2=2b_1=0, a_3=2(a_1+c_1)=0,$$
$$a_4=2(c_2+a_2)=2(d_1+b_1)+2a_2=2.$$

因 $a_1=a_3=0$，根据(21-21)式，施行数学归纳法易证得 $a_{2n-1}=0$.

记 $v_m=a_{2m}$，那么由(21-21)式得

$$v_{m+2}=4v_{m+1}-2v_m, \tag{21-22}$$

记 $v_1=a_2=0$，$v_2=a_4=2$.

(21-22)式的特征方程是

$$x^2=4x-2,$$

它的两根为 $x_1=2+\sqrt{2}$，$x_2=2-\sqrt{2}$. 再根据初始值易得

$$v_m=\frac{1}{\sqrt{2}}[(2+\sqrt{2})^{m-1}-(2-\sqrt{2})^{m-1}].$$

综上所述，知

$$a_n=\begin{cases}0, & n\text{为奇数},\\ \frac{1}{\sqrt{2}}\left[(2+\sqrt{2})^{\frac{n}{2}-1}-(2-\sqrt{2})^{\frac{n}{2}-1}\right], & n\text{为偶数}.\end{cases}$$

【例 21.8】 1）设 $f(n)$ 表示 $x+2y=n$ 的解 (x,y) 的对数，其中 x 和 y 都是非负整数. 证明：

$$f(0)=f(1)=1,$$
$$f(n)=f(n-2)+1,\quad n=2,3,4,\cdots,$$

并求出 $f(n)$ 的一个简单的显式公式.

2）设 $g(n)$ 表示 $x+2y+3z=n$ 的解 (x,y,z) 的组数，其中 x，y 和 z 都是非负整数. 证明：

$$g(0)=g(1)=1,\quad g(2)=2,$$
$$g(n)=g(n-3)+\left[\frac{n}{2}\right]+1,\quad n=3,4,5,\cdots,$$

其中$\left[\frac{n}{2}\right]=\begin{cases}\frac{n}{2}, & n\text{ 为偶数},\\ \frac{n-1}{2}, & n\text{ 为奇数}.\end{cases}$

证明 1）$(0,0)$是$x+2y=0$的唯一解，所以$f(0)=1$.（$1,0$）是$x+2y=1$的唯一解，所以$f(1)=1$. 以下设$n\geqslant 2$. 显然$(n,0)$是$x+2y=n$的一个解. 对于$x+2y=n$的每一个别的解(a,b)（$b\geqslant 1$）都有$x+2y=n-2$的一个解，即$(a,b-1)$与之对应. 因此

$$f(n)=1+f(n-2),\quad n\geqslant 1.$$

重复使用这一递推关系，可得

$$\begin{aligned}f(n)&=1+f(n-2)=2+f(n-4)\\&=3+f(n-6)=\cdots\\&=\begin{cases}\frac{n}{2}+f\left(n-2\cdot\frac{n}{2}\right)=\frac{n}{2}+f(0)=\frac{n}{2}+1, & n\text{ 是偶数},\\ \frac{n-1}{2}+f\left(n-2\cdot\frac{n-1}{2}\right)=\frac{n-1}{2}+f(1)=\frac{n-1}{2}+1, & n\text{ 是奇数}\end{cases}\\&=\left[\frac{n}{2}\right]+1.\end{aligned}$$

如果考虑到对每一个非负整数$b\left(0\leqslant b\leqslant\frac{n}{2}\right)$，总存在$x+2y=n$的一个解$(a,b)$，则这一结论也可由此得到.

2）容易证明$g(0)=g(1)=1,g(2)=2$. 当$n\geqslant 3$时，对$x+2y+3z=n$的带有$c=0$的解(a,b,c)满足$x+2y=n$，因此有$f(n)=\left[\frac{n}{2}\right]+1$个这种解. 而$x+2y+3z=n$的任何一个带有$c\geqslant 1$的解$(a,b,c)$都对应$x+2y+3z=n-3$的一个解$(a,b,c-1)$. 因此$g(n)=g(n-3)+\left[\frac{n}{2}\right]+1,n\geqslant 3$.

【例 21.9】 设a_n为下述自然数N的个数：N的各位数字之和为n且每位数字只能取1，3或4. 求证：a_{2n}是完全平方数，这里$n=1$，2，….

分析 记$N=x_1x_2\cdots x_k$，其中x_1，x_2，…，$x_k\in\{1,3,4\}$，且$x_1+x_2+\cdots+x_k=n$. 假定$n>4$，并删去x_1，则由x_1依次取1，3，4时，$x_2+x_3+\cdots+x_k$分别等于$n-1$，$n-3$，$n-4$，有

$$a_n=a_{n-1}+a_{n-3}+a_{n-4}.\tag{21-23}$$

(21-33)式的特征方程为

$$\lambda^4-\lambda^3-\lambda-1=0,$$

它的四个根分别$\pm i$，$\frac{1}{2}(1\pm\sqrt{5})$，于是

$$a_n=\alpha_1 i^n+\alpha_2(-i)^n+\alpha_3\left(\frac{1+\sqrt{5}}{2}\right)^n+\alpha_4\left(\frac{1-\sqrt{5}}{2}\right)^n.$$

不难知道$a_1=1$，$a_2=1$，$a_3=2$，$a_4=4$，利用这些初始值可求得$\alpha_1=\frac{2-i}{10}$，$\alpha_2=\frac{2+i}{10}$，$\alpha_3=\frac{1}{5}\left(\frac{1+\sqrt{5}}{2}\right)^2$，$\alpha_4=\frac{1}{5}\left(\frac{1-\sqrt{5}}{2}\right)^2$. 因此，有

$$a_n=\frac{2-i}{10}i^n+\frac{2+i}{10}(-i)^n+\frac{1}{5}\left(\frac{1+\sqrt{5}}{2}\right)^{n+2}+\frac{1}{5}\left(\frac{1-\sqrt{5}}{2}\right)^{n+2}.$$

当$n=2k$时，

$$a_{2k}=\frac{1}{5}\left[\left(\frac{1+\sqrt{5}}{2}\right)^{k+1}-\left(\frac{1-\sqrt{5}}{2}\right)^{k+1}\right]^2;$$

当$n=2k+1$时，

$$a_{2k+1}=\frac{1}{5}\left[(-1)^k+\left(\frac{1+\sqrt{5}}{2}\right)^{2k+3}+\left(\frac{1-\sqrt{5}}{2}\right)^{2k+3}\right].$$

进一步得到

$$a_{2k}\cdot a_{2k+2}=a_{2k+1}^2.$$

不难用数学归纳法证明命题成立.

【点评】 以下的想法是非常巧妙的：

记A为数码仅为1，3，4的数的全体. 又记

$$A_n=\{m_1\mid m_1\in A, m_1\text{的各位数之和为}n\},$$

则$|A_n|=a_n$，还记B为数码仅有1，2的数的全体. 又记

$$B_n=\{m_2\mid m_2\in B, m_2\text{的各位数之和为}n\}.$$

令$|B_n|=b_n$，作映射f：$B\to\mathbf{N}$. 对$m_2\in B$，$f(m_2)$是由m_2按以下法则得到的一个数：把m_2的数码从左向右看，凡是见到2，就把它与后面的一个数相加，用和代替，再继续下去，直到再不能进行为止. 例如，$f(1221212)=14132$，$f(21121221)=31341$. 易知f是单射，于是B_{2n}的像集是$A_{2n}\cup A'_{2n-2}$，这里

$$A'_{2n-2}=\{m_3\mid m_3=10k+2, k\in A_{2n-2}\},$$

所以

$$b_{2n}=a_{2n}+a_{2n-2}.$$

但$b_{2n}=b_n^2+b_{n-1}^2$. 这是因为B_{2n}中的数或是两个B_n中的数拼接而成，或是两个B_{n-1}中的数中间夹着一个2拼凑而成，所以

$$a_{2n}+a_{2n-2}=b_n^2+b_{n-1}^2,\quad n\geqslant 2.$$

因 $a_2=b_1^2=1$，故由上式知，对 $n\in\mathbf{N}$，有 $a_{2n}=b_n^2$.

递推方法的运用还包含有下列场合，那就是根据数列的通项反向求数列的递归关系来处理的问题. 这和利用递归数列求解通项形成逆向思维过程.

【例 21.10】 设 a，b，c 是方程 $x^3-x^2-x-1=0$ 的根，证明：$\frac{a^{1990}-b^{1990}}{a-b}+\frac{b^{1990}-c^{1990}}{b-c}+\frac{c^{1990}-a^{1990}}{c-a}$是整数.

分析 记 $f(n)=\frac{a^n-b^n}{a-b}+\frac{b^n-c^n}{b-c}+\frac{c^n-a^n}{c-a}$，则 $f(0)=0, f(1)=3, f(2)=2(a+b+c)=2$，$f(0)$，$f(1)$，$f(2)$是整数.

依题设

$$a^3=a^2+a+1,$$

于是

$$a^{k+3}=a^{k+2}+a^{k+1}+a^k.$$

同理，

$$b^{k+3}=b^{k+2}+b^{k+1}+b^k,$$
$$c^{k+3}=c^{k+2}+c^{k+1}+c^k.$$

易知

$$f(k+3)=f(k+2)+f(k+1)+f(k).$$

再用数学归纳法不难证明命题成立.

【例 20.11】 试确定$(\sqrt{2}+\sqrt{3})^{1980}$的小数点前一位数字和后一位数字.

解 记 $N=(\sqrt{2}+\sqrt{3})^{1980}$，$x_n=(\sqrt{2}+\sqrt{3})^{2n}+(\sqrt{2}-\sqrt{3})^{2n}=(5+2\sqrt{6})^n+(5-2\sqrt{6})^n$，则数列$\{x_n\}$对应的特征方程是

$$[x-(5+2\sqrt{6})][x-(5-2\sqrt{6})]=0,$$

即

$$x^2-10x+1=0,$$

所以数列$\{x_n\}$的递归关系是

$$x_n=10x_{n-1}-x_{n-2},\quad n\geqslant 3, \tag{21-24}$$

其中

$$x_1=(5+2\sqrt{6})+(5-2\sqrt{6})=10,$$
$$x_2=(5+2\sqrt{6})^2+(5-2\sqrt{6})^2=98$$

皆为整数.

由(21-24)式及 x_1，x_2 的值，运用数学归纳法易证 x_n 为整数. 由(21-24)式得

$$
\begin{aligned}
x_n &= 10x_{n-1}-(10x_{n-3}-x_{n-4}) \\
&= 10\ (x_{n-1}-x_{n-3})+x_{n-4},
\end{aligned}
$$

故

$$x_n \equiv x_{n-4}(\bmod 10).$$

由

$$x_{990} \equiv x_2(\bmod 10),$$

即知 x_{990} 的个位数字是8. 又因为 $0<5-2\sqrt{6}<0.2$，于是

$$
\begin{aligned}
0 &< (5-2\sqrt{6})^{990} < 0.2^{990} = 0.008^{330} \\
&< 0.01^{330} = \underbrace{0.00\cdots01}_{660个0},
\end{aligned}
$$

即

$$x_{990} = N+(5-2\sqrt{6})^{990} = N+\underbrace{0.00\cdots0***}_{660个0}.$$

因 x_{990} 的个位数字是8，所以 N 的小数点前一位数字是7，后一位数字是9.

问　题

1. 球面上有 n 个大圆，它们没有三个大圆通过同一点. 设 a_n 表示这些大圆所形成的区域数，试求 a_n.

2. 一个质点在水平方向上运动，每秒钟它走过的距离等于它前一秒钟走过距离的两倍. 设质点的初始位置为3，并设第一秒钟走了一个单位长的距离，求第 r 秒钟质点的位置.

3. 在平面上，一条抛物线把平面分成两部分，两条抛物线至多把平面分成七部分，则10条抛物线至多把平面分成几部分？

4. 从一楼到二楼有12级楼梯，如果规定每步只跨上一级或二级，问欲登上二楼，共有几种不同的走法？

5. 运动会连续开了 n 天，一共发了 m 枚奖章，第一天发一枚以及剩下 $m-1$ 枚的 $\frac{1}{7}$，第二天发2枚以及发后剩下的 $\frac{1}{7}$，以后各天均按此规律发奖章，在最后一天即第 n 天发了剩下的 n 枚奖章. 问：运动会开了多少天？一共发了多少枚奖章？

6. 将圆分成 $n(n\geqslant 2)$ 个扇形，每个扇形用红、白、蓝三种颜色中一种染色，要求相邻扇形所染的颜色不同，问：有多少种不同染色方法？

7. 用1，2，3，4可以构成多少个含有偶数个1的 n 位数？

8. 将整数1，2，…，n 排成一行，使其服从这样的条件，即自第二个数起，每个数与它左边的某个数恰好相差1，求有多少种不同方式？

9. 所有项都是0或1的数列称为0，1数列. 设A是一个有限的0，1数列，以$f(A)$表示在A中把每个1都改成0，1，每个0都改为1，0所得到的0，1数列. 例如，

$$f(1,0,0,1)=(0,1,1,0,1,0,0,1).$$

试问：在$f^{(n)}(1)$中，连续两项是0的数对有多少个？

10. 甲罐中装有甲种液体4千克，乙罐中装乙种液体2千克，丙罐中装丙种液体2千克，这些液体是可以混合的，将甲罐中的液体分别倒入乙罐和丙罐各1千克，然后又分别将乙罐和丙罐中混合后的液体各1千克倒回甲罐，这样的操作称为一次混合，经过n次混合后，乙罐中含有甲种液体的公斤数记为$f(n)$. 若要$f(n)>0.9999$，求n的最小值.

11. 对任何非负整数n，证明：$[(1+\sqrt{3})^{2n+1}]$能被2^{n+1}整除（$[x]$表示不超过x的最大整数）.

12. 设$[x]$表示不超过实数x的最大整数，求$[(\sqrt{2}+\sqrt{3})^{2000}]$的个位数.

13. 问：自然数n为何值时，有

$$x^2+x+1 \mid x^{2n}+1+(x+1)^{2n}.$$

14. 已知数列$a_1=20$，$a_2=30$，$a_{n+2}=3a_{n+1}-a_n(n\geqslant 1)$. 求所有的正整数$n$，使得$1+5a_na_{n+1}$是完全平方数.

15. （1）是否存在正整数的无穷数列$\{a_n\}$，使得对任意的正整数n都有$a_{n+1}^2\geqslant 2a_na_{n+2}$；

（2）是否存在正无理数的无穷数列$\{a_n\}$，使得对任意的正整数n都有$a_{n+1}^2\geqslant 2a_na_{n+2}$.

16. 证明：$\frac{1}{1991}C_{1991}^{0}-\frac{1}{1990}C_{1990}^{1}+\frac{1}{1989}C_{1989}^{2}-\cdots+\frac{(-1)^m}{1991-m}C_{1991-m}^{m}+\cdots-\frac{1}{996}C_{996}^{995}=\frac{1}{1991}$.

17. 设α是有理数且$0<\alpha<1$. 如果$\cos 3\pi\alpha+2\cos 2\pi\alpha=0$. 证明：$\alpha=\frac{2}{3}$.

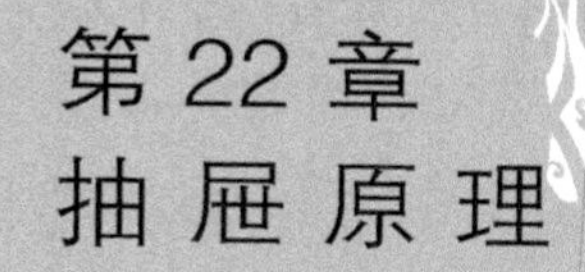

只在此山中，云深不知处.

——贾岛

美国一家杂志上曾刊登这样一幅漫画，三只鸽子同时往两个鸽笼里飞.这是一幅含义深刻的漫画，它有趣地揭示了抽屉原理，三只鸽子同时飞进两个鸽笼里，则一定有一只鸽笼里至少飞进两只鸽子. 抽屉原理俗称鸽笼原理，最先是由 19 世纪的德国数学家狄利克雷(P. G. Dirichlet,1805 ~ 1859)运用于解决数学问题的，所以抽屉原理又叫狄利克雷原理.

1. 抽屉原理

1）第一抽屉原理. 设有 m 个元素分属于 n 个集合(其两两的交集可以非空)，且 $m>kn$(m，n，k 均为正整数)，则必有一个集合中至少有 $k+1$ 个元素.

2）第二抽屉原理. 设有 m 个元素分属于 n 个两两不相交的集合，且 $m<kn$(m，n，k 均为正整数)，则必有一个集合中至多有 $k-1$ 个元素.

3）无限的抽屉原理. 设有无穷多个元素分属于 n 个集合，则必有一个集合中含有无穷多个元素.

2. 平均值原理

设 a_1，a_2，…，$a_n\in\mathbf{R}$，且

$$A=\frac{1}{n}\ (a_1+a_2+\cdots+a_n),\qquad G=\sqrt[n]{|a_1a_2\cdots a_n|}\ ,$$

则 a_1，a_2，…，a_n 中必有一个不大于 A，亦必有一个不小于 A；$|a_1|$，$|a_2|$，…，$|a_n|$ 中必有一个不大于 G，亦有一个不小于 G.

3. 面积重叠原理

n 个平面图形 A_1，A_2，…，A_n 的面积分别为 S_1，S_2，…，S_n，将它们以任意方式放入一个面积为 S 的平面图形 A 内.

1）若 $S_1+S_2+\cdots+S_n>S$，则存在 $1\leqslant i<j\leqslant n$，使图形 A_i 与 A_j 有公共内点；

2）若 $S_1+S_2+\cdots+S_n<S$，则 A 存在一点，不属于图形 A_1，A_2，…，A_n 中的任意一个.

以上命题用反证法很容易证明，读者可以自行完成.

一般来说，适合应用抽屉原理解决的数学问题具有如下特征：新给的元素具有任意性，如 $n+1$ 个苹果放入 n 个抽屉，可以随意地一个抽屉放几个，也可以让抽屉空着. 问题的结论是存在性命题，题目中常含有"至少有……"、"一定有……"、"不少于……"、"存在……"、"必然有……"等词语，其结论只要存在，不必确定，即不需要知道第几个抽屉放多少个苹果.

对一个具体的可以应用抽屉原理解决的数学问题还应搞清如下三个问题：

1）什么是"苹果"？

2）什么是"抽屉"？

3）苹果、抽屉各多少？

用抽屉原理解题的本质是把所要讨论的问题利用抽屉原理缩小范围，使之在一个特定的小范围内考虑问题，从而使问题变得简单明确.

用抽屉原理解题的基本思想是根据问题的自身特点和本质，弄清对哪些元素进行分类，找出分类的规律. 关键是构造适合的抽屉，抽屉之间可以有公共部分，亦可以没有公共部分. 一般说来，数的奇偶性、剩余类、数的分组、染色、线段与平面图形的划分等，都可作为构造抽屉的依据. 这一简单的思维方式在解题过程中却可以演变出很多奇妙的变化和颇具匠心的运用. 抽屉原理常常结合几何、整除、数列和染色等问题出现，从小学奥数、中学奥数、IMO 到 Putnam 都可以见到它的身影. 实际应用中，抽屉原理常常与反证法结合在一起.

【例 22.1】 设 A 为从等差数列

$$1, 4, 7, 10, 13, \cdots, 100$$

中任意选取20个相异整数所组成之集合. 证明：在A中必有两个相异整数，其和为104.

证明　给定的数共有34个，其相邻两数的差均为3，把这些数分成如下18个不相交的集合：

$$\{1\}, \{52\}, \{4, 100\}, \{7, 97\}, \cdots, \{49, 55\},$$

且把它们看成是18个抽屉. 于是任取的20个整数中，必有两个数属于后面16个抽屉中的一个. 这两个数的和是104.

【点评】　此例是根据某两个数的和为104来构造抽屉. 一般地，与整数集有关的存在性问题也可根据不同的需要利用整数间的倍数关系、同余关系等来适当分组而构成抽屉.

【例22.2】　在一个礼堂中有99名学生，如果他们中的每个人都与其中的66人相识，那么可能出现这种情况，即他们中的任何4人中都一定有2人不相识(假定相识是互相的).

分析　注意到题中的说法“可能出现……”，说明题的结论并非是条件的必然结果，而仅仅是一种可能性，因此只需要设法构造出一种情况使之出现题目中所说的结论即可.

解　将礼堂中的99人记为$a_1, a_2, \cdots, a_{99}$，将99人分为3组

$$(a_1, a_2, \cdots, a_{33}),\quad (a_{34}, a_{35}, \cdots, a_{66}),\quad (a_{67}, a_{68}, \cdots, a_{99}),$$

将3组学生作为3个抽屉，分别记为A，B，C，并约定A中的学生所认识的66人只在B，C中，同时，B，C中的学生所认识的66人也只在A，C和A，B中. 如果出现这种局面，那么题目中所说情况就可能出现.

因为礼堂中任意4人可看作4个苹果，放入A，B，C三个抽屉中，必有2人在同一抽屉，即必有2人来自同一组，那么他们认识的人只在另2组中，因此他们两人不相识.

【例22.3】　已知正整数$a_0, a_1, \cdots, a_n$，满足$a_0<a_1<a_2<\cdots<a_n<2n$. 证明：一定可以从中选出3个不同的数，使得其中两数之和等于第三数.

证明　由于

$$1 \leqslant a_0<a_1<a_2<\cdots<a_n<2n, \tag{22-1}$$

$$1 \leqslant a_n-a_{n-1}<a_n-a_{n-2}<\cdots<a_n-a_0<2n, \tag{22-2}$$

从而$2n+1$个数

$$a_0, a_1, a_2, \cdots, a_n, a_n-a_{n-1}, a_n-a_{n-2}, \cdots, a_n-a_0$$

分属于$2n-1$个集合

$$\{1\},\ \{2\},\ \cdots,\ \{2n-1\}.$$

根据抽屉原理，存在$0\leqslant i, j\leqslant n-1$，使得$a_n-a_i=a_j$.

1）若$i\neq j$，则$a_n=a_i+a_j$，原命题成立；

2）若$i=j$，即$a_n=2a_i$，则对于$k\neq i$，$0\leqslant k\leqslant n$，有$a_n\neq 2a_k$，从而$2n$个数

$$a_0,\ a_1,\ a_2,\ \cdots,\ a_{i-1},\ a_{i+1},\ \cdots,\ a_n,\ a_n-a_{n-1},\ a_n-a_{n-2},\ \cdots,\ a_n-a_0$$

分属于$2n-1$个集合

$$\{1\},\ \{2\},\ \cdots,\ \{2n-1\}.$$

根据抽屉原理，存在$0\leqslant i'\neq j'\leqslant n-1$，使得$a_n-a_{i'}=a_{j'}$，即$a_n=a_{i'}+a_{j'}$，于是原命题成立.

综上所述，命题成立.

【点评】 欲在a_0，a_1，…，a_n中找到不同的三个数，使得其中两数之和等于第三数，首先猜想第三数可能是其中最大的数a_n，然后构造抽屉及足够数量的数，根据需要两次应用抽屉原理是解答要点. 其中2）是在加强条件以后再次应用抽屉原理，值得我们研究.

【例 22.4】 如图 22-1 所示，分别标有数字 1，2，…，8 的滚珠两组，放在内外两个圆环上，开始时相对的滚珠所标数字都不相同. 当两个圆环按不同方向转动时，必有某一时刻，内外两环中至少有两对数字相同的滚珠相对.

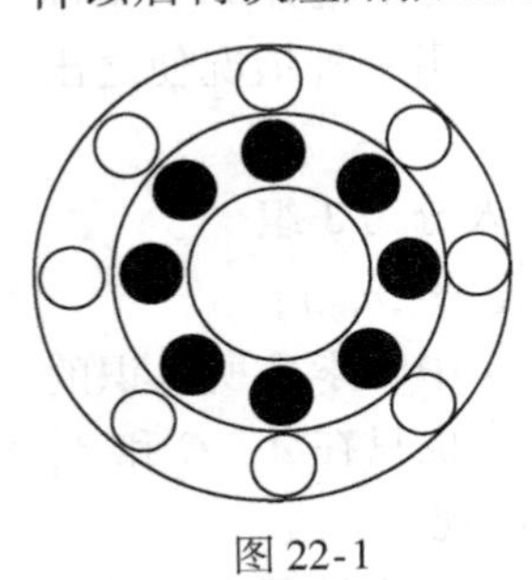
图 22-1

分析 此题中没有直接提供我们用以构造抽屉和苹果的数量关系，需要转换一下看问题的角度.

解 内外两环对转可看成一环静止，只有一个环转动. 一个环转动一周后，每个滚珠都会有一次与标有相同数字的滚珠相对的局面出现，那么这种局面共要出现 8 次. 将这 8 次局面看作苹果，再需构造出少于 8 个抽屉.

注意到一环每转动 45°角就有一次滚珠相对的局面出现，转动一周共有 8 次滚珠相对的局面，而最初的 8 对滚珠所标数字都不相同，所以数字相同的滚珠相对的情况只出现在以后的 7 次转动中，将 7 次转动看作 7 个抽屉，8 次相同数字滚珠相对的局面看作 8 个苹果，则至少有 2 次数字相对的局面出现在同一次转动中，即必有某一时刻，内外两环中至少有两对数字相同的滚珠相对.

【例 22.5】 在圆周上放着 100 个筹码，其中有 41 个红的和 59 个蓝的，那么总可以找到两个红筹码，在它们之间刚好放有 19 个筹码，为什么？

分析 此题需要研究“红筹码”的放置情况，因而涉及“苹果”的具体放置方法，由此可以在构造抽屉时，使每个抽屉中的相邻“苹果”之间有19个筹码.

解 依顺时针方向将筹码依次编上号码1，2，…，100，然后依照以下规律将100个筹码分为20组：

(1，21，41，61，81)；

(2，22，42，62，82)；

……

(20，40，60，80，100).

将41个红筹码看作苹果，放入以上20个抽屉中，因为 $41=2\times20+1$，所以至少有一个抽屉中有 $2+1=3$(个)苹果，也就是说必有一组5个筹码中有3个红色筹码，而每组的5个筹码在圆周上可看作两两等距，且每2个相邻筹码之间都有19个筹码，那么3个红色筹码中必有2个相邻(这将在下一段利用第二抽屉原理证明)，即有2个红色筹码之间有19个筹码.

上述疑问，现改述如下：在圆周上放有5个筹码，其中有3个是同色的，那么这3个同色的筹码必有2个相邻.

将这个问题加以如下转化：

如图22-2所示，将同色的3个筹码A，B，C置于圆周上，看是否能用另外2个筹码将其隔开.

将同色的3个筹码放置在圆周上，将每2个筹码之间的间隔看作抽屉，将其余2个筹码看作苹果，将2个苹果放入3个抽屉中，则必有1个抽屉中没有苹果，即有2个同色筹码之间没有其他筹码，那么这2个筹码必相邻.

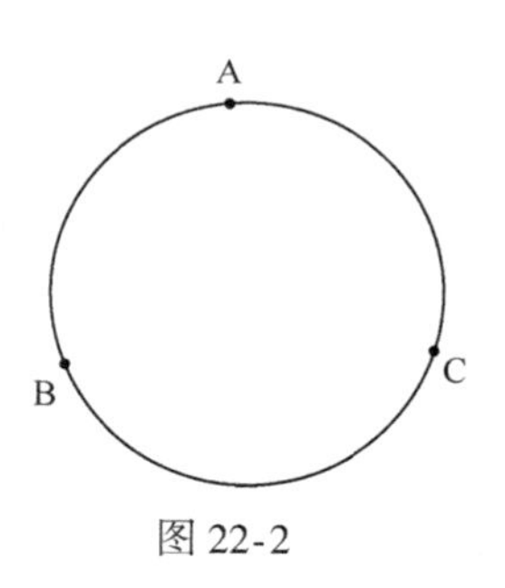

图22-2

【例22.6】 在 48×48 的国际象棋盘上，不重叠地放着99个 3×3 的小棋盘，每个小棋盘恰好盖住了9个小方格. 求证：至少还可以在大棋盘上放入一个 3×3 的小棋盘，与已放的99个小棋盘互不重叠.

证明 给每个 3×3 的小棋盘加个框，使之成为 5×5 的小棋盘；又将 48×48 的大棋盘最外面一层小正方形去掉，使之变成 46×46 的棋盘. 若新的大棋盘中还有一个空格，则说明原来的大棋盘中还能放入一个 3×3 的小棋盘.

考查 48×48 的棋盘中的第2，7，12，…，47行与第2，7，12，…，47列的公共部分，共100个小正方形方格，将这100个小方格涂黑.

由于每个 5×5 的小棋盘至多只能盖住一个黑格，故必然存在一个黑格，没有被 99 个 5×5 的小棋盘盖住. 故以该黑格为中心，在原大棋盘上可以放入一个 3×3 的小棋盘，它不与其他任何一个 3×3 的小棋盘重叠，从而原命题成立.

【点评】 第二抽屉原理用得较少，但往往很有效，用第二抽屉原理来证明比直接证明说理更充分，文字更简洁.

【例 22.7】 设 $x_1, x_2, \cdots, x_n$ 与 $y_1, y_2, \cdots, y_n$ 均是实数，且 $x_1^2+x_2^2+\cdots+x_n^2=1$，$y_1^2+y_2^2+\cdots+y_n^2=1$.

证明：存在不全为零的、取值于$\{-1,0,1\}$上的数 $a_1, a_2, \cdots, a_n$，使得

$$|a_1x_1y_1+\cdots+a_nx_ny_n|\leqslant\frac{1}{2^n-1}.$$

证明 由柯西不等式，得

$$(|x_1|\cdot|y_1|+\cdots+|x_n|\cdot|y_n|)^2$$
$$\leqslant(|x_1|^2+\cdots+|x_n|^2)(|y_1|^2+\cdots+|y_n|^2)=1.$$

当 $b_1, b_2, \cdots, b_n\in\{0,1\}$ 时，显然 $0\leqslant b_1|x_1y_1|+\cdots+b_n|x_ny_n|\leqslant 1$. 将区间$[0,1]$等分成 2^n-1 个小区间，每个小区间的长度为$\frac{1}{2^n-1}$. 由于每个 b_i 只能取 0 与 1 这两个数，故共有 2^n 个数 $b_1|x_1y_1|+\cdots+b_n|x_ny_n|$落在$[0,1]$中，由抽屉原理知，必有两个数落在同一小区间中，设这两个数分别为

$b'_1|x_1y_1|+\cdots+b'_n|x_ny_n|$与 $b''_1|x_1y_1|+\cdots+b''_n|x_ny_n|$. 此处$|b'_i-b''_i|$不全为零，则有

$$\left|\sum_{i=1}^{n}(b'_i-b''_i)|x_iy_i|\right|\leqslant\frac{1}{2^n-1},\tag{22-3}$$

$$|b'_i-b''_i|\leqslant 1,\quad i=1,2,\cdots,n,$$

取

$$a_i=\begin{cases}b'_i-b''_i, & x_iy_i\geqslant 0,\\ b''_i-b'_i, & x_iy_i<0,\end{cases}$$

则 $a_i\in\{-1,0,1\}$，a_i 不全为零，且由(22-3)式得$\left|\sum\limits_{i=1}^{n}a_ix_iy_i\right|\leqslant\frac{1}{2^n-1}$.

【点评】 如上例所示，在证明存在某些有界量使相关的不等式成立时，可类似地把某区间划分为若干小区间作为抽屉，借用抽屉原理来证明.

【例 22.8】 对任意 $a, b, c\in\mathbf{R}^+$，证明：

$$(a^2+2)(b^2+2)(c^2+2)\geqslant 9(ab+bc+ca).$$

证明 由抽屉原理，不妨设 a 和 b 同时大于等于 1，或同时小于等于

1，则

$$c^2(a^2-1)(b^2-1)\geqslant 0,$$

即

$$a^2b^2c^2+c^2\geqslant a^2c^2+b^2c^2. \tag{22-4}$$

由算术–几何平均值不等式有

$$\sum a^2b^2+3\geqslant 2\sum ab, \tag{22-5}$$

以及

$$\sum a^2\geqslant \sum ab, \tag{22-6}$$

(22-5)×2+(22-6)×3 得

$$2\sum a^2b^2+3\sum a^2+6\geqslant 7\sum ab. \tag{22-7}$$

又由(22-4)式知

$$\begin{aligned}2+a^2b^2c^2+\sum a^2 &\geqslant a^2+b^2+a^2c^2+b^2c^2+2\\ &=(a^2+b^2)+(a^2c^2+1)+(b^2c^2+1)\\ &\geqslant 2ab+2ac+2bc.\end{aligned} \tag{22-8}$$

(22-7)+(22-8)得

$$a^2b^2c^2+2\sum a^2b^2+4\sum a^2+8\geqslant 9\sum ab,$$

即原不等式成立.

【点评】 这是一道美国数学奥林匹克试题. 这里用抽屉原理构造了一个局部不等式，结合算术–几何平均值不等式给出了一个很精巧的证明，本题也可以利用柯西不等式与算术–几何平均值来证明，请读者自行完成.

【例 22.9】 设 ABC 为一等边三角形，E 是三边上点的全体. 对于每一个把 E 分成两个不相交子集的划分，问这两个子集中是否至少有一个子集包含着一个直角三角形的三个顶点？

证明 如图 22-3 所示，在边 BC，CA，AB 上分别取三点 P，Q，R，使 $PC=\frac{BC}{3}$，$QA=\frac{CA}{3}$，$RB=\frac{AB}{3}$. 显然$\triangle ARQ$，$\triangle BPR$，$\triangle CQP$ 都是直角三角形，它们的锐角是30°和60°.

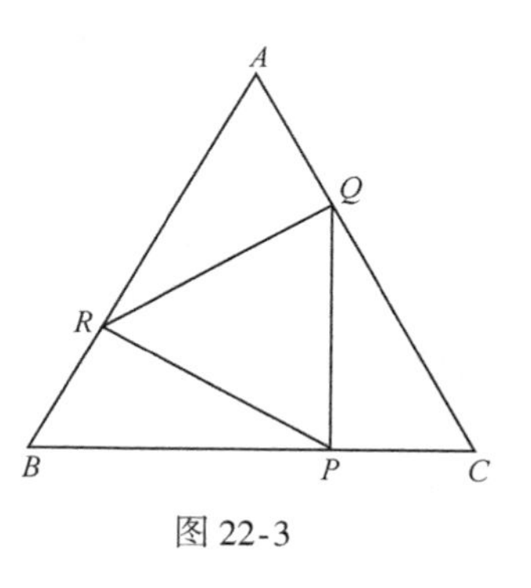

图 22-3

设 E_1，E_2 是 E 的两个非空子集，且 $E=E_1\cup E_2$，$E_1\cap E_2=\varnothing$. 由抽屉原理 P，Q，R 中至少有两点属于同一子集，不妨设 P、$Q\in E_1$. 如果 BC 边上除 P 之外还有属于 E_1 的点，那么结论已证

明. 设 BC 的点除 P 之外全属于 E_2，那么只要 AB 上有异于 B 的点 S 属于 E_2，设 S 在 BC 上的投影点为 S'，则 $\triangle SS'B$ 为直角三角形. 再设 AB 内的每一点均不属于 E_2，即除 B 之外全属于 E_1，特别地，R，$A\in E_1$，于是 A，Q，$R\in E_1$，且 AQR 为一直角三角形. 从而命题得证.

【点评】 此例通过分割图形构造抽屉. 在一个几何图形内有若干已知点，可以根据问题的要求把图形进行适当的分割，用这些分割成的图形作为抽屉，再对已知点进行分类，集中对某一个或几个抽屉进行讨论，使问题得到解决.

【例 22.10】 已知矩形 $ABCD$，$AB=b$，$AD=a(a\geqslant b)$，在矩形内或边界上任意放三个点 X，Y，Z，求这三点两两距离最小值的最大值(用 a,b 表示).

解 设 AD，BC 的中点分别为 E，F，连接 EF，得到两个小矩形. 根据抽屉原理，必有两点在其中一个小矩形内或边界上，于是必有两点距离 $\leqslant\sqrt{\frac{a^2}{4}+b^2}$.

如果有 $AD\geqslant AF$，则让三点 X，Y，Z 分别落在 A，F，D 上，可达到这个值，这个条件是 $a\geqslant\sqrt{\frac{a^2}{4}+b^2}$，即 $\frac{a}{b}\geqslant\frac{2}{\sqrt{3}}$.

当 $1\leqslant\frac{a}{b}<\frac{2}{\sqrt{3}}$ 时，证明达到最值时 $\triangle XYZ$ 构成正三角形，且 X，Y，Z 之一在矩形顶点(如 A)上，而另两点在矩形边(比如 BC,CD)上.

对于矩形内部或边界上任三点 X，Y，Z，现作出覆盖这三点且其边与矩形 $ABCD$ 的边平行或垂直的最小矩形 Φ，易知 Φ 必有一个顶点正是 X，Y，Z 之一，这意味着可以将 Φ 连同 X，Y，Z 平移至矩形 $ABCD$ 的某个角落，也就是说，可以将 $\triangle XYZ$(包括 X,Y,Z 共线的退化情形)作平移，使 X，Y，Z 之一落在矩形 $ABCD$ 的顶点上，不妨设 X 落在 A 上，而 Y，Z 仍在矩形 $ABCD$ 内部或边界上.

下证在 $1\leqslant\frac{a}{b}<\frac{2}{\sqrt{3}}$ 时，BC，CD 上分别存在一点 M，N，使 $\triangle AMN$ 为正三角形. 如果这个被证明，则根据抽屉原理，若 Y 在 $\triangle AMN$，$\triangle ABM$，$\triangle ADN$ 之一内或边界上，则 $XY=AY\leqslant AM$ 或 $AN=d$（正三角形 $\triangle AMN$ 边长），否则 Y 在 $\triangle CMN$ 内或边界上，而 Z 也同理在 $\triangle CMN$ 内或边界上. 由于 MN 是直角三角形 $\triangle CMN$ 的斜边，故仍有 $YZ\leqslant MN=d$. 而 X，Y，Z 分别落在 A，M，N 上时，可以达到这个最值.

下证这个正三角形 AMN 的确存在，并计算其边长 d. 设 $\angle DAN=\theta$，$\angle MAB=30°-\theta$，则有 $d\cos\theta=a$，$d\cos(30°-\theta)=b$. 解得 $\tan\theta=\frac{2b}{a}-\sqrt{3}$.

这个值确实大于0，又 $\frac{2b}{a}-\sqrt{3}\leqslant 2-\sqrt{3}<\frac{1}{\sqrt{3}}$，故 $0°<\theta<30°$，这就意味着这样的正三角形 AMN 是存在的，而此时 $d=\frac{a}{\cos\theta}=2\sqrt{a^2+b^2-\sqrt{3}ab}$.

于是，当 $\frac{a}{b}\geqslant\frac{2}{\sqrt{3}}$ 时，X，Y，Z 之间最小距离的最大值为 $\sqrt{\frac{a^2}{4}+b^2}$；当 $1\leqslant\frac{a}{b}<\frac{2}{\sqrt{3}}$ 时，X，Y，Z 之间最小距离的最大值为 $2\sqrt{a^2+b^2-\sqrt{3}ab}$.

【例22.11】　在一个面积为 20×25 的长方形内任意放进120个面积为 1×1 的正方形. 证明：在这个长方形内一定还可以放下一个直径为1的圆，它和这120个正方形的任何一个都不相重叠.

证明　要使直径为1的圆完全放在一个矩形里，它的圆心应与矩形任何一条边的距离不小于 $\frac{1}{2}$，这可从 20×25 的长方形 $ABCD$ 的每一边剪去一个宽为 $\frac{1}{2}$ 的长条，则余下的长方形 $A'B'C'D'$ 的面积为 $19\times24=456$（图22-4(a)）. 这样，任意放进长方形 $ABCD$ 内的直径为1的圆心都在长方形 $A'B'C'D'$ 中，此外，圆心应与任何一个正方形的边界的距离也大于 $\frac{1}{2}$，即在任何一个小正方形以外加上 $\frac{1}{2}$ 的框（图22-4(b)）所得图形的面积是

$$1+4\times\frac{1}{2}+\frac{\pi}{4}=3+\frac{\pi}{4}.$$

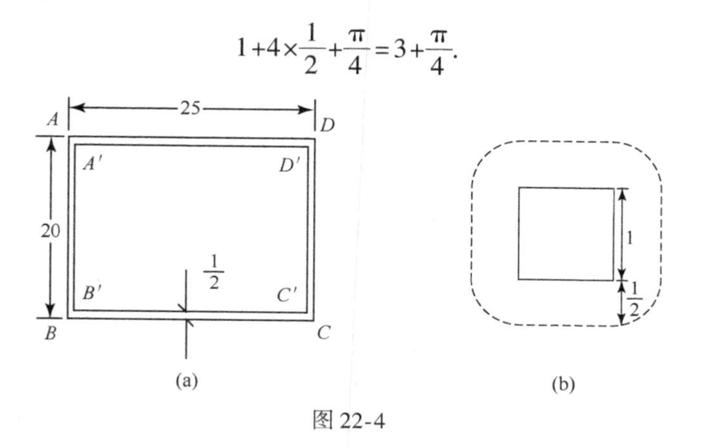

图22-4

用这样的 120 个图形互不相交地去覆盖长方形 $A'B'C'D'$，它们的总面积等于 $120\times\left(3+\frac{\pi}{4}\right)$. 但是

$$120\times\left(3+\frac{\pi}{4}\right)<120\times\frac{12+3.2}{4}=30\times15.2=456.$$

这说明用这样的 120 图形不能覆盖一个面积为 456 的长方形，从而可以在长方形 $ABCD$ 内放置一个直径为 1 的圆，它不与所有的小正方形中的任何一个重叠.

【例 22.12】 n 个棋手参加象棋比赛，每两个棋手比赛一局. 规定胜者得 1 分，负者得 0 分，平局各得 0.5 分. 如果赛后发现任何 m 个棋手中都有一个棋手胜了其余 $m-1$ 个棋手，也有一个棋手输给了其余 $m-1$ 个棋手，则称此赛况具有性质 $P(m)$.

对给定的 $m(m\geqslant4)$，求 n 的最小值 $f(m)$，使得对具有性质 $P(m)$ 的任何赛况，都有所有 n 名棋手的得分各不相同.

分析 本题粗看起来比较乱，又是性质又是最小值，先需要理清思路.

首先要看 $P(m)$ 说的是什么，其实 $P(m)$ 在感觉上就是说，可以存在平局 A 平 B，或者循环胜利(即 A 胜 B,B 胜 C,C 胜 A)，但是这样的 A，B 或者 A，B，C 必然要处于“中等水平”，以便任意取包含他们的一个 m 棋手的集合，都有人胜了他们，也有人败给了他们.

而如果不出现平局，也没有循环胜利，显然可以给所有棋手排一个“序”，使得排序靠前的棋手在对排序靠后的棋手的比赛中，都是获胜的，那么所有棋手的得分当然不相同.

把这个思路反过来想，就是构造反例的思路.

解 将证明 $f(m)=2m-3$.

先构造一个 $2m-4$ 名棋手的反例. 设这 $2m-4$ 名棋手为 A_1，A_2，…，A_{m-3}，B_1，B_2，…，B_{m-3}，C_1，C_2，下面如此构造他们的比赛结果：

1）A 中的任意一人胜了 B 和 C 中的所有人；

2）B 中的任意一人败给了 C 中的两个人；

3）对于 A_i 和 $A_j(i<j)$，A_i 胜了 A_j；

4）对于 B_i 和 $B_j(i<j)$，B_i 胜了 B_j；

5）C_1 和 C_2 战成平局，

那么可以看得出，C_1 和 C_2 的得分是完全相同的.

任意取 m 位棋手，设他们组成的集合为 S. 由于 A 和 C 一共 $m-1$ 人，B 和 C 也一共 $m-1$ 人，所以在 S 中，必然有 A 中的棋手，也有 B 中的棋手.

设 i 是最小的角标，使得 $A_i\in S$，j 是最大的角标，使得 $B_j\in S$，那么显

而易见的有 A_i 胜了 S 中所有其他人，B_j 败给了 S 中所有其他人，即这$2m-4$ 名棋手满足性质 $P(m)$，但并不是所有棋手的得分都不同.

当棋手总人数小于 $2m-4$ 时，可以依次去掉棋手 A_{m-3}，B_{m-3}，A_{m-2}，B_{m-2}，…，A_2，B_2，这样同上面的证明知性质 $P(m)$依然存在，但是还是有两名棋手的得分相同. 直到剩下不足 4 名棋手，那么 $P(m)$等于没有限制，结论显然不成立.

下面将证明，对于任意 $n=2m-3$ 名棋手的具有性质 $P(m)$的任何赛况，都有所有 n 名棋手的得分各不相同.

假设不然，即存在两名棋手的得分相同，下面将先证明，或者存在两名棋手打成平局，或者存在三名棋手循环胜负(即 A 胜 B,B 胜 C,C 胜 A).

不妨设没有任何平局出现，且两名得分相同的棋手为 A 和 B，其中 A 胜了 B. 由于 A 和 B 积分相同，即他们获胜的场次数相同. 而 A 已经在与 B 的比赛中胜了一场，故在与其他 $n-2$ 名棋手的对弈中，A 胜的场数比 B 胜的场数少 1. 这就意味着，必然存在一个人 C，他胜了 A，但是败给了 B，这样就找到了三个人 A，B，C，A 胜 B，B 胜 C，C 胜 A.

回到原题，下面将证明这 n 个人不满足性质 $P(m)$. 分如下两种情况讨论：

1）存在两人打成平局. 不妨设是 A 和 B 打成平局. 将剩下 $n-2$ 个人分成三个集合 R，S，T. 所有赢了 A 和 B 的人分入集合 R，所有输给了 A 和 B 的人分入集合 S，剩下的人分入集合 T. 因为 R，S，T 一共只有 $2m-5$ 个人，由抽屉原理，R 或者 S 中至少有一个集合有不超过 $m-3$ 个人.

如果 R 不超过 $m-3$ 个人，那么取 A 和 B，以及 S 和 T 中的一些人，凑够 m 人，但是这 m 个人必然不满足性质 $P(m)$，因为没有人赢了 A 和 B，且 A 和 B 打成了平局.

如果 S 不超过 $m-3$ 个人，那么取 A 和 B，以及 R 和 T 中的一些人，凑够 m 人，但是这 m 个人必然不满足性质 $P(m)$，因为没有人输给了 A 和 B，且 A 和 B 打成了平局.

2）存在三个人循环胜负，不妨设是 A 胜 B，B 胜 C，C 胜 A. 将剩下 $n-3$ 个人分成三个集合 R，S，T. 所有赢了 A，B 和 C 的人分入集合 R，所有输给了 A，B 和 C 的人分入集合 S，剩下的人分入集合 T. 因为 R，S，T 一共只有 $2m-6$ 个人，由抽屉原理，R 或者 S 中至少有一个集合有不超过 $m-3$ 个人.

如果 R 不超过 $m-3$ 个人，那么取 A，B 和 C，以及 S 和 T 中的一些人，凑够 m 人，但是这 m 个人必然不满足性质 $P(m)$，因为没有人赢了 A，B 和

C，且 A，B 和 C 循环胜负.

如果 S 不超过 $m-3$ 个人，那么取 A，B 和 C，以及 R 和 T 中的一些人，凑够 m 人，但是这 m 个人必然不满足性质 $P(m)$，因为没有人输给了 A，B 和 C，且 A、B 和 C 循环胜负.

综上，假设并不成立，即 n 的最小值就是 $2m-3$.

【点评】 解答此题需要抓住最本质的胜负关系进行讨论，方有结果.

问 题

1. 从 1，2，3，…，100 这 100 个数中任意挑出 51 个数来．证明：在这 51 个数中，一定

（1）有 2 个数互质；

（2）有 2 个数的差为 50；

（3）有 8 个数，它们的最大公约数大于 1.

2. 从 1，2，…，100 这 100 个数中任意选出 51 个数．证明：在这 51 个数中，一定

（1）有两个数的和为 101；

（2）有一个数是另一个数的倍数；

（3）有一个数或若干个数的和是 51 的倍数.

3. 求证：可以找到一个各位数字都是 4 的自然数，它是 1996 的倍数.

4. 有一个生产天平上用的铁盘的车间，由于工艺上的原因，只能控制盘的质量在指定的 20 克到 20.1 克之间．现在需要质量相差不超过 0.005 克的两只铁盘来装配一架天平．问：最少要生产多少个盘子，才能保证一定能从中挑出符合要求的两只盘子？

5. 某个委员会开了 40 次会议，每次会议有 10 人出席．已知任何两个委员不会同时开两次或更多的会议．问：这个委员会的人数一定多于 60 人吗？为什么？

6. 某市发出车牌号码均由 6 个数字（从 0 到 9）组成，但要求任两个车牌至少有 2 位不同（如车牌 038471 和 030471 不能同时使用），试求该市最多能发出多少个不同的车牌？并证明.

7. 圆周上有 2000 个点，在其上任意地标上 0，1，2，…，1999（每一点只标一个数，不同的点标上不同的数）．求证：必然存在一点，与它紧相邻的两个点和这点上所标的三个数之和不小于 2999.

8. 一家旅馆有 90 个房间，住有 100 名旅客，如果每次都恰有 90 名旅客同时回来，那么至少要准备多少把钥匙分给这 100 名旅客，才能使得每次客

人回来时，每个客人都能用自己分到的钥匙打开一个房门住进去，并且避免发生两人同时住进一个房间？

9. 一个车间有一条生产流水线，由5台机器组成，只有每台机器都开动时，这条流水线才能工作. 总共有8个工人在这条流水线上工作. 在每一个工作日内，这些工人中只有5名到场. 为了保证生产，要对这8名工人进行培训，每人学一种机器的操作方法称为一轮. 问：最少要进行多少轮培训，才能使任意5个工人上班而流水线总能工作？

10. 已知在区间（0，1）上，有4个不同的数，试找其中的两个 x，y，使其满足不等式

$$0<x\sqrt{1-y^2}-y\sqrt{1-x^2}<\frac{1}{2}.$$

11. 证明：在任给的8个不同的实数 x_1，x_2，…，x_8 中，至少存在两个实数 x_i 和 x_j，使 $0<\frac{x_i-x_j}{1+x_ix_j}<\tan\frac{\pi}{7}$成立.

12. 将平面上每个点以红、蓝两色之一着色. 证明：存在这样的两个相似三角形，它们的相似比为1995，并且每一个三角形的3个顶点同色.

13. 设有4×28的方格棋盘，将每一格涂上红、蓝、黄三种颜色中的任意一种. 证明：无论怎样涂法，至少存在一个四角同色的长方形.

14. 在3×7的方格表中，有11个白格，每一列均有白格．证明：

（1）若仅含一个白格的列只有3列，则在其余的4列中每列都恰有两个白格；

（2）只有一个白格的列至少有3列.

15. 甲、乙二人为一个正方形的12条棱涂红和绿2种颜色. 首先，甲任选3条棱并把它们涂上红色，然后，乙任选另外3条棱并涂上绿色，接着甲将剩下的6条棱都涂上红色. 问：甲是否一定能将某一面的4条棱全部涂上红色？

16. 在区间$(2^{2n},2^{3n})$中任取$2^{2n-1}+1$个奇数. 证明：在所取出的数中必有两个数，其中每一个数的平方都不能被另一个数整除.

17. 证明：在任何39个连续正整数中存在一个正整数，它的各位数字之和能被11整除.

18. 在一张101×101的方格纸上写有正整数1，2，…，101，每个正整数恰好在101个方格内出现. 求证：存在一行或一列，其中至少包含了11个不同的正整数.

19. 设 a_1，a_2，…，a_6；b_1，b_2，…，b_6 和 c_1，c_2，…，c_6 都是1，

2，…,6 的排列，求 $\sum_{i=1}^{6} a_i b_i c_i$ 的最小值.

20. 给定整数 $n \geqslant 3$. 证明：集合 $X=\{1, 2, 3, \cdots, n^2-n\}$ 能写成两个不相交的非空子集的并，使得每一个子集均不包含 n 个元素 $a_1, a_2, \cdots, a_n$，$a_1<a_2<\cdots<a_n$，满足 $a_k \leqslant \frac{a_{k-1}+a_{k+1}}{2}$，$k=2, \cdots, n-1$.

第 23 章
染色和赋值

数学家像画家和诗人一样，是模式制造家.

——G. H. 哈代

染色方法和赋值方法是解答数学竞赛问题的两种常用的方法．就其本质而言，染色方法是一种对题目所研究的对象进行分类的一种形象化的方法．染色和赋值是逻辑类分法常用的两个重要辅助工具，通过染色和赋值进行分类使问题中研究对象间的关系明朗、清澈，为问题的解决提供了便利.

凡是能用染色方法来解的题，一般地都可以用赋值方法来解，只需将染成某一种颜色的对象换成赋予其某一数值就行了．赋值方法的适用范围要更广泛一些，可将题目所研究的对象赋予适当的数值，然后利用这些数值的大小、正负、奇偶以及相互之间运算结果等来进行推证.

23.1　染 色 法

将问题中的对象适当进行染色，有利于观察、分析对象之间的关系．像国际象棋的棋盘那样，可以把被研究的对象染上不同的颜色，许多隐藏的关系会变得明朗，再通过对染色图形的处理达到对原问题的解决，这种解题方法称为染色法．常见的染色方式有点染色、线段染色、小方格染色和对区域染色.

【例 23.1】　用 15 个“T”字形纸片和 1 个“田”字形纸片(图 23-1)，能否覆盖一个 8×8 的棋盘？

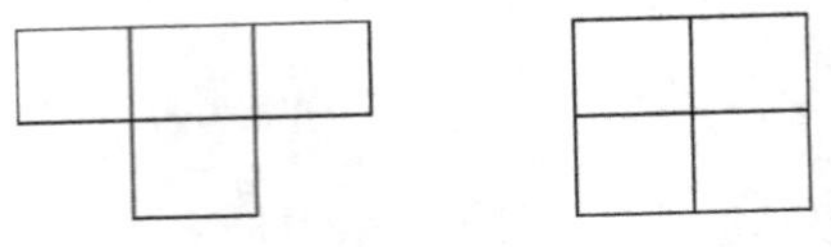

图 23-1

图 23-2

解 如图 23-2 所示，将 8×8 的棋盘染成黑白相间的形状. 如果 15 个"T"字形纸片和 1 个"田"字形纸片能够覆盖一个 8×8 的棋盘，那么它们覆盖住的白格数和黑格数都应该是 32 个，但是每个"T"字形纸片只能覆盖 1 个或 3 个白格，而 1 和 3 都是奇数，因此 15 个"T"字形纸片覆盖的白格数是一个奇数；又每个"田"字形纸片一定覆盖 2 个白格，从而 15 个"T"字形纸片与 1 个"田"字形纸片所覆盖的白格数是奇数，这与 32 是偶数矛盾，因此，用它们不能覆盖整个棋盘.

【例 23.2】 在平面上有一个 27×27 的方格棋盘，在棋盘的正中间摆好 81 枚棋子，它们被摆成一个 9×9 的正方形. 按下面的规则进行游戏：每一枚棋子都可沿水平方向或竖直方向越过相邻的棋子，放进紧挨着这枚棋子的空格中，并把越过的这枚棋子取出来. 问：是否存在一种走法，使棋盘上最后恰好剩下一枚棋子？

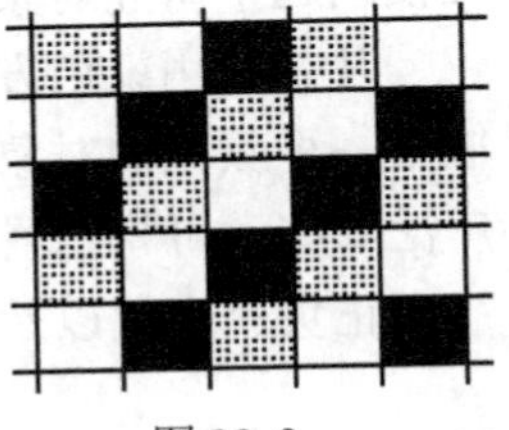

图 23-3

解 如图 23-3 所示，将整个棋盘的每一格都分别染上红、白、黑三种颜色，这种染色方式将棋盘按颜色分成了三个部分. 按照游戏规则，每走一步，有两部分中的棋子数各减少了一个，而第三部分的棋子数增加了一个. 这表明每走一步，每个部分的棋子数的奇偶性都要改变.

因为一开始时，81 个棋子摆成一个 9×9 的正方形，显然三个部分的棋子数是相同的，故每走一步，三部分中的棋子数的奇偶性是一致的.

如果在走了若干步以后，棋盘上恰好剩下一枚棋子，则两部分上的棋子数为偶数，而另一部分的棋子数为奇数，这种结局是不可能的，即不存在一种走法，使棋盘上最后恰好剩下一枚棋子.

【例 23.3】 有一批商品，每件都是长方体形状，尺寸是 $1\times2\times4$. 现在有一批现成的木箱，内空尺寸是 $6\times6\times6$. 问：能不能用这些商品将木箱填满？

解 用染色法来解决这个问题. 先将 $6\times6\times6$ 的木箱分成 216 个小正方

体，这 216 个小正方体，可以组成 27 个棱长为 2 的正方体. 将这些棱长为 2 的正方体按黑白相间涂上颜色(图 23-4).

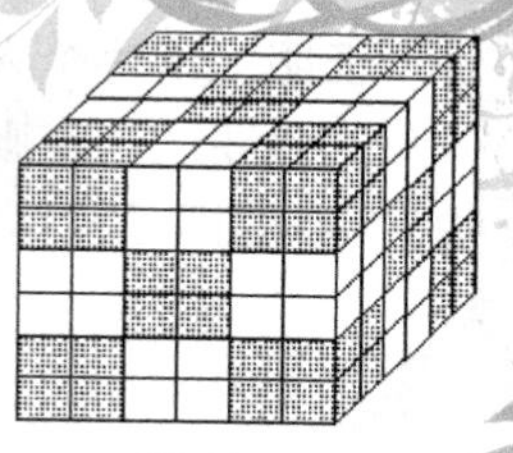
图 23-4

容易计算出，有 14 个黑色的，有 13 个白色的. 现在将商品放入木箱内，不管怎么放，每件商品都要占据 8 个棱长为 1 的小正方体的空间，而且其中黑、白色的必须各占据 4 个. 现在白色的小正方体共有 $8\times13=104$(个)，再配上 104 个黑色的小正方体，一共可以放 26 件商品，这时木箱余下的是 8 个黑色小正方体所占据的空间. 这 8 个黑色的小正方体的体积虽然与一件商品的体积相等，但是容不下这件商品. 因此不能用这些商品刚好填满.

【例 23.4】 世界上任何六个人中，总可以找到三个相互认识的人或三个互相不认识的人.

证明 用 A_1，A_2，…，A_6 表示这任何 6 个人，若两人认识，在相应顶点之间连一条边，并染成红色(即连一条红边)；若两人不认识，也在相应顶点之间连条边，并染成蓝色(即连一条蓝边)，从而就形成了一个染有红、蓝两色的 K_6. 于是，可将待证问题转化为在二染色 K_6 中一定存在同色三角形.

考查 A_1，从 A_1 所连的 5 条边 A_1A_2，A_1A_3，A_1A_4，A_1A_5，A_1A_6 中，由抽屉原理知至少有 3 条边染同种颜色，不妨假设 A_1A_2，A_1A_3，A_1A_4 染红色. 现在考查由 A_2，A_3，A_4 所构成的 K_3 子图，若 A_2A_3，A_3A_4，A_4A_2 三边中有一条染红色，不妨设 A_2A_3 染红色，则△ $A_1A_2A_3$是红色三角形；否则 A_2A_3，A_3A_4，A_4A_2 三边均染蓝色，则$\triangle A_1A_2A_3$是蓝色三角形，所以，在二染色 K_6 中一定存在同色三角形.

【点评】 由若干个不同的顶点与连接其中某些(或全部)顶点的边所组成的图形称为图. 如果图中有 n 个顶点，每两点之间都有一条边，则称之为 n 点完全图，记为 K_n，将每条边都染上红蓝两色之一，称之为二染色；每条边都染上 K 种颜色之一，称之为 K 染色. 将 K_n 的 n 个顶点中选出 m 个顶点，则这 m 个顶点连同它们之间的连线所构成的图形称为原图的一个有 m 个顶点的完全子图. 如果以图中三个顶点为顶点的三角形的三条边染有同种颜色，则称之为同色三角形.

在二染色的 K_6 中，总存在同色三角形(这就是例 23.5 的图论表述).

【例 23.5】 6 个人参加一个集会，每两个人或者互相认识或者互相不认识. 证明：存在两个“三人组”，在每一个“三人组”中的三个人，或者互相认识，或者互相不认识(这两个“三人组”可以有公共成员).

证明 将每个人用一个点表示，如果两人认识就在相应的两个点之间连一条红色线段，否则就连一条蓝色线段(用实线表示染红边，虚线表示染蓝边)．本题即是要证明在所得的图中存在两个同色的三角形.

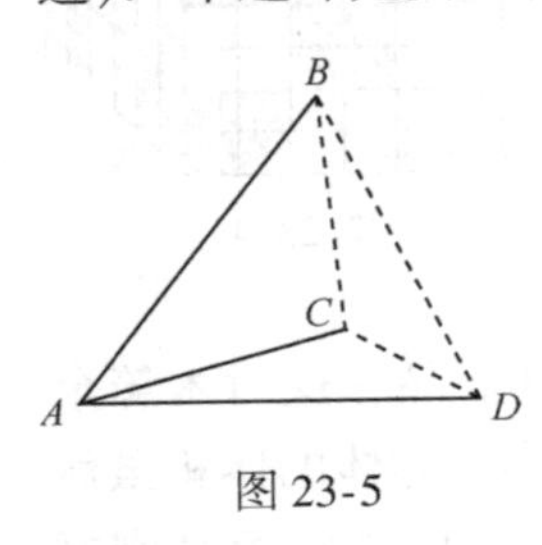

图 23-5

设这六个点为 A，B，C，D，E，F. 先证明存在一个同色的三角形，考虑由 A 点引出的五条线段 AB，AC，AD，AE，AF，其中必然有三条被染成了相同的颜色，不妨设 AB，AC，AD 同为红色. 如图 23-5 所示，再考虑$\triangle BCD$ 的三边，若其中有一条是红色，则存在一个红色三角形；若这三条都不是红色，则存在一个蓝色三角形.

下面再来证明有两个同色三角形，不妨设$\triangle ABC$ 的三条边都是红色的. 若$\triangle DEF$ 也是三边同为红色的，则显然就有两个同色三角形；若$\triangle DEF$ 三边中有一条边为蓝色，设其为 DE. 再考虑 DA，DB，DC 三条线段，若其中有两条为红色，则显然有一个红色三角形；若其中有两条是蓝色的，则设其为 DA，DB. 此时在 EA，EB 中若有一边为蓝色，则存在一个蓝色三角形；而若两边都是红色，则又存在一个红色三角形.

故不论如何涂色，总可以找到两个同色的三角形.

【点评】 显然，例 23. 5 是例 23. 4 的延伸. 在二染色的 K_6 中，总存在两个同色的三角形.

二染色 K_6 中至少存在多少个同色三角形？设二色 K_6 中有 x 个同色三角形，则不同色的三角形的个数为 C_6^3-x. 现在考虑图中“同色角”（即由两条同色边组成的角）的个数 S.

一方面，每个同色三角形有 3 个同色三角形，不同色三角形有 1 个同色角，所以 $S=3x+(C_6^3-x)=2x+20$.

另一方面，如果一个顶点引出 k 条红边，则它引出 $5-k$ 条蓝边，故以该点为顶点的同色角的个数是 $C_k^2+C_{5-k}^2=\frac{k(k-1)}{2}+\frac{(5-k)(4-k)}{2}=k^2-5k+10=\left(k-\frac{5}{2}\right)^2+\frac{15}{4}\geqslant 4$，所以，$S\geqslant 6\times 4=24$.

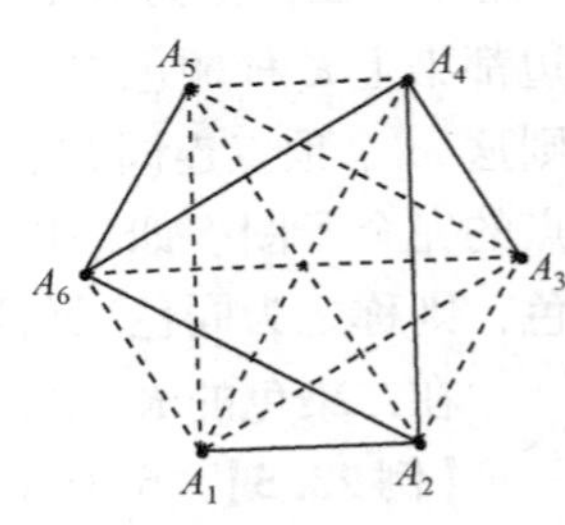

图 23-6

综上，$2x+20\geqslant 24$，故 $x\geqslant 2$. 又由图 23-6（实线表示染红边，虚线表示染蓝边）可知，x 的最小值为 2.

于是，二染色 K_6 中至少存在 2 个同色三角形.

【例 23. 6】 求证：在二染色的 K_5 中，没有同色三角形的充要条件是它可分解为一红一蓝两圈(即封闭折线,图论中称之为圈),每个圈恰有5条边组成.

证明 必要性.若二染色完全图K_5无同色三角形.图中每点引出4条线段,如果从其中某点引出的线段中有3条同色,则必存在同色三角形.故从每点引出的4条线段中恰好有2条红色、2条蓝色的边,整个图中恰好有5条红边、5条蓝边.

只考虑图中的红边,显然图中红边构成一个每点度数都为2的子图,由于只有5个顶点,只能构成一条红色封闭折线.同理,也只能构成一条蓝色封闭折线.必要性得证.

充分性.用A_1,A_2,A_3,A_4,A_5表示平面上5点,若二染色完全图K_5可分解为一红一蓝两条封闭折线时,每一点都恰好有2条同色引线.此时,若出现同色三角形,比如红色$\triangle A_1A_2A_3$,则A_1,A_2,A_3这3点不能再有该色线(红色),它们到A_4,A_5的引线就至少有6条另一色线(蓝色),与各有5条线段矛盾.充分性得证.

【点评】 二染色K_5在图同构的条件下,无同色三角形的情形就只有一种.如图23-7所示.

由例23.5和例23.6的结论可以知道,把K_n的边染红、蓝两色,要保证一定存在一个红色三角形(即红K_3)或一个蓝色三角形(即蓝K_3),至少要$n=6$.这称为染两色出现同色三角形的拉姆塞数,记为$R(K_3,K_3)=6$,简记为$R(3,3)=6$.

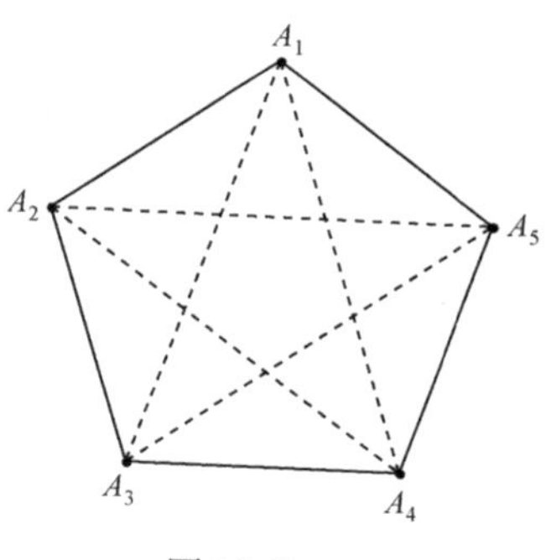

图23-7

【例23.7】 已知10个互不相同的非零数,它们之中任意两个数的和或积是有理数.证明:每个数的平方都是有理数.

证明 考查其中任意6个数.

作一个图,在它的6个顶点上分别放上这6个数.如果某2个数的和为有理数,就在相应的2个顶点之间连一条蓝色边;如果某2个数的积为有理数,就在相应的2个顶点之间连一条红色边.众所周知,在这样的图中存在一个三边同色的三角形,分别讨论其中的各种情况.

1)如果存在蓝色三角形,则表明存在3个数x,y,z,使得$x+y$,$y+z$,$z+x$都是有理数.因而,

$$(x+y)+(z+x)-(y+z)=2x$$

为有理数,亦即x为有理数.

同理，y，z 也都是有理数.

再观察其余的任意一个数 t. 显然，无论由 xt 的有理性(题意表明,所有的数均非 0)，还是由 $x+t$ 的有理性，都可以推出 t 为有理数. 所以，此时的 10 个数都是有理数.

2）如果存在红色三角形，则表明存在 3 个数 x，y，z，使得 xy，yz，zx 都是有理数. 因而$\frac{(xy)(zx)}{yz}=x^2$ 为有理数.

同理，y^2，z^2 也都是有理数.

如果 x，y，z 三者中至少有一个为有理数，那么，只要按照前一种情况进行讨论，即知 10 个数都是有理数.

现设 $x=m\sqrt{a}$，其中 a 为有理数，且 $m=\pm1$. 由于 $xy=m\sqrt{a}\,y=b$ 是有理数，所以，

$$y=\frac{b}{m\sqrt{a}}=\frac{b\sqrt{a}}{ma}=c\sqrt{a},$$

其中 $c\neq m$ 为有理数.

再来观察其余的任意一个数 t. 如果 xt 或 yt 为有理数，那么，经过如上类似的讨论，可知 $t=d\sqrt{a}$，其中 d 为有理数. 因而，t^2 为有理数. 而如果 $x+t$，$y+t$ 都是有理数，则

$$(x+t)-(y+t)$$

是有理数. 但事实上，$(x+t)-(y+t)=(m-c)\sqrt{a}$ 却是无理数，矛盾.

综上所述，或者每个数都是有理数，或者每个数的平方都是有理数，这正是所要证明的.

23.2 赋 值 法

将问题中的某些对象用适当的数表示之后，再进行运算、推理、解题的方法叫做赋值法. 许多组合问题和非传统的数论问题常用此法求解. 常见的赋值方式有对点赋值、对线段赋值、对区域赋值及对其他对象赋值.

【例 23.8】 平面上 $n(n\geqslant2)$ 个点 A_1，A_2，…，A_n 顺次排在同一条直线上，每点涂上黑白两色中的某一种颜色. 已知 A_1 和 A_n 涂上的颜色不同. 证明：相邻两点间连接的线段中，其两端点不同色的线段的条数必为奇数.

证明 赋予点 A_i 以整数值为 a_i，当 A_i 为黑点时，$a_i=1$ ，当 A_i 为白点时，$a_i=2$. 再赋予线段 A_iA_{i+1} 以整数值 a_i+a_{i+1}，则两端同色的线段具有的整

数值为 2 或 4，两端异色的线段具有的整数值为 3. 所有线段对应的整数值的总和为

$$\begin{aligned}&(a_1+a_2)+(a_2+a_3)+(a_3+a_4)+\cdots+(a_{n-1}+a_n)\\=&(a_1+a_n)+2(a_2+a_3\cdots+a_{n-1})\\=&2+1+2(a_2+a_3\cdots+a_{n-1})\\=&\text{奇数}.\end{aligned}$$

设具有整数值 2，3，4 的线段的条数依次为 l，m，n，则

$$2l+m+4n=\text{奇数}.$$

由上式推知，m 必为奇数.

【点评】 也可以将黑点赋值为+1，白点赋值为−1，则点 A_i 都对应一个数 $a_i=\pm1(i=1,2,\cdots,n)$，若线段 A_iA_{i+1} 两端不同色，则 $a_ia_{i+1}=-1$，否则 $a_ia_{i+1}=+1$. 设两端不同色的线段个数为 k，则有

$$\begin{aligned}-1&=a_1a_n=a_1\cdot a_2^2\cdot a_3^2\cdot\cdots\cdot a_{n-1}^2\cdot a_n\\&=(a_1a_2)(a_2a_3)(a_3a_4)\cdots(a_{n-1}a_n)=(-1)^k,\end{aligned}$$

所以 k 为奇数.

【例 23.9】 在一个圆上给定 10 个点，把其中 6 个点染成黑色的，余下的 4 个点染成白色的，它们把圆周划分为互不包含的弧段. 规定两端都是黑色的弧段标上数字 2；两端白色的弧段标上数字$\frac{1}{2}$；两端异色的弧段标上数字 1；把所有这些数字乘在一起，求它们的乘积.

解 把黑点都标上$\sqrt{2}$，把白点都标上$\frac{1}{\sqrt{2}}$，则每段弧所标数字恰好是它两端的数字乘积. 因此所有这些弧段所标的数字乘积就是所有点标有的数字乘积的平方，即

$$\left[(\sqrt{2})^6\left(\frac{1}{\sqrt{2}}\right)^4\right]^2=4.$$

【点评】 由以上解答不难将此题推广如下：当黑点为 m 个，白点为 n 个时，答案为 2^{m-n}.

【例 23.10】 将正方形 $ABCD$ 分割为 n^2 个相等的小方格（n 为正整数），把相对的顶点 A，C 染成红色，把 B，D 染成蓝色，其他交点任意染成红、蓝两色中的一种颜色. 求证：恰有三个顶点同色的小正方形的数目必是偶数.

证法 1 将红点赋值为 1，蓝点赋值为 −1. 将小方格编号，记为 1，2，…，n^2. 记第 i 个小方格四个顶点处数字之乘积为 A_i. 若该格恰有三个顶

点同色，则 $A_i=-1$，否则 $A_i=1$.

考虑乘积 $A_1\times A_2\times\cdots\times A_{n^2}$，对正方形内部的交点，各点相应的数重复出现 4 次；正方形各边上的不是端点的交点相应的数各出现 2 次；A，B，C，D 四点相应的数的乘积为 $1\times1\times(-1)\times(-1)=1$，于是

$$A_1\times A_2\times\cdots\times A_{n^2}=1,$$

所以，A_1，A_2，…，A_{n^2} 中 -1 的个数必为偶数，即恰有三个顶点同色的小方格必有偶数个.

证法 2　将红点赋值为 0，蓝点赋值为 1. 将小方格编号，记为 1，2，…，n^2. 又记第 i 个小方格四个顶点数字之和为 A_i，若该格恰有三个顶点同色，则 $A_i=1$ 或 3，否则 A_i 为偶数.

考虑和 $A_1+A_2+\cdots+A_{n^2}$，对正方形内部的交点，各加了 4 次；原正方形边上非端点的交点，各加了 2 次；对原正方形的四个顶点，各加了 1 次（含两个 0，两个 1）. 因此，

$$\begin{aligned}&A_1+A_2+\cdots+A_{n^2}\\=&4\times(\text{内部交点相应的数之和})+2\times(\text{边上非端点的交点相应的数之和})+2\end{aligned}$$

必为偶数，所以，A_1，A_2，…，A_{n^2} 中必有偶数个奇数. 故恰有三顶点同色的小方格必有偶数个.

【点评】　上述两例都属于“两色分布”问题. 这里将两种不同的颜色赋予+1，−1，使染色问题转化为对正负性的研究.

【例 23.11】　证明：用 15 块大小是 1×4 的矩形瓷砖和 1 块大小是 2×2 的矩形瓷砖不能恰好铺盖 8×8 的矩形地面.

证明　先把 8×8 的方格图中每小方格赋值如图 23-8(a)所示的值. 可见，每块 1×4的瓷砖，无论怎样铺，所盖住的四个小方格已填出的四个值必是 1，2，3，4. 又一块 2×2 的瓷砖，无论怎样铺法，所盖住的四个小方格中已填上的四个数必是如图 23-8(b)所示之一，即 2×2 的正方形瓷砖所盖住的四个小方格中，必有两个小方格填有相同的数. 若 15 块 1×4，1 块 2×2 瓷砖恰好铺满 8×8 地面，那么这 64 个小方格中，有某一种标号的小方格共有 17 块，但实际上，标号 1，2，3，4 的小方格各 16 块，矛盾. 故命题成立.

1	2	3	4	1	2	3	4
2	3	4	1	2	3	4	1
3	4	1	2	3	4	1	2
4	1	2	3	4	1	2	3
1	2	3	4	1	2	3	4
2	3	4	1	2	3	4	1
3	4	1	2	3	4	1	2
4	1	2	3	4	1	2	3

(a)

1	2
2	3

2	3
3	4

3	4
4	1

4	1
1	2

(b)

图 23-8

【例 23.12】　现有男女各 $2n$ 人，围成内外两圈跳舞，每圈各 $2n$ 人，有男有女，外圈的人面向内，内圈的人面向外. 跳舞规则如下：每当音乐一起，如面对者为一男一女，则男的邀请女的跳舞；如果均为男的或为女的，则鼓掌助兴. 曲终时，外圈的人均向右走一步. 如此继续下去，直至外圈的人移动一周. 证明：在跳舞的过程中至少有一次跳舞的人不少于 n 对.

证明　将男人记为+1，女人记为-1，外圈的 $2n$ 个人对应的数为 a_1，a_2，…，a_{2n}，内圈的 $2n$ 对应的数记为 b_1，b_2，…，b_{2n}，则 a_1，a_2，…，a_{2n}，b_1，b_2，…，b_{2n} 中有 $2n$ 个+1，$2n$ 个-1，于是

$$\sum_{i=1}^{2n} a_i + \sum_{i=1}^{2n} b_i = 0,$$

从而有

$$\left(\sum_{i=1}^{2n} a_i\right)\left(\sum_{i=1}^{2n} b_i\right) = -\left(\sum_{i=1}^{2n} b_i\right)^2 \leqslant 0.$$

另外，当 a_1 面对 b_i 时，a_1b_i，a_2b_{i+1}，…，$a_{2n}b_{i-1}$ 中的负数表示这时跳舞的对数. 如果整个跳舞过程中，每次跳舞的对数少于 n，则对任意 i（$i=1, 2, \cdots, 2n$），应有

$$a_1b_i+a_2b_{i+1}+\cdots+a_{2n}b_{i-1}>0,$$

于是

$$\sum_{i=1}^{2n}(a_1b_i + a_2b_{i+1} + \cdots + a_{2n}b_{i-1}) = (a_1+a_2+\cdots+a_{2n})(b_1+b_2+\cdots+b_{2n})>0,$$

从而导致矛盾，这表明至少有一次跳舞的人不少于 n 对.

问　题

1. 中国象棋盘的任意位置有一只马，它跳了若干步正好回到原来的位置. 问：马所跳的步数是奇数还是偶数？

2. 右图是某展览大厅的平面图，每相邻两展览室之间都有门相通. 今有人想从进口进去，从出口出来，每间展览厅都要走到，既不能重复也不能遗漏，应如何走？

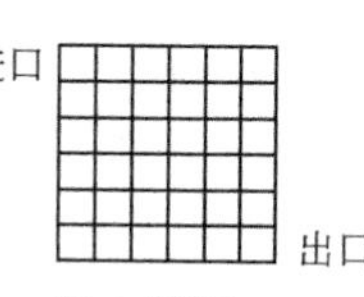

第 2 题图

3. 能否用下图中各种形状的纸片(不能剪开)拼成一个边长为 99 的正方形(图中每个小方格的边长为 1)？请说明理由.

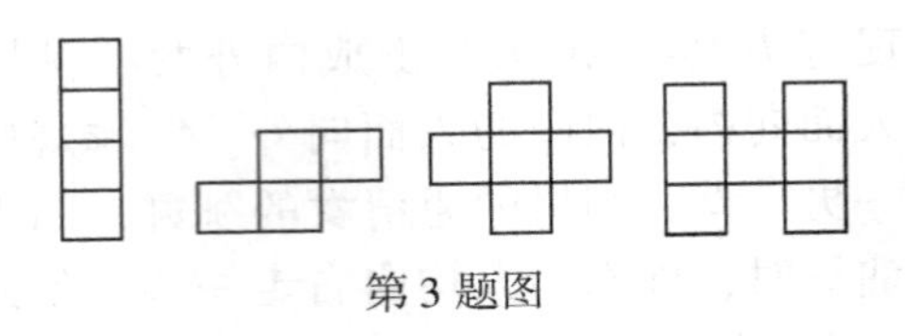
第 3 题图

4. 如图，22 个城市处于通路的交汇处，一个散步者能否一次不重复走遍这 22 座城市？

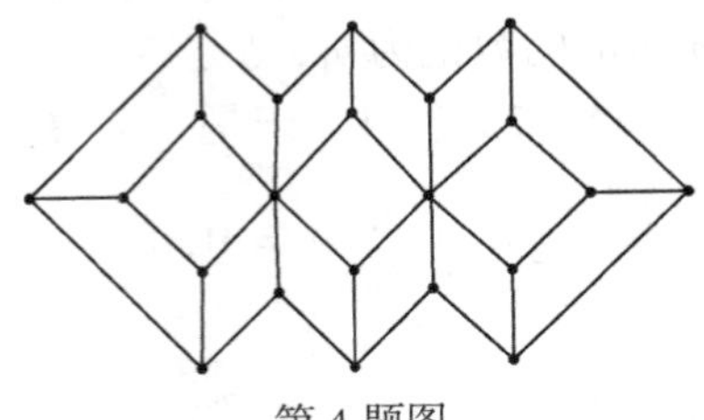
第 4 题图

5. 如图，把正方体分割成 27 个相等的小正方体，在中心的那个小正方体中有一只甲虫，甲虫能从每个小正方体走到与这个正方体相邻的 6 个小正方体中的任何一个中去. 如果要求甲虫只能走到每个小正方体一次，那么甲虫能走遍所有的正方体吗？

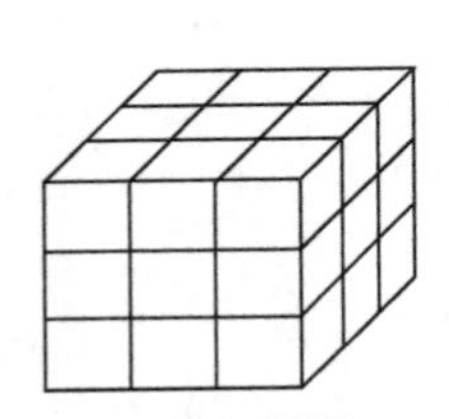
第 5 题图

6. 8×8 的国际象棋棋盘能不能被剪成 7 个 2×2 的正方形和 9 个 4×1 的长方形？如果可以，请给出一种剪法；如果不行，请说明理由.

7. 用 15 个 1×4 的长方形和 1 个 2×2 的正方形，能否覆盖 8×8 的棋盘？

8. 15×15 的方格表中有一条非自交闭折线，该折线由若干条连接相邻小方格（两个有公共边的小方格称为相邻小方格）的中心的线段组成，且它关于方格表的某条对角线对称. 证明：这条闭折线的长度不大于 200.

9. 在凸 100 边形的每个顶点上都写有两个不同的数. 证明：可以从每个顶点上划去一个数，使得任意两个相邻的顶点上剩下的数都互不相同.

10. 有 m 只茶杯，开始时杯口朝上，把茶杯任意翻转，规定每翻转 $n(n<m)$ 只，算一次翻动，翻动的茶杯允许再翻. 证明：当 n 为偶数，m 为奇数时，无论翻动多少次，都不可能使杯口全朝下.

11. 有一批规格相同的圆棒，每根划分长度相同的五节，每节用红、黄、蓝三种颜色来涂. 问：可以得到多少种颜色不同的圆棒？

12. 已知 $\triangle ABC$ 内有 n 个点，连同 A，B，C 三点一共 $n+3$ 个点. 以这

些点为顶点将$\triangle ABC$分成若干个互不重叠的小三角形．将A，B，C三点分别染成红色、蓝色和黄色．而三角形内的n个点，每个点任意染成红色、蓝色和黄色三色之一．问：三个顶点颜色都不同的三角形的个数是奇数还是偶数？

13. 从10个英文字母A，B，C，D，E，F，G，X，Y，Z中任意选5个字母(字母允许重复)组成一个“词”，将所有可能的“词”按“字典顺序”(即英汉辞典中英语词汇排列的顺序)排列，得到一个“词表”：

AAAAA，AAAAB，…，AAAAZ，

AAABA，AAABB，…，ZZZZY，ZZZZZ.

设位于“词”CYZGB与“词”XEFDA之间(这两个词除外)的“词”的个数是k，试写出“词表”中的第k个“词”.

14. 如图(a)是4个1×1的正方形组成“L”形，用若干这样的“L”硬纸片无重叠地拼成一个$m\times n$(长为m个单位,宽为n个单位)的矩形，如图(b)，试证明：$8\mid mn$.

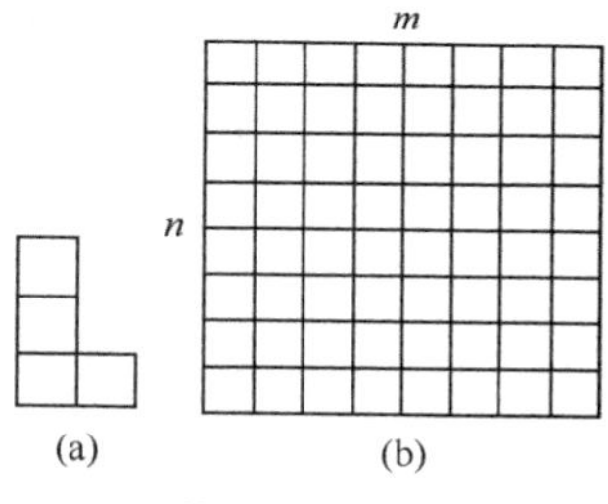

第14题图

15. 一个教室有25个座位，排成一个5行5列的正方形，假使开始时每个座位都坐着一位学生，问是否可能改变学生的座位，使每个学生都换到紧靠他原座位的前面、后面、左面或右面的座位上去？

16. 弗明斯克城的每一条道路均连接着两个十字路口，且都限定为单向行走线．市政当局为布列加油站网点开展一次设计竞赛，要求自每一个十字路口均不可违反行车规则地到达加油站之一，但由任何一个加油站都不可以抵达另外任何一个加油站．证明：在所征的设计方案中，全部布列了相同数目的加油站.

17. 设A_1，A_2，…，A_6是平面上的六点，其中任三点不共线．如果这些点之间任意连接了13条线段，证明：必存在四点，它们每两点之间都有线段连接.

18. 平面上有六个点，任何三个点都是一个不等边三角形的顶点．求证：这些三角形中一个的最短边同时是另一个三角形的最长边.

19. 某国有N个城市．每两个城市之间或者有公路，或者有铁路相连．一个旅行者希望到达每个城市恰好一次，并且最终回到他所出发的城市．证明：该旅行者可以挑选一个城市作为出发点，不但能够实现他的愿望，而且途中至多变换一次交通工具的种类.

20. 有 9 名数学家，每人至多能讲 3 种语言，每 3 人中至少有 2 人能通话. 求证：在这 9 名中至少有 3 名用同一种语言通话.

21. 在一个 9 人小班中，已知没有 4 个人是相互认识的. 求证：这个班能分成 4 个小组，使得每个小组中的人是互不认识的.

22. 设$\triangle ABC$为正三角形，E为三角线段BC，CA，AB上的点(包括A，B，C在内)所组成的点集. 将E分成两个子集，是否总有一个子集中含有一个直角三角形的顶点？证明你的结论.

23. 给定边长为 10 的正三角形，用平行其边的直线将它分为若干边长为 1 的正三角形，现有m个如图(a)所示的三角块，且有$25-m$个形如图(b)所示的四边形块，问：

（1）若$m=10$，能否用它们拼出原三角形？

（2）求能拼出原三角形的所有m.

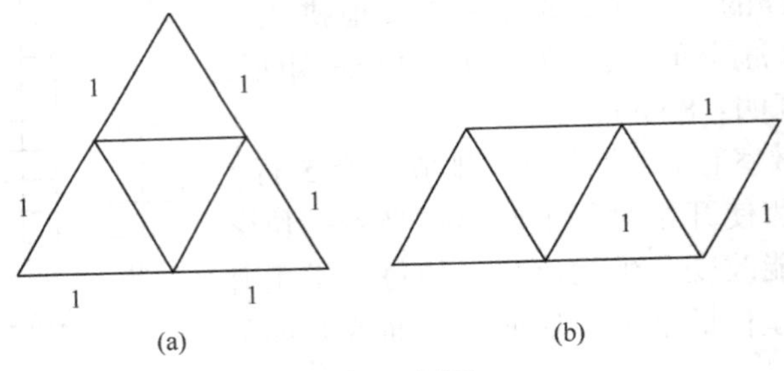

第 23 题图

24. 试找出最大的正整数N，使得无论怎样将正整数 1 至 400 填入20×20方格表的各个格中，都能在同一行或同一列中找到两个数，它们的差不小于N.

25. 求具有如下性质的最小正整数n：将正n边形的每一个顶点任意染上红、黄、蓝三种颜色之一，那么这n个顶点中一定存在四个同色点，它们是一个等腰梯形的顶点.

26. 如图，平面上由边长为 1 的正三角形构成一个(无穷的)三角形网格. 三角形的顶点称为格点，距离为 1 的格点称为相邻格点.

A，B 两只青蛙进行跳跃游戏. “一次跳跃”是指青蛙从所在的格点跳至相邻的格点. “A，B 的一轮跳跃”是指它们按下列规则进行的先 A 后 B 的跳跃：

（1）A 任意跳一次，则 B 沿与 A 相同的跳跃方向跳跃一次，或沿与之相反的方向跳跃两次.

（2）当 A，B 所在的格点相邻时，它们可执行规则(1)完成一轮跳跃，

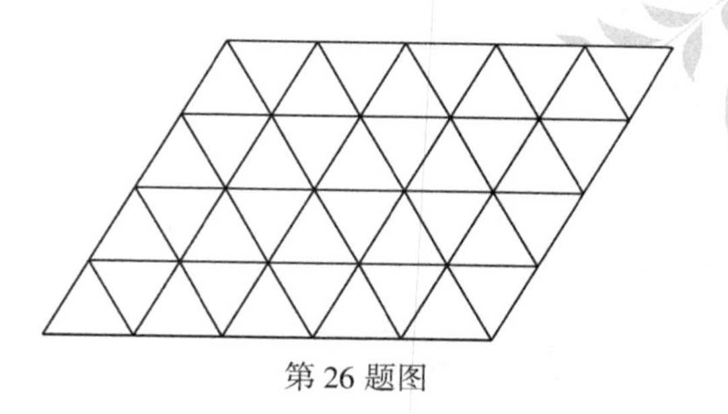

第 26 题图

也可以由 A 连跳两次，每次跳跃均保持与 B 相邻，而 B 则留在原地不动.

若 A，B 的起始位置为两个相邻的格点，问能否经过有限轮跳跃，使 A，B 恰好位于对方的起始位置上？

27. 21 个女孩和 21 个男孩参加一次数学竞赛.

(1) 每一个参赛者至多解出了 6 道题；

(2) 对于每一个女孩和每一个男孩，至少有一道题被这一对孩子都解出.

证明：有一道题，至少有 3 个女孩和至少有 3 个男孩都解出.

28. 无限大的白色方格纸上有有限个方格被染为黑色，每个黑色方格都有偶数个(0,2 或 4 个)白色方格与它有公共边. 证明：可以将剩下的每个白色方格染成红色或绿色，使得每个黑色方格的邻格中红色方格和绿色方格的个数都相等(有公共边的方格称为相邻).

29. 设 n 是一个固定的正偶数. 考虑一块 $n\times n$ 的正方板，它被分成 n^2 个单位正方格，板上两个不同的正方格如果有一条公共边，就称它们为相邻的. 将板上 N 个单位正方格作上标记，使得板上的任意正方格(作上标记的或者没有作上标记的)都与至少一个作上标记的正方格相邻. 确定 N 的最小值.

第 24 章 不变量原理

有一句容易记住的话：如果有重复，寻找不改变的东西！

——A. 恩格尔

大千世界在不断地变化着，既有质的变化，更有量的变化. 俗话说："万变不离其宗". 在纷乱多样的变化中，往往隐藏着某种规律，这就需要透过表面现象，找出事物变化中保持不变的规律，从"万变"中揭示出"不变"的数量关系. 寻求某种不变性，在科学上称之为守恒，在数学上就是不变量.

从某种意义上说，现代数学就是研究各种不变量的科学. 20 世纪最重大的数学成就之一——阿蒂亚-辛格(Atiyah-Singer)指标定理，就是描述某些算子的指标不变量. 影响遍及整个数学的陈省身示性类(Chern class)，正是刻画许多流形特征的不变量. 一些代数不变量、几何不变量、拓扑不变量的发现，往往是一门学科的开端.

下面通过一个简单例子来揭示不变量原理.

【例 24.1】 在某部落的语言中一共只有两个字母 A 和 B，并且该语言具有以下性质：如果从单词中删去相连的字母 AB，则词义保持不变. 或者说如果在单词中的任何位置增添字母组合 BA 或 AABB，则词义不变. 试问：能否断言单词 ABB 与 BAA 词义相同？

解 应当注意，在保持词义不变的各种增或删的变化之中，A 与 B 总是增删同样的个数. 因此这些变化不会改变单词中两种字母的个数之差. 例如，在如下一串"保义变化"中 B 始终比 A 多一个：

$$B \to BBA \to BAABBBA \to BABBA.$$

回到原来的问题，在单词 ABB 中，B 比 A 多一个；而在单词 BAA 中，B 却比 A 少一个！因此不能断言这两个单词同义.

上述解答用实例说明了不变量原理运用的主要思路. 我们面对某些对象，对于它们可以进行一定类型的操作，在操作之后便提出了这样的问题，即能否由一种对象变为另一种对象？为了回答这个问题，构造出某种量，这种量在所作的操作之下保持不变. 如果这种量对于所言的两个对象是不同的，那么便可给予所问的问题以否定的回答.

【例 24.2】 从集合 $\{3,4,12\}$ 出发，每一步可以选其中两个数 a，b，并把它们换成 $0.6a-0.8b$ 以及 $0.8a+0.6b$. 是否能在有限步后达到如下目标 1) 或 2)：

1) $\{4,6,12\}$；

2) $\{x,y,z\}$ 且 $|x-4|$，$|y-6|$ 和 $|z-12|$ 都小于 $1/\sqrt{3}$？

解 1) 由于

$$(0.6a-0.8b)^2+(0.8a+0.6b)^2=a^2+b^2,$$

故经过多次替换后所得 3 个数 a，b，c 的平方和是一个不变量

$$a^2+b^2+c^2=3^2+4^2+12^2=13^2,$$

即点 (a,b,c) 总在以 O 为中心，半径为 13 的球面上. 而由于 $4^2+6^2+12^2=14^2$，目标在以 O 为中心半径为 14 的球面上，故目标不能达到.

2) 由于 $(x-4)^2+(y-6)^2+(z-12)^2<1$，故目标不能达到.

【点评】 这里重要的不变量是点 (a,b,c) 到点 O 的距离.

【例 24.3】 对于二次多项式 ax^2+bx+c，允许作下面的运算：①把 a 和 c 对换；②把 x 换成 $x+t$，其中 t 是任何实数. 重复作这样的运算，能把 x^2-x-2 变成 x^2-x-1 吗？

解 这是个不变量问题. 作为主要的候选者，考虑判别式 Δ. 第一种运算显然不改变 Δ；第二种运算也不改变多项式的根的差. 现有 $\Delta=b^2-4ac=a^2((b/a)^2-4c/a)$，而 $-b/a=x_1+x_2$，$c/a=x_1x_2$，从而 $\Delta=a^2(x_1-x_2)^2$，也就是说第二种运算也不改变 Δ. 由于两个三项式的判别式是 9 和 5，故目标不能达到.

24.1　不变量——奇偶性

【例 24.4】 一个圆分为 6 个扇形(图 24-1)，每个扇形中放有一枚棋子，

每一步允许将任何两枚棋子分别移入相邻的扇形．试问：能否通过这种操作，把6枚棋子全都移到一个扇形之中？

解 将6个扇形依次编为1至6号(图24-2)．对于棋子的任何一种分布，考查6枚棋子所在扇形的号码之和S．例如，在如图24-3所示的分布中，有$S=2+2+4+4+5+6=23$．显然，在把一枚棋子移到相邻的扇形中后，它在S中的那一项的奇偶性发生了变化．这也就是说，如果同时移动两枚棋子，那么S的奇偶性保持不变——这是一个不变量！但是开始时(图24-2)，有$S=21$，为奇数．而如果所有6枚棋子全都在一个扇形之中，则当该扇形编号为A时，就有$S=6A$，都为偶数，所以不可能通过所述的移动，把棋子的分布从原来的分布变为全在一个扇形中．

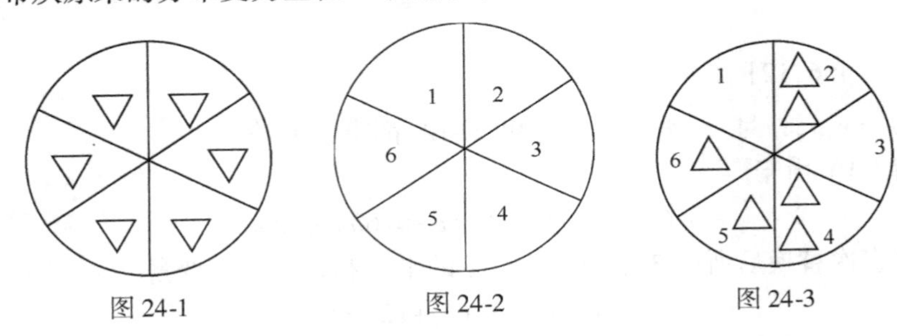

图 24-1　　图 24-2　　图 24-3

【点评】 由于奇偶性是整数的固有属性，因此可以说奇偶性是一个整数的不变性，对于某些问题，找出了不变性就找出了解答，如例24.4通过考查和S的奇偶性不变，使问题得以顺利解决．请再看一例．

【例24.5】 有一个魔术钱币机，当塞入1枚1分硬币时，退出1枚1角和1枚5分的硬币；当塞入1枚5分硬币时，退出4枚1角硬币；当塞入1枚1角硬币时，退出3枚1分硬币．小红由1枚1分硬币和1枚5分硬币开始，反复将硬币塞入机器，能否在某一时刻，小红手中1分的硬币刚好比1角的硬币少10枚？

解 开始只有1枚1分硬币，没有1角的，所以开始时1角的和1分的总枚数为$0+1=1$，这是奇数．每使用一次该机器，1分与1角的总枚数记为Q．下面考查Q的奇偶性．

如果塞入1枚1分的硬币，那么Q暂时减少1，但取回了1枚1角的硬币(和1枚5分的硬币)，所以总数Q没有变化；如果再塞入1枚5分的硬币(得到4枚1角硬币)，那么Q增加4，而其奇偶性不变；如果塞入1枚1角硬币，那么Q增加2，其奇偶性也不变，所以每使用一次机器，Q的奇偶性不变，因为开始时Q为奇数，它将一直保持为奇数．

这样，小红就不可能得到1分硬币的枚数刚好比1角硬币数少10的情况，因为如果有 P 枚 1 分硬币和 $P+10$ 枚 1 角硬币，那么 1 分和 1 角硬币的总枚数为 $2P+10$，这是一个偶数. 矛盾.

24.2　不变量——余数

【例 24.6】 某海岛上生活着 45 条变色龙，其中有 13 条灰色的，15 条褐色和 17 条紫色的. 每当两条颜色不同的变色龙相遇时，它们就一起都变为第三种颜色(例如,灰色和褐色相遇,就都变为紫色). 能否经过一段时间，45 条变色龙全都变为同一颜色?

解 每一次变化，都有两条不同颜色的变色龙消失，并随之而“诞生”两条第三种颜色的变色龙. 用数组(a,b,c)表示变色龙的状况，其中 a，b，c 分别表示灰色、褐色和紫色变色龙的数目. 于是由题意知，在一次变化之后，(a,b,c)或变为$(a-1,b-1,c+2)$，或变为$(a-1,b+2,c-1)$，或变为$(a+2,b-1,c-1)$. 我们发现，灰色和褐色变色龙的数目之差的变化只能为 0，-3 和 3. 这就是说该差被 3 除的余数保持不变——恒为零，这是一个不变量. 在开始时，有 $a-b=13-15=-2$，而如果全都变为同一颜色，则必 $a-b\equiv 0(\bmod 3)$. 故为不可能.

【例 24.7】 有 3 部卡片打印机. 第一部能根据原有卡片上的号码(a,b)，打印一张号码为$(a+1,b+1)$的卡片；第二部则当原号码(a,b)中二数皆为偶数时，打印一张号码为$(a/2,b/2)$的卡片；第三部根据两张号码分别为(a,b)和(b,c)的卡片，打印一张号码为(a,c)的卡片. 打印过后，原有卡片和新卡片全都归顾客所得. 试问：能否利用这 3 部打印机，由一张卡片为$(5,19)$的卡片得到号码为$(1,1988)$的卡片?

解 从题目的外形看，给定了允许的操作方式内容，要求回答能否从一种卡片出发得到另一种卡片，这就提醒我们，应当找到不变量. 就让我们开始找吧!

第一种操作$(a,b)\to(a+1,b+1)$. 在这种操作之下，什么东西未加改变呢? 当然是卡片上的两个号码之差$(a+1)-(b+1)=a-b$. 但是在第二种操作之下，这种号码差却是变化的，$a/2-b/2=(a-b)/2$——减半. 而第三种操作使得两张卡片上的号码差相加，$a-c=(a-b)+(b-c)$.

这种状况使我们看到，号码差并非不变量，那么，究竟什么是不变量呢? 看来一时难以找到. 还是来仔细观察一下吧. 先来碰碰运气，看看从现有的卡片可以得到一些什么样的卡片.

（1）（5，19）→（6，20）；

（2）（6，20）→（3，10）；

（3）（3，10）→（20，27）；

（4）（6，20）（20，27）→（6，27）.

暂时到此为止，来看看我们的劳动果实. 现在有一组卡片，算一算它们之间的号码差，得 14，14，7，7，21. 由此立即可以猜出所要证明的结论，这就是号码差应当恒为 7 的倍数. 其证明十分简单，只要再次回顾一下三种操作之下，号码差的变化规律即可（见上面的讨论）. 现在注意到，在卡片（1,1988）上，这个号码差却为 $1988-1=1987$，它不是 7 的倍数，故得不到这样的卡片.

【例 24.8】 设 $ABCD$ 是块矩形的板，$|AB|=20$，$|BC|=12$，这块板分成 20×12 个单位正方形. 设 r 是给定的正整数，当且仅当两个小方块的中心之间距离等于 $\sqrt{r}$ 时，可以把放在其中一个小方块的硬币移到另一个小方块中. 在以 A 为顶点的小方块中放有一个硬币，我们的工作是要找出一系列的移动，使这硬币移到以 B 为顶点的小方块中.

1）证明：当 r 是 2 或 3 的倍数时，这一工作不能够完成.

2）证明：当 $r=73$ 时，这一工作可以完成.

3）当 $r=97$ 时，这项工作是否能完成？

证明 设第 i 行第 j 列小正方块的中心为 $(i, j)(i, j\in\mathbf{N}^{+}, i\leqslant20, j\leqslant12)$，且以 A 为顶点的小方块的中心为 $(1, 1)$，以 B 为顶点的小方块的中心为 $(20, 1)$，则当且仅当 $r=a^2+b^2$ 时可将硬币由点 (i, j) 移到点 $(i+a, j+b)$ $(a,b\in\mathbf{Z}, 1\leqslant i+a\leqslant20, 1\leqslant j+b\leqslant12)$.

1）(i) 若 $2|r$，则 a，b 奇偶性相同，所以 $i+a+j+b$ 与 $i+j$ 的奇偶性相同，这说明在一系列的移动中硬币所在方格中心坐标之和的奇偶性不变，但 A，B 两点坐标和奇偶性并不相同，故硬币不能从 A 移到 B.

(ii) 若 $3|r$，则 $3|a$，$3|b$，所以

$$(i+a)+(j+b)\equiv i+j \pmod 3.$$

这说明硬币在所在方格中心坐标之和对于 mod 3 不变. 另外对于 mod 3，A，B 两点坐标和不同，故硬币也不能从 A 移到 B.

2）根据 $73=8^2+3^2$，可作出下述移动来完成工作：

$(1, 1)\to(9, 4)\to(1, 7)\to(9, 10)\to(12, 2)\to(4, 5)\to(12, 8)\to(4, 11)\to(1, 3)\to(9, 6)\to(17, 9)\to(20, 1)$.

3）当 $r=97$ 时该项工作无法完成.

首先，97 表示成两个正整数平方和仅有一种方式，$97=9^2+4^2$. 假若工作

能够完成，现考查移动过程中第二个分量 j_0，j_1，…，j_n，j_{n+1}，其中 $j_0=j_{n+1}=1, 1\leqslant j_k\leqslant 12$，且 $j_{k+1}-j_k\in\{9,4,-9,-4\}(k=0,1,\cdots,n)$，可以证明：这样的序列中 n 为奇数. 事实上，若对某个 k 有

$$j_{k+2}-j_{k+1}=-(j_{k+1}-j_k),$$

那么 $j_k=j_{k+2}$，则可去掉 j_{k+1}，j_{k+2} 所得序列并不影响任务完成，经删除后，若最后剩下一项，显见 n 为奇数；否则还剩下 j_{k_0}，j_{k_1}，…，j_{k_m}，其中 $j_{k_0}=j_{k_m}=1$. 若 $j_{k_1}=5$，则 $j_{k_2}=9$，j_{k_3} 无法取值，矛盾，因此，$j_{k_1}=10$，进而，有 $j_{k_2}=6$，$j_{k_3}=2$，$j_{k_4}=11$，$j_{k_5}=7$，$j_{k6}=3$，$j_{k_7}=12$，$j_{k_8}=8$，$j_{k_9}=4$，$j_{k_{10}}$ 又无法取值，矛盾. 又对任意的 k，$|j_{k+1}-j_k|\neq|i_{k+1}-i_k|$，故 $(j_{k+1}-j_k)+(i_{k+1}-i_k)$ 为奇数，于是 $\sum\limits_{k=0}^{n}[(j_{k+1}-j_k)+(i_{k+1}-i_k)]$ 为偶数，即得

$$i_{k+1}-i_0=\sum_{k=0}^{n}(i_{k+1}-i_k)$$

为偶数，但 $i_{k+1}-i_0=20-1=19$ 为奇数，矛盾，因此工作无法完成.

毫无疑问，在运用不变量解题时，最重要的是找出“不变量”. 这是一门真正的艺术，要想掌握它，必须在解答类似的题目中积累经验. 在这里光靠猜是不行的，应当记住以下几点：

1）所找出的量应当是不变量；

2）这种不变量对于题中的两类对象应当取不同的值；

3）应当立即确定下来我们的不变量所要反映的对象的类型.

24.3　染　色

大量用不变量来解的问题需要借助一种专门形式的不变量，即所谓“染色”. 下面是两个典型例子.

【例 24.9】　棋子“骆驼”在 10×10 的棋盘上走(1,3)步，即往横向走一格再往纵向走三格(横 1 纵 3)，也可纵 1 横 3(有点像“马”,不过“马”是走(1,2)步). 试问：“骆驼”可否可以经过几次跳动到达某个与原来相邻的方格?

解　不可能.

设想棋盘已如国际象棋棋盘那样黑白相间地染了颜色. 容易看出，“骆驼”一定是在颜色相同的格子之间跳动，这就是说格子的颜色是一个不变量. 由于相邻的格子的颜色必不相同，所以“骆驼”不可能跳入其中.

【例 24.10】　在正 12 边形的一个顶点上写着 −1，其余顶点上都写着 1.

允许同时改变任何连续 k 个顶点上的数的符号. 试问：能否通过这样的操作，使得唯一的-1 移到与原来位置相邻的顶点之上，如果(1) $k=3$；(2) $k=4$；(3) $k=6$？

解 对于每一种情形，答案都是否定的，而且证明的思路相同. 涂黑其中一部分顶点，使得任何连续的 k 个顶点中都有偶数个被涂黑的顶点(图 24-4).

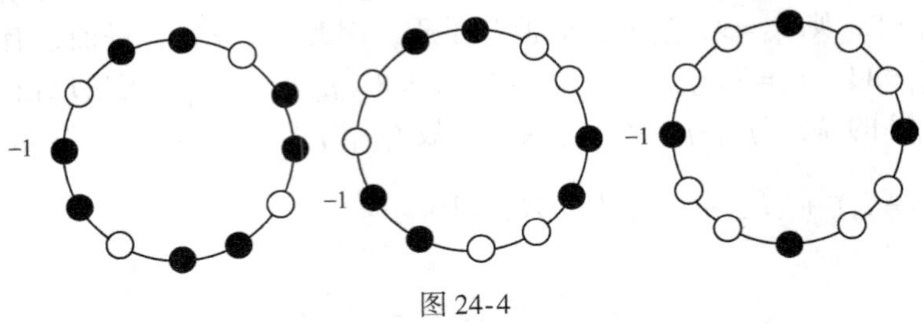

图 24-4

可把黑色顶点上所写的所有数的乘积作为不变量(因为每次操作都改变其中偶数个数的符号,因之乘积不变)，但是该乘积在开始时为-1，而如果-1移到了与原来相邻的左边顶点上，那么该乘积就是1，所以不可能.

【点评】 上述解答中体现了“不变量”方法中的扩散思路，从每个对象中分出一部分来，使得所作操作在这部分中所带来的变化看起来特别简单.

24.4 半不变量——单调变化的量

“半不变量”的思想极其自然地延续了不变量的思想. 所谓“半不变量”是指在变换过程中单调变化的量，亦即仅增大或仅减小. 典型的半不变量的例子有人的年龄，它仅能随着时间的流逝而增大.

【例 24.11】 在十个容器中分别装有 1，2，3，4，5，6，7，8，9，10 毫升的水. 每次操作可由盛水多的甲容器向盛水少的乙容器注水，注水量恰好等于乙容器原有的水量. 问：能否在若干次操作后，使得 5 个容器都装有 3 毫升的水，而其余容器分别装有 6，7，8，9，10 毫升的水？如果能，请说明操作程序；如果不能，请说明理由.

解 不能.

设甲容器水量为 a，乙容器水量为 b，转注前后两容器水量和相等，所以

转注前				转注后		
甲容器		乙容器		甲容器		乙容器
a	+	b	=	$(a-b)$	+	$2b$
奇		奇		偶		偶
奇		偶		奇		偶
偶		偶		偶		偶
偶		奇		奇		偶

从以上可见，每次操作后，水量为奇数的容器数目不增.

由于初始状态有五个杯中水量是奇数毫升，因此无论多少次操作，水量为奇数毫升的容器数总不能比 5 多，所以 5 个容器有 3 毫升水，其余容器分别装有 6，7，8，9，10 毫升水(总计有 7 个容器水量为奇数毫升)的状态不可能出现.

问　题

1. 设有 8 行 8 列的方格纸，随便把其中 32 个方格涂上黑色，剩下的涂上白色，然后对涂色的方格纸施行如下“操作”：把任意横行或竖行上的各个方格同时改变颜色．问：最终能否得到恰有一个黑方格的方格纸?

2. 试管里有 A，B，C 三种类型的阿米巴虫. 任何两条不同类型的阿米巴虫都能连成为一条第三种类型的阿米巴虫. 经过若干次这样的相连之后，试管里只剩下一条阿米巴虫. 如果开始时，A 型的有 20 条，B 型的有 21 条，C 型的有 22 条，问：最后剩的阿米巴虫是什么型的?

3. 有 20 个 1 升的容器，分别盛有 1，2，3，…，20 毫升的水. 允许由容器 A 向容器 B 倒进与 B 容器内相同的水(在 A 中的水不少于 B 中水的条件下). 问：在若干次倒水以后能否使其中 11 个容器中各有 11 毫升的水?

4. 在黑板上写着一个数 8^n. 算出它的各位数字之和，再算出该和数的各位数字之和，并一直如此算下去，直到最终得到一个一位数为止. 试问：如果 $n=1989$，那么最终所得的一位数是多少?

5. 给定一个三元数组. 对于其中任何两个数可进行如下操作：如果这两个数是 a 与 b，那么就把它们变为 $(a+b)/\sqrt{2}$ 与 $(a-b)/\sqrt{2}$. 试问：能否通过这种操作，由三元数组 $(2,\sqrt{2},\sqrt{2}/2)$ 出发，得到三元数组 $(1,\sqrt{2},1+\sqrt{2})$?

6. 通过一系列形如 $f(x)\mapsto x^2 f\left(\frac{1}{x}+1\right)$ 或 $f(x)\mapsto(x-1)^2 f\left(\frac{1}{x-1}\right)$ 的变换，是否能把 $f(x)=x^2+4x+3$ 变成 $g(x)=x^2+10x+9$?

7. 10 名乒乓球运动员参加循环赛，每两名运动员之间都要进行比赛.

在循环赛过程中，1 号运动员获胜 x_1 次，失败 y_1 次；2 号运动员获胜 x_2 次，失败 y_2 次，等. 求证：

$$x_1^2+x_2^2+\cdots+x_{10}^2=y_1^2+y_2^2+\cdots+y_{10}^2.$$

8. 某班有 47 个学生，所用教室有 6 排，每排有 8 个座位，用 (i, j) 表示位于第 i 排第 j 列的座位. 新学期准备调整座位，设一个学生原来的座位为 (i, j)，如果调整后的座位为 (m, n)，则称该生作了移动 $[a, b]=[i-m, j-n]$，并称 $a+b$ 为该生的位置数，所有学生的位置数之和记为 S. 求 S 的最大可能值与最小可能值之差.

9. 棋子“马”能否跳遍 $4\times N$ 棋盘中的每个方格刚好一次，并回到出发处？

10. 在黑板上有一些字母 e，a 和 b. 可以把两个 e 换成一个 e，两个 a 换成一个 b，两个 b 换成一个 a，一个 a 和一个 b 换成一个 e，一个 a 和一个 e 换成一个 a，一个 b 和一个 e 换成一个 b. 证明：最后留下的一个字母不依赖于替换的次序.

11. 一个正方体的七个顶点上标上数 0，另一个顶点标上数 1. 每次可以选一条棱，把这棱的两端的数都加上 1. 目的是使得(1)八个数都相等；(2)八个数都能被 3 整除. 能够做到吗？

12. 沿着圆周放着一些实数. 如果相连的 4 个数 a，b，c，d 满足不等式 $(a-d)(b-c)>0$，那么就可以交换 b 与 c 的位置. 证明：这种交换至多可进行有限次.

13. 12 名矮人住在森林里，每人将自己的房子染成红色或白色. 在每年的第 i 月，第 i 个矮子访问他所有的朋友(这 12 个矮人中的). 如果他发现大多数朋友的房子与自己颜色不同，那么他就将自己房子的颜色改变，与大多数朋友的保持一致. 证明：不久以后，这些矮人就不需要改变颜色了.

14. 如图所示，圆形的水池被分割为 $2n(n\geqslant 5)$ 个“格子”. 把有公共隔墙(公共边或公共弧)的“格子”称为相邻的，从而每个“格子”都有三个邻格.

水池中一共跳入了 $4n+1$ 只青蛙，青蛙难于安静共处，只要某个“格子”中有不少于 3 只青蛙，那么迟早一定会有其中 3 只分别同时跳往三个不同邻格. 证明：只要经过一段时间之后，青蛙便会在水池中大致分布均匀.

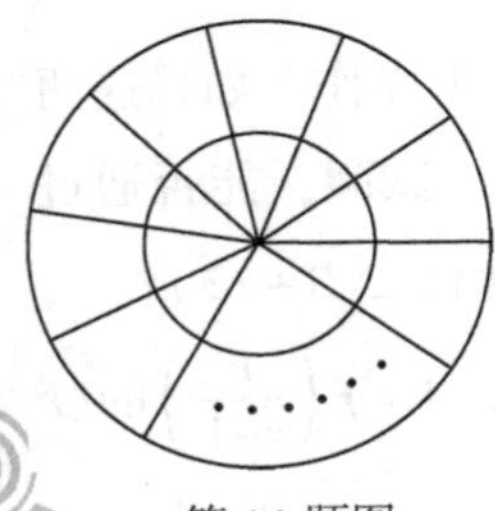
第 14 题图

所谓大致分布均匀，就是任取其中一个“格子”，或者它里面有青蛙，或者它的三个邻格里都有青蛙.

15. 平面内有 n 个互不相同的点和一个以 O 为圆心，r 为半径的圆，n 个点中至少有一个点在圆内，每一步可以执行下面的操作：将圆的圆心 O 移到圆内所有点的重心处. 求证：经过有限步后，点 O 的位置不再变化.

16. 设 $n \neq 0$，对任何整数数列 $A=\{a_i\}$，$0 \leqslant a_i \leqslant i$，$i=0, 1, 2, \cdots, n$，定义另一个数列 $t(A)=\{t(a_i)\}$，这里 $t(a_i)$ 表示数列 A 中，在 a_i 之前且不同于 a_i 的项数. 证明：从任何给定的数列 A 出发，经过少于 n 次 t 变换，就可得到一个数列 B，使得 $t(B)=B$.

17. 正六边形的6个顶点上写有6个非负整数，且和为2 003. 允许进行如下的操作：选择一个点，把该点的数值用相邻两点数值差的绝对值代替. 证明：可以进行一系列操作，最终使得每个顶点上的数值都为0.

第 25 章 问题的引入与背景

在数学的领域中，提出问题的艺术比解答问题的艺术更为重要.

——康托尔

自 1894 年匈牙利数学竞赛迄今，数学奥林匹克已有 100 多年的历史，IMO 也已有 50 多年的历史，100 多年来产生了众多背景深刻、新颖有趣、优美漂亮、解法美妙的好题，这些问题和解答展示了数学竞赛命题的热点和趋势，反映了数学教育发展的轨迹，折射出数学家对数学教育的要求，是人类文明的宝贵财富，是各级各类数学命题的源泉，是研究数学解题策略的基础，是选手参加数学竞赛的训练营.

因此，我们应该花力气研究国内外数学竞赛试题和解答，探索、悟透问题的背景和实质，琢磨、寻求问题与问题之间的联系和发展，倡导“以题养题”.

命题和解题中的观察、联想、类比、化归、变换、赋值、放缩、构造、一般化、特殊化、数形结合等策略，都体现了问题与问题之间的联系，所不同的是：

命题着眼于扩大条件和结论之间的距离，力图掩盖条件和结论之间联系的痕迹，而解题则反之；

命题从已有的知识、方法出发，演绎出新题，而解题则是把问题化归为已有知识、方法有联系的问题；

命题是将较简单的问题、平凡的事实逐步演绎成复杂的、非平凡的问题，而解题则是把复杂的问题、非平凡的问题转化为简单的、基本的问题.

下面给出四组案例来阐述这些想法，更多的例子见《从数学竞赛到竞赛数学》第 4 章竞赛数学命题研究.

25.1　背景 1——斐波那契恒等式

斐波那契(Fibonacci,1170～1250)恒等式

$$(a^2+b^2)(c^2+d^2)=(ac-bd)^2+(ad+bc)^2, \tag{25-1}$$

$$(a^2+b^2)(c^2+d^2)=(ac+bd)^2+(ad-bc)^2. \tag{25-2}$$

这两个恒等式是 1202 年斐波那契在他的《算盘书》中给出的. 它们说明如果两个数都能表示成两个平方数的和，那么它们的乘积也能表示成两个平方数的和. 例如，

$$17=4^2+1^2,\ 13=2^2+3^2,\ 则\ 17\times13=221=14^2+5^2,$$

$$29=2^2+5^2,\ 13=2^2+3^2,\ 则\ 29\times13=337=11^2+16^2.$$

这两个恒等式可以直接由左边或右边展开给出证明，也可以通过构造几何图形给出证明，还可以利用复数的模，简证如下：

设 $z=a+b\mathrm{i}$，$w=c+d\mathrm{i}$，则

$$|z|^2\cdot|w|^2=(a^2+b^2)(c^2+d^2),$$

$$|zw|^2=|(ac-bd)+(ad+bc)\mathrm{i}|^2=(ac-bd)^2+(ad+bc)^2.$$

由 $|z|^2\cdot|w|^2=|zw|^2$ 知(25-1)式成立. 同理可证 (25-2).

可以证明，这两个恒等式包含正弦和余弦的加法公式，这两个恒等式后来成为算术二次型的高斯理论以及现代代数中某些发展的起源. 近年的国内外 IMO 中频频出现以这两个恒等式为背景的问题.

例如，由斐波那契恒等式得

$$(x^2+y^2)(z^2+t^2)=(xz-yt)^2+(xt+yz)^2.$$

若设 $f(m)=m^2$，则上式可以化为

$$[f(x)+f(y)][f(z)+f(t)]=f(xz-yt)+f(xt+yz). \tag{25-3}$$

反过来，若 x，y，z，t 为实数，求所有满足方程(25-3)的函数 $f(x)$，即得到如下 2002 年第 43 届 IMO 第 5 题：

求出所有从实数集 $\mathbf{R}$ 到 $\mathbf{R}$ 的函数 f，使得对所有 x，y，z，$t\in\mathbf{R}$，有

$$(f(x)+f(z))(f(y)+f(t))=f(xy-zt)+f(xt+yz).$$

下面给出更多的例子.

【试题 25.1】(全国初中数学联赛，1986)　设 a，b，c，d 都是正整数，且

$$m=a^2+b^2,\quad n=c^2+d^2,$$

则 mn 也可表示成两个整数的平方和，其形式是 $mn=$________.

直接利用斐波那契恒等式即可.

【试题 25.2】（成都，1963） 设 a，b，x，y 都是实数，并且

$$a^2+b^2=1,\quad x^2+y^2=1.$$

求证：$|ax+by|\leqslant 1$.

证明 构造等式

$$(ax+by)^2+(ay-bx)^2=(a^2+b^2)(x^2+y^2)=1,$$

所以

$$(ax+by)^2\leqslant(ax+by)^2+(ay-bx)^2=1,$$

即

$$|ax+by|\leqslant 1.$$

【点评】 此题的实质是 Cauchy 不等式.

【试题 25.3】（纽约，1977） 证明：每一个具有形式

$$a^2b^2+b^2c^2+c^2d^2+d^2a^2$$

的式子可以用至少两种不同的方式表示为两个平方的和，并求满足

$$x^2+y^2=44^2\times10^2+10^2\times33^2+33^2\times5^2+5^2\times44^2$$

与 $x>y$ 的两种可能的有序正整数对 (x,y) 中的任何一对.

解

$$\begin{aligned}a^2b^2+b^2c^2+c^2d^2+d^2a^2&=(a^2+c^2)(b^2+d^2)\\&=(ab\pm cd)^2+(bc\mp ad)^2.\end{aligned}$$

因为

$$\begin{aligned}x^2+y^2&=(44^2+33^2)(10^2+5^2)\\&=(44\times10\pm33\times5)^2+(44\times5\mp33\times10)^2\\&=\begin{cases}605^2+110^2,\\275^2+550^2,\end{cases}\end{aligned}$$

所以 $(x,y)=(605,110)$ 或 $(550,275)$.

【试题 25.4】（USAMO Summer Program，1997） 求证：存在无穷多个正整数 n，使得 $n^{19}+n^{99}$ 可以用两种不同的方式表示为两个完全平方数的和.

证明 显然，选取 n 是完全平方数是较为有利的，又

$$n^{19}+n^{99}=n\left[(n^9)^2+(n^{49})^2\right],$$

联想到斐波那契恒等式，考虑选择 n 为两个平方数的和，如取

$$n=(k^2+1)^2=(k^2-1)^2+(2k)^2,\quad k=1,2,3,\cdots,$$

则

$$n^{19}+n^{99}=[(k^2-1)^2+(2k)^2]\{[(k^2+1)^{18}]^2+[(k^2+1)^{98}]^2\}$$
$$=[(k^2-1)(k^2+1)^{18}\mp(2k)(k^2+1)^{98}]^2$$
$$+[(k^2-1)(k^2+1)^{98}\pm(2k)(k^2+1)^{18}]^2.$$

【试题 25.5】 设 m，n 是不同的正整数，试将 m^6+n^6 用异于 $(m^3)^2+(n^3)^2$ 的方式表示为两个完全平方数的和.

解 首先

$$m^6+n^6=(m^2)^3+(n^2)^3$$
$$=(m^2+n^2)(m^4-m^2n^2+n^4)$$
$$=(m^2+n^2)[(m^2-n^2)^2+(mn)^2],$$

由斐波那契恒等式(25-1)得

$$m^6+n^6=[m(m^2-n^2)-n(mn)]^2+[m(mn)+n(m^2-n^2)]^2$$
$$=(m^3-2mn^2)^2+(n^3-2m^2n)^2.$$

【试题 25.6】(第 6 届中国西部数学奥林匹克)　设 $S=\{n\mid n-1, n, n+1$ 都可以表示为两个正整数的平方和$\}$. 证明：若 $n\in S$，则 $n^2\in S$.

证明 注意到若 x，y 是整数，则由奇偶性分析知

$$x^2+y^2\equiv 0,\ 1,\ 2(\text{mod}4).$$

若 $n\in S$，则由上式知 $n\equiv 1(\text{mod}4)$. 于是可设

$$n-1=a^2+b^2,\quad a\geqslant b,$$
$$n=c^2+d^2,\quad c>d,\ c,\ d \text{ 不可能相等},$$
$$n+1=e^2+f^2,\quad e\geqslant f,$$

其中 a，b，c，d，e，f 都是正整数，则

$$n^2+1=n^2+1^2,\quad n^2=(c^2+d^2)^2=(c^2-d^2)^2+(2cd)^2,$$
$$n^2-1=(a^2+b^2)(e^2+f^2)=(ae-bf)^2+(af+be)^2.$$

假设 $b=a$，且 $f=e$，则 $n-1=2a^2$，$n+1=2e^2$，两式相减得，$e^2-a^2=1$，则 $e-a\geqslant 1$，而 $1=e^2-a^2=(e+a)(e-a)>1$，矛盾！

故 $b=a$，$f=e$ 不可能同时成立，所以，$ae-bf>0$，于是 $n^2\in S$.

【试题 25.7】(第 6 届拉丁美洲 MO，1991)　已知 $P(x,y)=2x^2-6xy+5y^2$，若存在整数 B，C，使得 $P(B,C)=A$，则称 A 为 P 的值.

1）在 $\{1,2,\cdots,100\}$ 中，哪些元素是 P 的值？

2）证明：P 的值的积仍然是 P 的值.

解 易知，$P(x,y)=(x-y)^2+(x-2y)^2$，即如果 A 是 P 的值，则 A 是两个整数的平方和，反之，若 A 是两个整数的平方和，$A=u^2+v^2$，令 $x=2u-v$，$y=u-v$，则 x，y 均为整数，于是 A 为 P 的值. 因此，一个数是 P 的值的充要条件是这个数可写成两个整数的平方和.

1）在集合$\{1,2,\cdots,100\}$中，下列元素是P的值：

1，2，4，5，8，9，10，13，16，17，18，20，25，26，29，32，34，36，37，40，41，45，49，50，52，53，58，61，64，65，68，72，73，74，80，81，82，85，89，90，97，98，100.

2）设A_1，A_2是P的值，即$A_1=u_1{}^2+v_1{}^2$，$A_2=u_2{}^2+v_2{}^2$，可得

$$\begin{aligned}A_1A_2&=(u_1^2+v_1^2)(u_2^2+v_2^2)\\&=(u_1u_2+v_1v_2)^2+(u_1v_2-u_2v_1)^2,\end{aligned}$$

从而A_1A_2也是P的值.

【试题 25.8】(第2届中国东南地区数学奥林匹克) 试求满足$a^2+b^2+c^2=2005$且$a\leqslant b\leqslant c$的所有三元正整数组(a,b,c).

解 由于任何奇平方数被4除余1，任何偶平方数是4的倍数，因2005被4除余1，故a^2，b^2，c^2三数中，必是两个偶平方数，一个奇平方数.

设$a=2m$，$b=2n$，$c=2k-1$，m，n，k为正整数，原方程化为

$$m^2+n^2+k(k-1)=501. \tag{25-4}$$

又因任何平方数被3除的余数，或者是0，或者是1，今讨论k

1）若$3\mid k(k-1)$,则由(25-4)式，$3\mid m^2+n^2$，于是m，n都是3的倍数.

设$m=3m_1$，$n=3n_1$，并且$\frac{k(k-1)}{3}$是整数，由(25-4)式，

$$3m_1^2+3n_1^2+\frac{k(k-1)}{3}=167, \tag{25-5}$$

于是

$$\frac{k(k-1)}{3}\equiv 167\equiv 2\pmod 3).$$

设$\frac{k(k-1)}{3}=3r+2$，则

$$k(k-1)=9r+6, \tag{25-6}$$

且由(25-4)式,$k(k-1)<501$，所以$k\leqslant 22$.

故由(25-6)式，k可取3，7，12，16，21，代入(25-5)式分别得到如下情况：

$\begin{cases}k=3,\\m_1^2+n_1^2=55,\end{cases}$ $\begin{cases}k=7,\\m_1^2+n_1^2=51,\end{cases}$ $\begin{cases}k=12,\\m_1^2+n_1^2=41,\end{cases}$ $\begin{cases}k=16,\\m_1^2+n_1^2=29,\end{cases}$ $\begin{cases}k=21,\\m_1^2+n_1^2=9.\end{cases}$

由于55、51都是$4N+3$形状的数，不能表为两个平方的和，并且9也不能表成两个正整数的平方和，因此只有$k=12$与$k=16$时有正整数解m_1，n_1.

当$k=12$时，由$m_1^2+m_2^2=41$，得$(m_1,n_1)=(4,5)$，则$a=6m_1=24$，$b=6n_1$

$=30$，$c=2k-1=23$，于是$(a,b,c)=(24,30,23)$.

当$k=16$时，由$m_1^2+m_2^2=29$，得$(m_1,n_1)=(2,5)$，这时$a=6m_1=12$，$b=6n_1=30$，$c=2k-1=31$，因此$(a,b,c)=(12,30,31)$.

2) 若$3\nmid k(k-1)$，由于任何三个连续数中必有一个是3的倍数，则$k+1$是3的倍数，故k被3除余2，因此k只能取2，5，8，11，14，17，20诸值.

利用(25-4)式分别讨论如下：

若$k=2$，则$m_1^2+m_2^2=499$，而$499\equiv 3 \pmod 4$，此时无解；

若$k=5$，则$m_1^2+m_2^2=481$，利用关系式

$$(\alpha^2+\beta^2)(x^2+y^2)=(\alpha x+\beta y)^2+(\alpha y-\beta x)^2=(\alpha x-\beta y)^2+(\alpha y+\beta x)^2,$$

可知

$$481=13\cdot 37=(3^2+2^2)(6^2+1^2)=20^2+9^2=15^2+16^2,$$

所以

$$(m,n)=(20,9)\text{或}(15,16),$$

于是得两组解$(a,b,c)=(2m,2n,2k-1)=(40,18,9)$或$(30,32,9)$；

若$k=8$，则$m_1^2+m_2^2=445$，而$445=5\times 89=(2^2+1^2)(8^2+5^2)=21^2+2^2=18^2+11^2$，所以$(m,n)=(21,2)$或$(18,11)$，得两组解$(a,b,c)=(2m,2n,2k-1)=(42,4,15)$或$(36,22,15)$；

若$k=11$，有$m_1^2+m_2^2=391$，而$391\equiv 3 \pmod 4$，此时无解；

若$k=14$，有$m_1^2+m_2^2=319$，而$319\equiv 3 \pmod 4$，此时无解；

若$k=17$，有$m_1^2+m_2^2=229$，而$229=15^2+2^2$，得$(m,n)=(15,2)$，得一组解$(a,b,c)=(2m,2n,2k-1)=(30,4,33)$；

若$k=20$，则$m_1^2+m_2^2=121=11^2$，而11^2不能表示两个正整数的平方和，因此本题共有7组解为$(24,30,23)$，$(12,30,31)$，$(40,18,9)$，$(30,32,9)$，$(42,4,15)$，$(36,22,15)$，$(30,4,33)$.

经检验，它们都满足方程.

【试题 25.9】（英国，1995）　求证：方程$x^2+y^2=z^5+z$有无穷多组正整数解x，y，z，使$(x,y,z)=1$.

证明　方程可改写为$z[(z^2)^2+1]=x^2+y^2$，取$z=a^2+b^2$ $(a,b\in\mathbf{N})$，则由恒等式(25-2)得

$$z(z^4+1)=(a^2+b^2)[(z^2)^2+1]=(az^2+b)^2+(bz^2-a)^2.$$

故$x=a(a^2+b^2)^2+b$，$y=b(a^2+b^2)^2-a$，$z=a^2+b^2$是给定方程的解，当$(x,y)=1$时，$(x,y,z)=1$.

为了证明有无穷多组满足$(x,y)=1$的解，取$b=1$来尝试，这时

$$x=a^5+2a^3+a+1,\quad y=a^4+2a^2-a+1,\quad z=a^2+1,$$

其中 a 为正整数.

设对某个 a，$(x,y)>1$，则 (x,y) 有质因子 p，故 $p\mid x-ay$，即 $p\mid a^2+1$. 但 $x=a^3(a^2+1)+a(a^2+1)+1$，而 $p\mid x$，故 $p\mid 1$，矛盾．于是 $(x,y)=1$，这就得出了无穷多组符合要求的解.

【点评】 由上述讨论不难看出，对于方程

$$x^2+y^2=z^{2l+1}+z$$

其中 l 是正整数，上述结论仍成立.

【试题 25.10】 求证：对任意正整数 k，关于 a，b，c 的方程 $a^2+b^2=c^k$ 均有正整数解.

证明 当 $k=1$ 时，命题是平凡的；当 $k=2$ 时，方程 $a^2+b^2=c^2$ 有正整数解 $(3,4,5)$．假设方程 $a^2+b^2=c^{2r}(r\geqslant 1)$ 有正整数解，则由斐波那契恒等式知 $c^2\cdot c^{2r}=c^{2(r+1)}$ 亦为两正整数的平方和，即方程 $a^2+b^2=c^{2(r+1)}$ 有正整数解，由数学归纳法，当 k 为偶数时命题成立；当 k 为奇数时，由于已证方程 $a^2+b^2=c$ 有正整数解 (p,q,r^2)，因而当 k 为奇数时命题亦成立.

【试题 25.11】 证明：方程 $x^2-2y^2=1$ 有无穷组正整数解 (x,y).

证明 下面归纳地构造出方程的无穷组正整数解 $x=x_n$，$y=y_n(n\geqslant 1)$.

显然，第一组解可取为 $x_1=3$，$y_1=2$．假设对 $n\geqslant 1$ 已求出了解 (x_n, y_n)，即 $x_n^2-2y_n^2=1$．在恒等式(25-1)中取 $a=3$，$b=2\sqrt{-2}$，$c=x_n$，$d=y_n\sqrt{-2}$，并运用归纳假设得

$$(3x_n+4y_n)^2-2(2x_n+3y_n)^2=(x_n^2-2y_n^2)(3^2-2\times 2^2)=1.$$

这表明，可以取 $x_{n+1}=3x_n+4y_n$，$y_{n+1}=2x_n+3y_n$，因已假设 x_n，y_n 都是正整数，故 x_{n+1}，y_{n+1} 也都是正整数，又显然 $x_{n+1}>x_n$，$y_{n+1}>y_n$，所以由 $x_1=3$，$y_1=2$ 及递推公式

$$x_{n+1}=3x_n+4y_n,\ y_{n+1}=2x_n+3y_n,\ n\geqslant 1$$

得出方程 $x_n^2-2y_n^2=1$ 的无穷正整数解 $(x_1,y_1),(x_2,y_2),\cdots$.

【试题 25.12】（第 30 届 IMO 预选题，1990） 求证：数列 $a_n=[n\sqrt{2}]$，$n=0$，1，2，…有无穷多项是完全平方数.

证明 在试题 25.11 中，证明了方程 $x^2-2y^2=1$ 有无穷组正整数解 (x_n, y_n)，在(25-1)式中取 $a=1$，$b=\sqrt{-2}$，$c=x_n$，$d=y_n\sqrt{-2}$，得

$$(x_n+2y_n)^2-2(x_n+y_n)^2=(1^2-2\times 1^2)(x_n^2-2y_n^2)=-1.$$

这表明方程

$$x^2-2y^2=-1$$

有无穷组正整数解 $x=x_n+2y_n$，$y=x_n+y_n(n\geqslant 1)$．任取一组解 $x=u$，$y=v$，则

$$u^2-2v^2=-1,$$

从而

$$2v^2=u^2+1.$$

将上式两边同乘以 u^2 得

$$2(uv)^2=u^4+u^2.$$

故

$$u^2<\sqrt{2}uv<u^2+1,$$

所以 $[\sqrt{2}uv]=u^2$ 为一个完全平方数，这样取 $n=uv$，则得无穷个正整数 n，使得 $[n\sqrt{2}]$ 为完全平方数.

【点评】 上述解法的困难在于不容易看出方程 $x^2-2y^2=-1$ 能够帮助构造.

【试题 25.13】(第 44 届普特南数学竞赛，1983)　设 k 是一个正整数，$m=2^k+1$，$r\neq 1$ 是 $z^m-1=0$ 的一个复根. 求证：存在整系数多项式 $P(z)$，$Q(z)$，使得

$$[P(r)]^2+[Q(r)]^2=-1.$$

证明　因为 $r\neq 1$，且

$$r^m-1=(r-1)(r^{m-1}+r^{m-2}+\cdots+1)=0,$$

所以

$$r^{m-1}+r^{m-2}+\cdots+1=0.$$

从而

$$-1=r(1+r+r^2+\cdots+r^{m-2}),$$

$$-1=r(1+r)(1+r^2)(1+r^4)\cdots(1+r^{\frac{m-1}{2}}),$$

$$-1=(r+r^2)(1+r^2)(1+r^4)\cdots(1+r^{\frac{m-1}{2}}).$$

因为

$$r+r^2=r^{m+1}+r^2,\qquad m+1=2(2^{k-1}+1),$$

所以关于-1 的最后表达式之每个因子都是两个平方数的和，它们的乘积可重复应用恒等式(25-1)，表示为两个整系数多项式之平方和.

下面的例子是一个经典问题.

【试题 25.14】　设 $P(x)$是实系数多项式，且对所有 $x\in\mathbf{R}$ 有 $P(x)\geqslant 0$. 求证：存在实系数多项式 $Q_1(x)$和 $Q_2(x)$，使得对所有 x 有

$$P(x)=Q_1^2(x)+Q_2^2(x).$$

证明　由题设 $P(x)$可以表示为如下形式：

$$c\prod_{k=1}^{n}(x^2+p_kx+q_k),$$

其中 c，p_k，q_k 是实数，且 $c\geqslant 0$，$p_k^2-4q_k\leqslant 0$，$k=1,2,\cdots,n$.

注意到 $x^2+p_kx+q_k$ 可以表示为两个式子的平方和

$$\left(x+\frac{p_k}{2}\right)^2+\left(\frac{\sqrt{4q_k-p_k^2}}{2}\right)^2=u_k^2(x)+v_k^2(x),$$

所以只需证明

$$[u_1^2(x)+v_1^2(x)][u_2^2(x)+v_2^2(x)]\cdots[u_n^2(x)+v_n^2(x)]$$

可以表示为两个实系数多项式的平方和. 这可由数学归纳法和斐波那契恒等式导出.

下面几个题目供读者研讨.

1.（第29届IMO预选题）设 $a_n=[\sqrt{(n-1)^2+n^2}]$，$n=1,2,\cdots$，其中 $[x]$ 表示 x 的整数部分. 证明：

（1）有无穷个正整数 m，使得 $a_{m+1}-a_m>1$；

（2）有无穷个正整数 m，使得 $a_{m+1}-a_m=1$.

2. 设 f 为实系数多项式. 证明：当且仅当 f^2 不能写成平方和，即 $f^2=g^2+h^2$（其中 g 与 h 为实系数多项式并且 $\deg g\neq\deg h$）的形式时，f 的所有零点为实数.

3. 给定正整数 d，$S=\{m^2+dn^2\mid m,n\in\mathbf{Z}\}$，$p$，$q$ 是 S 中的两个元素，p 是素数，$r=\frac{q}{p}$是整数. 求证：$r\in S$.

4. 在国内外IMO中找出更多的以斐波那契恒等式为背景的问题，并给出详解.

5. 试编拟一道以斐波那契恒等式为背景的问题.

25.2 背景2——从一道莫斯科数学奥林匹克不等式谈起

1987年第50届莫斯科数学奥林匹克有如下一道不等式题.

求证：对于任何实数 $a_1,a_2,\cdots,a_{1987}$ 和任何正数 $b_1,b_2,\cdots,b_{1987}$，都有

$$\frac{(a_1+a_2+\cdots+a_{1987})^2}{b_1+b_2+\cdots+b_{1987}}\leqslant\frac{a_1^2}{b_1}+\frac{a_2^2}{b_2}+\cdots+\frac{a_{1987}^2}{b_{1987}}.$$

这道不等式可以用凸函数证明（见《世界数学奥林匹克解题大辞典代数卷》第1194页第9章194题，河北少年儿童出版社，2003），这里用归纳法漂亮地证明如下更为一般的结论：

对于任何实数 a_1，a_2，…，a_n 和任何正数 b_1，b_2，…，b_n，都有

$$\frac{a_1^2}{b_1}+\frac{a_2^2}{b_2}+\cdots+\frac{a_n^2}{b_n}\geqslant\frac{(a_1+a_2+\cdots+a_n)^2}{b_1+b_2+\cdots+b_n},\tag{25-7}$$

当且仅当$\frac{a_1}{b_1}=\frac{a_2}{b_2}=\cdots=\frac{a_n}{b_n}$时，等号成立.

当 $n=1$ 时，不等式(25-7)显然成立.

当 $n=2$ 时，

$$\frac{a_1^2}{b_1}+\frac{a_2^2}{b_2}\geqslant\frac{(a_1+a_2)^2}{b_1+b_2}.\tag{25-8}$$

这个不等式的证明很简单.

两次应用不等式(25-8)，可以把两项不等式扩展为三项不等式. 事实上，

$$\frac{a_1^2}{b_1}+\frac{a_2^2}{b_2}+\frac{a_3^2}{b_3}\geqslant\frac{(a_1+a_2)^2}{b_1+b_2}+\frac{a_3^2}{b_3}.$$

通过简单的归纳推理，可以得到不等式(25-7).

应用不等式(25-7)可以推导出柯西不等式

$$\begin{aligned}a_1^2+a_2^2+\cdots+a_n^2&=\frac{a_1^2b_1^2}{b_1^2}+\frac{a_2^2b_2^2}{b_2^2}+\cdots+\frac{a_n^2b_n^2}{b_n^2}\\&\geqslant\frac{(a_1b_1+a_2b_2+\cdots+a_nb_n)^2}{b_1^2+b_2^2+\cdots+b_n^2},\end{aligned}$$

由此得到柯西不等式

$$(a_1^2+a_2^2+\cdots+a_n^2)(b_1^2+b_2^2+\cdots+b_n^2)\geqslant(a_1b_1+a_2b_2+\cdots+a_nb_n)^2$$

当且仅当$\frac{a_1}{b_1}=\frac{a_2}{b_2}=\cdots=\frac{a_n}{b_n}$时，等号成立.

不等式(25-7)也被称为 T_2 引理.

近年的国内外数学竞赛中频频出现以 T_2 引理为背景的问题，下面给出这方面的例子.

【试题 25. 15】(友谊杯国际数学竞赛，1988)　已知 a,b，$c>0$. 求证：

$$\frac{a^2}{b+c}+\frac{b^2}{c+a}+\frac{c^2}{a+b}\geqslant\frac{1}{2}(a+b+c).$$

证明　应用 T_2 引理，这个表达式左边大于或等于

$$\frac{(a+b+c)^2}{2(a+b+c)}=\frac{1}{2}(a+b+c).$$

由三元向 n 元推广，此题可作如下推广.

【试题 25. 16】(全苏数学奥林匹克，1990)　设 a_1，a_2，…，$a_n\in\mathbf{R}^+$，且 $a_1+a_2+\cdots+a_n=1$. 求证：

$$\frac{a_1^{\ 2}}{a_1+a_2}+\frac{a_2^{\ 2}}{a_2+a_3}+\cdots+\frac{a_{n-1}^{\ \ 2}}{a_{n-1}+a_n}+\frac{a_n^{\ 2}}{a_n+a_1}\geqslant\frac{1}{2}.$$

证明应用 T_2 引理即可.

类似的，有如下结论.

【试题 25.17】（亚太地区数学奥林匹克，1991） 设 a_1，a_2，…，a_n，b_1，b_2，…，$b_n\in\mathbf{R}^+$，且

$$\sum_{k=1}^{n}a_k=\sum_{k=1}^{n}b_k.$$

求证：$\displaystyle\sum_{k=1}^{n}\frac{a_k^2}{a_k+b_k}\geqslant\frac{1}{2}\sum_{k=1}^{n}b_k.$

受上述试题 25.15 启发，还可编拟出下题.

【试题 25.18】 已知 a,b，$c>0$. 求证：

$$\frac{a^2+b^2}{a+b}+\frac{b^2+c^2}{b+c}+\frac{a^2+c^2}{c+a}\geqslant a+b+c.$$

证明 把不等号左边的式子写成

$$\frac{a^2}{a+b}+\frac{b^2}{a+b}+\frac{b^2}{b+c}+\frac{c^2}{b+c}+\frac{a^2}{c+a}+\frac{c^2}{c+a},$$

应用 T_2 引理，这个表达式大于或等于

$$\frac{(2a+2b+2c)^2}{4(a+b+c)}=a+b+c.$$

在试题 25.15 中，取 $a^2=2$，$b^2=2$，$c^2=2$，可编拟出下题.

【试题 25.19】 已知 a，b，$c>0$. 求证：

$$\frac{2}{a+b}+\frac{2}{b+c}+\frac{2}{c+a}\geqslant\frac{9}{a+b+c}.$$

证明 把不等号左边的式子写成

$$\frac{(\sqrt{2})^2}{a+b}+\frac{(\sqrt{2})^2}{b+c}+\frac{(\sqrt{2})^2}{c+a},$$

应用 T_2 引理，推出

$$\frac{(\sqrt{2})^2}{a+b}+\frac{(\sqrt{2})^2}{b+c}+\frac{(\sqrt{2})^2}{c+a}\geqslant\frac{(3\sqrt{2})^2}{2\ (a+b+c)}=\frac{9}{a+b+c}.$$

当 $a=b=c$ 时，等号成立.

【试题 25.20】 已知 x，y，$z>0$. 求证：

$$\frac{x^2}{(x+y)(x+z)}+\frac{y^2}{(y+z)(y+x)}+\frac{z^2}{(z+x)(z+y)}\geqslant\frac{3}{4}.$$

证明 应用 T_2 引理，得

$$\frac{x^2}{(x+y)(x+z)}+\frac{y^2}{(y+z)(y+x)}+\frac{z^2}{(z+x)(z+y)}$$
$$\geqslant\frac{(x+y+z)^2}{x^2+y^2+z^2+3(xy+xz+yz)}.$$

而证明

$$\frac{(x+y+z)^2}{x^2+y^2+z^2+3(xy+xz+yz)}\geqslant\frac{3}{4}$$

等价于证明

$$x^2+y^2+z^2\geqslant xy+yz+zx.$$

【试题 25. 21】　已知 a，b，x，y，z 是正实数. 求证：

$$\frac{x}{ay+bz}+\frac{y}{az+bx}+\frac{z}{ax+by}\geqslant\frac{3}{a+b}.$$

证明

$$\frac{x}{ay+bz}+\frac{y}{az+bx}+\frac{z}{ax+by}=\frac{x^2}{axy+bxz}+\frac{y^2}{ayz+byx}+\frac{z^2}{axz+byz}$$
$$\geqslant\frac{(x+y+z)^2}{(a+b)(xy+xz+yz)}$$
$$\geqslant\frac{3}{a+b}.$$

【试题 25. 22】　已知 x，y，$z>0$. 求证：

$$\frac{x}{x+2y+3z}+\frac{y}{y+2z+3x}+\frac{z}{z+2x+3y}\geqslant\frac{1}{2}.$$

证明　把不等式的左边写成

$$\frac{x^2}{x^2+2xy+3xz}+\frac{y^2}{y^2+2yz+3xy}+\frac{z^2}{z^2+2xz+3yz},$$

应用 T_2 引理，得到

$$\frac{x}{x+2y+3z}+\frac{y}{y+2z+3x}+\frac{z}{z+2x+3y}\geqslant\frac{(x+y+z)^2}{x^2+y^2+z^2+5(xy+xz+yz)}.$$

现在只需要证明

$$\frac{(x+y+z)^2}{x^2+y^2+z^2+5(xy+xz+yz)}\geqslant\frac{1}{2},$$

而这等价于证明

$$x^2+y^2+z^2\geqslant xy+yz+zx,$$

该不等式是显然的.

【试题 25. 23】（IMO 预选题，1993）　设 a，b，c，$d>0$. 求证：

$$\frac{a}{b+2c+3d}+\frac{b}{c+2d+3a}+\frac{c}{d+2a+3b}+\frac{d}{a+2b+3c}\geqslant\frac{2}{3}.$$

证明 不等式左边可以化为

$$\frac{a^2}{ab+2ac+3ad}+\frac{b^2}{bc+2bd+3ba}+\frac{c^2}{dc+2ac+3bc}+\frac{d^2}{da+2bd+3dc}\geqslant\frac{2}{3},$$

由 T_2 引理得

$$\frac{a^2}{ab+2ac+3ad}+\frac{b^2}{bc+2bd+3ba}+\frac{c^2}{dc+2ac+3bc}+\frac{d^2}{da+2bd+3dc}$$
$$\geqslant\frac{(a+b+c+d)^2}{4(ab+ac+ad+bc+bd+dc)}.$$

只需要证明

$$\frac{(a+b+c+d)^2}{4(ab+ac+ad+bc+bd+dc)}\geqslant\frac{2}{3},$$

证明该问题等价于证明

$$3(a^2+b^2+c^2+d^2)\geqslant 2(ab+ac+ad+bc+bd+dc),$$

而这显然成立.

【试题 25.24】 已知正数 a，b，c 满足 $ab+bc+ca=\frac{1}{3}$. 求证：

$$\frac{a}{a^2-bc+1}+\frac{b}{b^2-ca+1}+\frac{c}{c^2-ab+1}\geqslant\frac{1}{a+b+c}.$$

证明 由 T_2 引理得

$$\sum\frac{a}{a^2-bc+1}=\sum\frac{a^2}{a^3-abc+a}\geqslant\frac{(a+b+c)^2}{\sum a^3+\sum a-3abc}.$$

因为

$$\sum a^3-3abc=(a+b+c)\left(\sum a^2-\sum ab\right)=(a+b+c)\left(\sum a^2-\frac{1}{3}\right),$$

由此

$$\frac{(a+b+c)^2}{\sum a^3+\sum a-3abc}=\frac{\sum a^2+2\sum ab}{(a+b+c)\left(\sum a^2-\frac{1}{3}+1\right)}$$
$$=\frac{\sum a^2+\frac{2}{3}}{(a+b+c)\left(\sum a^2+\frac{2}{3}\right)}=\frac{1}{a+b+c},$$

从而命题得证.

【试题 25.25】（环球城市赛，1998） 设 a，b，$c>0$. 求证：

$$\frac{a^3}{a^2+ab+b^2}+\frac{b^3}{b^2+bc+c^2}+\frac{c^3}{c^2+ca+a^2}\geqslant\frac{a+b+c}{3}.$$

证明　不等式左边可以化为

$$\frac{(a^2)^2}{a^3+a^2b+ab^2}+\frac{(b^2)^2}{b^3+b^2c+bc^2}+\frac{(c^2)^2}{c^3+c^2a+ca^2},$$

由 T_2 引理得

$$\begin{aligned}&\frac{(a^2)^2}{a^3+a^2b+ab^2}+\frac{(b^2)^2}{b^3+b^2c+bc^2}+\frac{(c^2)^2}{c^3+c^2a+ca^2}\\ \geqslant&\frac{(a^2+b^2+c^2)^2}{a^3+b^3+c^3+ab(a+b)+bc(b+c)+ca(a+c)}\\ =&\frac{(a^2+b^2+c^2)^2}{(a+b+c)(a^2+b^2+c^2)}=\frac{(a^2+b^2+c^2)}{(a+b+c)}\geqslant\frac{a+b+c}{3}.\end{aligned}$$

问题得证.

【试题 25.26】(2001，MOSP)　已知 a，b，c，d，e 是正实数．求证:

$$\frac{a}{b+c}+\frac{b}{c+d}+\frac{c}{d+e}+\frac{d}{e+a}+\frac{e}{a+b}\geqslant\frac{5}{2}.$$

证明　我们有

$$\begin{aligned}&\frac{a}{b+c}+\frac{b}{c+d}+\frac{c}{d+e}+\frac{d}{e+a}+\frac{e}{a+b}\\ =&\frac{a^2}{ab+ac}+\frac{b^2}{bc+bd}+\frac{c^2}{cd+ce}+\frac{d^2}{de+ad}+\frac{e^2}{ae+be}\\ \geqslant&\frac{(a+b+c+d+e)^2}{\sum ab}.\end{aligned}$$

因为

$$(a+b+c+d+e)^2=\sum a^2+2\sum ab,$$

所以只需要证明

$$2\sum a^2+4\sum ab\geqslant 5\sum ab,$$

而这等价于证明

$$2\sum a^2\geqslant\sum ab$$

由于 $\sum(a-b)^2\geqslant 0$，从而最后一个不等式成立.

【试题 25.27】(第 31 届 IMO 预选题)　设 a，b，c，d 均是非负实数且满足

$$ab+bc+cd+da=1.$$

求证:

$$\frac{a^3}{b+c+d}+\frac{b^3}{a+c+d}+\frac{c^3}{a+b+d}+\frac{d^3}{a+b+c}\geqslant\frac{1}{3}.$$

证明　由 T_2 引理得

$$\frac{a^3}{b+c+d}+\frac{b^3}{a+c+d}+\frac{c^3}{a+b+d}+\frac{d^3}{a+b+c}$$
$$=\frac{(a^2)^2}{a(b+c+d)}+\frac{(b^2)^2}{b(a+c+d)}+\frac{(c^2)^2}{c(a+b+d)}+\frac{(d^2)^2}{d(a+b+c)}$$
$$\geqslant\frac{(a^2+b^2+c^2+d^2)^2}{ab+ac+ad+ba+bc+bd+ca+cb+cd+ad+bd+cd}$$
$$=\frac{(a^2+b^2+c^2+d^2)^2}{2(ab+bc+cd+da)+2ac+2bd}$$
$$=\frac{(a^2+b^2+c^2+d^2)^2}{2+2ac+2bd}\geqslant\frac{(a^2+b^2+c^2+d^2)^2}{2+(a^2+b^2+c^2+d^2)}.$$

令 $x=a^2+b^2+c^2+d^2\geqslant0$，则

$$x=\frac{1}{2}(a^2+b^2)+\frac{1}{2}(b^2+c^2)+\frac{1}{2}(c^2+d^2)+\frac{1}{2}(d^2+a^2)$$
$$\geqslant ab+bc+cd+da=1.$$

现在只要证明$\frac{x^2}{2+x}\geqslant\frac{1}{3}$即可，也就是

$$3x^2\geqslant x+2\Leftrightarrow3x^2-x-2\geqslant0$$
$$\Leftrightarrow(x-1)(3x+2)\geqslant0,$$

显然成立.

【试题 25.28】（伊朗，1998） 求证：如果 x，y，$z>0$，且满足$\frac{1}{x}+\frac{1}{y}+\frac{1}{z}=2$，则

$$\sqrt{x-1}+\sqrt{y-1}+\sqrt{z-1}\leqslant\sqrt{x+y+z}.$$

证明 显然且最自然的解法是在下列形式下利用柯西不等式：

$$\sqrt{x-1}+\sqrt{y-1}+\sqrt{z-1}\leqslant\sqrt{3(x+y+z-3)},$$

然后再试图证明不等式 $\sqrt{3(x+y+z-3)}\leqslant\sqrt{x+y+z}$，这等价于证明 $x+y+z\leqslant\frac{9}{2}$. 不幸的是，这个不等式不成立. 事实上，不等号反过来是成立的，即 $x+y+z\geqslant\frac{9}{2}$，因为 $2=\frac{1}{x}+\frac{1}{y}+\frac{1}{z}\geqslant\frac{9}{x+y+z}$. 因此这种方法是失败的.

来尝试另外一种方法，式子$\frac{1}{x}+\frac{1}{y}+\frac{1}{z}=2$ 可以写成

$$\left(1-\frac{1}{x}\right)+\left(1-\frac{1}{y}\right)+\left(1-\frac{1}{z}\right)=1，即\frac{x-1}{x}+\frac{y-1}{y}+\frac{z-1}{z}=1.$$

利用 T_2 引理，

$$\frac{x-1}{x}+\frac{y-1}{y}+\frac{z-1}{z}\geqslant\frac{(\sqrt{x-1}+\sqrt{y-1}+\sqrt{z-1})^2}{x+y+z},$$

由此，

$$\sqrt{x-1}+\sqrt{y-1}+\sqrt{z-1}\leqslant\sqrt{x+y+z}.$$

【试题 25.29】 已知非负实数 a，b，c，x，y，z 满足 $a+b+c=x+y+z$. 求证：

$$ax(a+x)+by(b+y)+cz(c+z)\geqslant 3(abc+xyz).$$

证明 当 x，y，$z\neq 0$ 时，为了应用 $a+b+c=x+y+z$ 和 T_2 引理，将不等式左边改写为

$$\begin{aligned}(a^2x+b^2y+c^2z)+(ax^2+by^2+cz^2)&=\left(\frac{a^2}{1/x}+\frac{b^2}{1/y}+\frac{c^2}{1/z}\right)+\left(\frac{x^2}{1/a}+\frac{y^2}{1/b}+\frac{z^2}{1/c}\right)\\&\geqslant\frac{(a+b+c)^2}{1/x+1/y+1/z}+\frac{(x+y+z)^2}{1/a+1/b+1/c}\\&=\frac{xyz(a+b+c)^2}{xy+yz+zx}+\frac{abc(x+y+z)^2}{ab+bc+ca}\\&=\frac{xyz(x+y+z)^2}{xy+yz+zx}+\frac{abc(a+b+c)^2}{ab+bc+ca}.\end{aligned}$$

只需要证明

$$\frac{xyz(x+y+z)^2}{xy+yz+zx}+\frac{abc(a+b+c)^2}{ab+bc+ca}\geqslant 3(abc+xyz),$$

而这显然成立.

当 x，y，z 有一个为 0 时，代入讨论即可.

【试题 25.30】（IMO，1995） 已知 $abc=1$，其中 a，b，c 是正数. 求证：

$$\frac{1}{a^3(b+c)}+\frac{1}{b^3(a+c)}+\frac{1}{c^3(a+b)}\geqslant\frac{3}{2}.$$

证明 可以看到

$$\begin{aligned}\frac{1}{a^3(b+c)}+\frac{1}{b^3(a+c)}+\frac{1}{c^3(a+b)}&=\frac{1/a^2}{ab+ac}+\frac{1/b^2}{ab+bc}+\frac{1/c^2}{ac+bc}\\&\geqslant\frac{(1/a+1/b+1/c)^2}{2(ab+bc+ac)},\end{aligned}$$

后面的不等式是根据 T_2 引理得来的.

因为 $abc=1$，由此

$$\left(\frac{1}{a}+\frac{1}{b}+\frac{1}{c}\right)^2=\frac{(ab+bc+ca)^2}{(abc)^2}=(ab+bc+ca)^2.$$

因此

$$\frac{1}{a^3(b+c)}+\frac{1}{b^3(a+c)}+\frac{1}{c^3(a+b)}\geqslant\frac{(ab+bc+ac)}{2}\geqslant\frac{3\sqrt[3]{(abc)^2}}{2}=\frac{3}{2}.$$

【试题 25.31】（IMO，2001） 求证：对任何的正实数 a，b，c，不等式

$$\frac{a}{\sqrt{a^2+8bc}}+\frac{b}{\sqrt{b^2+8ac}}+\frac{c}{\sqrt{c^2+8ab}}\geqslant 1$$

成立.

证明

$$\frac{a}{\sqrt{a^2+8bc}}+\frac{b}{\sqrt{b^2+8ac}}+\frac{c}{\sqrt{c^2+8ab}}$$
$$=\frac{a^2}{\sqrt{a}\sqrt{a^3+8abc}}+\frac{b^2}{\sqrt{b}\sqrt{b^3+8abc}}+\frac{c^2}{\sqrt{c}\sqrt{c^3+8abc}},$$

应用 T_2 引理，

$$\frac{a^2}{\sqrt{a}\sqrt{a^3+8abc}}+\frac{b^2}{\sqrt{b}\sqrt{b^3+8abc}}+\frac{c^2}{\sqrt{c}\sqrt{c^3+8abc}}$$
$$\geqslant\frac{(a+b+c)^2}{\sqrt{a}\sqrt{a^3+8abc}+\sqrt{b}\sqrt{b^3+8abc}+\sqrt{c}\sqrt{c^3+8abc}}$$
$$\geqslant\frac{(a+b+c)^2}{\sqrt{(a+b+c)\ (a^3+8abc+b^3+8abc+c^3+8abc)}}$$
$$=\frac{(a+b+c)^{\frac{3}{2}}}{\sqrt{a^3+b^3+c^3+24abc}}.$$

现在只需要证明

$$(a+b+c)^3\geqslant a^3+b^3+c^3+24abc,$$

等价于证明

$$a^2b+a^2c+b^2a+b^2c+c^2a+c^2b\geqslant 6abc,$$

直接利用平均值不等式可得.

【试题 25.32】（国家集训队，2007） 设正实数 a_1，a_2，…，a_n 满足 $a_1+a_2+\cdots+a_n=1$．求证：

$$(a_1a_2+a_2a_3+\cdots+a_na_1)\left(\frac{a_1}{a_2^2+a_2}+\frac{a_2}{a_3^2+a_3}+\cdots+\frac{a_n}{a_1^2+a_1}\right)\geqslant\frac{n}{n+1}.$$

证法 1 由 T_2 引理得

$$\frac{a_1}{a_2^2+a_2}+\frac{a_2}{a_3^2+a_3}+\cdots+\frac{a_n}{a_1^2+a_1}=\frac{(a_1/a_2)^2}{a_1+a_1/a_2}+\frac{(a_2/a_3)^2}{a_2+a_2/a_3}+\cdots+\frac{(a_n/a_1)^2}{a_n+a_n/a_1}$$
$$\geqslant\frac{(a_1/a_2+a_2/a_3+\cdots+a_n/a_1)^2}{1+a_1/a_2+a_2/a_3+\cdots+a_n/a_1}.$$

只需证

$$\left(\sum_{i=1}^{n} a_i a_{i+1}\right)\left(\sum_{i=1}^{n} \frac{a_i}{a_{i+1}}\right)^2 \geqslant \frac{n}{n+1}\left(\sum_{i=1}^{n} \frac{a_i}{a_{i+1}} + 1\right). \qquad (25\text{-}9)$$

由 Cauchy 不等式得

$$\left(\sum_{i=1}^{n} a_i a_{i+1}\right)\left(\sum_{i=1}^{n} \frac{a_i}{a_{i+1}}\right) \geqslant \left(\sum_{i=1}^{n} a_i\right)^2 = 1,$$

故要证(25-9)式，只需证

$$\sum_{i=1}^{n} \frac{a_i}{a_{i+1}} \geqslant \frac{n}{n+1}\left(\sum_{i=1}^{n} \frac{a_i}{a_{i+1}} + 1\right),$$

而此等价于 $\sum_{i=1}^{n} \frac{a_i}{a_{i+1}} \geqslant n$，这由平均值不等式得证.

证法 2　由 T_2 引理及题设得

$$\begin{aligned}\frac{a_1}{a_2}+\frac{a_2}{a_3}+\cdots+\frac{a_n}{a_1} &= \frac{a_1^2}{a_1a_2}+\frac{a_2^2}{a_2a_3}+\cdots+\frac{a_n^2}{a_na_1}\\ &\geqslant \frac{1}{a_1a_2+a_2a_3+\cdots+a_na_1},\end{aligned}$$

因而只需证明

$$\frac{a_1}{a_2^2+a_2}+\frac{a_2}{a_3^2+a_3}+\cdots+\frac{a_n}{a_1^2+a_1} \geqslant \frac{n}{n+1}\left(\frac{a_1}{a_2}+\frac{a_2}{a_3}+\cdots+\frac{a_n}{a_1}\right).$$

由 T_2 引理得

$$\begin{aligned}\frac{a_1}{a_2^2+a_2}+\frac{a_2}{a_3^2+a_3}+\cdots+\frac{a_n}{a_1^2+a_1} &= \frac{(a_1/a_2)^2}{a_1+a_1/a_2}+\frac{(a_2/a_3)^2}{a_2+a_2/a_3}+\cdots+\frac{(a_n/a_1)^2}{a_n+a_n/a_1}\\ &\geqslant \frac{(a_1/a_2+a_2/a_3+\cdots+a_n/a_1)^2}{1+a_1/a_2+a_2/a_3+\cdots+a_n/a_1},\end{aligned}$$

令 $t=\frac{a_1}{a_2}+\frac{a_2}{a_3}+\cdots+\frac{a_n}{a_1}$，则 $t\geqslant n$. 从而只需证

$$\frac{t^2}{1+t} \geqslant \frac{nt}{n+1},$$

此式等价于 $t\geqslant n$. 证毕.

【试题 25.33】　求证：对任意正数 a，b，c，不等式

$$\frac{(a+b)^2}{c^2+ab}+\frac{(b+c)^2}{a^2+bc}+\frac{(c+a)^2}{b^2+ca} \geqslant 6$$

成立.

证明　由 T_2 引理得

$$\sum \frac{(a+b)^2}{c^2+ab} = \sum \frac{((a+b)^2)^2}{(a+b)^2(c^2+ab)} \geqslant \frac{\left(\sum (a+b)^2\right)^2}{\sum (a+b)^2(c^2+ab)},$$

所以只需要证明

$$\frac{(\sum(a+b)^2)^2}{\sum(a+b)^2(c^2+ab)}\geqslant 6,$$

而化简可得，上式等价于

$$\begin{aligned}&2(a^4+b^4+c^4)+2abc(a+b+c)+ab(a^2+b^2)\\&\quad+bc(b^2+c^2)+ca(c^2+a^2)\\&\geqslant 6(a^2b^2+b^2c^2+c^2a^2).\end{aligned}\tag{25-10}$$

由算术–几何平均不等式可得

$$ab(a^2+b^2)\geqslant 2a^2b^2,\quad bc(b^2+c^2)\geqslant 2b^2c^2,\quad ca(c^2+a^2)\geqslant 2c^2a^2,$$

所以只要证明

$$(a^4+b^4+c^4)+abc(a+b+c)\geqslant 2(a^2b^2+b^2c^2+c^2a^2),\tag{25-11}$$

即可得出不等式(25-10)成立．而由这个不等式的形式，想到海伦公式的变式

$$\begin{aligned}&2(a^2b^2+b^2c^2+c^2a^2)-(a^4+b^4+b^4)\\&=(a+b+c)(a+b-c)(b+c-a)(c+a-b),\end{aligned}\tag{25-12}$$

所以不等式(25-11)等价于

$$abc\geqslant(a+b-c)(b+c-a)(c+a-b).\tag{25-13}$$

不妨设 $c\leqslant b\leqslant a$，所以有 $a+b-c>0$，$c+a-b>0$.

如果 $b+c-a<0$，则(25-13)式显然成立；

如果 $b+c-a>0$，则由算术–几何平均不等式可得

$$2a=(a+b-c)+(c+a-b)\geqslant 2\sqrt{(a+b-c)(c+a-b)},$$

$$2b=(a+b-c)+(b+c-a)\geqslant 2\sqrt{(a+b-c)(b+c-a)},$$

$$2c=(b+c-a)+(c+a-b)\geqslant 2\sqrt{(b+c-a)(c+a-b)},$$

三式相乘便可得到不等式(25-13)，所以原不等式成立.

【点评】 在上述证明过程中，分别利用了 T_2 引理与算术–几何平均不等式，还用到了海伦公式的变式．如果不知道这些公式，这道例题的证明将变得异常复杂，甚至无法进行下去．而(25-13)式的证明也可以作为一道独立的题目，如果我们之前也曾经证明过它，那么此题的证明过程就是由几个著名的公式和一个曾经证明过的结果连串起来的．如果把握住这点，这个证明过程就一目了然了.

【试题 25.34】（IMO，2005） 正实数 x，y，z 满足 $xyz\geqslant 1$．证明：

$$\frac{x^5-x^2}{x^5+y^2+z^2}+\frac{y^5-y^2}{y^5+z^2+x^2}+\frac{z^5-z^2}{z^5+x^2+y^2}\geqslant 0.$$

证明 这是 2005 年 IMO 第 3 题，本题由韩国提供，平均分为 0.91．应用 T_2 引理可以得到如下巧妙的证法：

原不等式等价于

$$\frac{x^2+y^2+z^2}{x^5+y^2+z^2}+\frac{x^2+y^2+z^2}{y^5+z^2+x^2}+\frac{x^2+y^2+z^2}{z^5+x^2+y^2}\leqslant 3.$$

又因为

$$x^5+y^2+z^2=\frac{x^4}{1/x}+\frac{y^4}{y^2}+\frac{z^4}{z^2}\geqslant\frac{(x^2+y^2+z^2)^2}{1/x+y^2+z^2},$$

所以

$$\sum\frac{x^2+y^2+z^2}{x^5+y^2+z^2}\leqslant\sum\frac{1/x+y^2+z^2}{x^2+y^2+z^2}=2+\frac{xy+yz+zx}{xyz(x^2+y^2+z^2)}\leqslant 3.$$

下面几个问题供读者研讨.

1. 已知 a，b 是正实数．求证：$8(a^4+b^4)\geqslant(a+b)^4$.

2. （莫斯科，1963）已知 a，b，c 是正实数．求证：

$$\frac{a}{b+c}+\frac{b}{c+a}+\frac{c}{a+b}\geqslant\frac{3}{2}.$$

3. （四川，1989）已知 a，b，c，d 是正实数．求证：

$$\frac{a}{b+c}+\frac{b}{c+d}+\frac{c}{d+a}+\frac{d}{a+b}\geqslant 2.$$

4. （《数学教学》问题 384）设 a，b，c 是三角形的三边．证明：

$$\frac{a^2}{b+c-a}+\frac{b^2}{c+a-b}+\frac{c^2}{a+b-c}\geqslant a+b+c.$$

5. （全国高中数学联赛，1984）设 x_1，x_2，…，x_n 都是正数. 求证：

$$\frac{x_1^2}{x_2}+\frac{x_2^2}{x_3}+\cdots+\frac{x_{n-1}^2}{x_n}+\frac{x_n^2}{x_1}\geqslant x_1+x_2+\cdots+x_n.$$

6. （白俄罗斯，2003）已知正数 a_1，a_2，…，a_n，b_1，b_2，…，b_n，满足条件 $a_1+a_2+\cdots+a_n=b_1+b_2+\cdots+b_n=1$. 求

$$\frac{a_1^{\ 2}}{a_1+b_1}+\frac{a_2^{\ 2}}{a_2+b_2}+\cdots+\frac{a_n^{\ 2}}{a_n+b_n}$$

的最小值.

7. （MOSP，2001）已知正数 a_1，a_2，…，a_5 满足 $a_1^{\ 2}+a_2^{\ 2}+\cdots+a_5^{\ 2}=1$. 求证：

$$\frac{a_1^{\ 2}}{a_2+a_3+a_4}+\frac{a_2^{\ 2}}{a_3+a_4+a_5}+\frac{a_3^{\ 2}}{a_4+a_5+a_1}+\frac{a_4^{\ 2}}{a_5+a_1+a_2}+\frac{a_5^{\ 2}}{a_1+a_2+a_3}\geqslant\frac{\sqrt{5}}{3}.$$

8. 已知正数 a，b，c 满足 $abc\leqslant 1$. 求证：

$$\frac{a}{b}+\frac{b}{c}+\frac{c}{a}\geqslant a+b+c.$$

9. 在国内外 IMO 中找出更多的以 T_2 引理为背景的问题，并给出详解.
10. 试编拟一道以 T_2 引理为背景的问题.

25.3 背景 3——Schur 不等式

若 x，y，z 为非负实数，则对任意 $r>0$ 都有

$$x^r(x-y)(x-z)+y^r(y-z)(y-x)+z^r(z-x)(z-y)\geqslant 0, \tag{25-14}$$

等号成立当且仅当 $x=y=z$ 或者 x，y，z 中有两个相等，第三个为 0.

不等式(25-14)是 I. Schur 大约在 1934 年或更早些时候得到的.

因为不等式关于三个变元是对称的，不失一般性，可以假设 $x\geqslant y\geqslant z$，则不等式(25-14)可以重新写成

$$(x-y)[x^r(x-z)-y^r(y-z)]+z^r(x-z)(y-z)\geqslant 0,$$

从而不等式(25-14)成立.

当 $r=1$ 时，由不等式(25-14)可以推出 Schur 不等式的特例：

$$x(x-y)(x-z)+y(y-z)(y-x)+z(z-x)(z-y)\geqslant 0 \tag{25-15}$$

近年的国内外 IMO 中频频出现以 Schur 不等式(25-14)、(25-15)为背景的问题.

首先，看看 2008 年女子数学奥林匹克第 2 题的命题思路，由 Schur 不等式的变式(25-15)可推出

$$4(x+y+z)(xy+yz+zx)\leqslant(x+y+z)^3+9xyz. \tag{25-16}$$

由不等式(25-16)中的对称式 $x+y+z$，$xy+yz+zx$ 和 xyz，联想到一元三次多项式的根与系数的关系(韦达定理). 用四个字母 a，b，c，d 来表示一个一元三次多项式的系数，只要这个多项式有三个正根 x，y，z 且 $a>0$ 即可用 a，b，c，d 表示(25-16)式

$$4\left(-\frac{b}{a}\right)\left(\frac{c}{a}\right)\leqslant\left(-\frac{b}{a}\right)^3+9\left(-\frac{d}{a}\right).$$

化简可得 $b^3+9a^2d-4abc\leqslant 0$.

根据命题要求和整套试题结构的安排，需要一个更为简单的问题，经过推演发现 $2b^3+9a^2d-7abc\leqslant 0$ 很容易证明.

多项式 $\varphi(x)=ax^3+bx^2+cx+d$ 有三个正根，且 $\varphi(0)<0$，可保证 $a>0$. 于是得到 2008 年女子数学奥林匹克第 2 题.

已知实系数多项式 $\varphi(x)=ax^3+bx^2+cx+d$ 有三个正根，且 $\varphi(0)<0$. 求证：

$$2b^3+9a^2d-7abc\leqslant 0.$$

请看更多的例子.

【试题 25.35】(IMO 美国国家队训练题)　证明:在任意锐角三角形 ABC 中,有

$$\cot^3A+\cot^3B+\cot^3C+6\cot A\cot B\cot C\geqslant \cot A+\cot B+\cot C.$$

证明　令 $\cot A=x$, $\cot B=y$, $\cot C=z$, 因为 $xy+yz+zx=1$, 所以只要证明下面齐次不等式即可:

$$x^3+y^3+z^3+6xyz\geqslant (x+y+z)(xy+yz+zx),$$

这等价于

$$x(x-y)(x-z)+y(y-z)(y-x)+z(z-x)(z-y)\geqslant 0,$$

这是 Schur 不等式.

【试题 25.36】(IMO 美国国家队选拔考试题,2003)　设 a, b, c 为区间 $\left(0,\dfrac{\pi}{2}\right)$上的实数. 证明:

$$\frac{\sin a\sin(a-b)\sin(a-c)}{\sin(b+c)}+\frac{\sin b\sin(b-c)\sin(b-a)}{\sin(c+a)}+\frac{\sin c\sin(c-a)\sin(c-b)}{\sin(a+b)}\geqslant 0.$$

证明　由积化和差公式和二倍角公式,有

$$\sin(\alpha-\beta)\sin(\alpha+\beta)=\frac{1}{2}(\cos 2\beta-\cos 2\alpha)=\sin^2\alpha-\sin^2\beta,$$

从而,得到

$$\sin a\sin(a-b)\sin(a-c)\sin(a+b)\sin(a+c)=\sin a(\sin^2a-\sin^2b)(\sin^2a-\sin^2c).$$

令 $x=\sin^2a$, $y=\sin^2b$, $z=\sin^2c$, 则欲证不等式等价于

$$x^{\frac{1}{2}}(x-y)(x-z)+y^{\frac{1}{2}}(y-z)(y-x)+z^{\frac{1}{2}}(z-x)(z-y)\geqslant 0,$$

这是 Schur 不等式的一个特例$\left(r=\dfrac{1}{2}\right)$.

【点评】　也可以令 $x=\sin a$, $y=\sin b$, $z=\sin c$, x, y, $z>0$, 则欲证不等式等价于

$$x(x^2-y^2)(x^2-z^2)+y(y^2-z^2)(y^2-x^2)+z(z^2-x^2)(z^2-y^2)\geqslant 0,$$

因为上式是关于 x, y, z 对称的, 所以假设 $x\geqslant y\geqslant z>0$. 只需要证明

$$x(y^2-x^2)(z^2-x^2)+z(z^2-x^2)(z^2-y^2)\geqslant y(z^2-y^2)(y^2-x^2),$$

这是显然的, 因为

$$z\ (z^2-x^2)\ (z^2-y^2)\ \geqslant 0,$$

且

$$x(y^2-x^2)(z^2-x^2)\geqslant x(y^2-x^2)(z^2-y^2)\geqslant y(y^2-x^2)(z^2-y^2).$$

【试题 25.37】（IMO 罗马尼亚国家队选拔考试题，2001） 已知 a，b，c 是三角形的三边长．证明：

$$(-a+b+c)(a-b+c)+(a-b+c)(a+b-c)+(a+b-c)(-a+b+c)$$
$$\leqslant\sqrt{abc}(\sqrt{a}+\sqrt{b}+\sqrt{c}).$$

证明 假设 a，b，c 是任意正数，经过运算，原不等式变成

$$2(ab+bc+ca)\leqslant a^2+b^2+c^2+a\sqrt{bc}+b\sqrt{ca}+c\sqrt{ab}.$$

令 $a=x^2$，$b=y^2$，$c=z^2$，则上式等价于

$$x^4+y^4+z^4+x^2yz+xy^2z+xyz^2\geqslant 2\ (x^2y^2+y^2z^2+z^2x^2).$$

由 AM-GM 不等式，得到

$$2x^2y^2\leqslant x^3y+xy^3,$$

从而只要证明下面不等式即可：

$$x^4+y^4+z^4+x^2yz+xy^2z+xyz^2\geqslant x^3y+y^3z+z^3x+xy^3+yz^3+zx^3.$$

这可以写成下面形式：

$$x^2(x-y)(x-z)+y^2(y-z)(y-x)+z^2(z-x)(z-y)\geqslant 0.$$

这是 Schur 不等式的一个特例（$r=2$），所以结论成立.

【试题 25.38】（Crux，2006：415～416） 设 $k>-1$ 为一固定的实数，a，b，c 为非负实数，满足 $a+b+c=1$ 且 $ab+bc+ca>0$. 求

$$\min\left\{\frac{(1+ka)(1+kb)(1+kc)}{(1-a)(1-b)(1-c)}\right\}.$$

解 所求的最小值是 $\min\left\{\frac{1}{8}\ (k+3)^3,\ (k+2)^2\right\}$.

首先，证明下面不等式：

$$4(ab+bc+ca)\leqslant 1+9abc. \tag{25-17}$$

利用条件 $a+b+c=1$，得到

$$\begin{aligned}&1-4(ab+bc+ca)+9abc\\=&(a+b+c)^3-4(a+b+c)(ab+bc+ca)+9abc\\=&a(a-b)(a-c)+b(b-c)(b-a)+c(c-a)(c-b)\geqslant 0,\end{aligned}$$

最后一行是 Schur 不等式，这就证明了(25-17)式成立.

还可断定

$$ab+bc+ca\geqslant 9abc, \tag{25-18}$$

其实，利用 AM-GM 不等式可得

$$\begin{aligned} ab+bc+ca &= (ab+bc+ca)(a+b+c) \\ &= a^2b+ab^2+b^2c+bc^2+c^2a+ca^2+3abc \\ &\geqslant 6abc+3abc=9abc. \end{aligned}$$

回到原来的问题，我们发现 a，b 或 c 不能等于 1．例如，如果 $a=1$，则 $b=c=0$，这意味着 $ab+bc+ca=0$，矛盾．这样，a，b，$c\in[0,1)$，令

$$\begin{aligned} Q(a,b,c) &= \frac{(1+ka)(1+kb)(1+kc)}{(1-a)(1-b)(1-c)} \\ &= \frac{k^3abc+k^2(ab+bc+ca)+k+1}{ab+bc+ca-abc}. \\ &= k^2+(k+1)\frac{k^2abc+1}{ab+bc+ca-abc} \end{aligned}$$

注意到 $Q\left(\frac{1}{3},\frac{1}{3},\frac{1}{3}\right)=\frac{1}{8}(k+3)^3$ 和 $Q\left(0,\frac{1}{2},\frac{1}{2}\right)=(k+2)^2$.

情况 1　$k^2\leqslant 5$.

下面证明 $Q(a,b,c)\geqslant Q\left(\frac{1}{3},\frac{1}{3},\frac{1}{3}\right)$，因为 $k+1>0$，直接计算可以得到这个不等式等价于

$$k^2(ab+bc+ca-9abc)+27(ab+bc+ca-abc)\leqslant 8. \tag{25-19}$$

由(25-18)式可知 $ab+bc+ca-9abc\geqslant 0$．因为 $k^2\leqslant 5$，(25-19)式的左边至多为 $8[4(ab+bc+ca)-9abc]$，所以由(25-17)式可得(25-19)式成立．这样，$Q\left(\frac{1}{3},\frac{1}{3},\frac{1}{3}\right)=\frac{1}{8}(k+3)^3$ 是 Q 的最小值.

情况 2　$k^2\geqslant 5$.

现在证明 $Q(a,b,c)\geqslant Q\left(0,\frac{1}{2},\frac{1}{2}\right)$，因为 $k+1>0$，可推出这个不等式等价于

$$1+4[abc-(ab+bc+ca)]+k^2abc\geqslant 0.$$

因为 $k^2\geqslant 5$，由(25-17)式可得这个不等式成立．这样，$Q\left(0,\frac{1}{2},\frac{1}{2}\right)=(k+2)^2$ 是 Q 的最小值.

注意到

$$\frac{1}{8}(k+3)^3-(k+2)^2=\frac{1}{8}(k+1)(k^2-5),$$

我们发现，如果 $k^2\geqslant 5$，则 $\frac{1}{8}(k+3)^3\geqslant(k+2)^2$；如果 $k^2\leqslant 5$，则 $\frac{1}{8}(k+3)^3\leqslant(k+2)^2$．结论成立.

【试题 25.39】(Crux，2006：190 ~ 191)　设 a，b，c 是非负实数，满足 $a^2+b^2+c^2=1$．证明：

$$\frac{1}{1-ab}+\frac{1}{1-bc}+\frac{1}{1-ca}\leqslant\frac{9}{2}.$$

证明

原不等式

$$\begin{aligned}&\Leftrightarrow 2(1-ab)(1-bc)+2(1-bc)(1-ca)+2(1-ca)(1-ab)\\&\quad\leqslant 9(1-ab)(1-bc)(1-ca)\\&\Leftrightarrow 6-4(ab+bc+ca)+2abc(a+b+c)\\&\quad\leqslant 9-9(ab+bc+ca)+9abc(a+b+c)-9a^2b^2c^2\\&\Leftrightarrow 3-5(ab+bc+ca)+7abc(a+b+c)-9a^2b^2c^2\geqslant 0\\&\Leftrightarrow 3-5(ab+bc+ca)+6abc(a+b+c)+abc(a+b+c-9abc)\geqslant 0.\end{aligned}\tag{25-20}$$

由 AM-GM 不等式，有

$$\begin{aligned}a+b+c-9abc&=(a+b+c)(a^2+b^2+c^2)-9abc\\&\geqslant 3\sqrt[3]{abc}\cdot 3\sqrt[3]{a^2b^2c^2}-9abc=0.\end{aligned}\tag{25-21}$$

另外，

$$\begin{aligned}&3-5(ab+bc+ca)+6abc(a+b+c)\\&=3(a^2+b^2+c^2)^2-5(ab+bc+ca)(a^2+b^2+c^2)+6abc(a+b+c)\\&=3(a^4+b^4+c^4)+6(a^2b^2+b^2c^2+c^2a^2)+abc(a+b+c)\\&\quad-5[ab(a^2+b^2)+bc(b^2+c^2)+ca(c^2+a^2)]\\&=[2(a^4+b^4+c^4)+6(a^2b^2+b^2c^2+c^2a^2)-4ab(a^2+b^2)\\&\quad-4bc(b^2+c^2)-4ca(c^2+a^2)]\\&\quad+[a^4+b^4+c^4+abc(a+b+c)\\&\quad-ab(a^2+b^2)-bc(b^2+c^2)-ca(c^2+a^2)]\\&=[(a-b)^4+(b-c)^4+(c-a)^4]+[a^2(a-b)(a-c)\\&\quad+b^2(b-c)(b-a)+c^2(c-a)(c-b)]\geqslant 0.\end{aligned}\tag{25-22}$$

因为

$$(a-b)^4+(b-c)^4+(c-a)^4\geqslant 0,$$
$$a^2(a-b)(a-c)+b^2(b-c)(b-a)+c^2(c-a)(c-b)\geqslant 0$$

是著名的 Schur 不等式，由(25-21)式和(25-22)式得(25-20)式成立．可以看到原不等式等号成立当且仅当 $a=b=c=\sqrt{3}/3$.

【试题 25.40】(伊朗，1996)　证明：对正实数 x，y，z，不等式

$$(xy+yz+zx)\left(\frac{1}{(x+y)^2}+\frac{1}{(y+z)^2}+\frac{1}{(z+x)^2}\right)\geqslant\frac{9}{4}$$

成立．

证明　通过去分母，原不等式变成

$$\sum_{\text{sym}}(4x^5y-x^4y^2-3x^3y^3+x^4yz-2x^3y^2z+x^2y^2z^2)\geqslant 0,$$

其中 $\sum\limits_{\text{sym}}$ 跑遍 x，y，z 的所有排列(特别是,这意味着 x^3y^3 在最后的表达式中的系数是-6,$x^2y^2z^2$ 的系数是6)．

由此想到 Schur 不等式

$$x(x-y)(x-z)+y(y-z)(y-x)+z(z-x)(z-y)\geqslant 0,$$

该不等式乘以 $2xyz$，合并对称项，得到

$$\sum_{\text{sym}}(x^4yz-2x^3y^2z+x^2y^2z^2)\geqslant 0.$$

另外，

$$\sum_{\text{sym}}[(x^5y-x^4y^2)+3(x^5y-x^3y^3)]\geqslant 0,$$

通过两次利用 AM-GM 不等式，结合后面两个不等式即可得到所要证的不等式.

【试题 25.41】(日本，1997)　设 a，b，c 为正实数．求证：

$$\frac{(b+c-a)^2}{(b+c)^2+a^2}+\frac{(c+a-b)^2}{(c+a)^2+b^2}+\frac{(a+b-c)^2}{(a+b)^2+c^2}\geqslant\frac{3}{5},$$

并决定等号成立的条件.

证明　当所有方法都失败了，只有靠一股蛮劲了．首先稍微化简原不等式

$$\sum_{\text{sym}}\frac{2ab+2ac}{a^2+b^2+c^2+2bc}\leqslant\frac{12}{5}.$$

记 $s=a^2+b^2+c^2$，通过去分母变成

$$5s^2\sum_{\text{sym}}ab+10s\sum_{\text{sym}}a^2bc+20\sum_{\text{sym}}a^3b^2c$$
$$\leqslant 6s^3+6s^2\sum_{\text{sym}}ab+12s\sum_{\text{sym}}a^2bc+48a^2b^2c^2,$$

简化一下就是

$$6s^3+s^2\sum_{\text{sym}}ab+2s\sum_{\text{sym}}a^2bc+8\sum_{\text{sym}}a^2b^2c^2\geqslant 20\sum_{\text{sym}}a^3b^2c.$$

现在展开 s 的次幂得到

$$\sum_{\text{sym}}(3a^6+2a^5b-2a^4b^2+3a^4bc+2a^3b^3-12a^3b^2c+4a^2b^2c^2)\geqslant 0.$$

证明这个不等式的棘手地方是 $a^2b^2c^2$ 的系数是正的，因为它有最多的偶次数指数，利用 Schur 不等式挽回这个遗憾

$$a(a-b)(a-c)+b(b-c)(b-a)+c(c-a)(c-b)\geqslant 0.$$

该不等式乘以 $4abc$，合并对称项，得到

$$\sum_{\text{sym}}(4a^4bc-8a^3b^2c+4a^2b^2c^2)\geqslant 0,$$

这样题目结论就可以转化成证明

$$\sum_{\text{sym}}(3a^6+2a^5b-2a^4b^2-a^4bc+2a^3b^3-4a^3b^2c)\geqslant 0.$$

幸运的是，这是如下四个非负加权 AM-GM 不等式的和：

$$0\leqslant 2\sum_{\text{sym}}[(2a^6+b^6)/3-a^4b^2],$$

$$0\leqslant \sum_{\text{sym}}[(4a^6+b^6+c^6)/6-a^4bc],$$

$$0\leqslant 2\sum_{\text{sym}}[(2a^3b^3+c^3a^3)/3-a^3b^2c],$$

$$0\leqslant 2\sum_{\text{sym}}[(2a^5b+a^5c+ab^5+ac^5)/6-a^3b^2c],$$

每种情况等号成立都是当且仅当 $a=b=c$.

以下三个不等式的形式与 Schur 不等式类似，有趣的是其证明方法也与 Schur 不等式的证明类似.

【试题 25.42】 设实数 $a\geqslant b\geqslant c$，非负实数 x，y，z，满足 $x+z\geqslant y$. 求证：

$$x^2(a-b)(a-c)+y^2(b-c)(b-a)+z^2(c-a)(c-b)\geqslant 0.$$

证明 因为 $x+z\geqslant y$，且 $(b-c)(b-a)\leqslant 0$，所以

$$\begin{aligned}&x^2(a-b)(a-c)+y^2(b-c)(b-a)+z^2(c-a)(c-b)\\ \geqslant&x^2(a-b)(a-c)+(x+z)^2(b-c)(b-a)+z^2(c-a)(c-b)\\ =&x^2(a-b)(a-c)+(x^2+2xz+z^2)(b-c)(b-a)+z^2(c-a)(c-b)\\ =&x^2(a-b)^2+2xz(b-c)(b-a)+z^2(c-b)^2\\ =&[x(a-b)+z(c-b)]^2\geqslant 0.\end{aligned}$$

当 $x+z=y$ 且 $x(a-b)=z(b-c)$ 时等号成立.

【试题 25.43】 设 a，b，c 是非负实数. 证明：对所有实数 k，有

$$\sum_{\text{cyc}}\frac{\max(a^k,\ b^k)(a-b)^2}{2}\geqslant\sum_{\text{cyc}}a^k(a-b)(a-c)\geqslant\sum_{\text{cyc}}\frac{\min(a^k,\ b^k)(a-b)^2}{2}.$$

证明 不妨设 $a\geqslant b\geqslant c$（下面只证明左边不等式，右边证明方法一样），分三种情况.

1）当 $k=0$ 时，所要证的是

$$\frac{(a-b)^2}{2}+\frac{(b-c)^2}{2}+\frac{(c-a)^2}{2}\leqslant(a-b)(a-c)+(b-c)(b-a)+(c-a)(c-b),$$

展开可得不等式两边相等，不等式显然成立.

2）当 $k>0$ 时，所要证的是

$$\frac{a^k(a-b)^2}{2}+\frac{b^k(b-c)^2}{2}+\frac{c^k(c-a)^2}{2}$$
$$\geqslant a^k(a-b)(a-c)+b^k(b-c)(b-a)+c^k(c-a)(c-b)$$
$$\Leftarrow a^k(a-b)^2-2a^k(a-b)(a-c)+a^k(a-c)^2+b^k(b-c)^2$$
$$\geqslant 2b^k(b-a)(b-c)+2c^k(c-a)(c-b)$$
$$\Leftarrow a^k(b-c)^2+b^k(b-c)^2\geqslant 2b^k(b-a)(b-c)+2c^k(c-a)(c-b)$$
$$\Leftarrow b^k(b-c)^2+b^k(b-c)^2\geqslant 2b^k(b-a)(b-c)+2c^k(c-a)(c-b)$$
$$\Leftarrow b^k(a-c)(b-c)\geqslant c^k(a-c)(b-c),$$

显然成立.

3）当 $k<0$ 时，所要证的是

$$\frac{b^k(a-b)^2}{2}+\frac{c^k(b-c)^2}{2}+\frac{a^k(a-c)^2}{2}$$
$$\geqslant a^k(a-b)(a-c)+b^k(b-c)(b-a)+c^k(c-a)(c-b)$$
$$\Leftarrow c^k(b-c)^2-2c^k(c-a)(c-b)+c^k(c-a)^2+b^k(a-b)^2$$
$$\geqslant 2a^k(a-b)(a-c)+2b^k(b-c)(b-a)$$
$$\Leftarrow c^k(a-b)^2+b^k(a-b)^2\geqslant 2a^k(a-b)(a-c)+2b^k(b-c)(b-a)$$
$$\Leftarrow b^k(a-b)^2+b^k(a-b)^2\geqslant 2a^k(a-b)(a-c)+2b^k(b-c)(b-a)$$
$$\Leftarrow b^k(a-b)(a-c)\geqslant a^k(a-b)(a-c).$$

综上所述，对所有实数 k，不等式成立.

【试题 25.44】 已知实数 a，b，c，x，y. 满足 $a\geqslant b\geqslant c$ 且 $x\geqslant y\geqslant z$ 或 $x\leqslant y\leqslant z$，k 是正整数. f：$\mathbf{R}\to\mathbf{R}^+$是单调或凸函数. 求证：

$$f(x)(a-b)^k(a-c)^k+f(y)(b-c)^k(b-a)^k+f(z)(c-a)^k(c-b)^k\geqslant 0.$$

证明　当 k 为偶数时，不等式显然成立.

当 k 为奇数时，因为 f：$\mathbf{R}\to\mathbf{R}^+$是单调或凸函数，且 $x\geqslant y\geqslant z$ 或 $x\leqslant y\leqslant z$，所以 $f(x)\geqslant f(y)$ 和 $f(z)\geqslant f(y)$ 必有一个成立，不妨设 $f(x)\geqslant f(y)$.

因为 $a\geqslant b\geqslant c$，所以 $(a-c)^k\geqslant(b-c)^k$，从而 $f(x)(a-c)^k-f(y)(b-c)^k\geqslant 0$. 由此可得

$$f(x)(a-b)^k(a-c)^k+f(y)(b-c)^k(b-a)^k+f(z)(c-a)^k(c-b)^k$$
$$=(a-b)^k[f(x)(a-c)^k-f(y)(b-c)^k]+f(z)(c-a)^k(c-b)^k\geqslant 0$$

成立.

问　题

1. 若 x，y，z 为非负实数，则

(1)（第 9 届全苏 MO）$x^3+y^3+z^3+3xyz\geqslant xy(x+y)+yz(y+z)+zx(z+x)$；

（2）（瑞士 1983）$(y+z-x)(x+z-y)(x+y-z)\leqslant xyz$；

（3）$4(x+y+z)(xy+yz+zx)\leqslant(x+y+z)^3+9xyz$；

（4）$2(xy+yz+zx)-(x^2+y^2+z^2)\leqslant\dfrac{9xyz}{x+y+z}$；

（5）$x^2+y^2+z^2+3\sqrt[3]{x^2y^2z^2}\geqslant 2(xy+yz+zx)$．

2. 证明：在$\triangle ABC$中有

$$\sum a^3-2\sum a^2(b+c)+9abc\leqslant 0.$$

3. （欧拉不等式）设R，r分别是$\triangle ABC$的外接圆和内切圆的半径．求证：$R\geqslant 2r$.

4. 设a，b，c是三角形的三边长．证明：

$$\frac{a}{b+c-a}+\frac{b}{c+a-b}+\frac{c}{a+b-c}\geqslant 3.$$

5. （全国高中数学联赛 2005）设正数a，b，c，x，y，z满足$cy+bz=a$，$az+cx=b$，$bx+ay=c$，求函数

$$f(x,y,z)=\frac{x^2}{1+x}+\frac{y^2}{1+y}+\frac{z^2}{1+z}$$

的最小值.

6. 设x，y，$z\geqslant 0$，又

$$S_c(t,u)=\sum_{\text{cyc}}(x-ty)(x-tz)(x-uy)(x-uz).$$

（1）试证：当$t\geqslant 1$，$u\geqslant 1$时，有$S_c(t,u)\geqslant 0$.

（2）试求使$S_c(t,u)\geqslant 0$恒成立的实数t，u的取值范围

7. 在国内外MO中找出更多与Schur不等式有关的问题，并给出详解.

8. 试用Schur不等式编拟一道MO问题.

25.4 背景4——恒等式 $a^3+b^3+c^3-3abc=(a+b+c)(a^2+b^2+c^2-ab-bc-ca)$

首先，我们讨论一道因式分解问题，分解因式：

$$a^3+b^3+c^3-3abc.$$

由于所给多项式是三次方，所以首先想到配立方：

$$\begin{aligned}a^3+b^3+c^3-3abc&=(a+b)^3+c^3-3a^2b-3ab^2-3abc\\&=(a+b+c)[(a+b)^2-(a+b)c+c^2]-3ab(a+b+c)\end{aligned}$$

$$= (a+b+c)(a^2+b^2+c^2-ab-bc-ca).$$

由此，我们得到一个非常有用的代数恒等式

$$a^3+b^3+c^3-3abc=(a+b+c)(a^2+b^2+c^2-ab-bc-ca). \tag{25-23}$$

评注　由于多项式是三次对称式，可考虑构造三次多项式．设 $P(X)$ 是具有根 a，b，c 的多项式：

$$P(X)=X^3-(a+b+c)X^2+(ab+bc+ca)X-abc.$$

因为 a，b，c 满足方程 $P(X)=0$，所以

$$a^3-(a+b+c)a^2+(ab+bc+ca)a-abc=0,$$
$$b^3-(a+b+c)b^2+(ab+bc+ca)b-abc=0,$$
$$c^3-(a+b+c)c^2+(ab+bc+ca)c-abc=0.$$

以上三式相加得

$$a^3+b^3+c^3-(a+b+c)(a^2+b^2+c^2)+(ab+bc+ca)(a+b+c)-3abc=0.$$

因此

$$a^3+b^3+c^3-3abc=(a+b+c)(a^2+b^2+c^2-ab-bc-ca).$$

注意，由上面的等式可推出如下的结果：

如果 $a+b+c=0$，那么 $a^3+b^3+c^3=3abc$.

由表达式形式也可想到利用行列式推导(25-23)如下：

$$D=\begin{vmatrix} a & b & c \\ c & a & b \\ b & c & a \end{vmatrix},$$

展开 D 可得

$$D=a^3+b^3+c^3-3abc.$$

另外，把行列式的各列都加到第一列上得：

$$D=\begin{vmatrix} a+b+c & b & c \\ a+b+c & a & c \\ a+b+c & c & a \end{vmatrix}=(a+b+c)\begin{vmatrix} 1 & b & c \\ 1 & a & b \\ 1 & c & a \end{vmatrix}$$
$$=(a+b+c)(a^2+b^2+c^2-ab-bc-ca).$$

注意到 $a^2+b^2+c^2-ab-bc-ca=\frac{1}{2}[(a-b)^2+(b-c)^2+(c-a)^2]$，这样，我们可得等式(25-23)的另一种写法：

$$a^3+b^3+c^3-3abc=\frac{1}{2}(a+b+c)[(a-b)^2+(b-c)^2+(c-a)^2]. \tag{25-24}$$

这种形式能给出三个变量的算术–几何平均不等式的简单证明．事实上，由(25-24)式得：若 a，b，c 是正数，则 $a^3+b^3+c^3\geqslant 3abc$．如果 x，y，z 是正数，设 $a=\sqrt[3]{x}$，$b=\sqrt[3]{y}$，$c=\sqrt[3]{z}$，那么

$$\frac{x+y+z}{3}\geqslant\sqrt[3]{xyz}$$

等号成立当且仅当 $x=y=z$．

最后，我们把因式 $a^2+b^2+c^2-ab-bc-ca$ 看作关于 a 的二次多项式 $a^2-(b+c)a+b^2+c^2-bc$，b，c 是参数，这个二次式的判别式为

$$\triangle=(b+c)^2-4(b^2+c^2-bc)=-3(b-c)^2$$

因此，它的根是：

$$a_1=\frac{b+c-\mathrm{i}(b-c)\sqrt{3}}{2}=-b\frac{-1+\mathrm{i}\sqrt{3}}{2}+c\frac{1+\mathrm{i}\sqrt{3}}{2},$$

$$a_2=\frac{b+c+\mathrm{i}(b-c)\sqrt{3}}{2}=b\frac{1+\mathrm{i}\sqrt{3}}{2}-c\frac{-1+\mathrm{i}\sqrt{3}}{2}.$$

令 $\omega=\dfrac{-1+\mathrm{i}\sqrt{3}}{2}$ 是三次单位根，则 $\omega^2=\dfrac{-1-\mathrm{i}\sqrt{3}}{2}$. 因此

$$a_1=-b\omega-c\omega^2\quad,a_2=-b\omega^2-c\omega.$$

这样可进行因式分解得到

$$a^2+b^2+c^2-ab-bc-ca=(a+b\omega+c\omega^2)(a+b\omega^2+c\omega).$$

所以我们得到下面的等式

$$a^3+b^3+c^3-3abc=(a+b+c)(a+b\omega+c\omega^2)(a+b\omega^2+c\omega).\tag{25-25}$$

下面一些例子说明以上所得恒等式的作用．

【试题 25.45】（澳大利亚，1983） 设 x_1、x_2、x_3 是方程 $x^3-6x^2+ax+a=0$ 的三个根，求出使得 $(x_1-1)^3+(x_2-2)^3+(x_3-3)^3=0$ 成立的所有实数 a，并对每个这样的 a，求出相应的 x_1、x_2、x_3.

解 由韦达定理，得 $x_1+x_2+x_3=6$. 即

$$(x_1-1)+(x_2-2)+(x_3-3)=0.$$

再由题设及恒等式(25-23)得

$3(x_1-1)(x_2-2)(x_3-3)=0$，即 $x_1=1$，或 $x_2=2$，或 $x_3=3$.

分别代入方程，得 $a=\dfrac{5}{2}$，$\dfrac{16}{3}$或$\dfrac{27}{4}$.

当 $a=\dfrac{5}{2}$ 时，$x_1=1$，$x_2=x_3=\dfrac{5-\sqrt{35}}{2}$；

当 $a=\dfrac{16}{3}$ 时，$x_1=2+\dfrac{2}{3}\sqrt{5}$，$x_2=2$，$x_3=2-\dfrac{2}{3}\sqrt{5}$；

当 $a=\dfrac{27}{4}$ 时，$x_1=\dfrac{3+3\sqrt{2}}{2}$，$x_2=\dfrac{3-3\sqrt{2}}{2}$，$x_3=3$.

【试题 25.46】　设 $a, b, c\geqslant 1$，求证：$a^3b^3+b^3c^3+c^3a^3+3abc\geqslant a^3+b^3+c^3+3a^2b^2c^2$.

证明　事实上，

$$\begin{aligned}&a^3b^3+b^3c^3+c^3a^3-3a^2b^2c^2\\=&\frac{1}{2}(ab+bc+ca)[(a-c)^2b^2+(b-a)^2c^2+(c-b)^2a^2]\\\geqslant&\frac{1}{2}(a+b+c)[(a-c)^2+(b-a)^2+(c-b)^2]\\=&a^3+b^3+c^3-3abc.\end{aligned}$$

【试题 25.47】　（克罗地亚，2011）　设 a, b, c 是互不相同的正整数，正整数 k 满足 $ab+bc+ca\geqslant 3k^2-1$. 求证：$\dfrac{1}{3}(a^3+b^3+c^3)\geqslant abc+3k$.

证明　所证不等式可变形为

$$a^3+b^3+c^3-3abc\geqslant 9k.$$

不失一般性，我们可假设 $a>b>c$. 则 $a-b\geqslant 1$，$b-c\geqslant 1$，$a-c\geqslant 2$. 这说明

$$\begin{aligned}&a^2+b^2+c^2-ab-bc-ac\\=&\frac{1}{2}[(a-b)^2+(b-c)^2+(a-c)^2]\geqslant\frac{1}{2}(1+1+4)=3.\end{aligned}$$

这样可得

$$\begin{aligned}a^3+b^3+c^3-3abc&=(a+b+c)(a^2+b^2+c^2-ab-bc-ac)\\&\geqslant 3(a+b+c),\end{aligned}$$

因此，只要证明 $3(a+b+c)\geqslant 9k$. 即 $a+b+c\geqslant 3k$.

但

$$\begin{aligned}(a+b+c)^2&=a^2+b^2+c^2+2ab+2bc+2ac\\&=a^2+b^2+c^2-ab-bc-ac+3(ab+bc+ac)\\&\geqslant 3+3(3k^2-1)=9k^2.\end{aligned}$$

因此结论成立.

【试题 25.48】　设 a, b, c 是三角形的三条边，求证：

$$\sqrt[3]{\frac{a^3+b^3+c^3+3abc}{2}}\geqslant\max(a, b, c).$$

证明 不失一般性，可假设 $a \geqslant b \geqslant c$. 这样我们只需证明

$$\sqrt[3]{\frac{a^3+b^3+c^3+3abc}{2}} \geqslant a.$$

上式可变形为

$$-a^3+b^3+c^3+3abc \geqslant 0.$$

因为

$$-a^3+b^3+c^3+3abc=(-a)^3+b^3+c^3-3(-a)bc,$$

等号右边的表达式可因式分解为

$$\frac{1}{2}(-a+b+c)((a+b)^2+(a+c)^2+(b-c)^2).$$

由 a, b, c 是三角形的三条边得，$b+c>a$，上式显然成立．

【试题 25.49】（第 67 届美国大学生数学竞赛） 求证：曲线 $x^3+3xy+y^3=1$ 上只有三个不同的可构成一个等边三角形的点 A、B、C，并求此等边三角形的面积．

解 由等式(25-23)知 $x^3+3xy+y^3-1=0$ 左边的式子可分解因式为

$$(x+y-1)(x^2-xy+y^2+x+y+1).$$

上式第二个因式可写为

$$\frac{1}{2}[(x+1)^2+(y+1)^2+(x-y)^2].$$

故其只在 $(-1, -1)$ 处为零．这样问题中的曲线仅由一个单独的点 $(-1, -1)$ 和直线 $x+y=1$ 组成．

为了用该曲线上的三个点构成一个三角形，其中一个顶点必为 $(-1, -1)$，其余两个顶点位于直线 $x+y=1$ 上．于是，从 $(-1, -1)$ 所引的高是从 $(-1, -1)$ 到 $\left(\frac{1}{2}, \frac{1}{2}\right)$ 之间的距离，它等于 $\frac{3\sqrt{2}}{2}$.

易知，高为 h 的等边三角形面积为 $\frac{\sqrt{3}}{3}h^2$，故所求的面积为 $\frac{3\sqrt{3}}{2}$.

【试题 25.50】（第二届美国数学奥林匹克） 证明：三个不同素数的立方根不能是一个等差数列的三项(不一定是连续的).

证明 用反证法．假设 p、q、r 是不同素数，$\sqrt[3]{p}$、$\sqrt[3]{q}$、$\sqrt[3]{r}$ 是以 a 为首项、d 为公差的等差数列中的三项，即存在 $l, m, n \in \mathbf{N}$，使得

$$\sqrt[3]{p}=a+ld, \sqrt[3]{q}=a+md, \sqrt[3]{r}=a+nd.$$

则

$$\frac{\sqrt[3]{p}-\sqrt[3]{q}}{\sqrt[3]{q}-\sqrt[3]{r}}=\frac{l-n}{m-n} \Rightarrow (m-n)\sqrt[3]{p}+(n-l)\sqrt[3]{q}+(l-m)\sqrt[3]{r}=0.$$

设 $A=(m-n)\sqrt[3]{p}$，$B=(n-l)\sqrt[3]{q}$，$C=(l-m)\sqrt[3]{r}$.

由等式(25-23)得

$$A+B+C=0\Rightarrow A^3+B^3+C^3=3ABC.$$

又 $A^3=(m-n)^3p$，$B^3=(n-l)^3q$，$C^3=(l-m)^3r$，$A^3+B^3+C^3\in\mathbf{Q}$，但

$$3ABC=(m-n)(n-l)(l-m)\sqrt[3]{pqr}\notin\mathbf{Q},$$

因此，结论成立.

【试题 25.51】 (IMC，2010)　试问：2008，2009，2010 这三个数中，哪些能写成 $x^3+y^3+z^3-3xyz$ 的形式？(其中，x，y，z 均为正整数)

解　当 $x=670$，$y=z=669$ 时，$x^3+y^3+z^3-3xyz=2008$；

当 $x=669$，$y=z=670$ 时，$x^3+y^3+z^3-3xyz=2009$.

2010 不能表示为这样的形式.

下证：若 $3\mid t$ 且 9 不能整除 t，则 t 不能写成 $x^3+y^3+z^3-3xyz$ 的形式.

用反证法：假设 t 可以写成 $x^3+y^3+z^3-3xyz$ 的形式，则

因为 $3\mid t$，故 $3\mid x+y+z$ 或 $3\mid x^2+y^2+z^2-xy-yz-zx$，

但是 $3\mid x+y+z$ 等价于 $3\mid(x+y+z)^2\Leftrightarrow 3\mid x^2+y^2+z^2-xy-yz-zx$，

故任一形式均可推出 $9\mid t$ 矛盾！

综上所述，2008，2009 可以表示，但是 2010 不可表示.

评注　由于 $(x+y+z)(x^2+y^2+z^2-xy-yz-zx)=x^3+y^3+z^3-3xyz$，

令 $x=a+1$，$y=a$，$z=a$，则上式为 $3a+1$，

令 $x=a-1$，$y=a$，$z=a$，则上式为 $3a-1$，

令 $x=a+1$，$y=a$，$z=a-1$，则上式为 $9a$，故形如 $3a+1$，$3a-1$，$9a$ 的数均可表示.

一般地，可求整数 n 可以表示为形式 $n=a^3+b^3+c^3-3abc(a,b,c\in\mathbf{Z})$ 的充分必要条件.

【试题 25.52】　设实数 x，y，z 满足 $xyz=-1$. 求证：

$$x^4+y^4+z^4+3(x+y+z)\geqslant\frac{y^2+z^2}{x}+\frac{z^2+x^2}{y}+\frac{x^2+y^2}{z}.$$

证明　根据已知条件得

$$3(x+y+z)=-3xyz(x+y+z),$$

$$\begin{aligned}\frac{y^2+z^2}{x}+\frac{z^2+x^2}{y}+\frac{x^2+y^2}{z}&=-yz(y^2+z^2)-zx(z^2+x^2)-xy(x^2+y^2)\\&=-x^3(y+z)-y^3(z+x)-z^3(x+y).\end{aligned}$$

于是欲证不等式等价于

$$x^4+y^4+z^4-3xyz(x+y+z)\geqslant -x^3(y+z)-y^3(z+x)-z^3(x+y),$$

这也可写成

$$[x^4+y^4+z^4+x^3(y+z)+y^3(z+x)+z^3(x+y)]-3xyz(x+y+z)\geqslant 0,$$

或者

$$(x+y+z)(x^3+y^3+z^3-3xyz)\geqslant 0,$$

即 $(x+y+z)^2(x^2+y^2+z^2-xy-yz-xz)\geqslant 0$，由 $x^2+y^2+z^2\geqslant xy+yz+xz$，因此上述不等式显然成立．

【试题 25.53】（塞尔维亚，2012） 已知 $P(x)$ 为 2012 次实系数多项式．对任意实数 a, b, c 满足 $a+b+c=0$，不等式

$$P(a)^3+P(b)^3+P(c)^3\geqslant 3P(a)P(b)P(c)$$

成立．请问 $P(x)$ 能否有 2012 个不同的实根？

解 因为

$$x^3+y^3+z^3-3xyz=\frac{1}{2}(x+y+z)((x-y)^2+(y-z)^2+(z-x)^2),$$

所以题目的条件等价于

$$\text{当 } a+b+c=0 \text{ 时}, P(a)+P(b)+P(c)\geqslant 0.$$

考虑多项式 $P(x)=\prod\limits_{k=0}^{2011}\left(x-1-\dfrac{k}{4022}\right)$．对 $x\leqslant 1$ 或 $x\geqslant\dfrac{3}{2}$，都有 $P(x)\geqslant 0$；再者，对 $x\leqslant 0$，有 $P(x)>1$．对 $1<x<\dfrac{3}{2}$，每个因式 $x-1-\dfrac{k}{4022}$ 的绝对值都小于 $\dfrac{1}{2}$，从而 $P(x)>-\dfrac{1}{2^{2012}}$．

如果 $a+b+c=0$，那么 a, b, c 中至少有一个小于或等于 0，不妨设 $a\leqslant 0$，则 $P(a)>1$ 且 $P(b), P(c)>-\dfrac{1}{2^{2012}}$，得到 $P(a)+P(b)+P(c)>0$．所以，这个多项式 $P(x)$ 满足所有的条件．

【试题 25.54】（保加利亚，2013） 求最小的正整数 n，使得存在三个非完全平方数 $a, b, c\in\mathbf{N}^+$ 满足

$$a^3+b^3+c^3-3abc=2013^n.$$

解 易知左边为 9 的倍数，所以 $n=1$ 不是所求的解．

当 $n=2$ 时，因为

$$2013^2=(3\times 11\times 61)^2,$$
$$3^2=2^3+1,$$
$$11\times 61=8^3+4^3+1^3+3\times 8\times 4\times 1,$$

由恒等式

$$(a^3+b^3+c^3-3abc)(x^3+y^3+z^3-3xyz)=u^3+v^3+w^3-3uvw.$$

其中 $u=ax+by+cz$，$v=ay+bz+cx$，$w=az+bx+cy$.

首先将数组（8，4，－1）和（4，8，－1）分别代入恒等式得到（65，0，56）和（2，1，0），再次代入恒等式可得

$$65^3+56^3=(11\times 61)^2,$$

$$130^3+177^3+56^3-3\times 130\times 177\times 56=2013^2.$$

评注　用类似的讨论可以得到另外的解：

$$186^3+112^3+65^3-3\times 186\times 112\times 65=2013^2.$$

同样注意到 $a=b-d\times b$，$c=b+d$ 是一组解，当且仅当 $(11\times 61)^2=bd^2$，但此时 b 为完全平方数.

问　题

1. 求证：如果实数 x，y，z 满足 $x^3+y^3+z^3\neq 0$，那么当且仅当 $x+y+z=0$ 时，$\dfrac{2xyz-(x+y+z)}{x^3+y^3+z^3}$ 的比值为 $\dfrac{2}{3}$.

2.（《美国数学月刊》数学问题1266）求方程组 $\begin{cases}a^3-b^3-c^3=3abc,\\ a^2=2(b+c)\end{cases}$ 的正整数解.

3. 若 m、n、$p\in \mathbf{Z}$，且 $6\mid(m+n+p)$，求证：$6\mid(m^3+n^3+p^3)$.

4. 求满足方程 $x^3+y^3+3xy=1$ 的点 (x,y) 的轨迹.

5.（2008年复旦大学自主招生试题）设 x_1、x_2、x_3 是方程 $x^3+x+2=0$ 的三个根，则行列式

$$\begin{vmatrix}x_1 & x_2 & x_3\\ x_2 & x_3 & x_1\\ x_3 & x_1 & x_2\end{vmatrix}=(\quad).$$

(A)－4，　　(B)－1，　　(C)0，　　(D)2.

6. 设 $x,y,z\in\mathbf{R}$，且 $x+y+z=0$. 求证：$6(x^3+y^3+z^3)^2\leqslant(x^2+y^2+z^2)^3$.

7. 求所有三元正整数组 (x,y,z)，使其满足 $x^3+y^3+z^3-3xyz=2012$.

8.（2014全国初中数学联赛）设 n 是整数，如果存在整数 x，y，z 满足 $n=x^3+y^3+z^3-3xyz$，则称 n 具有性质 P.

(1) 试判断1，2，3是否具有性质 P；

(2) 在1，2，3，…，2013，2014这2014个连续整数中，不具有性质 P 的数有多少个？

9. 设 a 和 b 为区间 $[0, \frac{\pi}{2}]$ 内的实数．求证：当且仅当 $a=b$ 时，

$\sin^6 a + 3\sin^2 a\cos^2 b + \cos^6 b = 1$.

10.（IMO 美国国家队训练题）设 a 是实数．证明：当且仅当 $5(\sin a + \cos a) + 2\sin a\cos a = 0.04$ 时，$5(\sin^3 a + \cos^3 a) + 3\sin a\cos a = 0.04$ 成立．

11. 已知 $Q(x)$ 是二次三项式，函数 $P(x)=x^2Q(x)$ 在 $(0, \infty)$ 单调递增，实数 x, y, z 满足 $x+y+z>0$，$xyz>0$. 求证：$P(x)+P(y)+P(z)>0$.

12. 求证：$\sqrt[3]{\cos\frac{2\pi}{7}} + \sqrt[3]{\cos\frac{4\pi}{7}} + \sqrt[3]{\cos\frac{8\pi}{7}} = \sqrt[3]{\frac{1}{2}(5-3\sqrt[3]{7})}$.